From 4.5 billion years ago to the present

火 星 全 书

[英] 大卫·M.哈兰德 / 著
郑永春　刘晗 / 译

北京联合出版公司
Beijing United Publishing Co.,Ltd.

“火星快车”探测器

2003 年发射的“火星快车”探测器，大小为：长 1.5 米 × 宽 1.8 米 × 高 1.5 米，带有 18 米长的雷达天线。该探测器对火星表面进行高分辨成像，拍摄到火星表面矿物分布的彩图，用雷达对火星大气和地下进行测绘。（感谢 *NASA* 供图）

MARS

From 4.5 billion years ago to the present

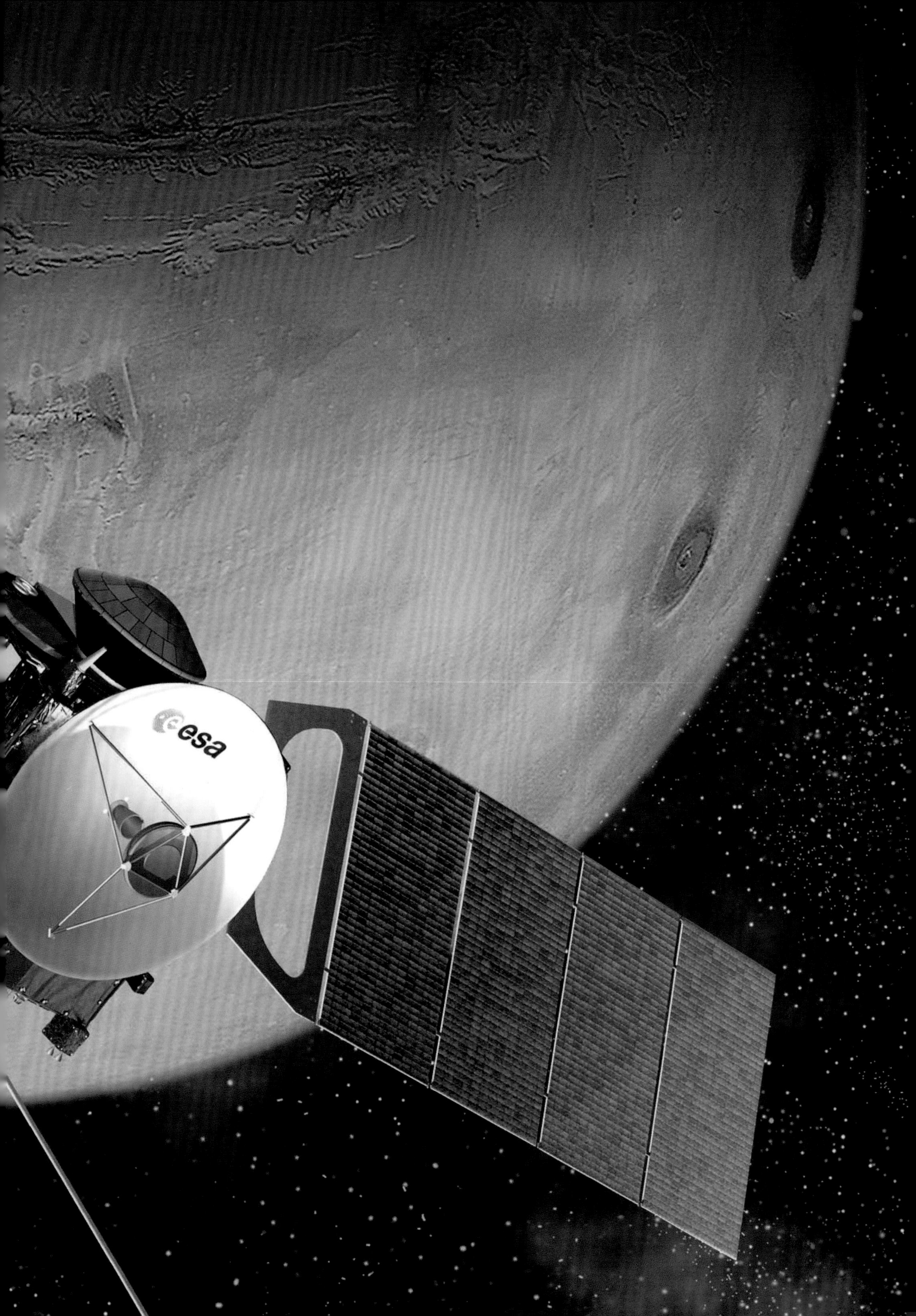
esa

目录
CONTENTS

第六章

寻找答案

第七章

火星科幻

第八章

登陆火星

后 记

“好奇号”火星车

火星与地球一样都有陆地，机器人正在进行探索。图中是“好奇号”火星车的自拍照。（*NASA /JPL-Caltech/MSSS*）

前言

本书为我们讲述了人类认识火星的历史过程，极富洞见。文艺复兴时期，天文学家通过研究火星在天空中的运动，发现了行星运动的规律。

望远镜发明后，人们开始研究火星，测量它一昼夜的长度，甚至精细地绘制出火星表面的地图。

19世纪后期，美国人帕西瓦尔·罗威尔（Percival Lowell）认为，火星上生活着一群智慧生物，他们建设了纵横交错的运河，把极地冰盖中的水输送到赤道地区。尽管罗威尔对火星的看法遭到了天文学家的反对，却激发了作家们创作经典科幻小说的热情。直到20世纪中叶，人们还普遍认为，火星上的大片地区都覆盖着茂盛的植被。囿于望远镜观测能力的局限，唯一可以验证这一观点的方法，就是发射探测器。

本书内容翔实，还附有研究过程中的很多精彩插图，而火星上的图像更是引人入胜。本书介绍了发射航天器到火星上面临的巨大挑战和技术成就：从最初远远地飞越火星，到环绕火星轨道进行运转，再到发射着陆器登陆在火星表面。

火星是一个对比十分鲜明的世界。南半球的大部分地区，都是布满撞击坑的高地；而北半球的大部分地区，都是低洼的平原，那里曾经可能有过海洋。火星上的火山和峡谷比地球上的要大得多，宽阔的河流，泛滥的洪水——这些都是火星历史早期的景象。

火星经历了极端的气候变化。过去气候温暖湿润时，生命能在火星上生存吗？而今气候变得干燥寒冷，还会有生命存在吗？我们在火星土壤中寻找微生物的证据，但目前的结果尚不确定。科学家希望探测火星地下，寻找那里曾经有过的微生物证据。在火星上寻找生命，意义十分深远，因为如果生命可以在太阳系的多个地方独立演化，那么，生命在宇宙中也可能无处不在。

《火星全书》记录了这段新发现的故事，我们期待大家与航天器一起，迈入新的科技时代，共同探索这颗迷人的红色星球。

译者序

火星，人类未来的希望之星

在人类的文化意境中，火星不似洁白如玉的月亮，能给人思乡、温暖的情感寄托。不管是东方还是西方，都把夜空中的这颗红色行星，与血腥、灾难、死亡联系在一起，看到它唯恐避之不及。在中国古代，火星被称为“荧惑”星。古人认为，火星荧荧似火，时而顺行，时而逆行，行踪捉摸不定。“荧惑守心”甚至被视为象征灾难来临的“至凶”星象。但是，火星之所以会在心宿内停“留”，只是因为从地球上看过去，火星似乎与心宿二靠得很近。其实两者中，一个在太阳系内，一个远在数百光年以外，实在是八竿子打不着，压根不会对我们的生活造成什么影响。在古希腊神话中，火星被称为战神阿瑞斯（Ares），是宙斯与赫拉的儿子，属于希腊神话中奥林匹斯山的十二主神之一。在罗马神话中，战神被称为玛尔斯（Mars），是朱庇特和朱诺的儿子。Mars也是火星的英文名称。

每隔26个月地球正好位于火星和太阳之间的连线上，被称为火星冲日。太阳刚落山，火星就从东方升起，是观测火星的最佳时机。望远镜发明后，天文学家利用火星冲日的时机，绘制了一系列火星地图，虽然那时候看到的火星还比较朦胧。最初只是肉眼可见的一个小圆点，后来发现这其实是一个圆盘，接着识别出火星圆盘上的一些宏观特征，如V形黑斑、南北极冰盖等。他们认识到，火星的自转周期与地球相似，自转轴也像地球一样是倾斜的，因而也会有一年四季。他们甚至还推测出，火星的大气层非常稀薄，可能还会有云层。本书中附有不同时代绘制的火星地图，直观展现了人类对火星认识的逐步深化。

人类认识火星的最主要的成就，还是进入航天时代之后取得的。从刚开始时远距离蜻蜓点水式的飞越探测，到实现环绕火星进行全球遥感，再到航天器登陆火星表面，派出火星车进行巡视；从早期搭载在“火星探路者号”上小巧玲珑的“索杰娜号”火星车，到双胞胎火星车“机遇号”和“勇气号”，再到正在执行任务的“好奇号”火星车；三代火星车的质量从 11.5 千克、170 千克，提高到 900 千克，体型一个比一个大，着陆技术一次比一次先进，功能一个比一个强。火星探测由表及里，从对火星表面的探测，到探测火星内部的能量和结构。这一切，展现的是火星探测技术进步的历程。

火星探测在技术上并不容易。就登陆火星而言，1971 年，“火星 3 号”成为首个登陆火星的航天器，虽然“海盗 1 号”（1976 年）、“海盗 2 号”（1976 年）、“索杰娜号”（1997 年）、“机遇号”和“勇气号”（2004 年）、“凤凰号”（2008 年）、“好奇号”（2012 年）都成功登陆，与此同时，也不应忘记，建立这些成功的基础是“火星 2 号”（1971 年）、“火星 6 号”（1973 年）、“极地着陆器”（1999 年）、“深空 2 号”（1999 年）、欧洲空间局研发的火星探测器“猎兔犬 2 号”（2003 年）和“斯基亚帕雷利号”（2016 年）等失败任务的累积。这些价值数十亿的航天器，虽然一个个消失在太空中，但并没能阻挡我们前赴后继探索火星的步伐，才换来了如今火星登陆技术的逐渐成熟。

长期以来，火星探测似乎是美国人的专利。正如 20 世纪 60~70 年代美苏在载人登月领域的竞争，早期火星探测同样以美国人的胜利宣告终结。1998 年，日本发射“希望号”火星探测器，遭遇失败。进入 21 世纪以来，欧洲国家和印度先后加入火星探测行列。在 2020 年的火星发射窗口，欧洲空间局将和俄罗斯联合实施火星生命 2020 计划，美国也会发射价值 20 多亿美元的新一代火星车。而中国，将独立自主开展首次火星探测，从零开始，在一次任务中实现环绕、着陆和巡视三大目标，完成了前所未有的技术跨越。

在美国国家航空航天局的太空探索计划中，火星始终占据核心地位。根据特朗普签署的太空政策一号令，美国把太空探索战略聚焦在“从月球到火星”的宏伟计划。航天员将从地球出发，在五年内登陆月球。但与阿波罗时代的载人登月不同的是，这次不仅要实现重返月球的壮举，他们的目标更加明确、更加远大：计划在 2033 年左右，实现人类历史上首次载人登陆火星的梦想，实现从月球（卫星）到火星（行星）的跨越。

火星曾经备受科幻作家的青睐。这颗红色的星球，给了他们足够的想象空间。19 世纪，科幻作家根据望远镜中看到的隐隐约约的“蛛网”结构，想象认为，火星上的居民正面临着干旱灾害，他们挖掘了大规模的运河网络，将极地的冰雪融水，输送到赤道地区进行灌溉，以发展农业。当代科幻大师金 · 斯坦利 · 罗宾逊 (Kim Stanley Robinson) 创作了人类太空移民计划三部曲《红火星》《绿火星》《蓝火星》。2015 年，硬科幻太空大片《火星救援》上映，再次将人类对火星的幻想拉到极具现实感的未来场景。

随着一个个轨道器环绕火星进行全球遥感，一台台着陆器登陆火星表面，一辆辆火星车在表面行驶，在过去几十年里，人类对火星的认识越来越深刻。火星已经成为除地球以外，人类了解得最为透彻的一颗行星。

这些年来，搜寻火星上的水取得了重要进展。刚开始，人们只是在火星表面发现了海岸线、冲积扇、三角洲等大规模的水流遗迹。后来发现，火星的极地冰盖下面有大型的湖泊；大气中有微量的水，甚至可以结成露珠；土壤中有水，含水量相当于地球干旱地区土壤中的水量。再后来，又在一些峭壁和悬崖等特殊的地区，发现了埋在地下的冰层，冰盖下的大型湖泊，甚至可能还有正在流动的液态水。所以，火星上一点也不缺水。

跟地球一样，火星也是类地行星的一员。我们知道，现在火星上还没有发现生命。但是，火星曾经跟地球一样，有过温暖湿润的环境，有过浓密的大气层，拥有江河湖海的时间可能长达十亿年。一些盆地内的湖泊，水质呈酸性，环境也很稳定，与地球上生命起源时的水环境很相似。在未来很长一段时间内，火星探索的关键问题将聚焦在，火星上到底是否孕育过生命呢？如果有证据证明，火星上有过生命，那么，生命在宇宙中就不再是独一无二奇迹般的存在，在其他星球上发现生命只是时间问题。如果最终证明火星上

火星塞勒姆地区新形成的撞击坑

"火星勘测轨道器"拍摄的塞勒姆地区的撞击坑。从陡峭的边缘和保存完好的溅射物可以看出，这个撞击坑形成的时间相对较近。(感谢 *NASA* 供图)

没有孕育过生命。那么，地球上的生命不仅十分孤独，而且尤为宝贵，传统的生命起源理论将面临重大考验。

研究火星的目的，最终是为了认识地球，造福人类。如果我们考察太阳系的宜居带，就会发现，宜居带靠里侧的是地球，靠外侧的是火星。火星是太阳系中与地球环境最为相似的一颗行星，也是人类唯一有可能实现大规模移居的行星。目前，国家力量仍然是火星探测的主力军。同时，商业力量也在崛起。美国太空探索技术公司已经成功研制出重复利用的火箭、重复利用的飞船，最终目标是为了建立从地球到火星的廉价航线。一旦建立这样的航线，人类在火星上生活将不再是科幻故事。马斯克甚至放言，地球不配他为之牺牲，要死就死在火星上，他希望有朝一日能在火星上退休。说实话，我特别希望他能成功。与此同时，中国的商业航天已然觉醒，假以时日，这些民营公司的力量和前景不可小觑。

本书之所以被称为《火星全书》，是因为它所包括的内容十分广泛。从望远镜发明之前，人类对火星的肉眼观测，到望远镜发明后，对火星的早期观测，再到航天时代对火星的深空探测，展现了人类认识火星的历史图景。不仅介绍了火星探测的历史和正在发生的现实，还展望了人类在可以预见的将来登陆火星的愿景。不仅介绍了实实在在的科学发现和技术突破，还介绍了以火星为主题的科幻小说。不仅介绍了火星表面的地形、水、大气、环境，还介绍了火星内部和地下的情况。因此，这是一本介绍火星的过去、现在和未来的全景式的科普书，把它称为《火星全书》是十分恰当的。

我们只有一个地球。一片荒凉的火星时刻提醒着我们，要保护地球，珍惜地球，积极行动起来，应对地球面临的环境变化。

充满希望的火星，吸引着我们前往探索。在某种程度上，人类这个物种能否永续生存，取决于我们对火星的探索。

火星探测已经有 50 多年历史，美国、俄罗斯、欧空局、印度、日本等，都曾经实施过火星探测。中国作为火星探测的后起之秀，在综合考虑航天技术能力和国际火星探测发展趋势的基础上，经过多年论证，终于启动了火星探测工程，计划在 2020 年，实现环"绕"、"着"陆、"巡"视。在一次任务中，实现以往需要两到三次任务才能实现的目标；在 2030 年前后，中国从火星上采集土壤和岩石并返回地球。我国将从火星探测的旁观者，正式登上舞台的中央。希望我们翻译的这本书，有助于向公众特别是青少年普及有关火星的知识，激起他们对这颗红色星球的好奇。希望他们有朝一日，接过火星探测的接力棒。

郑永春、刘晗

2019 年 5 月于北京

作者序

本书回顾了自17世纪约翰尼斯·开普勒（Johannes Kepler）观测火星以来，人们对于火星的众多发现。在这段历史中，我们对这颗行星的印象，已经从穿越夜空的一束微光，变成了一幅迷人的风景。我们不仅可以发射机器人探测器在火星上做研究，也在想方设法让人类站到火星上。

天文学家在观测火星时，常常想当然地认为火星上有人居住。威廉·赫歇尔（William Herschel）就曾提到过关于火星人的情况。帕西瓦尔·罗威尔则郑重宣布，曾经有古老的种族在火星上修建运河，把极地冰盖中的水输送到干旱的沙漠，而公众对此不置可否。

后来，威尔斯（H. G. Wells）写了一个很有戏剧性的故事：火星人很羡慕地球上有海洋，于是就入侵地球。那时，我们还不曾设想，有朝一日人类可以登上火星。

苏联是最早尝试探索火星的国家，但收效甚微。美国尝试后有了进展，后来，其他国家也纷纷开始探索火星。但这并不容易，大多数火星探索任务都以失败告终。人们曾经满怀兴奋地看着从火星表面传回的第一幅图片，也曾在太空中控制探测器，但往往几个小时或几分钟之后，我们要观测的目标就不见了，大家的情绪沮丧到了极点。可是等下一次执行任务时，我们又满怀希望。

随着时间的流逝，我们对火星任务的期待越来越高，有几项火星探索任务已经相当成功。其中，最值得我们注意的是，2004年初，“机遇号”火星车在火星表面着陆，13年后，我开始写这本书的时候，它仍然能正常运行。*

* 2019年2月13日，由于无法取得联系，NASA正式宣布，结束“机遇号”探测器的使命。由此，“机遇号”在火星上工作了整整15年。

随着地球上控制火星车的工具变得越来越先进，人们可以登录从火星传到地球的数据链路，实时观察火星车的一举一动。有朝一日，当航天员第一次踏上火星表面，地球上的数百万人都将沉浸在这一重大事件的喜悦中。

虽然，我们尚不确定火星上是否有微生物，但目前已经发现了有意义的证据。或许，在不久的将来就能得到确证。如果可以证明，在太阳系内，至少有两个天体可以独立演化出生命，那么，这就意味着，生命作为一种化学过程，可以在任何有利的条件下产生，是整个宇宙都有可能存在的普遍现象。因此，我们的研究结果有可能产生更深远的影响。

太空时代刚刚开始时，薄薄的一本书就可以描述关于火星的一切。从那以后，人们对于火星的探索进展如此之快，以至于任何一本薄薄的书，都难以概括这段发展历史，本书也只能概括广泛领域的研究进展而已。

为了展示轨道器和火星表面探测任务提供的各种各样的数据，我一直很忙碌。首先，我回顾了截止到 1877 年的研究结果，解释当年的观测结果如何影响此后半个世纪人们对火星的看法。

接下来，是太空时代的早期，我们多次修正了对火星的固有印象。人们特别关注登陆火星表面的第一次任务，以及寻找火星生命证据的实验。之后，我在书中更新了遥感探测和火星表面探测的相关知识。

我还简要地说明火星对科幻小说创作的意义，展望了载人登陆火星的前景。书中还介绍了火星的真实情况和数据，以及供读者进一步延伸阅读的建议。

好了，让我们现在开始探索火星之旅吧……

大卫 · M. 哈兰德

火星地图

CHART OF

From drawings at Madeira in 1877.

1877 年在马德拉岛绘制的图。

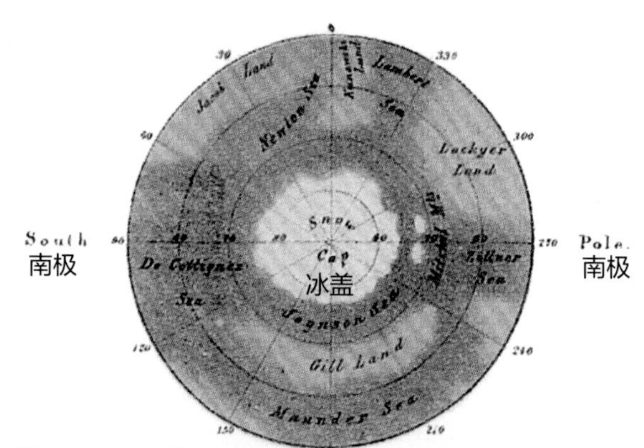

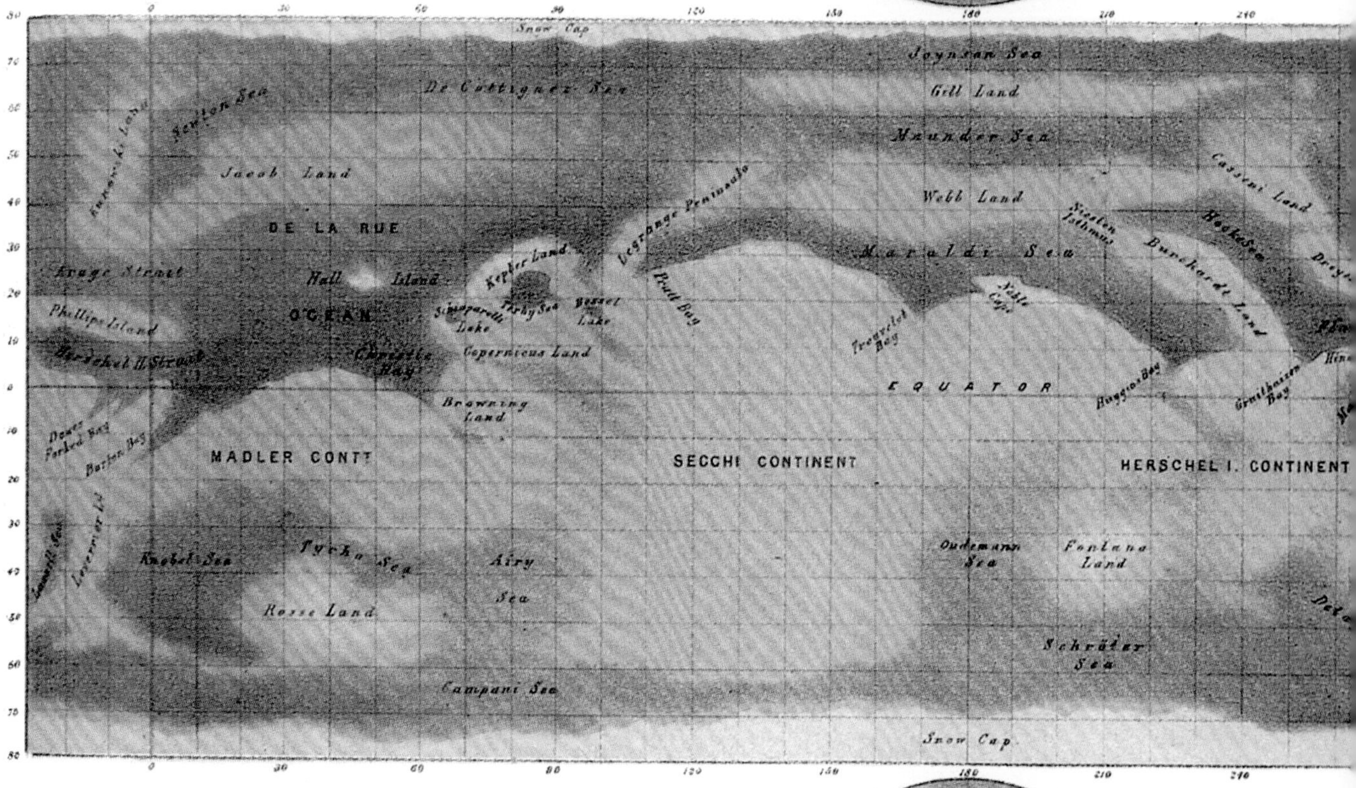

The details of this chart have been compared with views of the planet by Schiaparelli, Trouvelot, Terby, De la Rue, Lockyer, Knobel, Christie, Maunder, Brett, Dreyer, and others. No form is introduced that has not been confirmed by the drawings of at least three observers.

North
北极 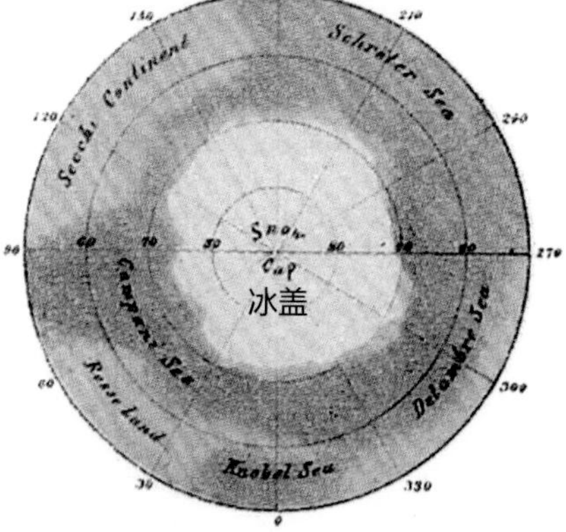
Snow
Cap
冰盖
Pole.
北极

火星地图

M A R S

by N.E.Green.

N.k. 格林

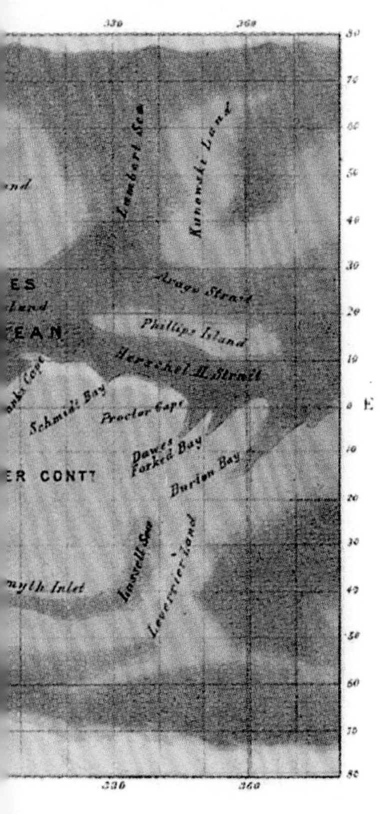

art is supplied from drawings made in 1873,
tonal. The names with a few exceptions are
in his chart of Mars, adapted as far as
tions. New names have been added by the

火星

北方的地图是 1873 年绘制的。

Chapter One

Early studies of Mars

第一章

研究起步

本章从 17 世纪初期约翰尼斯 · 开普勒的研究开始入手。望远镜的发明，把火星从我们眼中的圆点，变成了圆盘状，让我们得以观测整个火星。开普勒分析了火星在天空中的运动，发现了火星上的极地冰盖、黄褐色地带，以及许多暗黑地带，据此测量了火星的自转周期，绘制了简单的地图。

1877 年，恰逢十分有利于观测的火星冲日期间，纳撒尼尔 · 埃弗雷特 · 格林（Nathaniel Everett Green）观测并绘制了火星地图。（感谢 *RAS* 供图）

1. 天体运行

入夜，天空变暗，火星高高悬挂在空中，就像一个燃烧的血红色恶魔。正因如此，火星在神话传说中是一个不祥之兆。古巴比伦人把火星称为死亡之星——“尼尔加尔”(Nirgal)。古希腊人将其称为战神“阿瑞斯”，后来，古罗马人称之为“玛尔斯”。如今，我们往往下意识地用红色行星来指代它。

在“固定”的恒星背景中移动的小圆点叫作“行星”(Planet，原意为流浪者)。

1543 年，波兰数学家尼古拉斯 · 哥白尼(Nicolaus Copernicus)公布了一份报告，解释他为何相信包括地球在内的行星都是绕着太阳运行的，从而推翻了万物绕地球运行的旧观念。

在丹麦国王弗雷德里克二世的资助下，第谷 · 布拉赫(Tycho Brahe)在哥本哈根海峡附近的岛上建立了一座天文台，他以前所未有的精度绘制了恒星的位置和行星的运动。1599 年，第谷搬到布拉格，在鲁道夫二世皇帝的资助下，继续进行研究。

1601 年，第谷在去世前，把这些独一无二的观测档案，交给了跟随他多年的首席助理约翰尼斯 · 开普勒。那时候，天文学和占星术之间的界线还很模糊，因此，开普勒一边用第谷的观测数据，用数学分析火星的运动，一边进行行星座占卜，补贴家用。

1609 年，开普勒宣布，火星的运行轨道是一个椭圆，偏心率为 0.0935。

进一步深入分析后，开普勒确定了行星运动的三条定律。行星运动第一定律指出，行星的轨

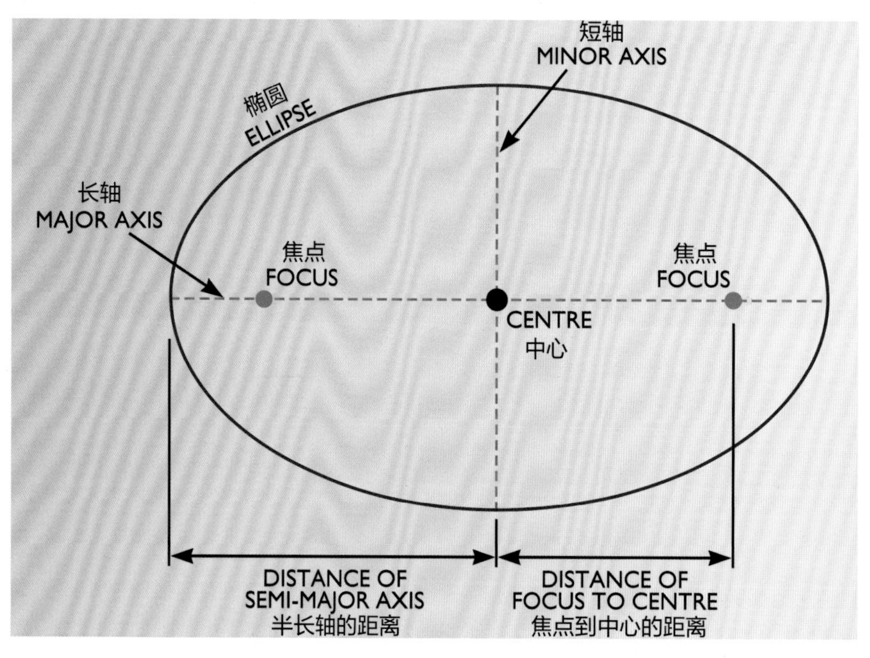

椭圆的偏心率，是指椭圆中心到焦点之间的距离，与椭圆半长轴的长度之比。因此，椭圆的偏心率在 0(此时为正圆)到 1(此时为抛物线)之间。

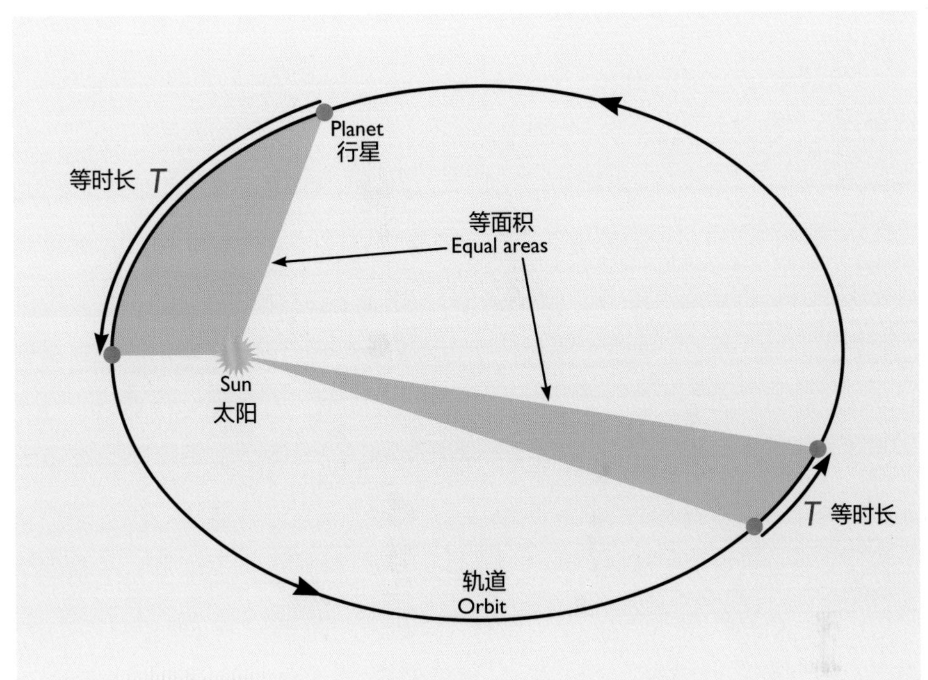

开普勒发现的行星运动三定律之一的“等时长，等面积”定律。（*Woods* 供图）

道是一个椭圆，太阳位于其中的一个焦点上，另一个焦点上没有星球。天体在圆轨道上匀速运动，但在椭圆轨道上的运行速度是不同的。第二定律指出，行星在离太阳最近时运动速度最快，离太阳最远时运动速度最慢。在开普勒提供的图解中，可以确定行星在椭圆轨道上任意位置时的运行速度，因为运动中的行星与太阳的连线（矢径），在相同的时间内扫过的面积相等。这也被称为“等时长，等面积”定律。

第三定律认为，相对而言，行星公转周期的平

血红色的火星

我们现在知道，火星之所以呈微红色，是因为土壤中的铁与氧发生反应，形成了铁锈物质。血红蛋白也会发生类似的反应，因此血液才会变红。所以，火星确实是血红色的。

方，与它们到太阳的平均距离的立方成正比 *。

开普勒定律适用于绕太阳运行的行星，以及绕行星运行的卫星，当然，也包括绕地球运行的月球。

后面我们会讲到，火星绕太阳运行的轨道，比地球远约 50 %；火星到太阳中心的距离在 2.06 亿千米到 2.49 亿千米之间变化，平均为 2.28 亿千米。地球绕太阳轨道的偏心率为 0.0167，到太阳中心的平均距离为 1.495 亿千米，最远和最近距离的变化范围不超过 250 万千米。由于行星以开普勒推断的经验定律绕太阳运行，因此，火星到太阳的距离越远，它在太空中的运行速度就越慢，按照地球上的时间计算，火星需要 687 天才能完成一次公转。火星的公转周期比地球的公转周期更长，与绕太阳运行的平面（称为“黄道”）之间的倾角比地球大 1.8°。因此，火星在天空中的运行轨迹不规则，原本应该自西向东的渐进运动，有时会被它的“逆行”所干扰。

火星冲日，是指火星在天空中正对太阳的现象，每隔 780 天发生 1 次。连续发生火星冲日的位置，分布在黄道十二宫上。因此，火星完成 8 次冲日后，也是地球完成 17 次公转的时候，火星将回到轨道上的同一位置。火星在近日点冲日时，与地球之间的距离最近，约为 5600 万千米；火星在远日点冲日时，与地球的距离最远。

* 这些定律只是经验性的，因为它们只说明了行星怎样围绕太阳运行，并没有解释原因。后来，英国科学家艾萨克·牛顿（Isaac Newton）用万有引力解释了这些问题。

火星在太空中运行时会出现明显的“逆行”现象，这使开普勒发现了行星运动定律。（*Woods* 供图）

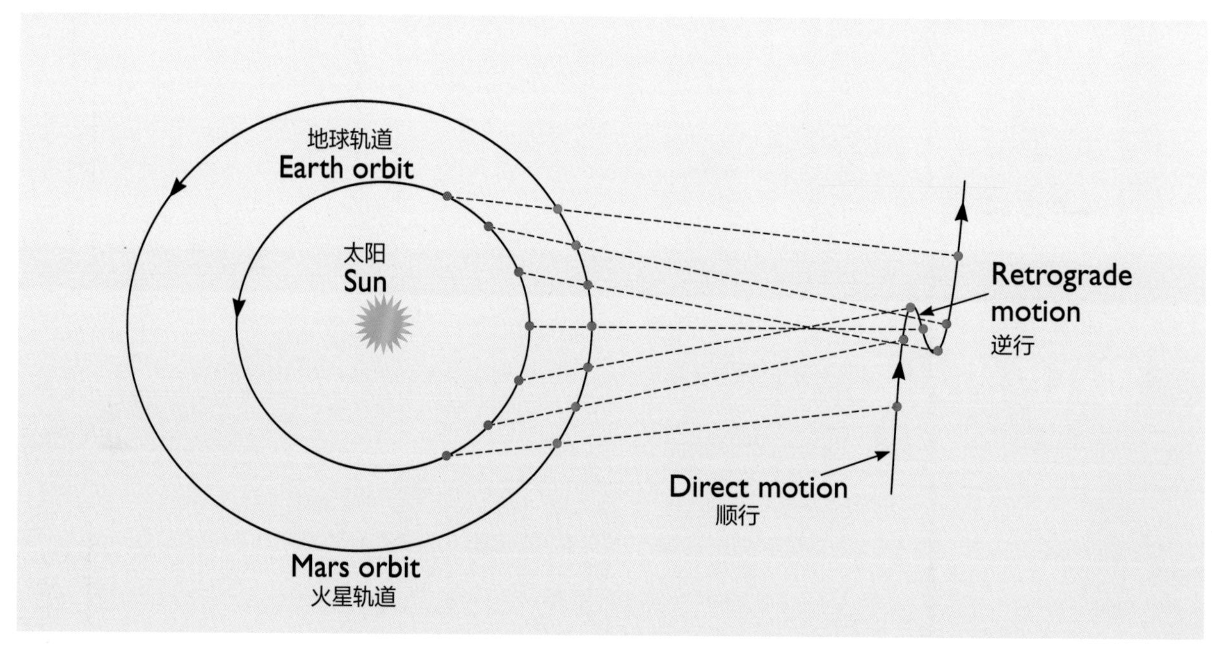

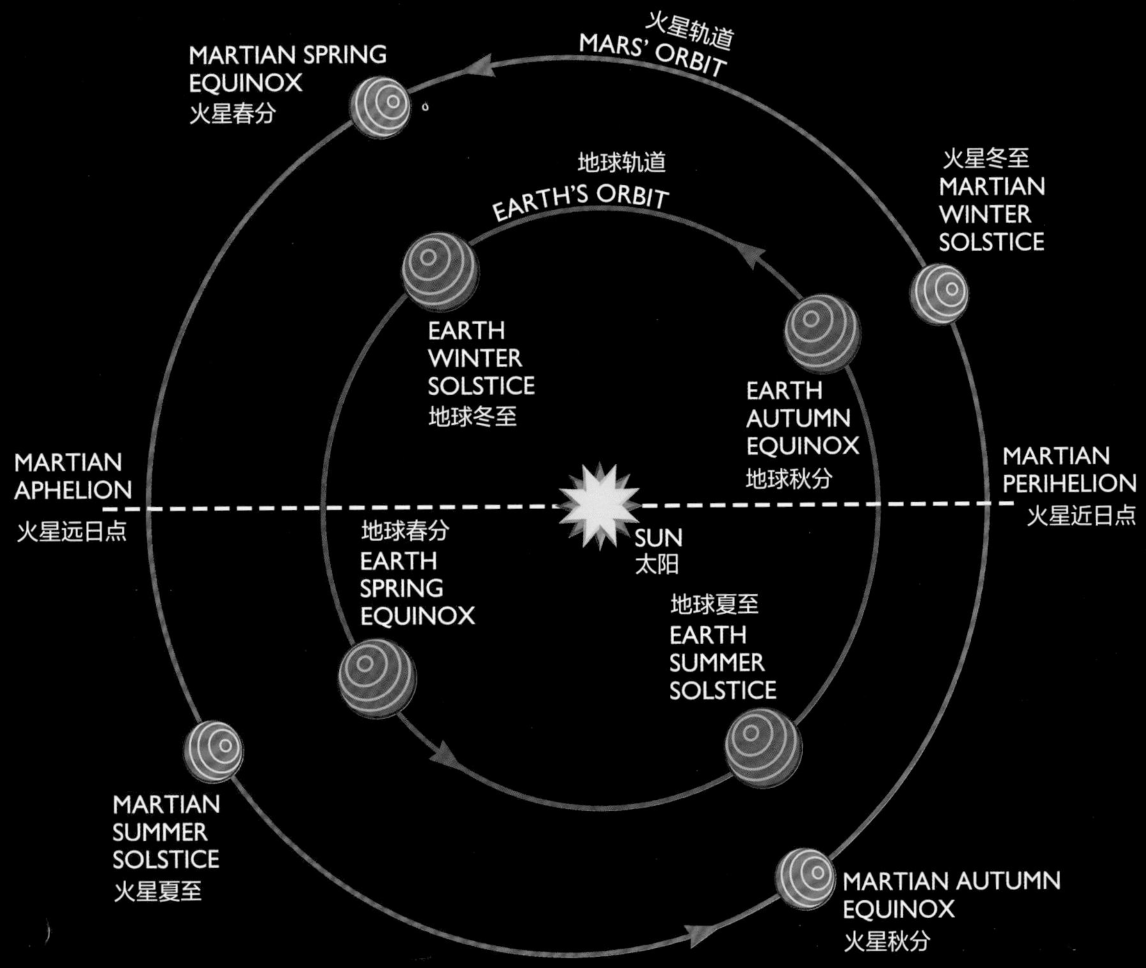

火星冲日、火星合日，以及火星上的季节受椭圆轨道的影响。（*Woods* 供图）

火星冲日与火星合日

地球和火星在各自的轨道上绕太阳运行。太阳与这两颗行星在一条直线上，有两种情况。一种情况是这两颗行星位于太阳的同一侧，此时称为火星冲日；另一种情况是这两颗行星位于太阳的两侧，此时称为火星合日。火星冲日时，夜空中的火星显得很亮。但是，火星合日时，由于正好是在白天，所以看不到火星。

2. 望远镜观测的先驱

1610 年，意大利帕多瓦的伽利略 · 伽利雷（Galileo Galilei）将望远镜对准火星，成为第一个观测火星的人，但在当时，他几乎无法分辨出火星是一个圆盘。

弗朗西斯科 · 丰塔纳（Francesco Fontana）是意大利那不勒斯的律师，1636 年，他首先分辨出了火星的圆盘。两年后，他指出，火星盘正处于盈凸相位。只可惜，他识别出来的这种特征，实际上是由于望远镜的光学缺陷导致的。

据可靠的历史记录，第一个标记出火星盘的，是那不勒斯的达尼埃罗 · 巴托利（Daniello Bartoli），于 1644 年完成，但巴托利并没有把火星盘画下来。

1651 年，意大利博洛尼亚大学的教授乔瓦尼 · 巴特斯达 · 里奇奥利（Giovanni Battista Riccioli）和他的学生弗朗西斯科 · 格里马尔迪（Francesco Grimaldi），看到了火星“反照率”（亮度）变化。1657 年火星冲日，他们又一次观测到这一现象，但也没有画下来。

自转的球体

第一位在火星上识别出一些特征的，是荷兰的眼镜制造商克里斯蒂安 · 惠更斯（Christiaan Huygens）。1659 年 11 月 28 日至 12 月 1 日，他利用正好有显著的 V 形黑斑穿过圆盘中心的时机，开展观测，得出了结论：“（火星上的）白天和黑夜的长度，与我们地球上差不多。”当火星从地球上空穿越的轨迹出现逆行时，他测量了火星的自转周期。这是人类对火星本身性质的第一个发现。

1666 年 3 月火星冲日期间，乔瓦尼 · 多梅尼科 · 卡西尼（Giovanni Domenico Cassini）在意大利博洛尼亚观测火星，绘制了一系列地图，展现出火星表面特征的显著变化。他曾经极力宣称，如果从远处看地球，海洋会显得很黑，陆地则显得很明亮，因此，火星应该也是这样的。虽然当时火星在远日点冲日，无法对这一现象做出说明，但卡西尼仍然测定了火星的自转周期。连续观测数夜后，他注意到，火星的自转速度比地球略慢。经过 38 天的观测，卡西尼根据火星表面的某个特征回到同一位置的时间，计算出火星的自转周期为 24 小时 40 分。因此，每隔 669 个火星日（即如今的火星日）为一个火星年。

卡西尼在 1666 年的报告中指出，他在火星南极看到了模糊的白冠。1672 年，发生近日点的火星冲日时，惠更斯观测到了明显的白冠。

1672 年，年轻的吉安科莫·菲利普·马拉尔迪（Giancomo Filippo Maraldi）

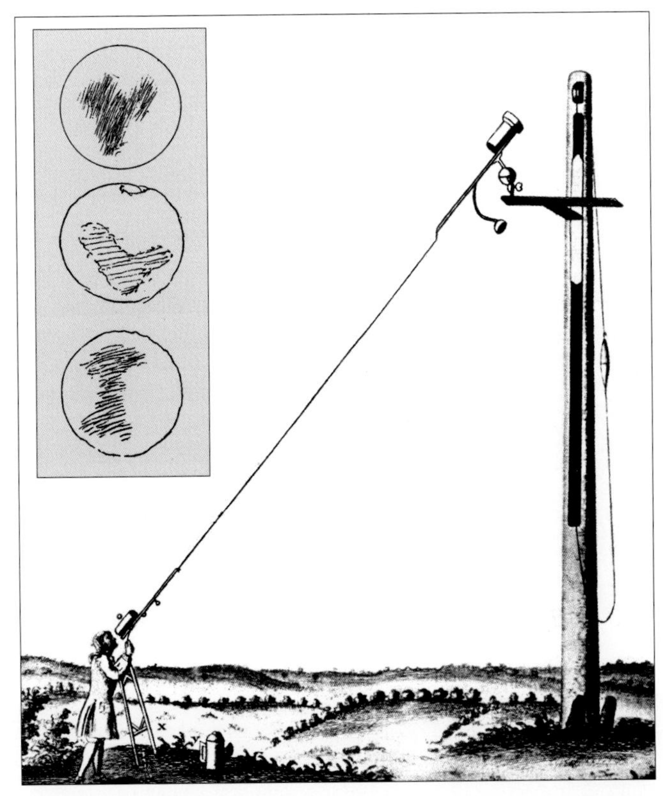

克里斯蒂安·惠更斯用长焦距的“空中望远镜”观测火星。左上角的草图，分别是惠更斯于1659 年（上）、1672 年（中）和1683 年（下）绘制的火星。

观测火星，此后时机适宜时再次进行观测。关于火星的总体特征，他写道：“一直以来，用大型望远镜观测火星盘时能看到斑块，但我们未能明确确定它们的位置，实际上，它们的形状经常变化，不仅会从一个地方移到另一个地方，而且每个月看到的样子都与之前看到的不同。”这说明，我们观测到的火星表面的许多反照率特征，实际上是风暴中的云。“尽管存在很多变化，但暗斑的持续时间很长，我们可以一直跟踪它们，确定火星的自转周期。”最终，他的观测结果证实了卡西尼观测到的火星自转周期。

1704 年，近日点火星冲日时，马拉尔迪观测到火星南极冰盖的位置有了微小变化，这表明，南极冰盖并没有精确聚焦到自转轴的极点上。他还观测到，南极冰盖的面积随时间而变化。1719 年，马拉尔迪终于等到了观测火星最有利的位置，发现南极冰盖消失了一段时间。1716 年，他在火星北极发现了小块的白色区域，是观测到北极冰盖的第一人。

极地冰盖的变化，说明火星上存在季节变化。

至此，用望远镜研究火星的最初阶段告一段落。因为此后在 1734 年、1751 年和 1766 年对近日点火星冲日的观测，都没有引起争议。很显然，火星的自转速率比地球略慢，极地冰盖会暂时出现，还有一些半永久性的反照率特征，以及一些看起来变化无常、像地球大气一样的现象。

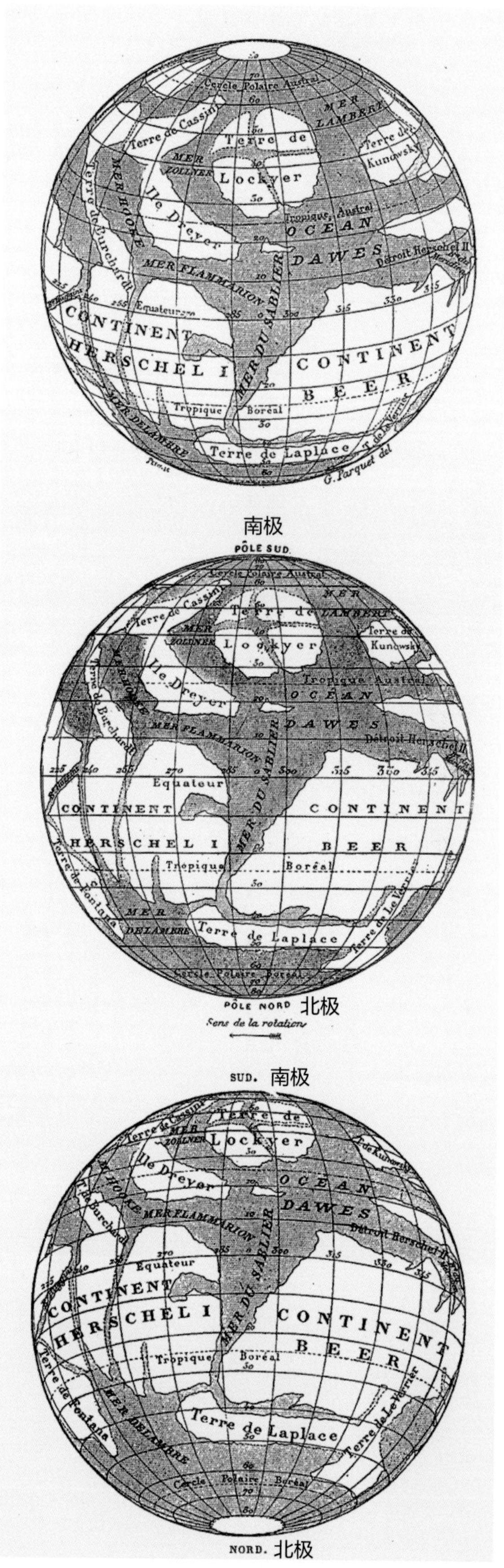

卡米尔·弗拉马利翁（Camille Flammarion）对火星某半球的观测显示，从地球上看，火星的自转轴不断变化，有时会偏向其中的一个极点，有时不偏向其中任何一个极点。

3. 早期地图

1777 年至 1783 年间，每当火星位于适宜观测的位置时，英国的弗雷德里克 · 威廉 · 赫歇尔（Frederick William Herschel）就会用自制的望远镜来观测它，回答了前辈们没有解决的许多细节问题。

让赫歇尔感兴趣的，是火星的自转周期、自转轴的倾斜角，以及轨道的偏心率和自转轴倾角如何共同作用，进而导致火星极冠的变化。虽然，他把观测到的许多特征都画了下来，却唯独忽略了更为普遍的反照率特征。

由于火星的自转轴倾斜，他有时能观测到一个极点，有时又观测到另一个极点，而有时两个极点都可以观测到。

1781 年，近日点火星冲日时，赫歇尔证实了马拉尔迪的发现，即南极冰盖没有聚焦在自转轴的极点上。同时，北极冰盖也没有对准极点。他以地球为例，认为极地冰盖由冰雪覆盖。根据太阳交替照射南北半球的方式（由于自转轴倾斜），他推断认为，极地冰盖会在冬季扩张，而在夏季收缩。

根据每晚观测到的火星盘特征，赫歇尔计算出火星的自转周期为 24 小时 39 分 21.7 秒。

1783 年 10 月，赫歇尔曾两次观测到火星从一颗恒星前经过，恒星光迅速减弱，由此，他推断，火星的大气层一定很稀薄。然而，他偶尔也观测到一些暂时性的变化，他认为，这些变化是火星上的大气导致的。

综合当时关于火星的知识，我们可以发现，火星已经从天空中的一个光点，变成了一个独立的世界。由于自转轴的倾角与地球相似，这颗行星也有季节变化。而且，火星轨道是椭圆形的，因此，它在近日点时的运动速度最快，一年四季持续的时间长短不一：南半球夏季的长度为 156 个火星日，冬季的长度为 177 个火星日。由于这颗行星在近日点接收到的太阳能，比在远日点时多 44%，所以，当火星位于近日点时，南极向太阳方向倾斜，此时，南半球夏季较热；而冬季时，南极点向远离太阳方向倾斜，此时，南半球气温较冷。火星北半球各个季节的时间正好与南半球相反，表面变化不那么明显。赫歇尔假设火星上有人居住，他认为，“在某些方面，火星人的环境条件可能与我们相似”。

约翰 · 海因里希 · 马德勒（Johann Heinrich Madler）与天文爱好者威廉 · 沃尔夫 · 比尔（Wilhelm Wolff Beer）合作，着手研究 1830 年的近日点火星冲日。比尔是柏林的银行家富豪，有一座私人天文台。他们的目标是绘制一张火星地图。观测了几次火星冲日之后，积累了大量的草图。他们认为，火星的大气层太稀薄，无法维持剧烈的天气变化，由此推断，火星的反照率特征只是一种表面现象。他们注意到了火星表面反照率特征的大小、形状和色调的变化，观测到了季节变化。1840 年，火星地图出版时，他们预测了赤道地区和极地的景象，用字母标识了他们感兴趣的特征。比尔和马德勒共同建立了"地形学"（areography）这一学科，与地理学同等重要。

比尔和马德勒共同测定，火星的自转周期为 24 小时 37 分 23.7 秒。之后，他们重新核对了赫歇尔的观测结果，解决了他们估算的自转周期与赫歇尔估算的自转周期差 2 分钟的问题。他们发现，1777 年至 1779 年间火星绕轴自转的次数，比他们之前预测的次数多了 1 次。等人们终于接受他们对火星自转周期的修订结果，他们的时代也已经在弹指一挥间悄然而过。

1858 年火星冲日时，罗马诺学院的佩特 · 安

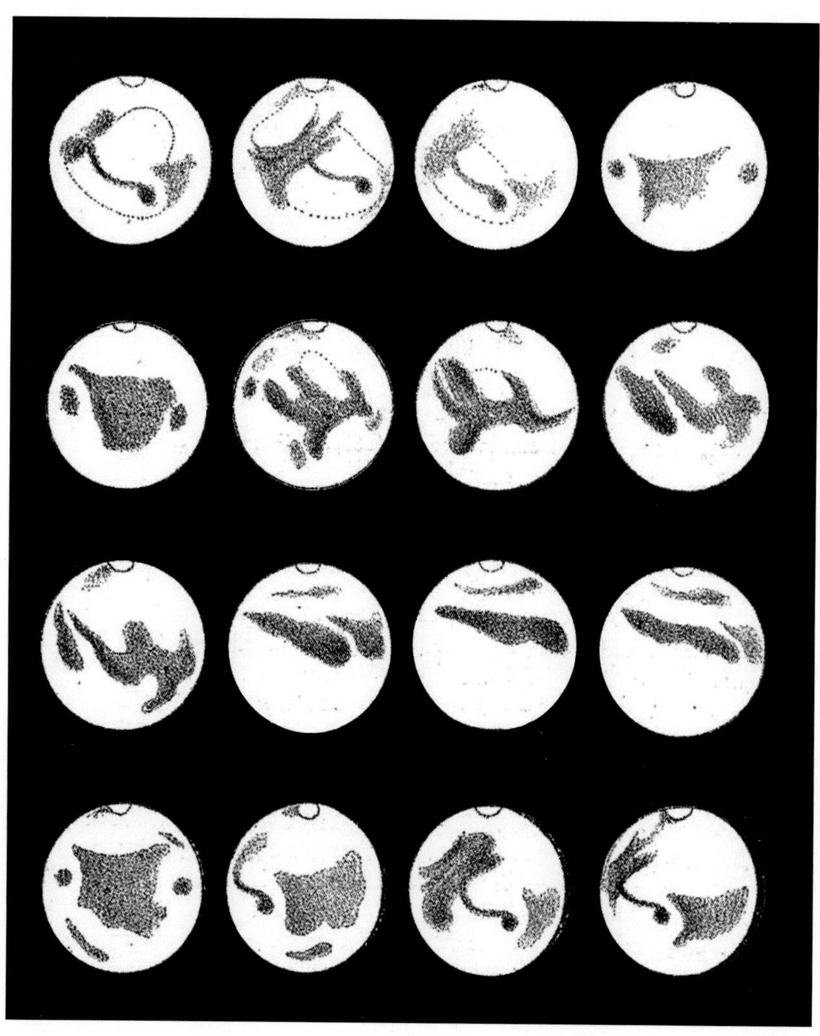

比尔和马德勒在 1830 年观测火星时绘制的草图。（感谢 *Bill Sheehan* 供图）

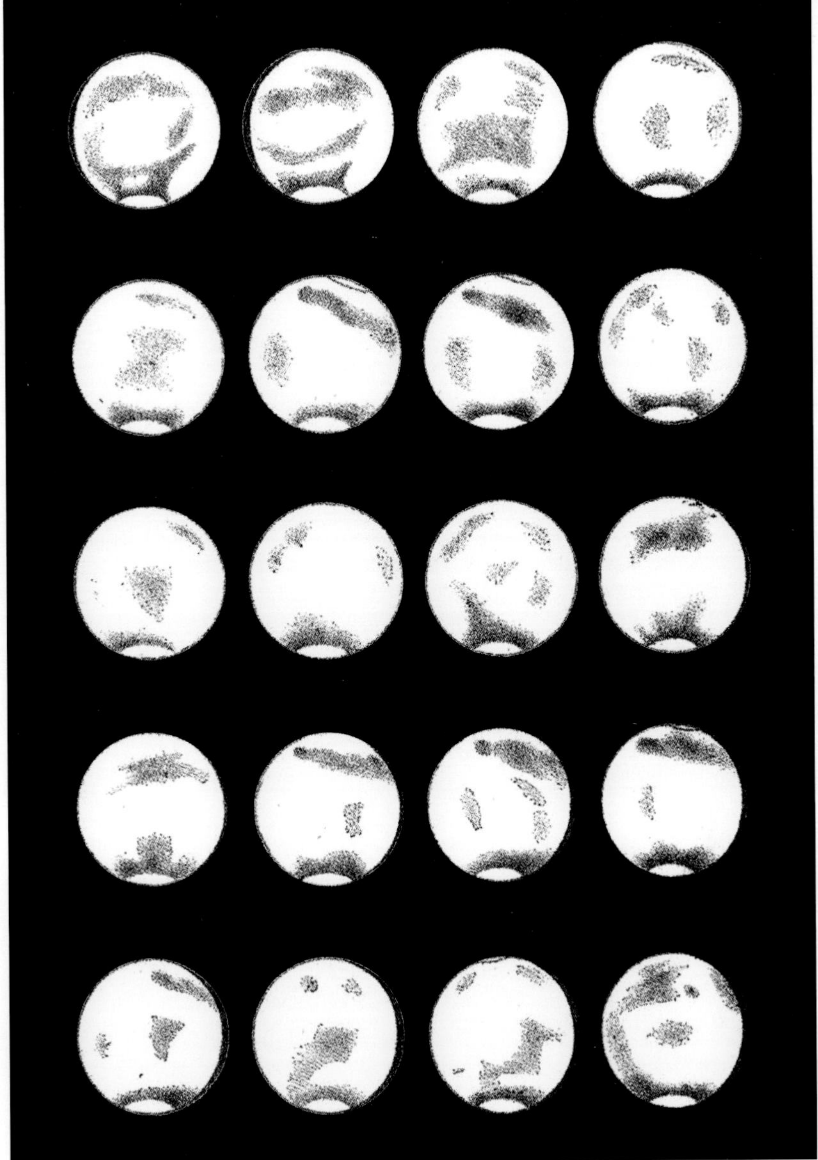

比尔和马德勒于 1837 年绘制的火星草图。（感谢 *Bill Sheehan* 供图）

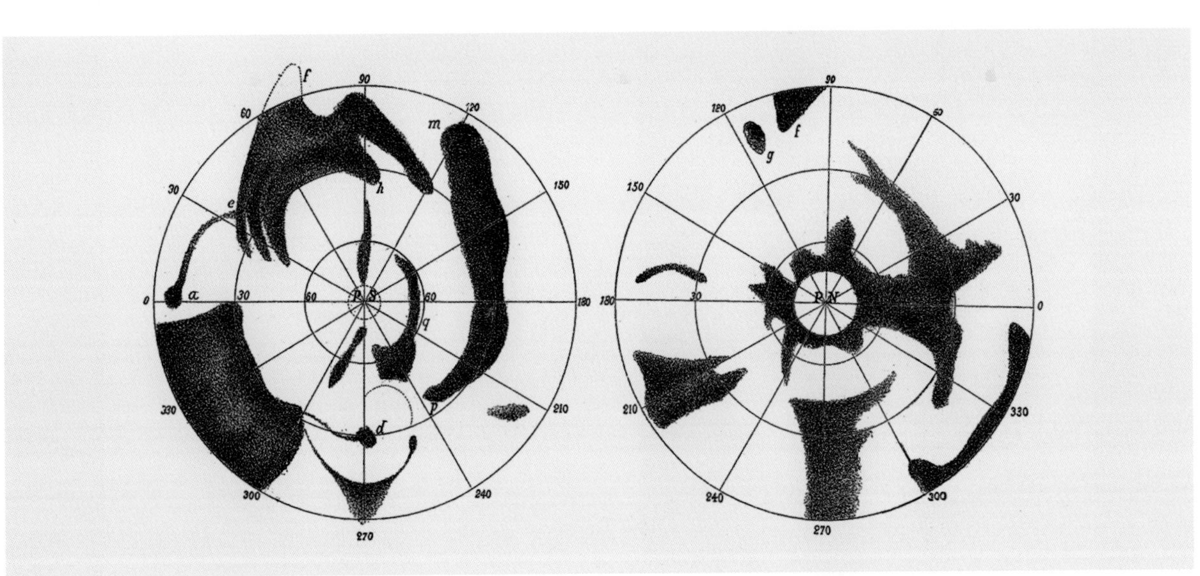

1840 年，比尔和马德勒公布了火星极区的投影地图。（感谢 *Bill Sheehan* 供图）

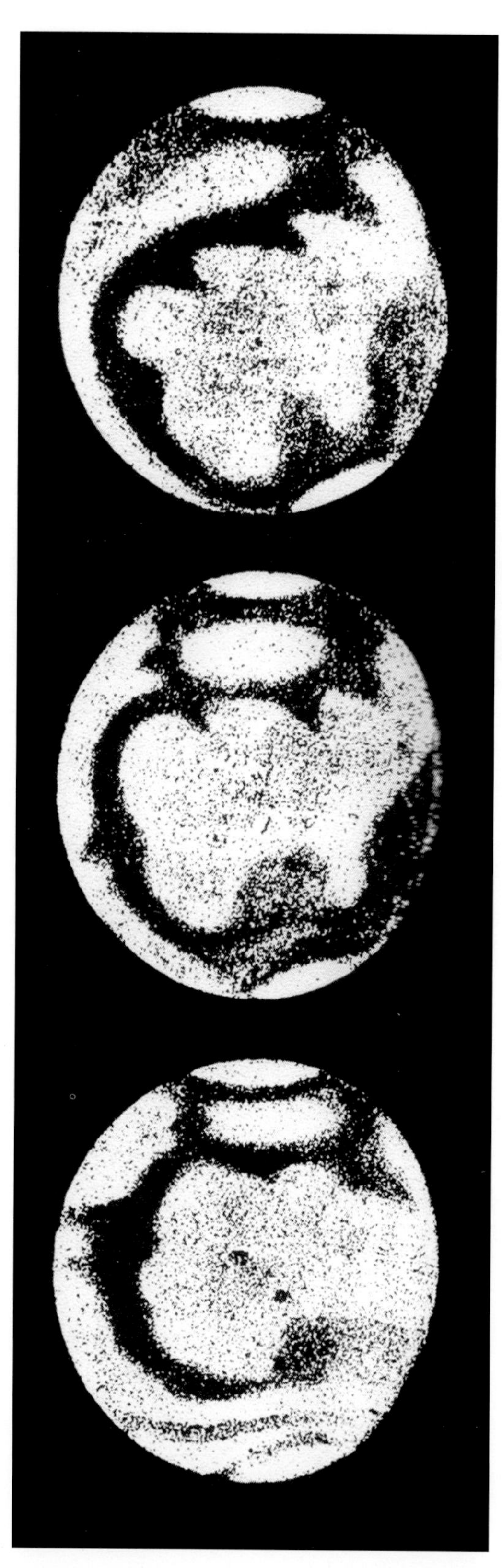

西奇在 1858 年和 1864 年火星冲日时绘制的火星地图。

吉洛 · 西奇（Pietro Angelo Secchi）在火星上发现了一个转瞬即逝的白色物体，这是人们第一次看到后来被称为“白云”的东西。

1860 年火星冲日时，火星正好位于近日点，但从欧洲观测，火星在天空中的位置偏低。1862 年的火星冲日更有利于观测，荷兰的弗雷德里克 · 凯泽（Frederik Kaiser）绘制了一幅火星地图，与比尔和马德勒的火星地图相比，有了明显的进步。与惠更斯在 1659 年、赫歇尔在 1783 年观测到的自转周期相比，凯泽计算的火星自转周期，精确到了 24 小时 37 分 22.62 秒。（但由于惠更斯最初绘制的火星地图具有开创性意义，这证明了它们的价值！）英国的约瑟夫 · 诺曼 · 洛克耶（Joseph Norman Lockyer）制作了一套精美的火星地图，他后来告诉英国皇家天文学会（Royal Astronomical Society），这些地图与比尔和马德勒的研究结果“惊人的一致”。

火星表面的暗黑地带通常被认为是海洋，但在巴黎工作的以玛利 · 理艾斯（Emmanuel Liais）认为，如果水域面积很大的话，就不可能出现周期性变暗的现象。相反，他认为暗黑地带是干涸的海床。随着极地冰盖向大气中输送水蒸气，那里的植被开始生长。西奇不同意这一说法，他认为，冰盖的季节性变化“只能用雪的融化或云来解释”，因为水是“雪”在自然界中的天然形态，很显然，“海洋和大陆的存在……”都证明了他的说法。英国地质学家约翰 · 菲利普斯（John Phillips）曾在 1862 年火星冲日时持续观测过火星，他说，如果暗黑地带是开阔的水域，那么，他应该能看到太阳的反光，实际上却没有看到。

威廉 · 拉特 · 道斯（William Rutter Dawes）在 1862 年和 1864 年的火星冲日时，绘制了很

多火星地图。天文著作的多产作家理查德·安东尼·普洛克托（Richard Anthony Proctor），在1867年利用这些观测数据制作了一张地图，比之前比尔和马德勒绘制的地图要详细得多。更重要的是，他用研究火星的天文学家的名字来命名火星上的特征。最初，惠更斯绘制的火星上显著的V形地带被命名为凯泽海，比尔和马德勒在赤道上发现的小黑点“A”被命名为子午线地区。然而，由于普洛克托过分偏袒英国天文学家，招致了批评。更糟糕的是，为了纪念他的朋友，他用朋友的名字命名了一片海洋、一个海域、一道海峡、一条海湾、一座岛屿和一个大陆！

1870年，普洛克托发现，他分辨出了罗伯特·胡克（Robert Hooke）1666年绘制的地图上出现过的特征。以长达200年的时间跨度为基础，普洛克托将自转周期精确到24小时37分。他还指出，在这段时间内，即便测量误差只有0.1秒，也会导致自转周期出现2小时的误差。

1871年的火星冲日时，法国巴黎的卡米尔·弗拉马利翁观测了火星。1876年，他发表火星地图时，保留了子午线地区的名称，将其更名为子午线湾。

1892年，弗拉马利翁在《火星及其宜居环境》一书中，引用星云假说作为证据，证明火星的演化速度比地球更快。在此基础上，他推测认为，火星表面受到了严重侵蚀，整体上很平坦，如同地中海那样深的海水淹没了海岸线，导致季节性变化。

星云假说

受土星环的启发，1796年，法国数学家皮埃尔-西蒙·拉普拉斯（Pierre-Simon Laplace）提出，旋转的气体星云受引力坍缩形成了太阳系。得出这一结论的分析过程主要参考了当时的几个重要发现：

（1）所有行星绕太阳公转的方向都是相同的。

（2）所有行星都以自转轴为中心，沿着公转的方向自转。

（3）除微小偏离外，所有行星都在同一平面上绕太阳运行。

拉普拉斯说，当星云收缩时，角动量守恒会使自转速率增加。它会不断剥离一些组分，释放自身“过剩”的角动量，从而在一个平面上形成一系列同心环。当位于中心的物质形成太阳后，每一个同心环都会凝聚成一颗行星，在离太阳一定距离的近圆形轨道上运行。根据这一推理，火星比地球形成的时间更早。这样说来，火星更古老、受侵蚀的情况更严重，由于火星的体积更小，内部热量会迅速丢失。

虽然星云假说在当时被广泛接受，但后来的数学分析表明，实际情况并非如拉普拉斯认为的那样。

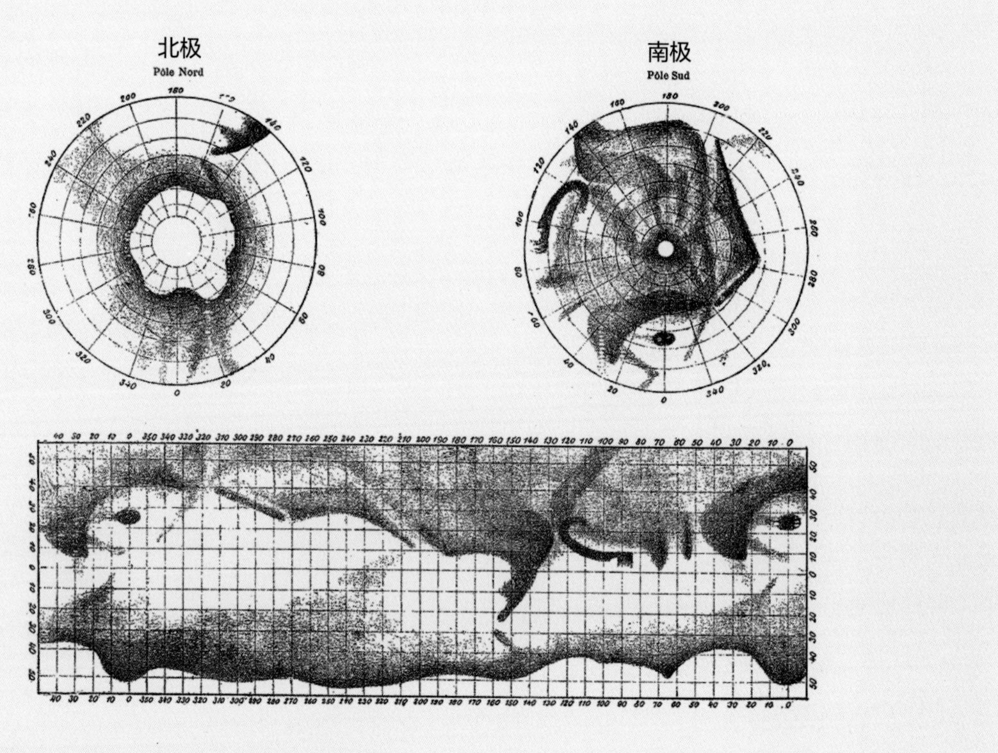

凯泽在 1864 年绘制的火星地图，显然要比之前比尔和马德勒绘制的地图更好。望远镜观测时看到的火星是倒像，所以，在他们绘制的墨卡托投影地图上，南极位于上方。（感谢 *Bill Sheehan* 供图）

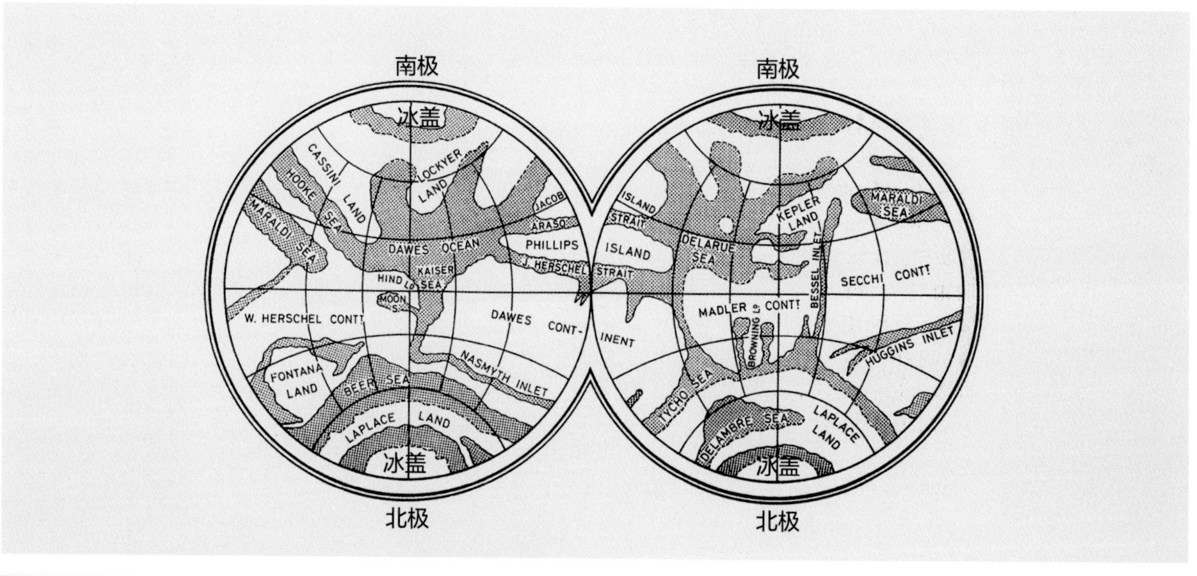

1867 年，普洛克托利用道斯在 1862—1864 年绘制的火星地图，首次绘制出包括两个半球的火星地图。

1893 年《作为行星的火星》出版后，弗拉马利翁回忆起 18 世纪约翰 · 海因里希 · 兰伯特（Johann Heinrich Lambert）的推测，认为火星上的黄褐色地带有一种特有的植物。“为什么火星的植被不是绿色的？”弗拉马利翁指出，叶绿素由两种化合物组成，一种是绿色，另一种是黄色。“黄色化合物可以单独存在，或者说火星上可以没有绿色化合物，只有黄色化合物。”

4. 火星的卫星

赫歇尔等人在火星附近的天区，搜寻火星的天然卫星，却一无所获。

1877 年，美国的阿萨夫 · 霍尔（Asaph Hall）在火星冲日的最佳位置进行观测。火星的卫星很小，所以很暗。为避免火星的光芒掩盖卫星的亮光，霍尔把火星移到视场外且不远的位置，在离火星冲日还有一个月时，开始搜寻“卫星”。前几个晚上一无所获。8 月 11 日，他发现了一个小不点，之后，就不得不连续忍受了五个有云的夜晚，到第六天才能继续观测。这次，他发现，之前看到的小不点居然还在，让他十分惊喜。这说明，那个小不点并非天空背景中的恒星，而是随着行星移动的天体。第二天晚上，他就得到了观测证据。起初，“小不点”并没有出现，在环绕火星运动一段时间后，才从强光中闪现出来。

令霍尔惊讶的是，8 月 17 日，他还发现了另一颗离火星更近的卫星。

进一步观测结果证实，这两颗卫星的运行轨道几乎为圆形，与火星的赤道平面重合。火星经过冲日点后，卫星就消失了。直到 1879 年再次出现，1881 年又一次出现。

霍尔以荷马史诗《伊利亚特》中战神的两位追随者的名字，为这两颗卫星命名，靠内侧的叫福波斯（Phobos，火卫一），靠外侧的叫戴摩斯（Deimos，火卫二）。

与公转周期为一个月、相距约 38.5 万千米的地月系统相比，两颗卫星与火星之间的距离要近得多（这或许可以解释，为什么人们以前没有发现它们，是因为人们搜寻火星卫星的地方太远了）。

火卫一的轨道高度仅为 6000 千米，绕火星一圈的周期约为 7 小时 40 分钟。由于运转速度极快，在火星上，观测者会发现它从西边升起，飞快地划过天空，再落到东边，一天循环很多次。从火卫一上看过去，火星盘几乎覆盖了天空的四分之一。因为离火星极近，人们站在火卫一上将无法看到火星的两极。

相比之下，火卫二的轨道高度约为 2 万千米，绕火星一圈的周期为 30 小时 18 分钟，它从东方升起，飞行速度非常慢，要 130 个小时才能在天上飞一圈。

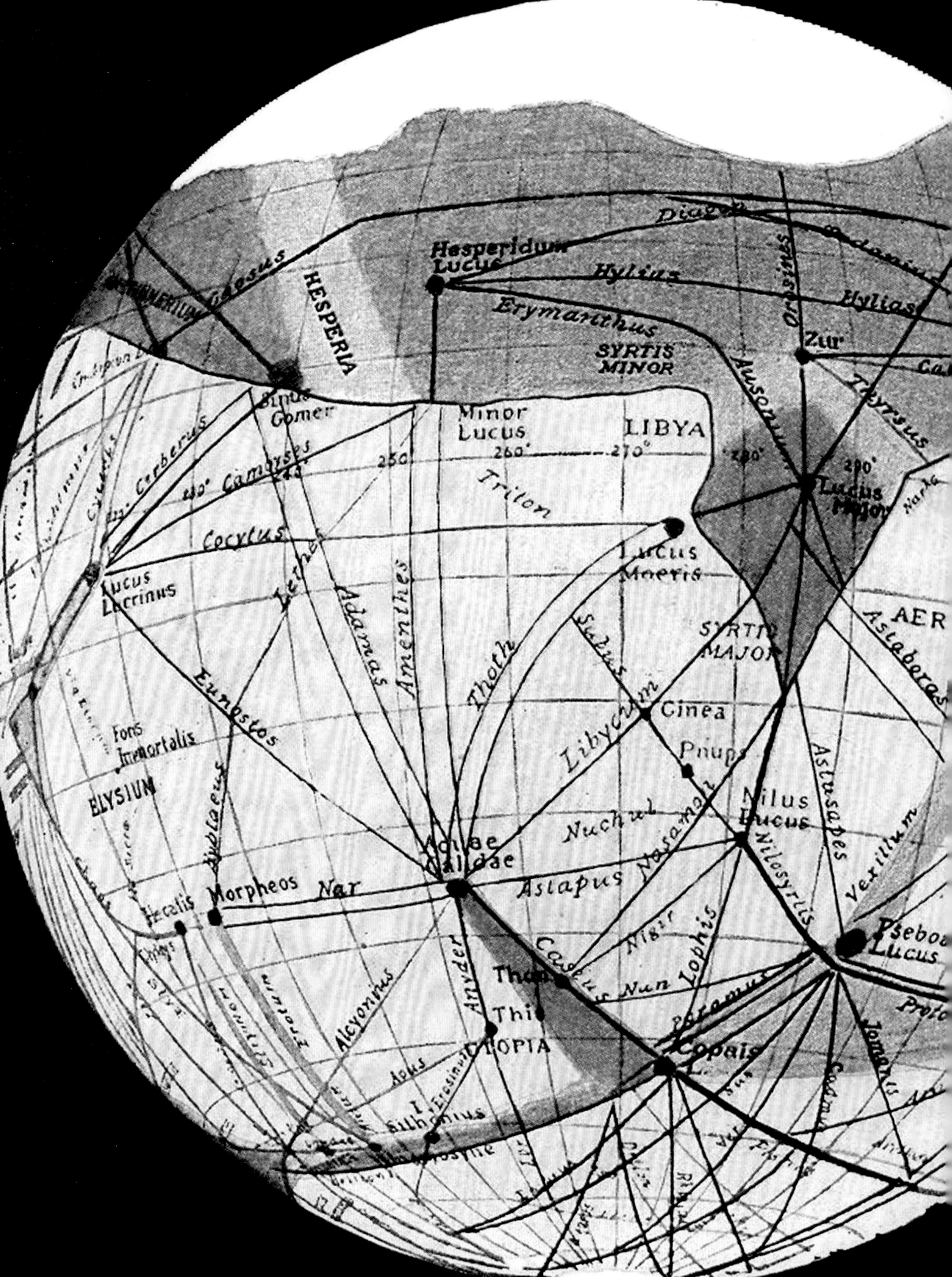
Hesperidum Lucus
HESPERIA
Hylias
Erymanthus
SYRTIS MINOR
Zur
Ausonius
Thyrsus
Sinus Gomer
Minor Lucus
LIBYA
260°
270°
250°
280°
290°
Lucus Major
Cerberus
Camoses
Triton
Cocytus
Lethes
Lucus Moeris
Lucus Lucrinus
Adamas
Amenthes
Thoth
AER
Astaboras
SYRTIS MAJOR
Eunostos
Libycum
Cinea
Fons Immortalis
ELYSIUM
Nilus Lucus
Nuchul
Aquae Calidae
Astapus
Nasamon
Morpheos
Nar
Astusapes
Vexillum
Nilosyrtis
Casius
Lophis
Nun
Pseboa Lucus
Anyder
Alcyonius
Thi
Copais
Jomanes

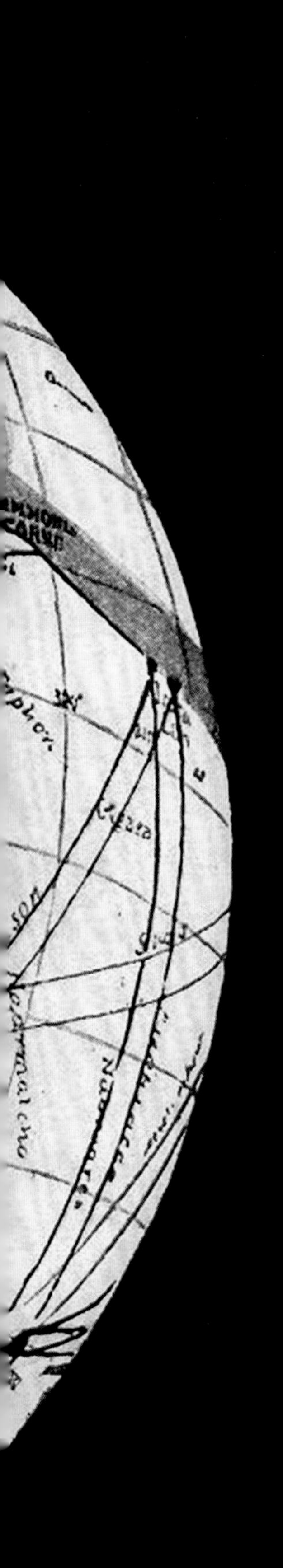

Chapter Two

Theorising About Mars

第二章

火星理论

18 世纪后期，有些观测者报告，他们发现了火星上又长又窄的条纹特征，还伴随有一些暗黑地带。这不禁使人猜测，火星上或许住着一群古老的智慧生物，他们建造了运河，将水从极地冰盖输送到干旱的沙漠中。但等我们深入了解了火星后，这个想法就被推翻了。

帕西瓦尔 · 罗威尔1908 年出版的《 火星宜居吗? 》(*Mars as the Abode of Life*) 一书中描述了火星上的运河。

1. 斯基亚帕雷利约数

1877 年火星冲日期间，意大利米兰的乔瓦尼·维吉尼奥·斯基亚帕雷利（Giovanni Virginio Schiaparelli）对火星进行了三角测量。他在望远镜的目镜中安装了一个千分尺，通过网格内的参考点测量，确定了火星表面反照率特征的位置。由于当时能很好地观测南半球，他绘制的火星地图主要也是这部分。受地理学和古典文学的启发，他想到了一种新命名法来命名惠更斯描绘的 V 形黑斑：大瑟提斯（Syrtis Major）。

与惠更斯不同的是，斯基亚帕雷利将黑斑的界线锐化，勾勒得很明显。但是，在他绘制的地图中，最令人称奇的是他称之为河道的狭窄线条。“河道将一块又一块黑斑（通常称为海洋）连接起来，在明亮的火星表面形成了显著的河网体系。这种排布方式很稳定，似乎永远都是这样。线条很有规律，在火星上穿越很长的距离，但不像地球上的溪流那样蜿蜒曲折。短的线条长度不到 500 千米，长的线条则绵延数千千米。一共只有不到 60 条线条。有的线条很容易看到，有的线条则不容易发现，就好似把精细的蜘蛛网覆盖在火星盘上。”

在斯基亚帕雷利画出的河道中，有几条河道曾在之前记录过。道斯就曾画过几条不太清晰的纹路，比尔和马德勒、西奇、凯泽和洛克耶也曾画过类似的线条。但这些观测者都觉得，这种特征并没有什么可奇怪的。

1877 年，纳撒尼尔·埃弗雷特·格林为了完善普洛克托绘制的地图，在被天文学家称作“视宁度”超棒的大西洋岛屿——马德拉岛进行观测。格林批评斯基亚帕雷利，认为他“将无限柔和的阴影，描绘成了清晰锐利的线条”。

1900 年 10 月 28 日，斯基亚帕雷利在意大利都灵的布雷拉天文台工作，照片由当地报纸《星期日信使》的阿奇勒·贝尔特拉姆（Achille Beltrame）拍摄。

英格兰的托马斯·威廉·韦伯（Thomas William Webb）将斯基亚帕雷利和格林的观测结果，与自己的结果进行比较，认为“很多情况是因为观测者观测相同物体的方式不同、所受训练不同，线条模拟时依据的原则也不同”。特别是，“格林善于利用形状和颜色，他为我们呈现出来的是一幅肖像画，熟悉原作的人如果看到他的临摹，都会对它赞不绝口。而斯基亚帕雷利则与之相反，他患有色盲，但他以微观视觉的方法，测量了 62 个基本点，完成了线性度最强的工作，绘制了一幅清晰的火星地图。不管它是否真实准确，任何人第一眼看上去，都不会认为这是火星。”

换句话说，韦伯认为，他俩“一个为我们呈现的是照片，另一个则提出了一项计划”。公正地说，格林是一位专业艺术家，而斯基亚帕雷利则是一名工程师。

根本来讲，问题在于用绘画描述火星盘并不客观。每位观测者眼中的火星都是不同的，因为每个人的眼睛、经验，以及绘画方式都不一样。其实，正如弗拉马利翁所说，在一个晴朗的夜晚，两名观测者同时在巴黎天文台，用几分钟时间在同一台望远镜上记录火星盘，二者的画作中“相似之处相当少”。

1879 年火星再次冲日时，斯基亚帕雷利证实，河道整体上是一些狭窄线条。他宣布，有一条十分稳定的河道已经分成了好几条，变成了一

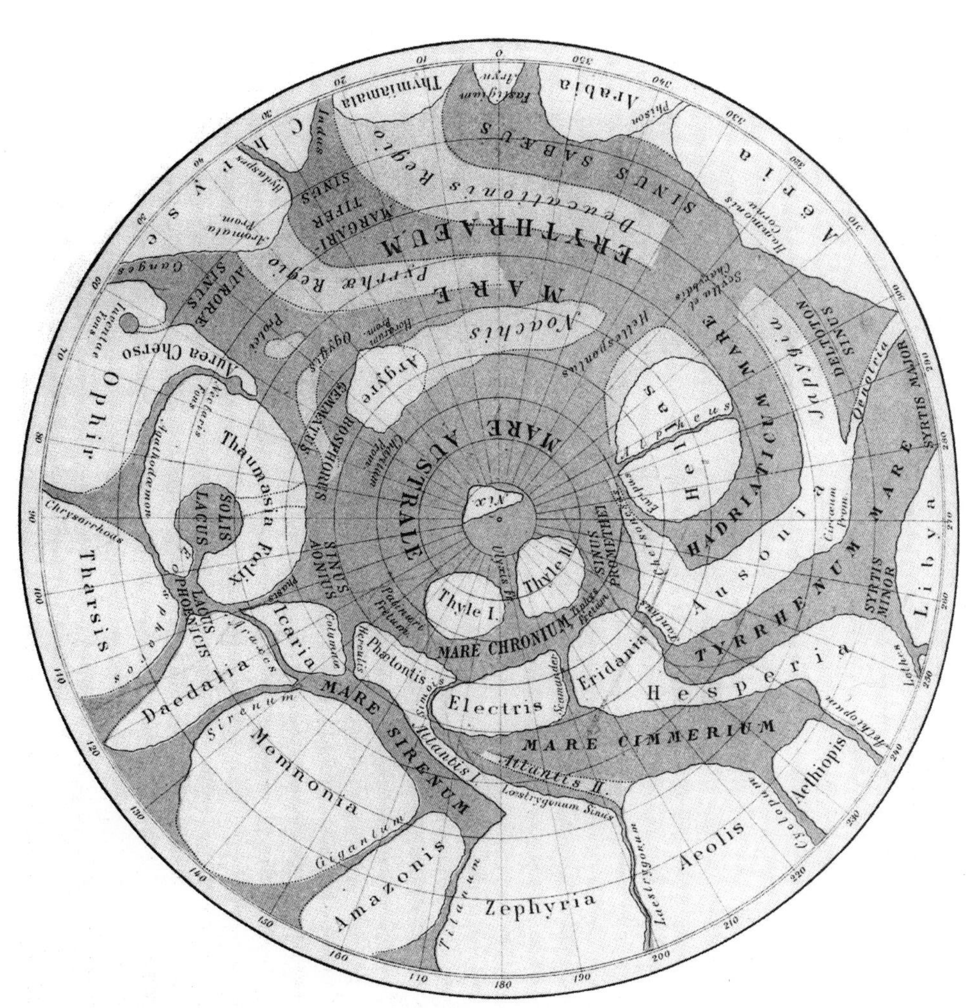

1877 年火星冲日时，斯基亚帕雷利根据观测结果绘制的火星南半球地图，当时火星的自转轴倾向南极。（*RAS* 供图）

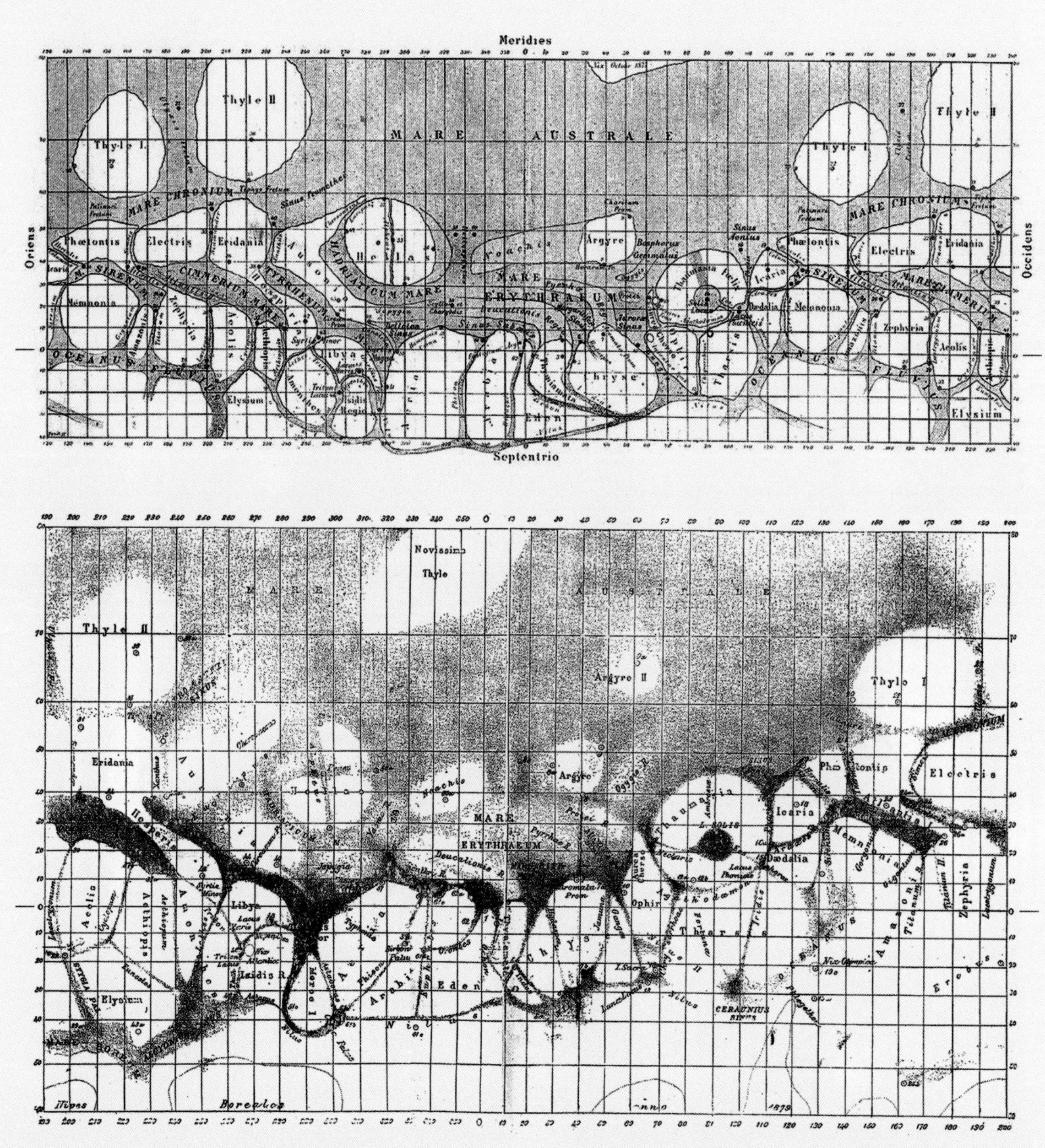

地球凌日

1879 年火星冲日时，火星上的观测者会看到地球穿越太阳的盘面。虽然地球和火星绕太阳运行的轨道平面略有倾斜，但在这种情况下，火星和地球在一条直线上。同时，火星上的观测者也会看到月亮穿越太阳圆盘。

斯基亚帕雷利于 1877 年（上图）和 1879 年绘制的火星地图。前者横跨的纬度范围为北纬 40° 至南纬 80°（南北颠倒）。两年后，他将北半球的观测范围扩大到了北纬 60°。（感谢 *Bill Sheehan* 供图）

些相互之间隔得很近的平行河道。他还说，他画的一些区域以前并没什么特征，但现在已经出现了许多精细的线条。他回想起来，似乎两年前近日点火星冲日时，部分观测画面被火星上的沙尘暴遮挡住了。

1881 年至 1882 年发生火星冲日时，火星所处的位置不太利于观测，原因是离我们不够近，但在意大利北部看到的情况却很好。斯基亚帕雷利继续进行观测，他注意到，在几天内，河道变多的现象或隐或现。他认为，自己在 1877 年的绘图风格是“纯粹的原理图”，后来，他才开始绘制“更加赏心悦目”的地图。

其他观测者

几乎整整十年，斯基亚帕雷利是唯一一个把河道画成窄线条的人。1886 年 4 月，尼斯天文台的亨利 · 贝浩登（Henri Perrotin）及其助手路易斯 · 托龙（Louis Thollon）证实了窄线条的存在，表示它们“几乎在所有方面，都符合（斯基亚帕雷利给它们）界定的内容”。

尽管当年发生火星冲日时，火星的位置不是太有利于观测，但英国和美国仍有一些观测报告，支持这一结论。比利时的弗朗索瓦 · 约瑟夫 · 查尔斯 · 特比（François Joseph Charles Terby）是一个充满热情的观测者，他查阅手边的火星“地图”，确保自己应该看哪些地方。许

贝浩登和托龙于 1886 年绘制的火星地图，他们认为，这证实了斯基亚帕雷利发现的线性特征。（感谢 *Bill Sheehan* 供图）

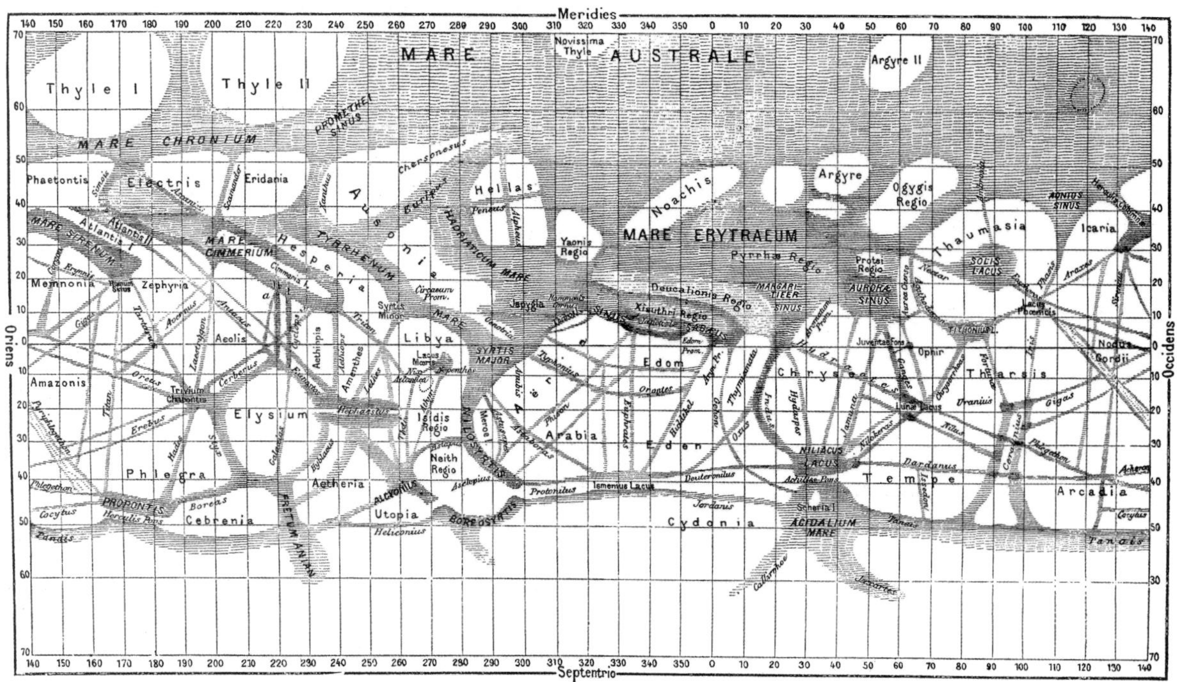

斯基亚帕雷利绘制的火星地图，整合了他在 1877 年至 1886 年间的观测结果。

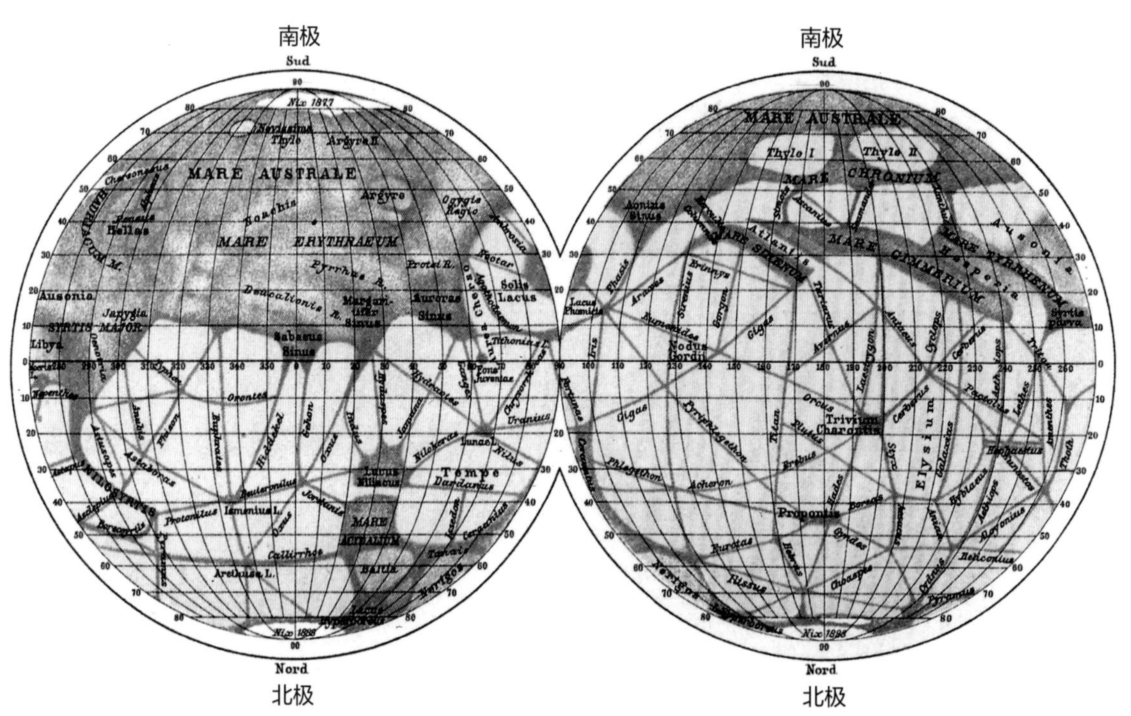

两个半球的火星地图是斯基亚帕雷利在 1877 年至 1888 年间观测结果的总结。

多其他观测者虽然用了精密的望远镜进行观测，但运气都不如他。

尽管如此，人们仍然渴望遇到下次火星冲日，从而更好地观测火星。

1888 年的火星冲日发生在近日点，但斯基亚帕雷利用新型的大望远镜观测后，仍然认为河道保留着“独特雕刻性”。那一年，他把观测结果合并成整幅火星地图，为他对火星的研究画上了圆满的句号。

与此同时，望远镜的研制也取得了重大进展。1856 年，意大利天文学家查尔斯·皮亚齐·史密斯（Charles Piazzi Smyth）在大西洋中的火山岛特内里费岛（Tenerife），海拔 3720 米的山顶上竖起一架望远镜。詹姆斯·利克（James Lick）曾在 1849 年美国加州的淘金热中，靠房地产生意赚了一大笔钱。1874 年，他捐出了 70 万美元，建造了口径 36 英寸（91.44 厘米）的望远镜，成为当时世界上最大的望远镜。1888 年 1 月，人们将

利克天文台建于 19 世纪 80 年代，坐落在美国加州汉密尔顿山上，是世界上第一个高海拔天文设备。这张照片大约拍摄于 1900 年。（感谢 *Lick Observatory* 供图）

望远镜放在加州海拔1300米的汉密尔顿山山顶，很快就推动了天文学的发展。

1892年的火星冲日，虽然发生在近日点，但火星在天空的位置很靠南，不太方便北半球的天文学家观测。但威廉·亨利·皮克林（William Henry Pickering）在南半球的秘鲁安第斯山脉的阿雷基帕，观测到的情况却很不错。他把河道画成了朦胧的条纹，视宁度很好时，还能看到河道相交时的小黑点。那时，其他人只在黄褐色地带看到了河道。而皮克林却发现，在暗黑地带还有一条颜色很浅的线条穿过去。这令他很惊讶。皮克林不相信火星上会有开放性的大面积水域，他转而选用30年前理艾斯提出的植物假说，来解释这种现象。他认为，这些河道实际上是大片的植被，依靠从地壳深处的裂缝中泄漏出来的火山气体存活。

2. 罗威尔的火星人

1876年帕西瓦尔·罗威尔从哈佛大学毕业后，继承了家族企业。但是，他对天文学很有兴趣。1893年，他读了弗拉马利翁的书，与皮克林交流后，决定在1894年火星冲日时，建立一座“研究火星生命环境条件”的天文台。他自信地说：“我们有充分的理由相信，我们正处于黎明前的黑暗，很快就能解决这个问题。”

在皮克林的帮助下，罗威尔把天文台选址在弗拉格斯塔夫。当时，那里只有一条小型铁路，后来，那里成了亚利桑那州的地盘。天文台位于海拔2200米的高原上，一年里的大部分时间视

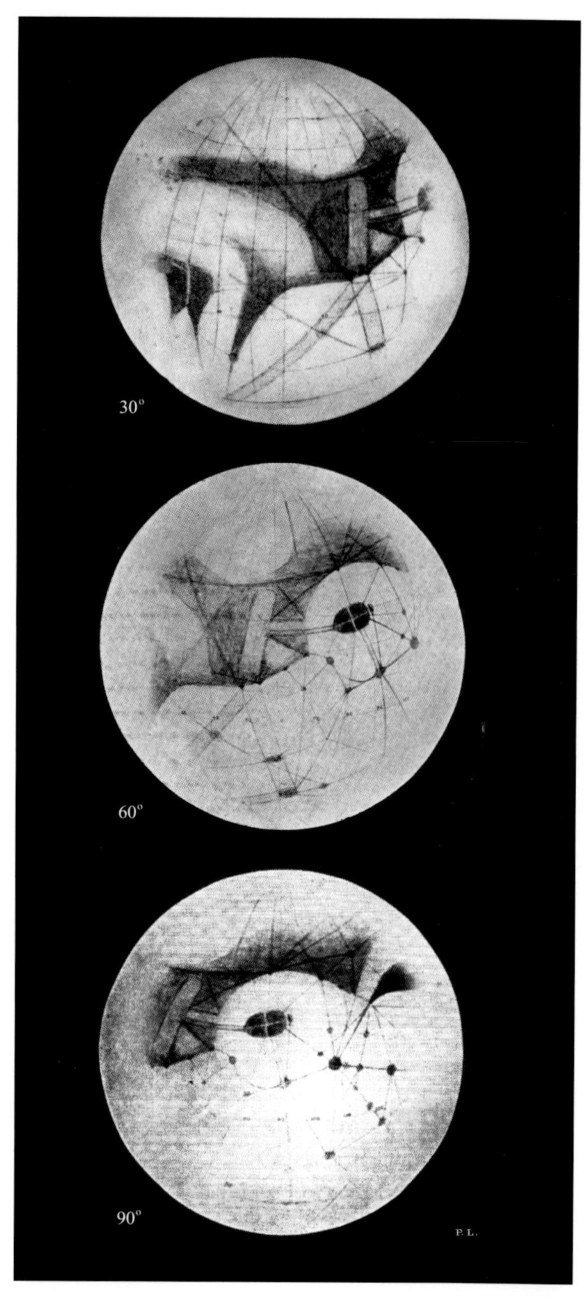

1894年火星冲日期间，罗威尔积累了近1000幅火星图，他写了一本题为《火星》的书，于1895年底出版。他画了一系列的火星半球视图，火星每沿轴自转30°，他就画一张图。他细心地观察许多草图，再进行精心编制，由此分析出全球视角下的火星运河系统。这里给出其中三幅半球视图。请注意，图的上方为南，所以自转方向看起来有误*。（感谢 *Lowell Observatory* 供图）

* 我们如今习惯看的火星地图，上方都是北极。——译者注

野都很好。虽然建造时间很紧，但在1894年4月23日，口径18英寸（45.72厘米）的折射望远镜已准备好迎接“第一道光”。

从5月28日开始，罗威尔、皮克林及其助手安德鲁·埃利科特·道格拉斯（Andrew Ellicott Douglass）几乎每天晚上都在火星冲日的位置进行观测，在接下来的四个月里，他们绘制了近千张图纸。罗威尔写道：“一个小时又一个小时，一天又一天，一月又一月”，河道都在那儿。

罗威尔无法找到斯基亚帕雷利提到的所有河道，但也没有特别在意，因为之前的观测者都认为，每次火星冲日时河道的样子都不同。事实上，罗威尔记录的河道比斯基亚帕雷利记录的更多。除了绘制出黄褐色地带河道交叉的小黑点外，道格拉斯还证实了皮克林关于河道穿过暗黑地带的报告，而在此之前，那个报告尚未被人证实过。

回到波士顿后，罗威尔仔细思考了观测结果。他同意皮克林的观点，认为河道是大片的植

罗威尔在美国亚利桑那州弗拉格斯塔夫建造的天文台，1894年在近日点火星冲日期间观测火星。（感谢 *Lowell Observatory* 供图）

被，但不同意它们是在地壳裂缝中形成的。相反，罗威尔认为，河道的分布是人为安排的。

1895 年，罗威尔的《火星》一书出版，他在书中公布自己的结论：“首先，火星的众多物理条件并非不利于生命存活；其次，火星表面明显缺水，因此，如果存在智慧生物，它们就不得不靠灌溉维持生命；第三，以前发现的一片网格标记覆盖在火星盘上，正好与灌溉系统的样子相对应；第四，也是最后一点，我们本来就想找到那些人工灌溉的地区，而现在正好有这样一组斑点，表现出这种绿洲的结构。”

由此推断，罗威尔认为，火星人生活在河道与黄褐色地带交汇的地方，他将其称为沙漠中的绿洲。罗威尔将火星描绘成一个垂死挣扎的世界，不仅令人回味，还启发了英国的赫伯特 · 乔治 · 威尔斯写出了《星际战争》，书中讲的就是火星人入侵地球的故事。1897 年，这个故事在杂志上连载后，又在 1898 年结集成书，上市后立刻成为畅销书。

尽管大众对罗威尔的火星地图很是着迷，许多技术高超的观测者，虽然也配备了性能优良的望远镜，但仍然很难发现河道。

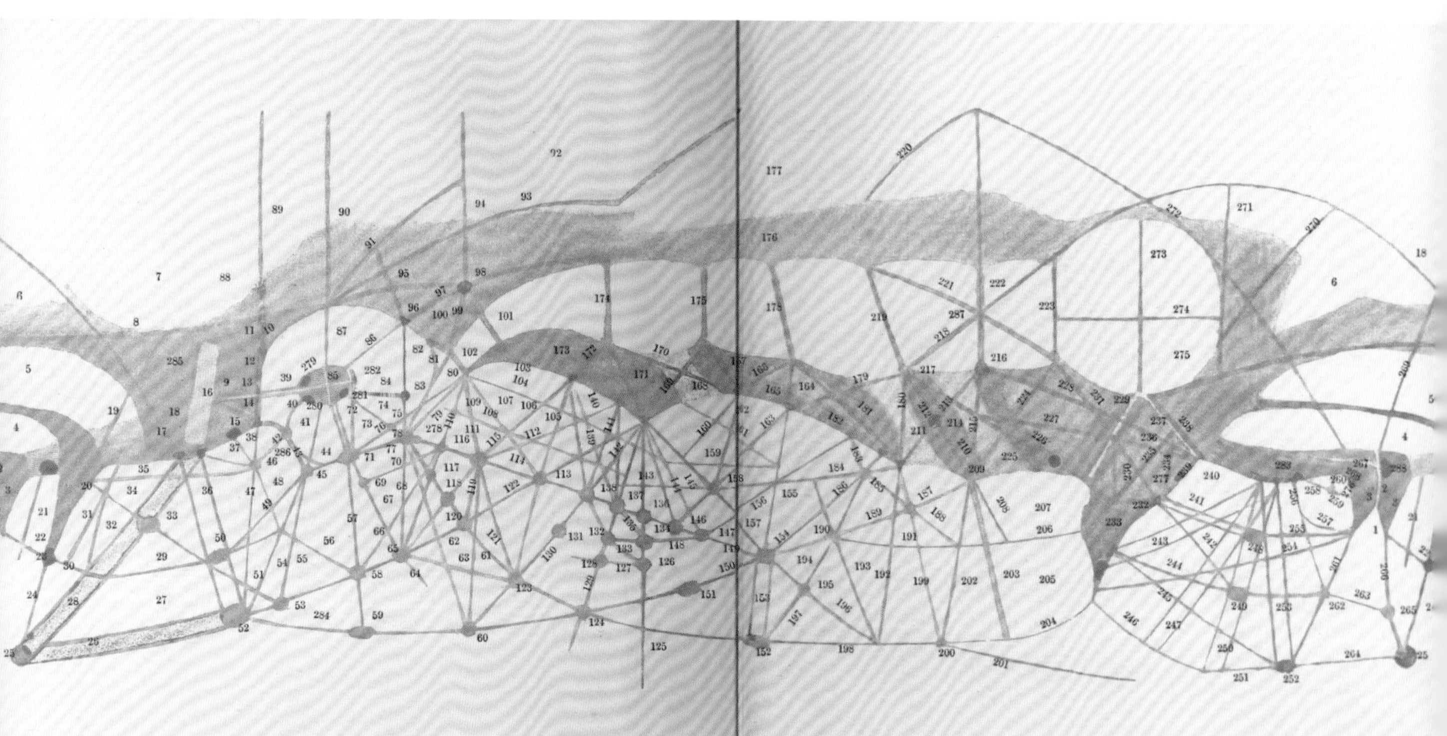

罗威尔 1895 年出版的《火星》一书中，包括了一幅展示火星运河的地图。（感谢 *Lowell Observatory* 供图）

批评意见

1877年，英国的亨利·普拉特（Henry Pratt）用跟斯基亚帕雷利差不多的折射望远镜观测火星，他表示，视宁度特别好的时候，“能看到火星上复杂而精细的结构特征，但用铅笔根本无法描绘下来”。他把这个过程比作手绘，说：“第一眼看到的，是一条宽阔而模糊的条纹，（可以大致）分为几片单独的阴影，里面包裹着标记得更精细的淡墨。”

1892年火星冲日时，查尔斯·奥古斯都·杨（Charles Augustus Young）发现，每次用类似斯基亚帕雷利和普拉特的折射望远镜观测运河痕迹时，如果再用更大的望远镜再进行观测，就会发现这些现象并不存在。

同年，爱德华·爱默生·巴纳德（Edward Emerson Barnard）在黄褐色地带标注了一个小小的黑点：“它跟南方的大海相连，中间有一条细长的线。从太阳湖（Solis Lacus）向北延伸出一条小运河，运河流向一片暗黑而辽阔的大地，斯基亚帕雷利的火星地图上并没有标注这样的地方。”但到了1896年，他又说：“火星表面布满了各种细节，十分奇妙：我甚至不相信斯基亚帕雷利和罗威尔所绘的运河了，因为我看到了他们没看到的细节。我看到了他们画成运河的地方，但我看得更仔细，那些根本不是直线。观测得最清晰的时候，能看到这些运河毫无规则、断断续续。”

视宁度特别好的时候，巴纳德发现了很多小痕迹，但由于它们太过错综复杂，无法绘制下来。有些不规则的暗黑条纹，与罗威尔明确定义的河道地形相符。

值得注意的是，巴纳德还看到了火星的暗黑地带上有些不规则的细节。据此，人们越来越确信，这里并非浅海。尽管有人用小望远镜看到了河道，但巴纳德仍然认为，“在不同意见得到明确答复前”，这些观测结论都是“谬论”。

用各种望远镜观测火星后，皮克林认为，两条河道线条之间的分隔，“与所用望远镜的口径成反比，与火星到地球的距离成正比。换句话说，如果我们用两倍口径的望远镜观测同一组河道，会发现它们之间的相隔距离只有原来的一半”。因此，“虽然河道确实存在，但它们是否变得更多，却是眼睛错觉的后果”。

意大利的文森佐·切鲁利（Vincenzo Cerulli）1897年观测火星时，看到一条明显的条纹，“它变得不再像一条线了，而是变成一个复杂到难以理解的小型斑块系统”，因此，他认为，河道只是观测时出现的错觉。切鲁利后来又发现，通过小型的低倍望远镜观测月球时，也能看到河道一样的结构，由此，他认为，这种结构根本不存在；但它们又是如此的清楚和精细，这令他颇有感触。

1903年英国的爱德华·沃尔特·蒙德（Edward Walter Maunder）得出了类似的结论。他相信，斯基亚帕雷利所绘之物都是亲眼所见，但他认为，斯基亚帕雷利看到的细线，只是在当时的视宁度条件下，由于望远镜分辨率不够造成的。

格林尼治某所学校的校长约瑟夫·爱德华·埃文斯（Joseph Edward Evans）与蒙德一起，安排一些学生做实验。孩子们并不了解这个实验的目的，他们站在离圆盘不同距离的地方，圆盘上有类似火星那样的明暗地带，上面还有突出显示的大量细点。离得最近的孩子注意到了这些点，把它们清楚地画了下来。而站得远的孩子只能看到像火星上看到的那些反照率特征。更关键的是，站在人眼分辨极限处的孩子，画下的是细条纹。罗威尔当然不会承认这种所谓的“小男孩假说”。

1894 年，罗威尔观测到，火星南极冰盖周围出现了一条宽阔的蓝色条带，当时，那个条带正在消退。这一现象最初由比尔和马德勒发现。1892 年，利克天文台的约翰 · 马丁 · 谢贝尔（John Martin Schaeberle）否认这一现象，他认为，它只是明亮的白色极地冰盖和相邻的黄褐色地带之间的对比，导致人眼引起的错觉。然而，罗威尔确信，蓝色条带真的存在。

英国的亚瑟 · 考珀 · 兰亚德（Arthur Cowper Ranyard）和乔治 · 约翰斯顿 · 斯托尼（George Johnstone Stoney）认为，极地冰盖是冻结的二氧化碳霜。那时，罗威尔坚持认为：“二氧化碳在类似地球的大气压条件下，会立即从固态转变为气态。而水则处于液态这种中间态。”

但大气压正是问题的关键所在，但火星表面的大气压无法直接测量。罗威尔反过来认为：如果这个暗黑的条带是水形成的，想让融化的冰促进植被生长，就要求火星大气层十分浓密，以维持合适的温度。尽管，火星上冬季南极冰盖的分布范围很广，但按照冰盖收缩的速度，可以推断出冰层的厚度很薄，因此，火星上的水不会比北美洲五大湖的水量更多。

罗威尔没被唬住

1896 年，罗威尔在弗拉格斯塔夫的天文台安装了一台口径为 24 英寸（60.96 厘米）的折射望远镜，在此后的几次火星冲日期间进行观测。但随着火星与地球的距离变远，观测质量很难提高。尽管如此，继第一本著作之后，他在 1906 年又写了第二本，这本书的内容更具挑衅性，叫《火星及其运河》。在书中，他更加完整地描绘了一幅关于火星人的画面。火星正在快速地荒漠化，极地冰盖是仅剩的唯一水源。为了维持火星文明，火星人挖掘运河，将冰盖融化的水输送到赤道地区。

罗威尔1905 年出版的火星地图。
（感谢 *Lowell Observatory* 供图）

罗威尔大胆地说：“火星上住着某种生物，我们虽然并不确定它们究竟是什么，但在很大程度上确定它们一定存在。”他对这些生物的身体形态没做任何描述，却表现出了明确的同理心。运河网络分布的“全球主义”视角说明，这是一个统一的社会。“火星运河系统环绕整颗行星，从极地的一侧延伸到另一侧，不仅拥抱整个世界，而且是一个有组织的实体。一条运河与另一条运河相连，而另一条运河又与第三条运河连接，依此类推，扩散到整个行星表面。这种网络的连续性构成了一个有趣的社会……最终，我们得到的，是构成社会所必需的智慧生命和非智慧生命的特征，可以在火星上形成一个统一的整体。”

具体而言，罗威尔认为，火星人面对即将到来的物种灭绝，放弃了战争。“战争是我们在野蛮时代留下来的产物，现在只有一些没头脑的国家里还这么做。聪明人有更好的方法来实践英雄主义，生存下来。”（但不到十年后，人类就发动了第一次世界大战。）

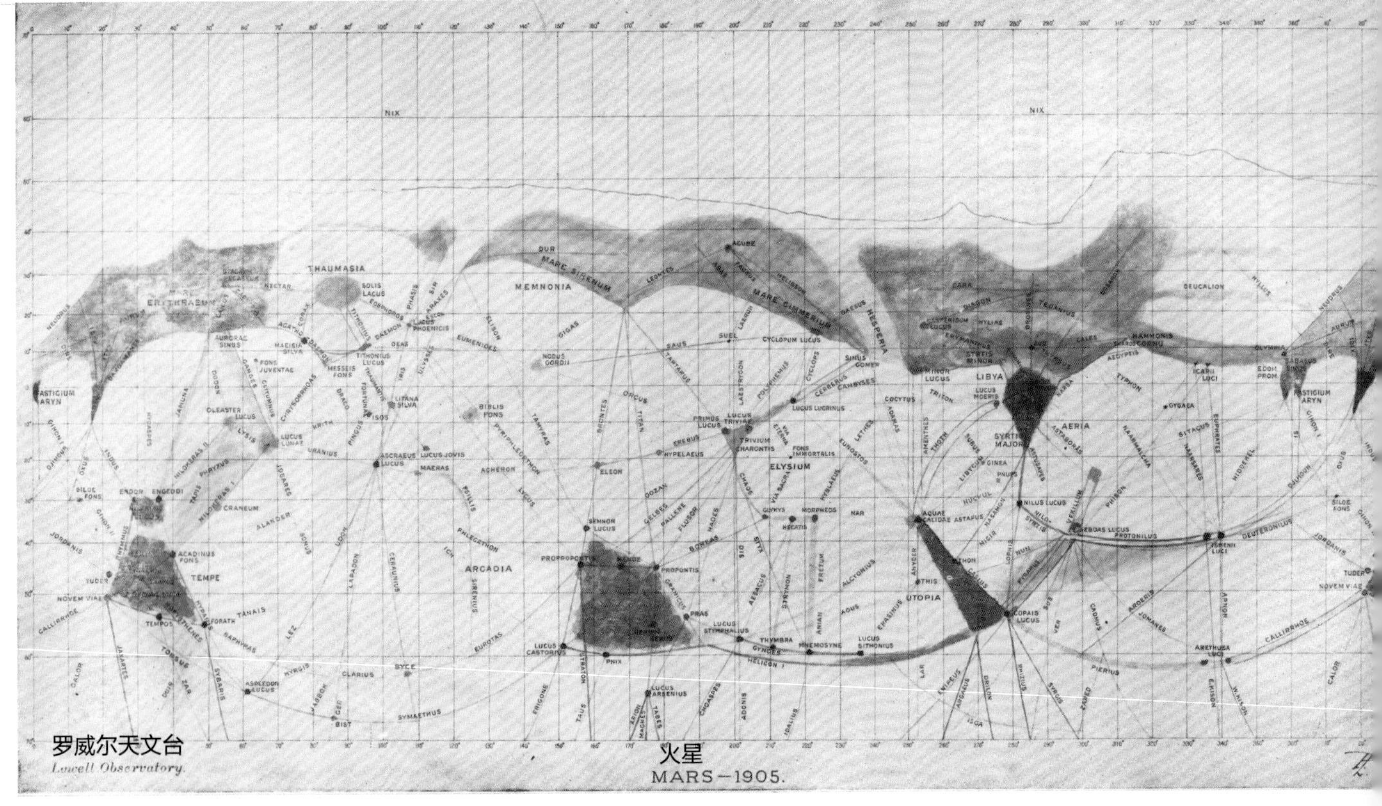

罗威尔天文台 Lowell Observatory.

火星 MARS—1905.

把天然河道当成人工水道，并非偶然。地球上的运河就是最先进的运输系统。1869 年，苏伊士运河完工时，巴拿马运河正在建设中。火星上的居民更先进、更有动力，应该能在全球范围内建造运河。这看起来似乎很合理。

1914 年，查尔斯 · 爱德华 · 豪登（Charles Edward Housden）出版了《火星之谜》（*The Riddle of Mars*），其中甚至详细探讨了火星人必须克服的工程问题。

罗威尔反驳

英国博物学家阿尔弗雷德 · 拉塞尔 · 华莱士（Alfred Russel Wallace）的研究，为查尔斯 · 达尔文（Charles Darwin）的“物种起源”学说提供了有力支持。1870 年，他发表了自己对自然选择理论的思考。有人请他给罗威尔的《火星及其运河》写评论，华莱士读后大为震惊，于 1907 年写了一本叫《火星宜居吗？》的书，表达自己的反对意见。

华莱士不赞成罗威尔所说的，特别是火星表面温度与英格兰南部夏季温度差不多的说法。华莱士认为，火星上的温度一定是低于 0℃的，因此，水不可能在开放性河道中流淌在火星表面。“所有物理学家都会同意这一点，”他总结道，“鉴于火星到太阳的距离，就算它的大气与我们地球上一样浓密，平均温度也只有 -37℃左右。

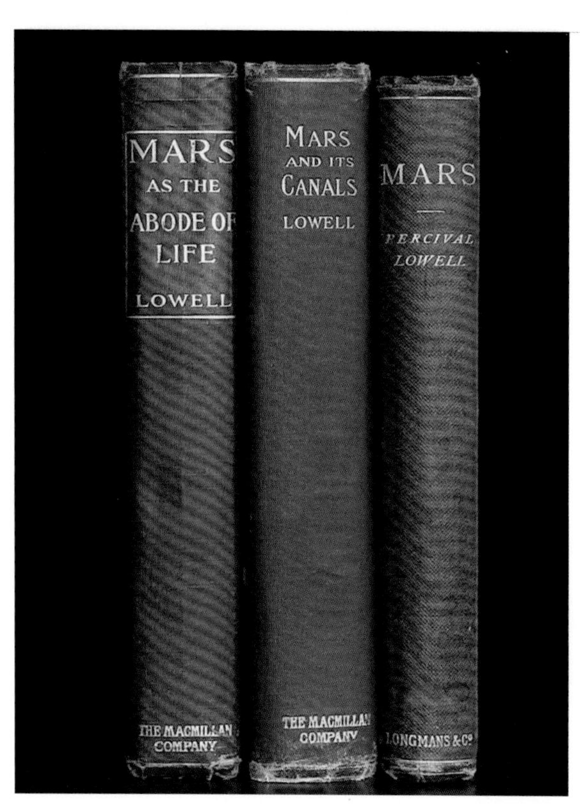

罗威尔在 1895 年至 1908 年间出版的三本书中，认为火星上居住着一群智慧生物，正面临着灭绝的危险。

但是，即使是地球赤道地区降至最低温度时，地球上的气压还比火星上高三倍左右，说明即使只考虑大气层缺失，火星上的温度都不可能达到冰点。”他坚持认为，“这根本不可能有动物”。华莱士的结论是，火星“不仅不适合像罗威尔所假设的智慧生物居住，而且也绝对不适合任何生物生存”。事实上，华莱士把火星上的温度算错了，但他的分析仍然没有问题，结论也没问题。

1909 年，尤金 · 迈克尔 · 安东尼亚迪（Eugene Michael Antoniadi）在巴黎附近的默顿（Meudon），用折射望远镜观测了近日点的火星冲日。这架折射望远镜的口径略小于利克天文台的那架望远镜。9 月 20 日，第一次观测时，视宁度非常好，他对自己观测到的画面万分惊讶。“我还以为自己是在做梦，”他写信给罗威尔，“这颗行星的表面，细节错落有致，令人眼花缭乱，有尖锐的线条，也有弥散的部分，自然分布，毫无规则。所有细节都十分稳定，这直接就能说明，斯基亚帕雷利发现的河道网络，显然是个错觉。安东尼亚迪的绘画技艺高超，但他在火星圆盘上看到的场景，他无法绘制下来，因此只在笔记本中留下了较为粗糙的标记”。

1916 年罗威尔去世时，公众仍然对他描绘的火星地图饶有兴致，认为火星是一个拥有古老文明的家园，但科学界已经否认了他的科学价值。

MARTIANS BUILD TWO IMMENSE CANALS IN TWO YEARS

Vast Engineering Works Accomplished in an Incredibly Short Time by Our Planetary Neighbors---Wonders of the September Sky.

By Mary Proctor.

These Two Drawings by Prof. Lowell and Prof. E. C. Slipher Show the New Canals Just Observed.

The Great Telescope at Lowell Observatory.

Prof. Percival Lowell, Discoverer of the Canals on Mars.

The Lowell Observatory at Flagstaff, Arizona.

1911 年 8 月 27 日，《纽约时报》称赞罗威尔对火星生命的见解。

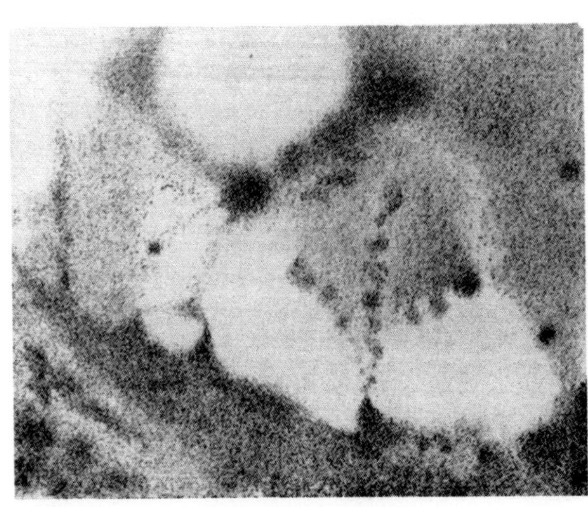

1909 年，安东尼亚迪在视宁度良好时观测火星，绘制草图，说明有些观测者发现的线性特征，实际上是人眼从混乱细节中感知秩序时发生的错觉。在他看来，所谓的火星运河实际上是一种视觉上的错觉。

罗威尔和华莱士都是通过间接推测，来估算火星表面温度的。直到20世纪20年代，早期的热电偶问世后，才使直接测量火星温度成为可能。

1926年，威廉·韦伯·科布伦茨（William Weber Coblentz）和卡尔·奥托·兰普兰（Carl Otto Lampland）在弗拉格斯塔夫天文台发现，火星呈盈凸相位的时候，他们可以用望远镜终端跟踪火星上的某个地区，直到它进入黑夜，还可以测量火星表面的降温速度。据此推测，可以发现，火星表面的温度在当地午夜时可以降至-75℃（也可能是-100℃）以下。如此快速的热辐射，表明火星的大气层非常稀薄。尽管在白天，大片暗黑地带的温度，通常比相邻的黄褐色地带的温度高10℃，如果真的是植被，那它们适应温度变化的能力该有多强啊！

罗威尔的支持者认为，火星上的线性特征是肥沃的土地，是人工水道跨越干旱沙漠的痕迹，就像埃及的尼罗河一样。如今，我们也可以从卫星轨道上看到尼罗河。这张照片是2010年国际空间站的航天员道格拉斯·H. 韦洛克（Douglas H. Wheelock）拍摄的。（感谢*NASA*供图）

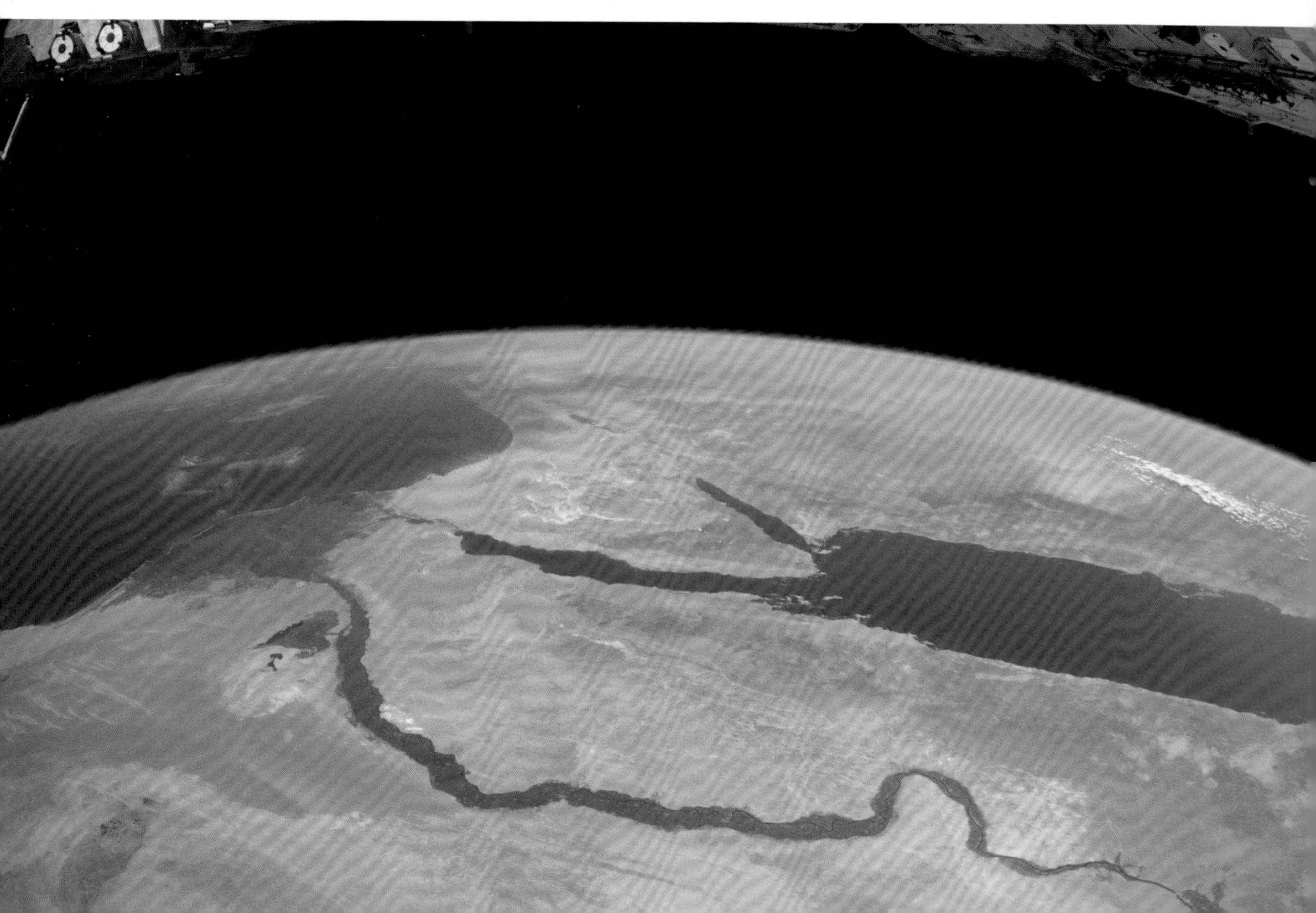

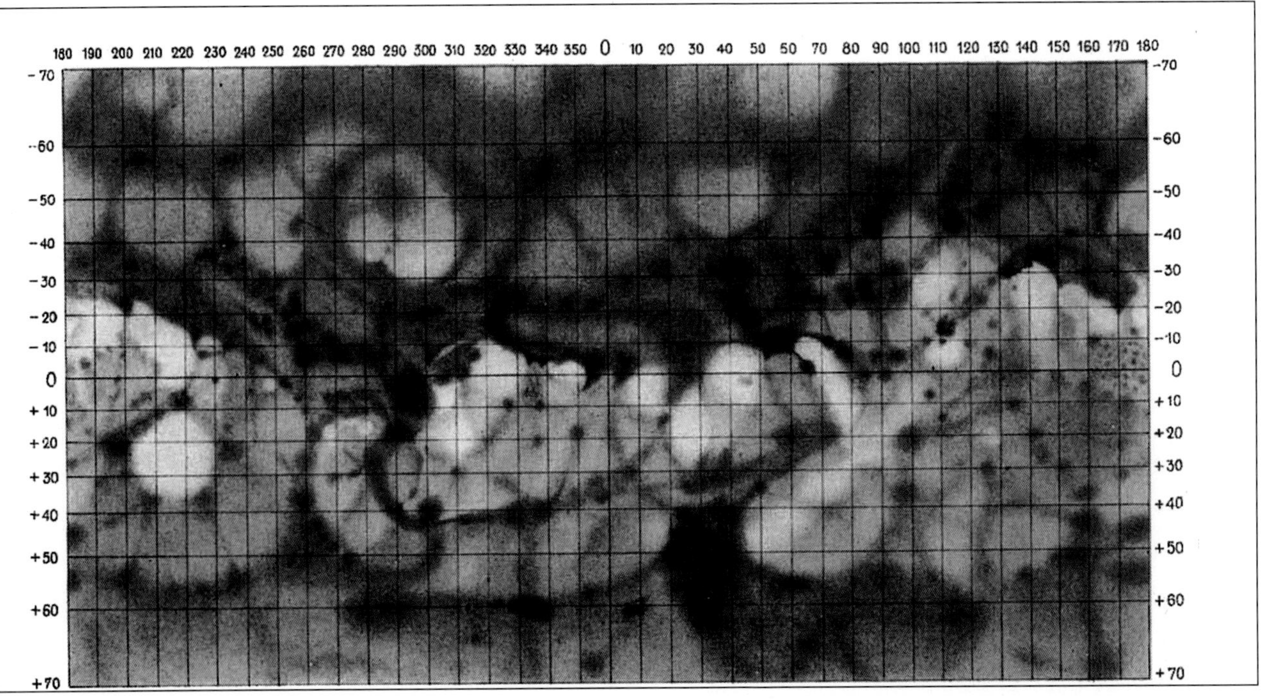

安东尼亚迪绘制的火星地图，包括了1905年至1929年间的观测结果。

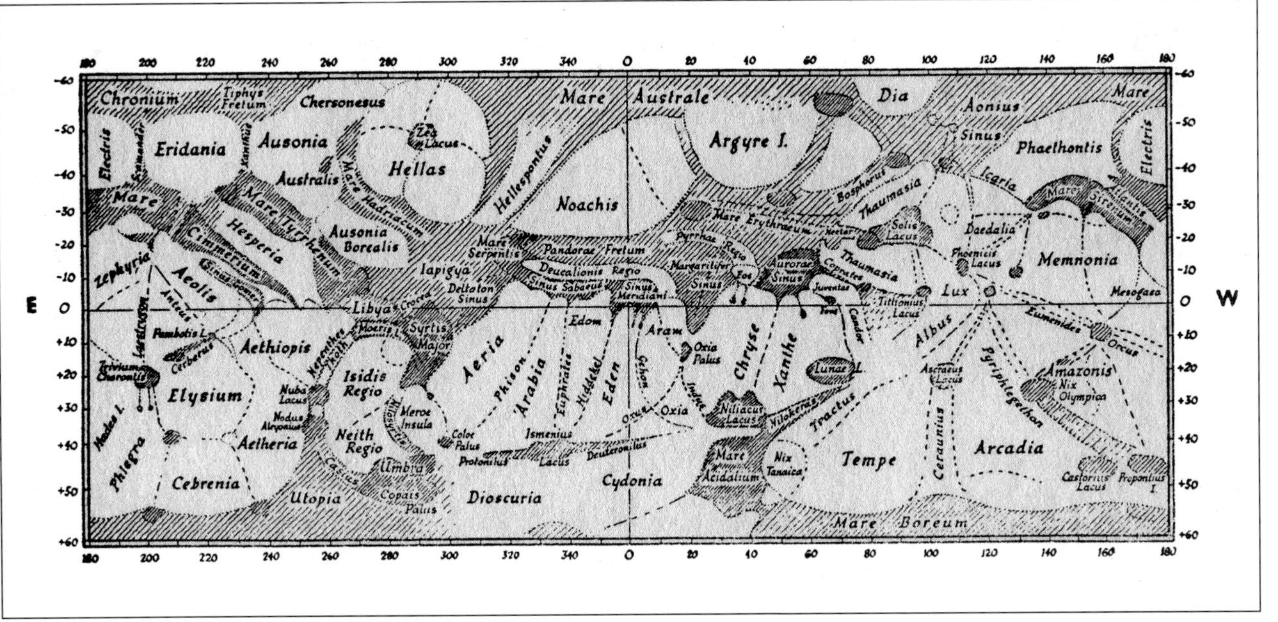

20世纪40年代早期，杰拉德·德·瓦库勒（Gerard de Vaucouleurs）绘制的火星地图，原本是用法语写的。后来，帕特利克·摩尔（Patrick Moore）把它翻译成了英文，于1950年出版，名为《火星》（感谢 *The Planet Mars* 供图）。

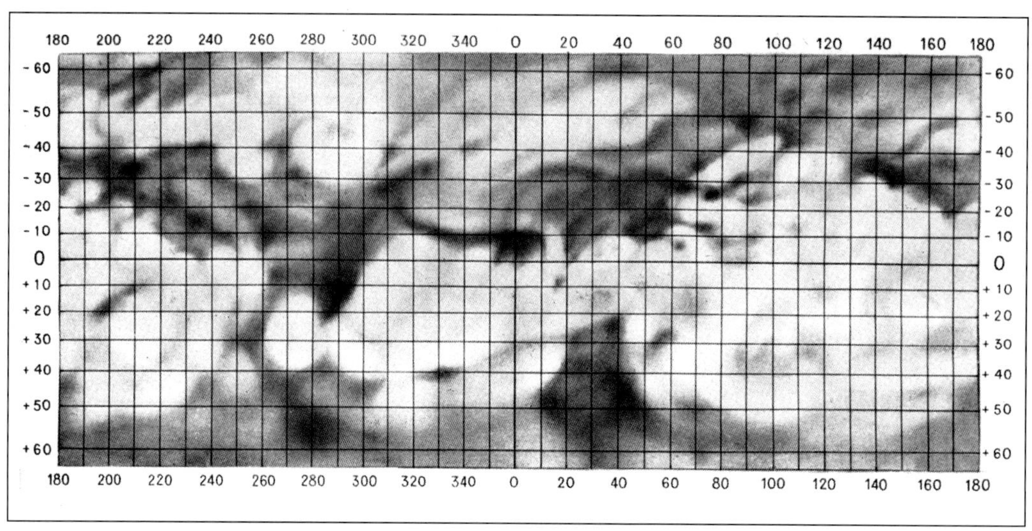

1957 年，国际天文学联合会根据安东尼亚迪的观测，发布了这张“官方”版的火星地图。（感谢 *IAU* 供图）

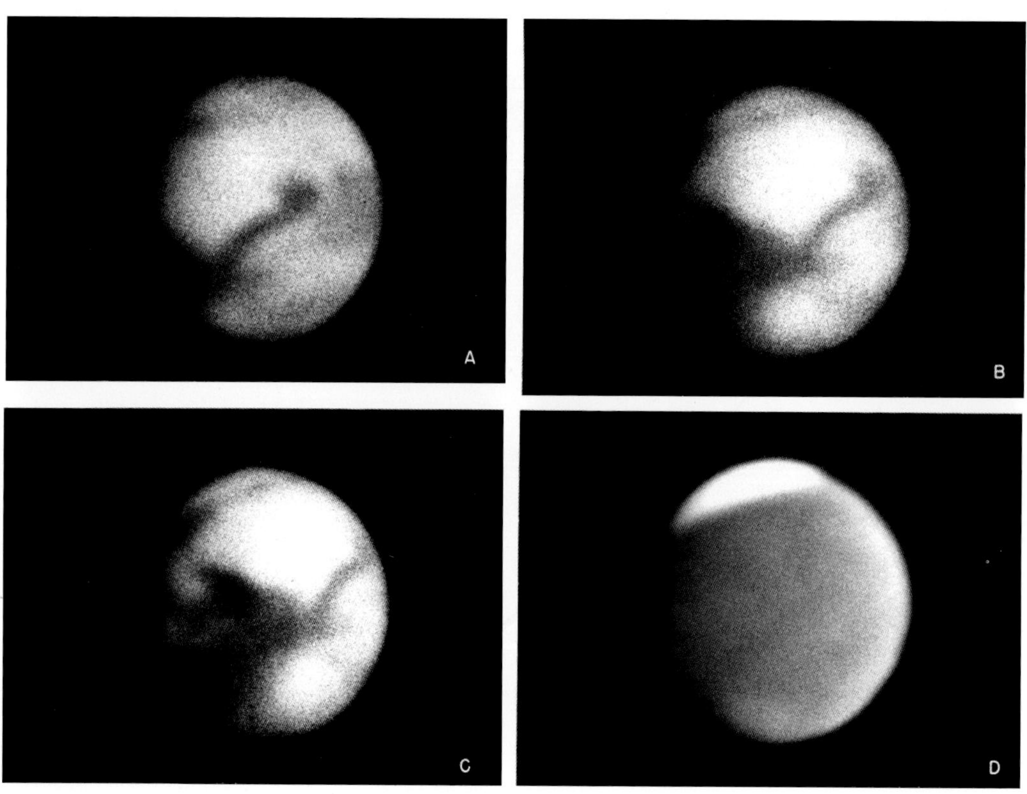

火星的轴向自转。美国加州威尔逊山上口径 100 英寸（2.54 米）的胡克反射式望远镜拍摄的照片。（感谢 *Mount Wilson Observatory* 供图）

通常情况下，即使视宁度极好，照片也无法捕捉到观测的清晰瞬间，但这张照片是1956年火星在近日点冲日时，由威尔逊山顶的口径60英寸（152.4厘米）的望远镜拍摄的，这已经是太空时代之前质量最好的照片了。（感谢*Mount Wilson Observatory*供图）

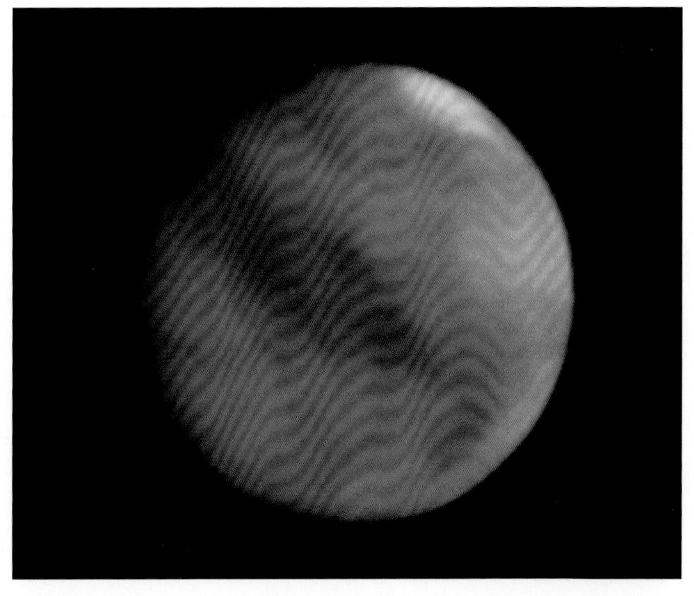

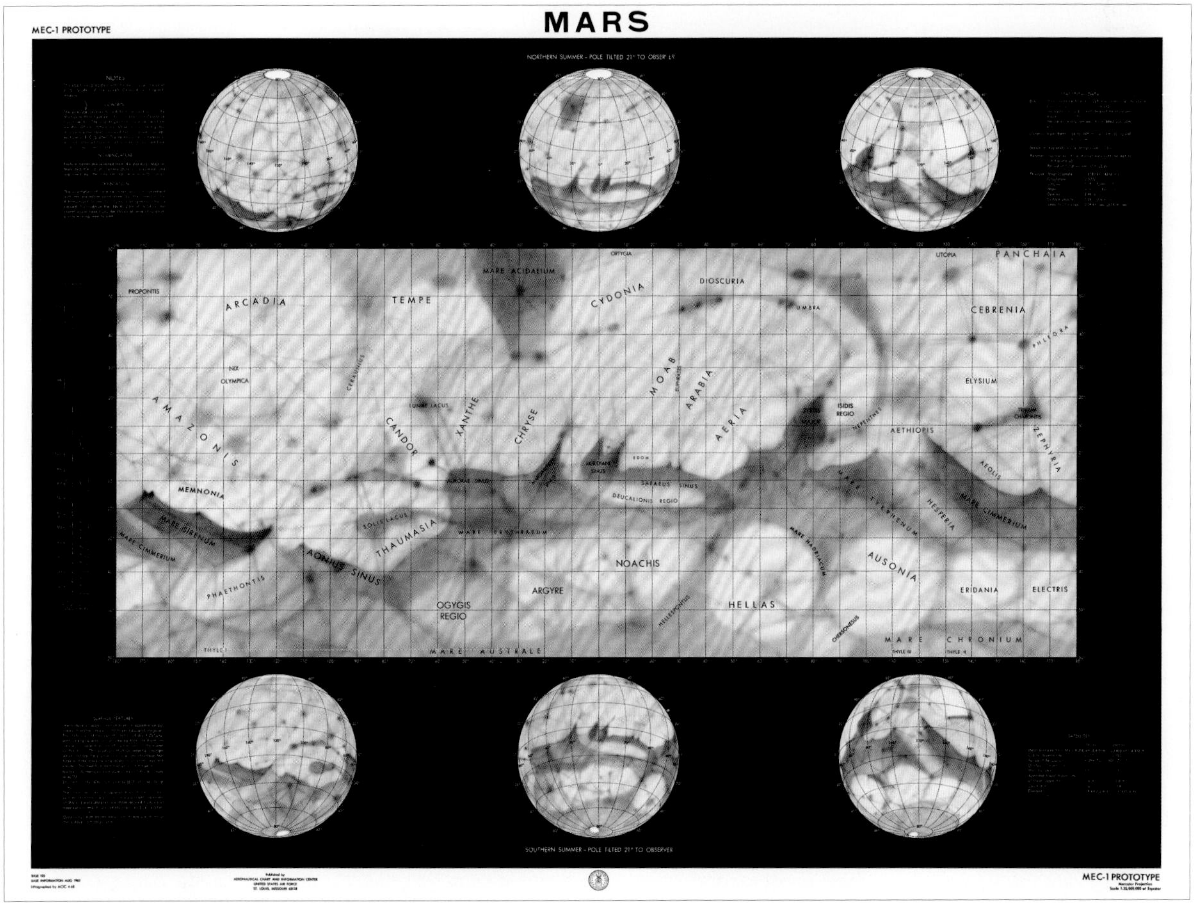

展望未来，美国空军航空制图和信息中心1962年根据罗威尔天文台维斯托·梅尔文·斯里弗（Vesto Mewin Slipher）的观测结果，发布了这张火星地图。（感谢*USAF/NASA-Lunar and Planetary Institute*供图）

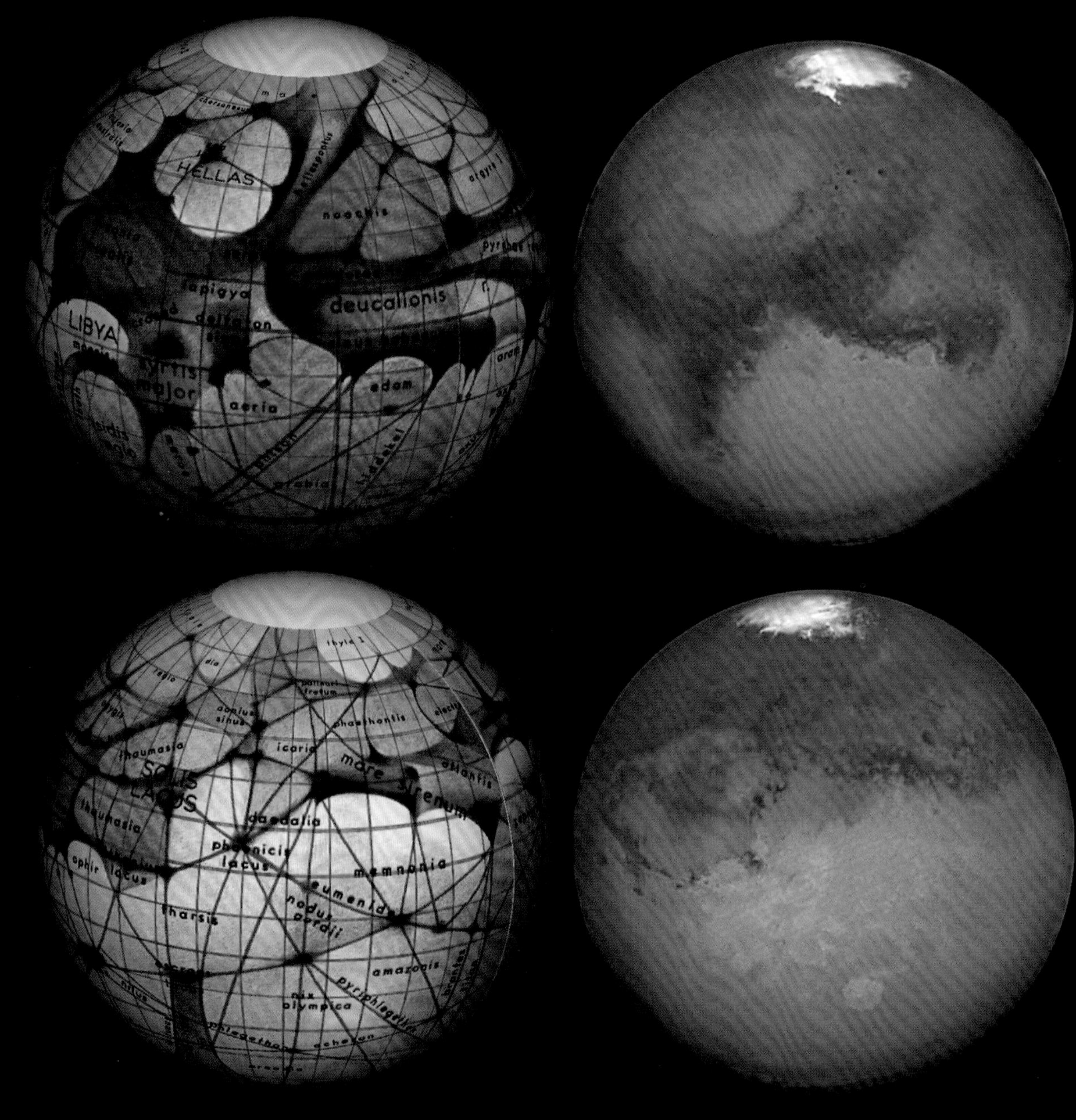

罗威尔·赫斯（Lowell Hess）为罗伊·A. 格兰特（Roy A. Gallant）撰写的《探索火星》（*Exploring Mars*）一书，重新绘制了最初由安东尼亚迪所作的火星地图。后来又被汤姆·卢恩（Tom Ruen）投影到火星仪上。虽然这张图上的反照率特征与哈勃太空望远镜拍摄的图像一致，但运河系统根本不存在。（感谢 *Tom Ruen / Eugene Antoniadi / Lowell Hess / Roy A. Gallant / NASA / STScI* 供图）

3. 火星上的环境

大气层

1666 年，艾萨克·牛顿首次发现玻璃棱镜可以将“白”光折射成彩虹色。1814 年，德国的约瑟夫·里特·弗劳恩霍夫（Joseph Ritter Fraunhofer）发现有细细的暗线出现在太阳光谱中。这两个现象的原理一直是一个谜，直到 1859 年，古斯塔夫·罗伯特·基尔霍夫（Gustav Robert Kirchhoff）和罗伯特·威廉·本生（Robert Wilhelm Bunsen）发现，这些暗线与气体燃烧时在暗色光谱中呈现的明亮线条相对应。因此，从某种程度上说，这些暗线是某种物质存在的特征。伦敦的威廉·哈金斯（William Huggins）一直在探索，天体究竟是由什么物质组成的，他将这一发现比作“在干旱肮脏的泥地上，发现了一股清泉”。

1867 年，哈金斯观测了火星光谱，通过火星反射的太阳光，确定了大气的化学成分。太阳靠近地平线时，阳光穿过地球大气层，这时测得的太阳光谱反映了地球大气层的成分；他发现，当火星高挂在天空中时，火星光谱中的水蒸气吸收线，跟我们在地平线上测到的太阳光谱一样。而月亮升起时，他检查了月亮的光谱，却没有发现这些暗线，据此，他得出结论，火星的大气中有水蒸气。

法国人皮埃尔·朱尔斯·塞萨尔·詹森（Pierre Jules César Janssen）发现，包括有火星大气特征的光，在穿过地球大气层的过程中会发生改变，我们所观测到的光谱，是火星大气和地球大气两者组合的结果。1867 年，他在埃特纳山（Mount Etna）10,000 英尺（3048 米）的山顶观测，以尽量减少地球大气对光的吸收。詹森连续进行了两个晚上的观测，第一次通过观测月光，来评估当地大气的吸收强度，然后等待火星在第二天晚上升起时，再进行观测。他的结论是，火星大气中含有丰富的水蒸气。1872 年，德国人赫尔曼·卡尔·沃格尔（Hermann Carl Vogel）做了类似的分析；1875 年，英国人蒙德也验证了这一结果。

在获得月球的光谱后，往往还要等几个小时（也可能是几天），等火星达到类似高度时，才能对两个光谱进行比较，这也使观测过程存在相当大的不确定性；尤其是当地的天气条件有可能在此期间发生变化。火星大气中含有水蒸气的观点强化了这一认识，即火星极地冰盖中有季节性的水冰形成的积雪。

1894 年，为了对哈金斯、詹森、沃格尔和蒙德关于火星大气中有水蒸气的报告进行评述，威廉·华莱士·坎贝尔（William Wallace Campbell）用利克天文台的一台新型光谱仪进行观测，结果表明，“火星光谱跟月球光谱在各方面都是相同的”。

然而，到了 1895 年，沃格尔再次拍到了火星光谱，他坚持认为：“毫无疑问，火星的大气成分与我们地球的大气成分在本质上没什么不同，尤其是在富含水蒸气方面。”

1902 年，罗威尔意识到，火星相对地球的视速度达到最大（±20 千米 / 秒）时，我们应该可以区分出哪些是火星大气层产生的吸收线，哪些是地球大气层产生的吸收线。1908 年，当弗拉格斯塔夫天文台的空气异常干燥时，维斯托·梅尔文·斯里弗拍摄了月球和火星的光谱，他得出结论，火星的吸收线略强，表明大气中含有水蒸气。然而，坎贝尔指出，斯里弗观测到的特定吸收线，是由于胶片对光谱响应的灵敏度急剧下降造成的，因此，这一结果值得怀疑。

1909 年的火星冲日期间，坎贝尔再次对月球和火星的光谱进行比较，这次是在美国加州的最高峰惠特尼山 14,500 英尺（4420 米）的山顶观测的。坎贝尔所处的位置，高于地球大气中大部分水汽的高度，同时，由于月球和火星在天空中的位置很接近，可以最大限度地减少外在因素的影响。他证实，火星大气层中存在水蒸气的报告是错误的。但由于坎贝尔只能带一台小型仪器上山，只能获得低色散的光谱，因此，罗威尔并没有认真对待他的测量结果。1910 年，坎贝尔在利克天文台获得了更高色散的光谱，他最终证明，火星大气中都明显缺乏氧气和水蒸气。

罗威尔曾建议，观测火星大气的最佳时机，是当火星与地球的相对运动，将火星大气的光线与穿过地球大气层的光线分离的时候。1933 年，火星和地球的相互关系符合罗威尔提出的这一特征，沃尔特·西德尼·亚当斯（Walter Sydney Adams）和威尔逊山天文台的西奥多·邓纳姆（Theodore Dunham）重新进行了测量，他们发现，“火星大气中的氧含量，可能不到地球上同样面积的上空大气中氧含量的千分之一”。

1939 年，在火星发生近日点冲日时，法国的杰拉德·德·瓦库勒（Gerard de Vaucouleurs）有条不紊地进行观测和分析，发现火星反照率特征的光度随火星圆盘的移动而变化，以这种方式估算“大气质量”与视角的关系。从原理上说，火星子午线上的特定地区穿越大气层的厚度，比火星圆盘两侧特定地区穿越的大气层厚度更薄，所以，当行星自转时，火星表面的亮度变化可以呈现出大气密度的分布。由此，他估算出火星表面的大气压为 9.3 千帕。

1963 年，同温层观测二期工程在高度为 100,000 英尺（30,480 米）的热气球上，安装了一台配备高光谱仪的 36 英寸（91.44 厘米）望远镜，观测火星大气的光谱，以分析其成分。

然而，这项技术很难掌握，在 20 世纪 40 年代早期，其他观测者得到的数值基本在 11.2 千帕至 12 千帕之间。

1951 年，巴黎天文台的奥多音·查尔斯·多尔菲斯（Audouin Charles Dollfus）用偏振测量技术，测量到的火星大气压仅为 8.3 千帕。

综上所述，这些结果说明，火星表面大气压约为地球表面大气压的 10%。

1947 年，杰拉德·彼得·柯伊伯（Gerard Peter Kuiper）在美国得克萨斯州洛克山顶的麦克唐纳天文台，用口径为 82 英寸（208.28 厘米）的反射式望远镜，首次探测到火星大气中的二氧化碳。尽管坎贝尔对水蒸气的观测证明，火星大气中的水蒸气很少，但在 1949 年，柯伊伯的报告却说：“极地冰盖不是二氧化碳组成的，几乎可以肯定，它们是低温下形成的水冰和雪，温度远

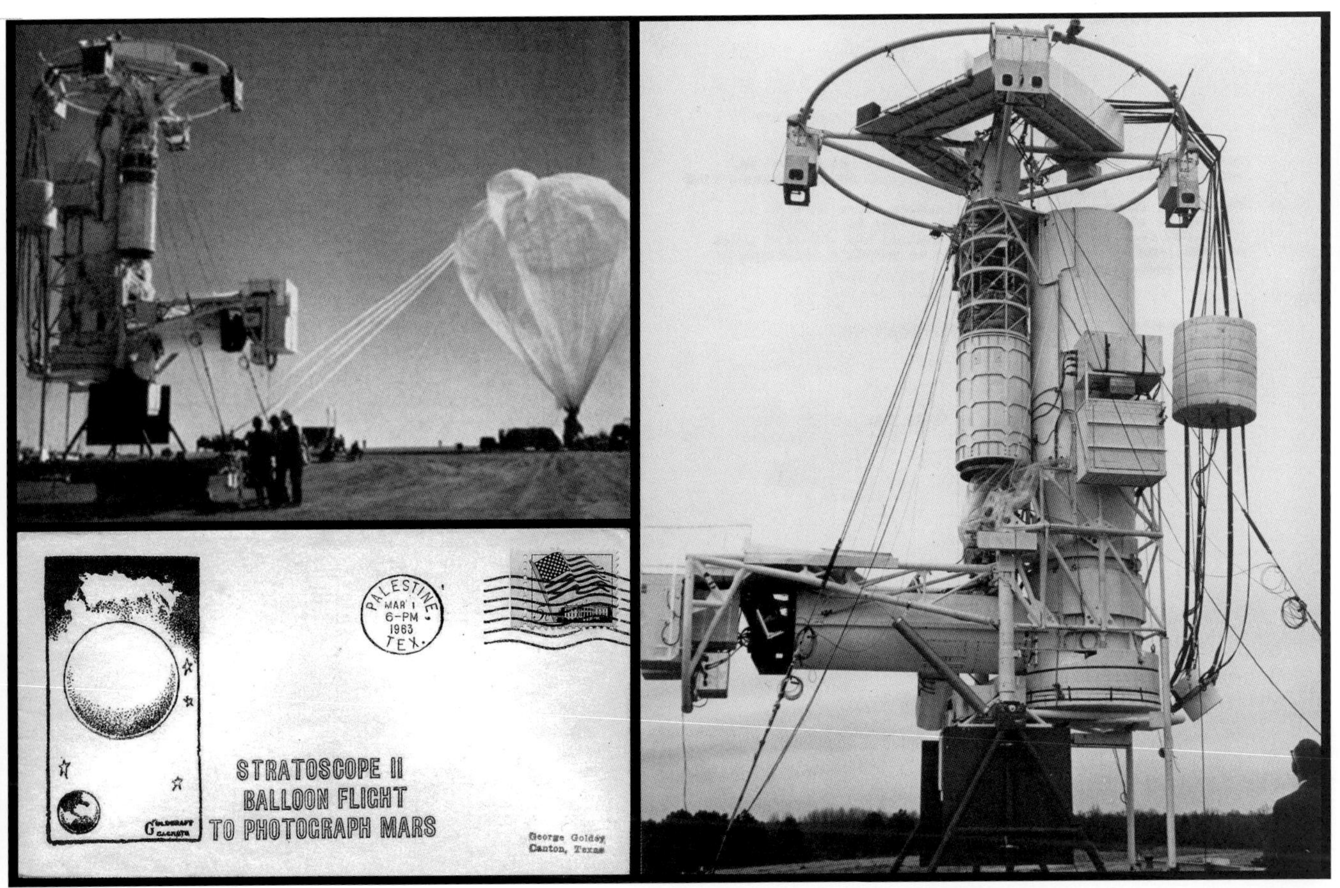

低于 0℃。”1950 年，多尔菲斯在法国比利牛斯山脉的日中峰（Pic du Midi）天文台，用口径为 24 英寸（60.96 厘米）的折射式望远镜进行类似的观测，得到了相同的结论。

1954 年，瓦库勒认为，尽管极地冰盖的中心必然是厚厚的冰层，但冰盖周围的季节性沉积物都是厚度仅为几毫米的霜层。

坎贝尔打破了科学家早期对火星大气中的水蒸气的乐观推测，直到 1963 年，人们才最终明确地检测到了水蒸气。多尔菲斯在瑞士阿尔卑斯山区安装了一台特殊的分光镜，以尽可能降低当地的大气吸收。那里几乎检测不到水蒸气，从那里向上的大气中的水仅相当于 200 微米厚的液态水（如果把大气中的所有水蒸气全部凝结起来，所能形成的水层的厚度）。

海伦 · 斯宾拉德（Hyron Spinrad）同样持反对意见，他在威尔逊山天文台用对红外敏感的一种新型感光胶片，计算出火星大气中的水层厚度仅为 14 微米。这说明，火星肯定比地球上最干旱的沙漠还要干燥。如果火星上的温度不超过 35℃的话，在表面大气压为 8.5 千帕的情况下，可以存在液态水。

1963 年执行了同温层观测二期工程（Project Stratoscope II），将装有半导体分光镜的 36 英寸

（0.914 米）望远镜放在热气球上，等它飞行至海拔 100,000 英尺（30480 米）的高空时观测火星。结果证实，火星大气中只含有微量的氧气和水蒸气。

正如天文学家罗伯特·雪莉·理查德森（Robert Shirley Richardson）在 1956 年出版的《人与行星》一书中所说："探险家在火星上最不需要的两样东西，就是灭火器和雨伞。"

1964 年，斯宾拉德通过光谱分析，得出火星表面大气压的上限为 2.5 千帕，二氧化碳的分压为 0.4 千帕至 0.5 千帕。他推测，大气中的其他组分主要是氮分子，但这很难检测。

1961 年，哈罗德·克莱顿·尤里（Harold Clayton Urey）提出了更激进的想法，即火星大气中没有氮气。如果这是真的，那么，火星大气几乎全部由二氧化碳组成，而且大气压仅为几毫巴。在这种情况下，液态水在火星表面无法保持稳定。

锈色斑斑的表面

威尔逊山天文台发现火星大气中的氧气含量甚微之后，普林斯顿大学的鲁珀特·威尔特（Rupert Wildt）于 1933 年提出，氧气应已通过化学结合方式，进入火星表面物质。因此，黄褐色地带是"强氧化的沙质地层，铁元素几乎完全以氧化铁的形式存在"，火星就像生锈了一样！

1935 年，亨利·诺里斯·罗素（Henry Norris Russell）指出，如果威尔特的观点正确的话，那么，这个星球上必定存在过大量氧气。而且，由于氧气易发生反应，所以，只有当火星上有可以补充氧气供应的植物，大气中才可以保持氧气，就像地球上一样。换句话说，虽然，今天的火星可能并不吸引人，但正如华莱士所说，火星表面生锈的样子，说明它在过去的某个时期肯定有过生命。这与现在流行的观点一致，既然火星比地球更小，那么，它的内部肯定冷却得更早。同时，作为一个"演化过的"世界，火星上现在已经没有细菌了。

1952 年，弗兰克·吉福德（Frank Gifford）在弗拉格斯塔夫天文台，分析了 1926 年到 1943 年间火星的热辐射数据，他认为，除了更冷之外，火星赤道地区的昼夜温度变化曲线，非常类似于地球上戈壁滩的温度变化曲线，说明这两个地区的物理特征是相似的。

1952 年，柯伊伯在批评威尔特的"铁锈理论"时指出，黄褐色地带的可见光和近红外反射光谱，与美国西南部沙漠的红色岩石和土壤不同。经过全面细致的实验室测试，他认为，与之最接近的光谱，应该是呈褐色的细粒矿物霏细岩（一种含有石英颗粒的钾长石），这说明，火星的地壳曾经历过岩浆活动。1956 年，在极化测量结果的启发下，多尔菲斯形成了自己的观点，他认为，粉碎的褐铁矿（地球上的氧化铁水合物，主要形成于氧化铁的沉积物或附近）比霏细岩更接近于黄褐色地带的光谱。

植被？

至于暗黑地带，1952 年恩斯特·朱利叶斯·奥皮克（Ernst Julius Öpik）曾提出，这些地方只可能是植被，否则，整个火星表面都会被沙尘暴所淹没，只有从尘暴中活过来的植物，才能重新营造出春天般的深色调。

1954 年生物学家胡波图斯·斯特拉胡德（Hubertus Strughold）提出，火星表面的环境如此荒凉，似乎只有地衣才能在那里生存。有趣的是，地衣并不是植物，它是真菌和藻类的共生体，真菌为藻类提供了独立的生存环境，靠藻类光合作用产生的废物存活。地衣可以生活在真菌和藻类都无法存活的地方，只有在最寒冷的陆地生态位中才能发现它们。由于藻类和真菌比“高等”植物更原始，因此，它们可以在不同的世界中独立生存，这看起来很合理。

哈佛大学天文台的威廉·梅尔兹·辛顿（William Merz Sinton）1956 年使用罗威尔天文台的 24 英寸折射望远镜，拍摄了火星的红外光谱，他认为，3.5 微米波长附近的微弱吸收特征，是由乙醛甚至可能是叶绿素产生的。辛顿于 1958 年和 1960 年用帕洛马山上的黑尔反射望远镜拍摄了光谱，结果表明，这些吸收带仅出现在暗黑地带。然而，辛顿曾与月球进行过比较，在不同的夜晚观测火星和月球，所以，这一结论还存在诸多不确定性。

加州大学伯克利分校的乔治·皮蒙特（George Pimental）1965 年证实，这一有争议的光谱特征，实际上是地球大气层中的氘水（“重水”的一种形式，其中一个氢原子被氘原子代替）。关于火星生命的调查从此告一段落。

火山?

1954 年，密歇根大学的迪安·本杰明·麦克劳克林（Dean Benjamin McLaughlin）发现，火星上有一块像得克萨斯州一样大的区域迅速变暗。他据此撰写了一系列研究报告认为，火星上经常会有火山爆发，暗黑地带就是火山灰。对于大瑟提斯高原外围的 V 形暗黑条纹，他解释说，它们“应该是风，实际上，这些条纹是暗黑物质的源头，受风向变化的影响而四散开来”。通过与地球类比，他认为，这些暗黑特征的源头“只能有一个解释：它们是火山”。

麦克劳克林提出，反照率的季节性变化，可能是盛行风将火山灰吹到黄褐色地带的结果。他说，暗黑地带一直不变，说明火山一直很活跃。此外，风的模式必须年复一年如此，否则，就会如奥皮克所说，风吹起的尘埃很快就会完全覆盖暗黑地带。

火星盘处于盈凸相时，那里的山峰正迎着太阳，罗威尔趁此时努力寻找晨昏线黑夜一侧的山脉证据。1952 年，多尔菲斯也未能观测到横跨晨昏线的山脉。瓦库勒认同，火星上没有大山，任何一座孤立的山峰，都不会超过上千米。因此，如果说火星上遍布火山，很难令人信服。

另一种反对意见认为，广泛的火山活动会把气体“排入”大气层，包括水蒸气，但这显然是不存在的。

挫折

1953 年 10 月，弗拉格斯塔夫的罗威尔天文台成立了一个火星委员会，根据当时最准确的参考数据，编写了一本关于火星的参考书，作为未来研究计划的基础。

1956 年近日点火星冲日时，火星与地球的距离达到历史上的最近值，天文学家希望用先进的望远镜、仪器和技术，使火星研究取得真正的突破。但是，9 月初，火星南极边缘刮起了一场沙尘暴，只用了 10 天时间，整个火星都被笼罩在沙尘暴中，这种景象持续了整整一个月！

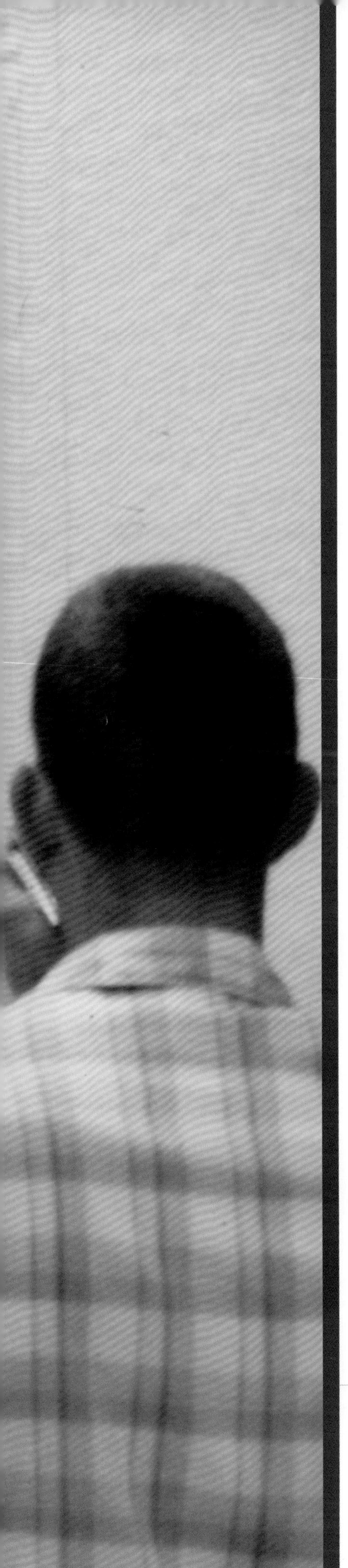

Chapter Three

MARS SHOCK

第三章

直击火星

一开始，人类向火星发射飞越探测器，后来，人类发射进入火星轨道的探测器，得到的结果都表明，火星与我们的想象大不相同，完全不像缩小版的地球。火星表面是如此古老，如此荒凉，让公众对它的兴趣大减。然而，在行星科学家看来，这里简直就是天堂。

当“水手 4 号”传回探测数据后，工程师急不可耐地将像素着色到网格上，手工绘制了第一张图片。（感谢 *NASA/JPL-Caltech* 供图）

1. 飞越快照

1925 年，德国数学家沃尔特 · 霍曼（Walter Hohmann）计算了从地球到火星的轨迹，他发现从与地球绕太阳轨道、火星绕太阳轨道的远日点同时相切的椭圆轨道出发，所需“转移”的能量最小。这一“转移”过程大约需要 250 天。此时，火星在环绕太阳的轨道上运转了 130° 的弧线。在稍早于“火星冲日”之前，开启火星探测器的最佳“发射窗口”，这一窗口可持续几周。霍曼确信，沿着其他轨道去火星，都将耗费更多能量。

当然，这一计划取决于火箭的运载能力。因为火星绕太阳运行的轨道是一个椭圆，在这条轨道上，火星与地球距离最近的点总是不断变化，其中最短的距离约为 5600 万千米，因此，最好在近日点火星冲日时发射探测器。

早期的挫折

1956 年，火星距离地球最近时恰逢火星冲日，可惜的是，航天技术还不够成熟。1957 年 10 月 4 日，“斯普特尼克 1 号”发射升空，太空时代就此开启。苏联决定在 1960 年 10 月期间发射两颗探测器，计划在地球周围的“停泊”轨道，投放一颗探测器，在从地球“逃逸”的轨道段，投放另一颗探测器，完成对行星际轨道的初步调查。不幸的是，由于运载火箭发生故障，探测器未能

“水手 4 号”飞船

“水手 4 号”探测器的基本结构是八边形框架。

十字形的折叠太阳能电池板，总计有 28,224 个太阳能传感器，可供 300 瓦电力。

火星探测器在太空中保持三轴稳定，姿态控制系统可以使安装在面板顶端的小叶片倾斜，调整“太阳风”（太阳上层大气发出的超音速等离子体带电粒子流）带来的不平衡状态。

框架顶部安装了椭圆盘状的高增益天线，指向固定，保证探测器在与火星相遇时，地球处于天线的窄波束范围内。

椭圆盘天线旁边的桅杆尖端是低增益天线，用于接收来自地球的指令。框架中的七个独立封闭空间安装了探测器和科学仪器；另一个独立空间安装了液体燃料发动机，用于中途轨道修正。

除了在探测火星期间使用的成像系统，还有六台粒子和物理场探测仪，研究航天器飞行到火星途中及其邻近区域的太阳风，尤其是要确定火星是否有磁场。

“水手 4 号”探测器宽 6.8 米，高 3.3 米，总重 260 千克。科学仪器及其相关系统占总重的 10%。

进入停泊轨道。还有两颗探测器，是为 1962 年的发射窗口准备的。其中一颗探测器由于从地球逃逸失败，被困在地球轨道上。另一颗探测器于 11 月 1 日发射，被命名为“火星 1 号”。虽然“火星 1 号”的姿态控制系统出现问题，无线电波也随之消失了几个月，但它在 1963 年 6 月完成了计划中 20 万千米的航行，是一项伟大的成就。

同时，美国国家航空航天局已经尝试了探测金星的两次行星际任务。第一颗探测器在发射时被弄丢了，但在 1962 年 12 月 14 日，“水手 2 号”完成了 35,000 千米的飞行目标，成为提供其他行星近距离观测结果的第一颗探测器。

虽然 1965 年 3 月的火星冲日发生在远日点，不利于霍曼转移轨道，但探测任务还是成功完成了。苏联设计了一款新的行星际航天器，在 1964 年 11 月 30 日发射“探测器 2 号”。“探测器 2 号”运行平稳，8 月 6 日从距火星约 65 万千米处飞越火星。

首次成功

1964 年的火星发射窗口，尽管美国国家航空航天局发射的探测器丢了一个，但 11 月 28 日，在发射窗口关闭前几天，他们做了计划调整，又发射了“水手 4 号”。

即便与火星短暂相遇，仍有几条轨道设计规则要遵守。首先，不能让火星与它的两颗小卫星阻挡探测器观测火星的视场；探测器不能飞进这些天体的阴影里。美国国家航空航天局计划用

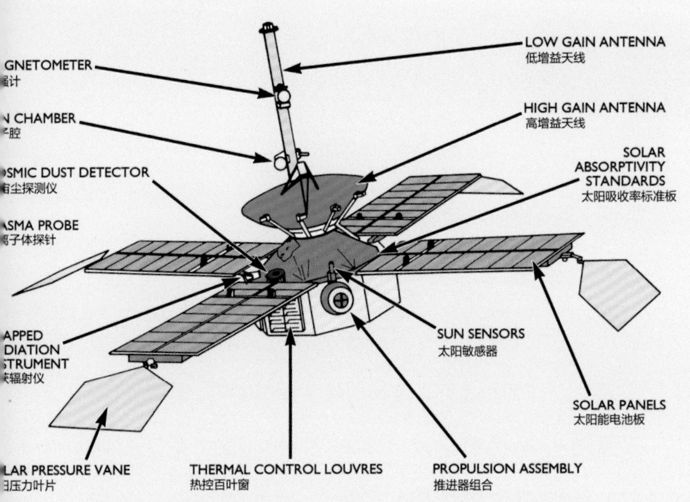

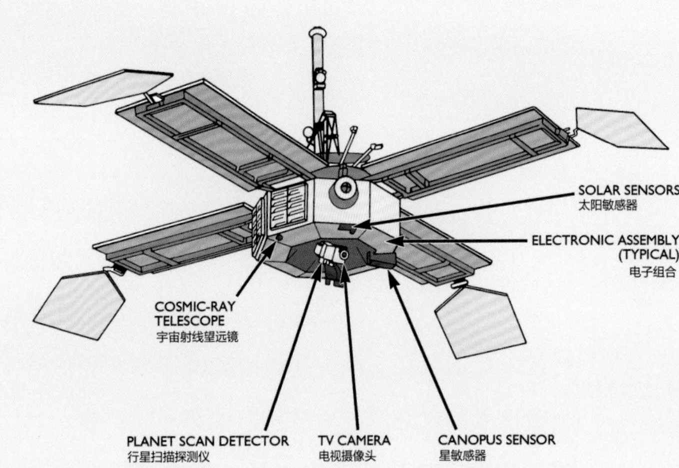

“水手 4 号”的详细信息。
（感谢 *NASA/JPL-Caltech/Woods* 供图）

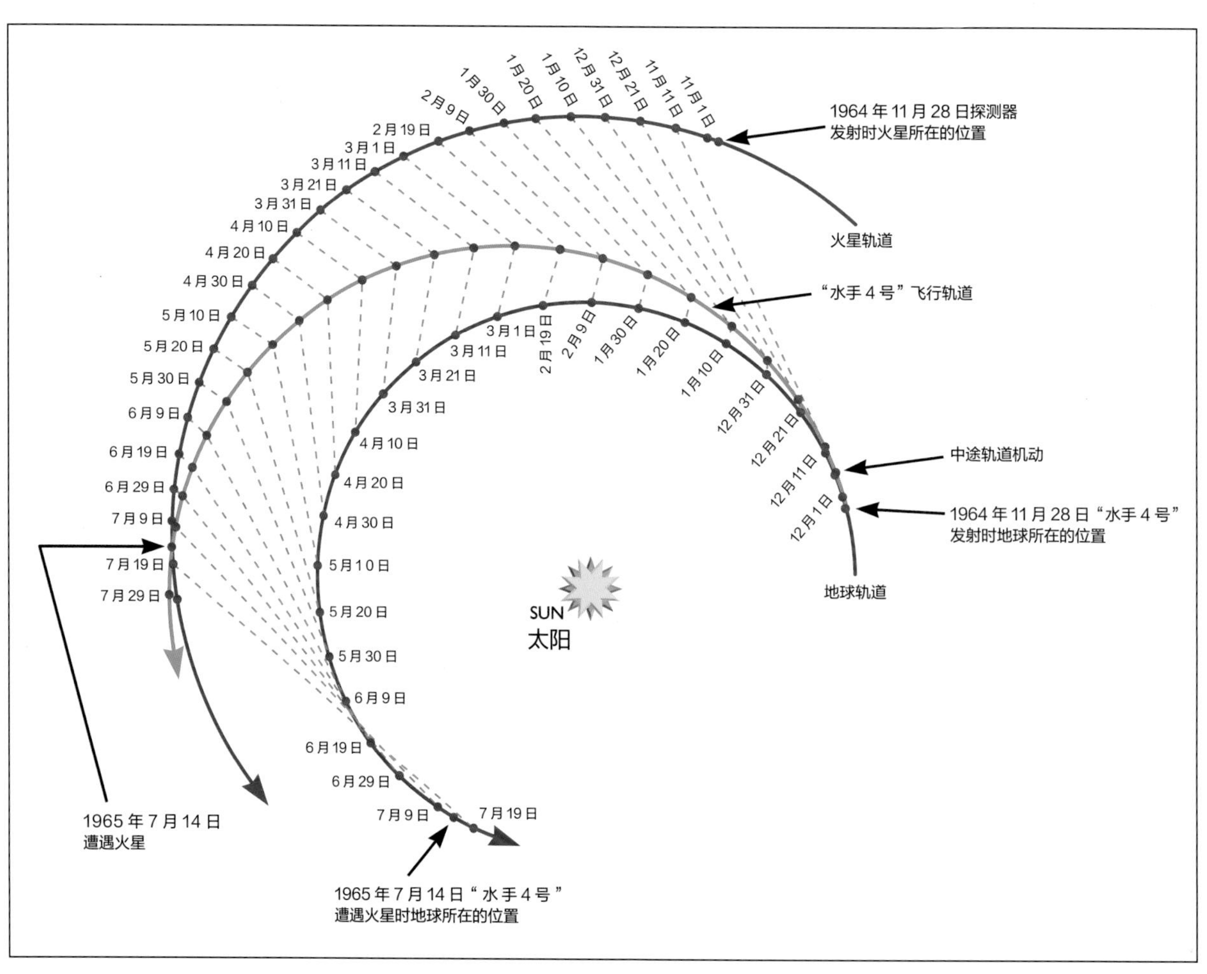

"水手 4 号" 在 228 天中的行星际飞行轨迹，实现了对火星的近距离探测。(感谢 *NASA/Woods* 供图)

228 天追上火星，对与探测器相遇的火星半球进行观测。相遇后，从地球上观测，探测器一定会经过火星的背面。当火星边缘遮掩了探测器的无线电信号，就完成对大气密度的第一次测量。等探测器离开火星的前边缘后，再完成第二次测量。一定要在火星处于美国加州戈德斯通地面站接收天线的覆盖范围时，正好发生掩星现象，这一点至关重要。

12 月 5 日，"水手 4 号" 进行了中途轨道修正，从偏离火星的 "错误距离" 240,000 千米，修正为距离火星 10,000 千米时飞越。这次轨道调整，还将相机拍照的时间，固定在火星表面特征最接近相机视场时，目的是让拍摄的图像分辨率，接近现代望远镜拍摄的月球图像。最初的目标是拍摄暗黑的大瑟提斯地带，但由于发射时间推迟，这一计划被取消了。

"水手 4 号" 的八角形底座上，有一架可在转台上旋转 180° 的摄像机。1965 年 7 月 14 日，这套成像系统在与火星相遇前 6 小时通电，因此还有时间来解决问题——信号以光速传到地球需 12 分钟，因此要立刻诊断故障、宣布恢复措施。1 小时后，转台开始旋转，直到摄像机的广角传感器扫描到火星，将摄像机对准目标。半小时后，窄角传感器检测到火星，拍摄了一系列照片。卡塞格林望远镜的焦比为 f/8，由 4 厘米的光圈和 30 厘米的焦距组成。图像投射到荧光屏上，再数字化为 200×200 像素阵列，每个像素编码为 6 字节的灰度值。

虽然，粒子和物理场探测仪的数据是实时传输的，但拍摄图像数据要先存储在 100 米长的磁带环上。曝光时间预设为 1/20 秒；该数值为预先估算光度下的最佳数值。摄像机读取图像数据需 24 秒，清除屏幕需 24 秒，因此每 48 秒可以拍摄一张图像。快门旋转，交替显示蓝绿色和橙红色滤镜，用以增强灰度和对比度，突出地表反照率的色彩差异。探测器与火星相遇约 12 小时后，磁带开始重放图片。用于传输数据的发射器功率为 10 瓦，传输速率为 8.33 比特 / 秒，每帧图像的大小是 240,000 比特。因此，需要 8 小时 20 分才能将一帧图像传回地球。而实际上，有效的传输速率为 10 小时 / 帧，因为每帧图像数据都附带有工程数据。

出乎意料！

第一帧图像拍摄了距离 16,500 千米时的火星，展示了火星盘的边缘和黑暗的太空。工程

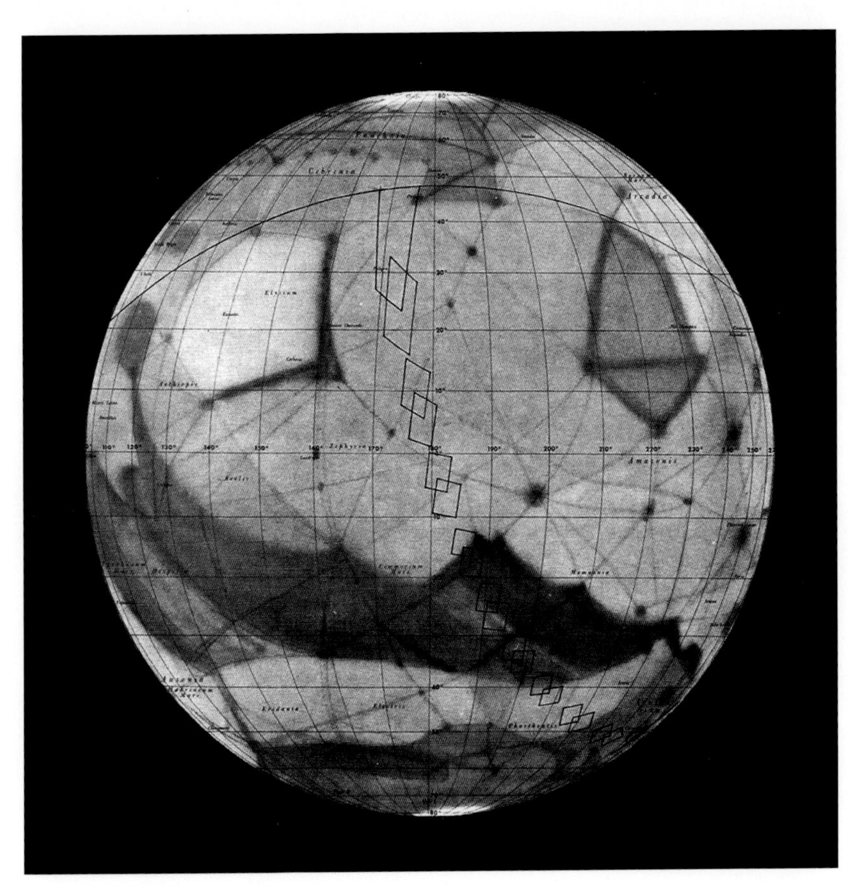

将“水手 4 号”跟踪拍摄的图像，投射在当时绘制得最完整的火星地图上。请注意，美国国家航空航天局与天文学家的做法不同，他们将火星北极放在顶端。从地平线的倾斜视角开始，沿着东南方向，越过晨昏线进入黑夜。（感谢 *NASA/JPL-Caltech* 供图）

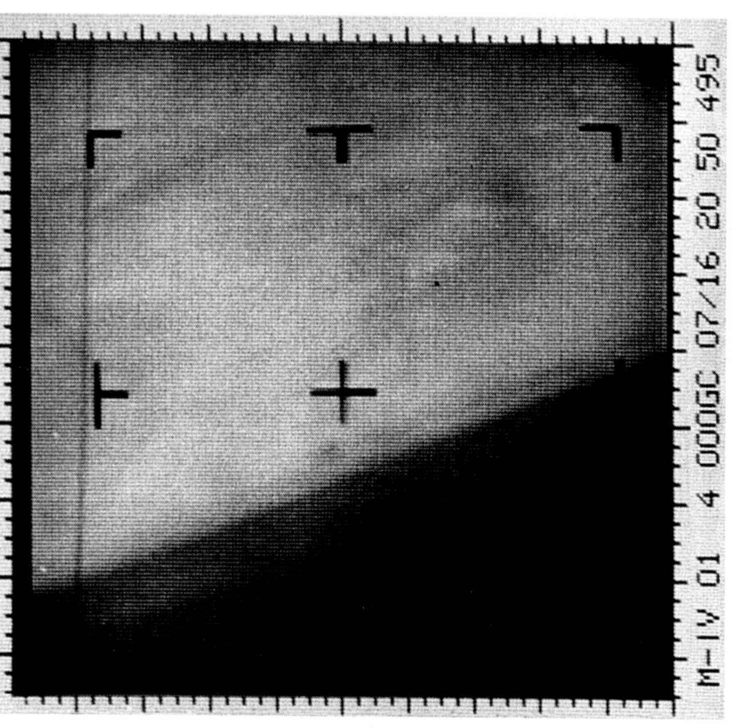

“水手4号”拍摄了一系列照片，这是第一张照片（照片上方为南）。（感谢 *NASA/JPL-Caltech* 供图）

“水手4号”传回的第一张火星照片的手绘版，在喷气推进实验室展出。（感谢 *NASA/JPL-Caltech* 供图）

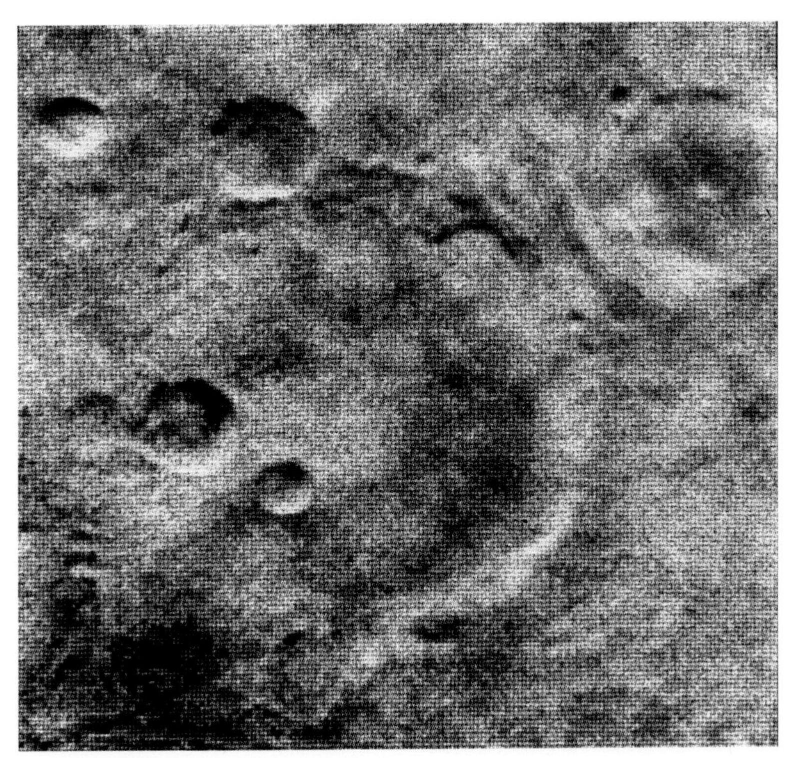

“水手 4 号”系列图像中的第 11 帧是大型撞击坑，后来被命名为“水手”，以纪念“水手号”探测器。
（感谢 *NASA/JPL-Caltech* 供图）

师欣喜若狂，因为这说明摄像机已经正常锁定火星了。然而，处理其他图像时，结果却有些令人失望。尽管滤光片突出显示了火星表面的对比度，但由于光学系统的“频闪”（flare），22 帧图像里，有一大半是白板，其余都是黑色的。

幸运的是，美国国家航空航天局和加州理工学院（位于帕萨迪纳）的喷气推进实验室（JPL）负责执行深空任务，他们有一套计算机算法，可以“增强”数字图像，“拉伸”对比度。应用这项技术可以让一些火星图像的表面细节凸显出来。

成像序列从火星北部开始，视场从经度 190° 越过火星盘边缘（火星上的经度起点在子午线西侧），沿东南方向，从经度 180° 跨越赤道，至南纬 52°，再向北摆动，越过晨昏线。总之，横跨经度约 90°。

前几帧图像中，火星表面看起来像是有很多大圆斑。在第 7 帧图像上，可以明显看出这些斑点是撞击坑，在连续多帧图像中，斑点的清晰度更高。第 11 帧图像拍摄于距火星 12,500 千米处，画面上是直径 120 千米的撞击坑，成为此次任务的标志性图像。

第 15 帧是此次任务的最后一帧，展示出火星的表面细节。原本晨昏线的对比可以突出火星表面地形，但由于视场变暗，传感器为了增加曝光率，无法正常工作。

虽然，成像系统由于光学系统的频闪受到损坏，但它已经实现了基本目标，即揭示火星表面 1% 区域的性质。

如望远镜观测者所料，火星上撞击坑的反照率各不相同，这一现象表明，整个火星表面有数十亿年的历史，就像月球一样。

大约在1950年克莱德·威廉·汤博（Clyde William Tombaugh）曾考虑过，火星受到撞击，有可能形成大型撞击坑。他推测，从被罗威尔称为“绿洲”的地形中发散出来的线状条纹，可能是撞击产生的冲击开凿出来的，形成了地壳的深层裂缝。拉尔夫·贝尔纳普·鲍德温（Ralph Belknap Baldwin）和朱利叶斯也分别提出过类似观点。

然而，那时似乎还没有任何方式能证明，这些“绿洲”真的是撞击坑。

虽然，飞越火星时拍摄的图像证明了撞击坑的存在，但这显然与罗威尔的火星地图无关。的确，如果这样的事情确有发生，第11帧画面应该会拍到运河。太空科幻作家埃里克·伯吉斯（Eric Burgess）非常关注位于“运河”线上直径为120千米的撞击坑（名为“水手”，以纪念“水手号”探测器）。虽然，撞击坑上有几条狭窄的平行线条状特征，但并不代表这些特征是人为的。

最终，决定火星存在生命迹象的“关键证据”来自于掩星实验（occultation experiment）。我们仔细监测探测器的无线电信号强度，尤其是在探测器飞过近地一个半小时后，进入火星盘的后面时，以及在探测器从火星盘的背面再次出现后一小时左右，获取南纬55°的白天和北纬60°的黑夜无线电折射率剖面的变化。根据海拔高度，获得火星大气层的化学成分、温度和大气压的数据。

结果表明，火星表面大气压的范围为0.4～0.6千帕。鉴于威尔逊山天文台的发现：火星表面二氧化碳的分压为0.4千帕，无线电掩星数据说明，火星大气层中至少含有95%的二氧化碳。在如此低的大气压下，液态水在火星表面肯定是不稳定的。

关于“水手4号”探测结果的新闻报道。

火星上探测到的氮气分压为2.5千帕，与地球相比，算是非常微量了。

此外，火星比我们之前预测的更冷，因为日落后，从太阳吸收的热量很快就会散失。虽然火星大气中几乎没有水蒸气，但由于夜晚非常寒冷，那时的大气也已经接近水蒸气的“饱和点”了。火星两极的温度能下降到-128℃以下，这让我们重新捡起长期以来被否定的观点，即火星极地的季节性冰盖是一层二氧化碳的霜冻，而非水冰。最后，这些结果也证实，火星的低大气压并非巧合，因为大气中的二氧化碳和极地冰盖中的二氧化碳处于平衡状态。

探测器上的其他仪器也说明，即使火星有磁场，也应该非常弱，而且无法产生磁层来抵御太阳风。火星表面被太阳紫外线以及太阳风高能粒子照射，因此，即使像地衣那样容易生存的生命，也很有可能不存在。

考虑到火星大气稀薄、表面条件不适宜居住，以及看起来似乎不活动的古老地壳，原本被称为“红色行星”的火星，被《纽约时报》称为“死亡星球”。几乎在一夜之间，人们对火星的兴趣大减。

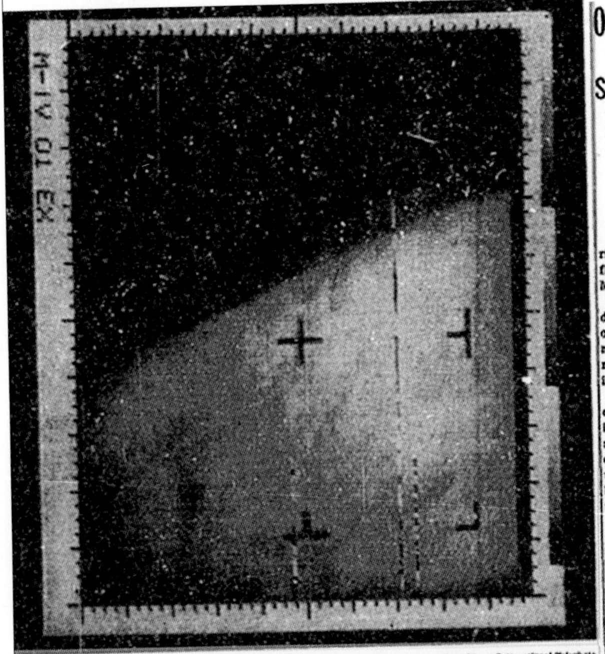

FIRST MARS PHOTO IS TRANSMITTED; MARINER SIGNALS INDICATE PLANET LACKS A LIQUID CORE LIKE EARTH'S

OTHER DATA SENT

Sensors Find Scant Radiation Belt and Thin Atmosphere

By WALTER SULLIVAN
Special to The New York Times

PASADENA, July 15—Mariner 4 has sent to earth the first close-up photograph of Mars.

The picture, transmitted today in an eight-hour broadcast over a distance of 134 million miles, shows the "limb," or rounded edge of Mars, including a vast, desert-like region.

It does not show any of the controversial canals. But this is not necessarily significant, since the view is extremely oblique and covers a region under the noonday sun. Such lighting makes for little contrast.

The picture, the first ever taken of another planet at close range, covers a region between the areas of Mars known as Cebrenia, Arcadia and Amazonis.

Part of the second picture, which should overlap the first, has already been transmitted to earth and it is possible that as many as 22 pictures of the planet will be delivered in the next 10 days

United Press International Telephoto

FIRST CLOSE-UP OF MARS: Photograph made by Mariner 4 of the planet and sent back to earth. The area covered along edge of planet is about 200 miles. Shot was taken at about 10,500 miles. It is expected to add greatly to scientists' knowledge of Mars.

首张火星照片传回：火星车信号表明火星没有与地球相似的液态核。

其他数据传回：传感器探测到微弱辐射和稀薄大气。

继续出发

1969 年，美国国家航空航天局再次发射了两颗探测器。宽视场镜头增强了成像系统，由此获得更窄的画面，磁带录影机可以存储更多图像。通信系统以 16.2 千比特 / 秒的速率传输数据，几乎比以前快了 2000 倍。

“水手 6 号”与火星远距离相遇，拍摄了 50 张火星绕轴自转时，阳光照亮火星表面的半球照片。第一张照片的拍摄位置距火星 100 万千米左右，比地面望远镜拍摄的要清晰得多。

7 月 31 日，探测器在赤道地区、最接近子午线高原上空 3500 千米的位置，拍摄了 25 张照片，经度从 320° 跨越到 60°。从这些早期探测结果分析，科学家认为，火星偏南半球的地方会非常有意思，于是，他们重新操作“水手 7 号”探测器，在靠近南半球的区域又获得 8 张照片。

“水手 7 号”探测器在远距离遭遇火星的过程中，拍摄了 91 张照片。一开始，探测器没有

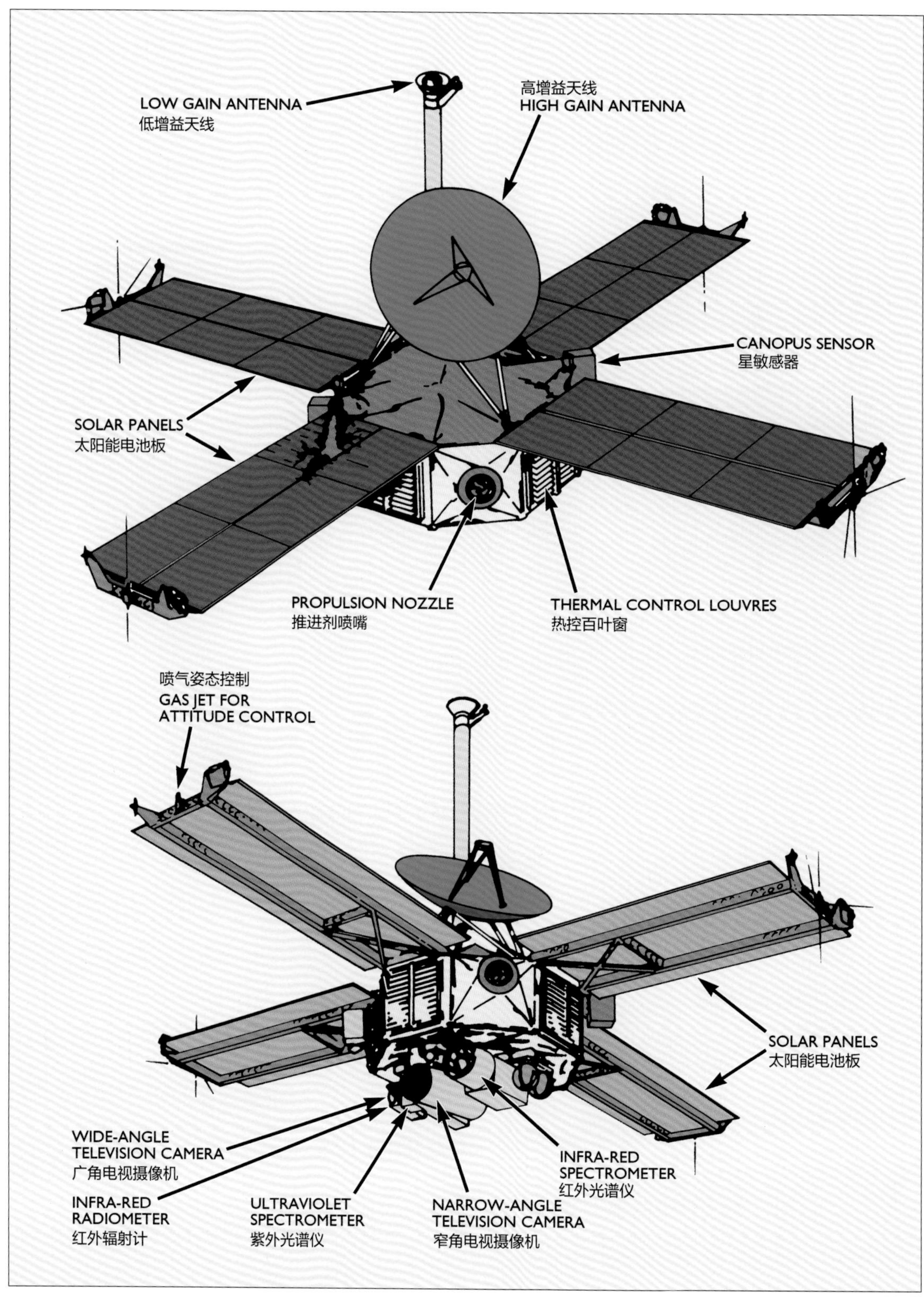

“水手 6 号”和“水手 7 号”探测器的详细信息图。
（感谢 *NASA/JPL–Caltech/Woods* 供图）

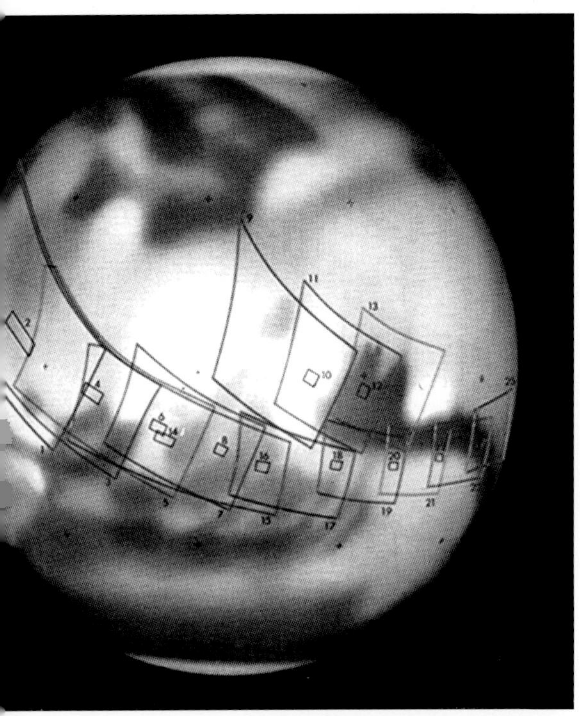

“水手 6 号”探测器拍摄的图像，投射在当时绘制得最完整的火星地图上。（感谢 *NASA/JPL-Caltech* 供图）

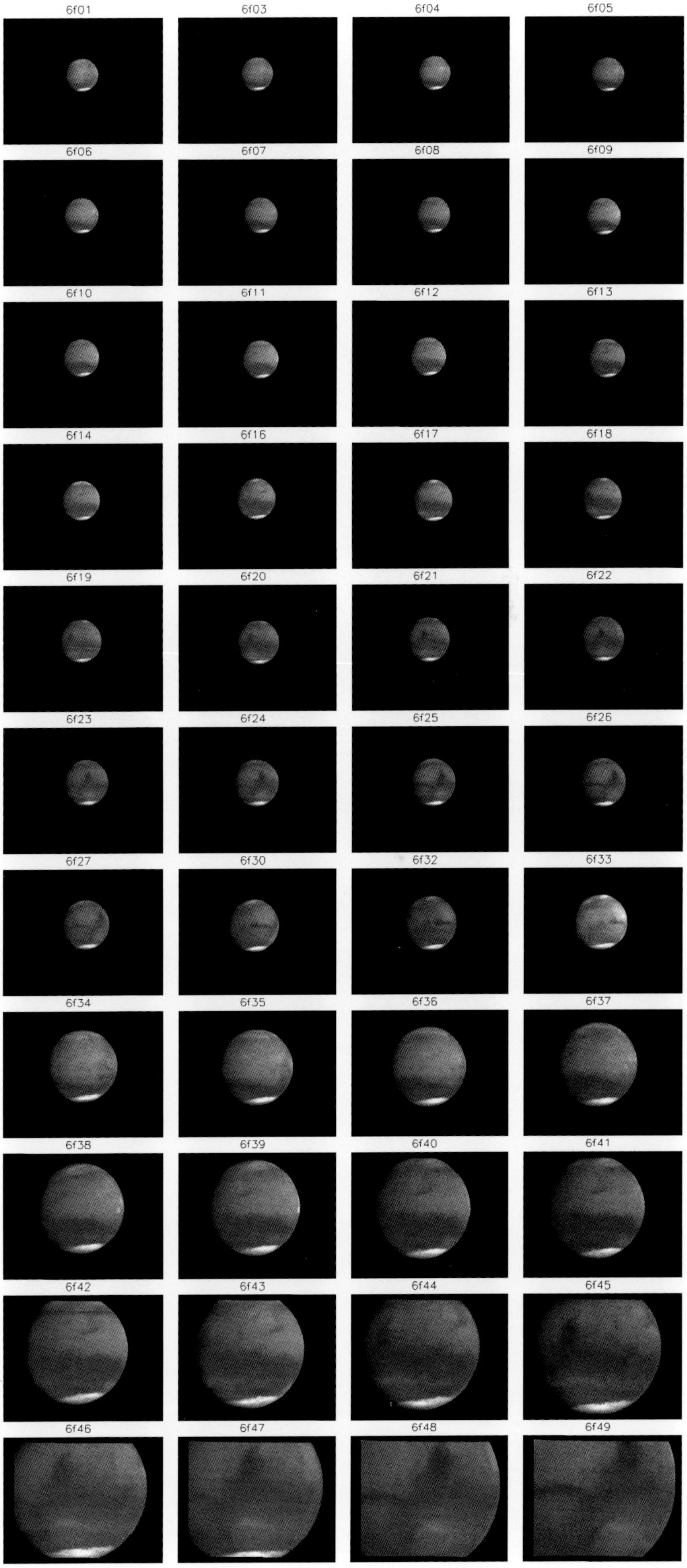

“水手 6 号”靠近火星时，在远距离相遇过程中得到的系列图像，为与天文观测获得的火星地图进行比较，提供了可靠的数据。（感谢 *NASA/JPL-Caltech* 供图）

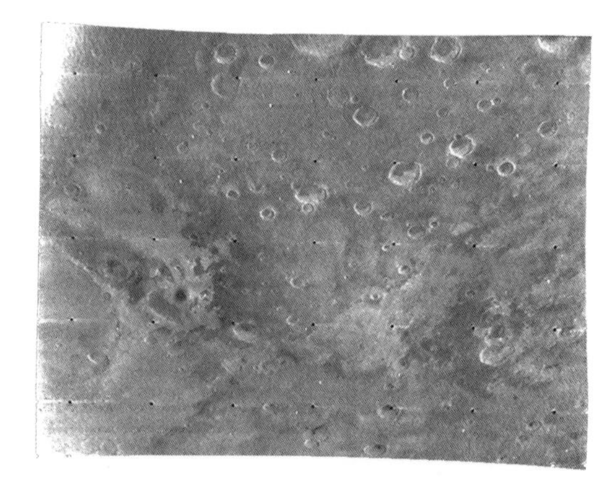

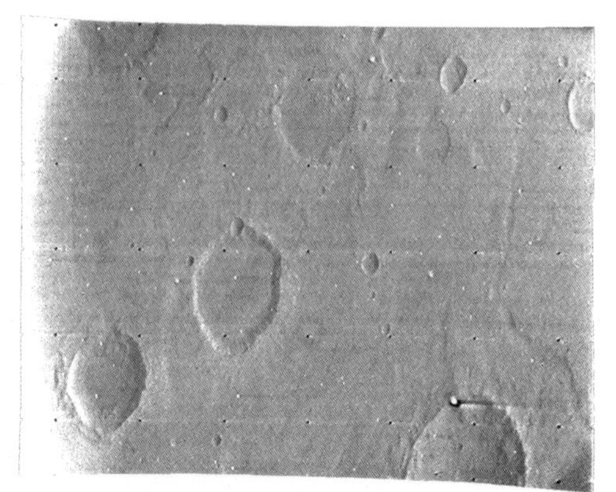

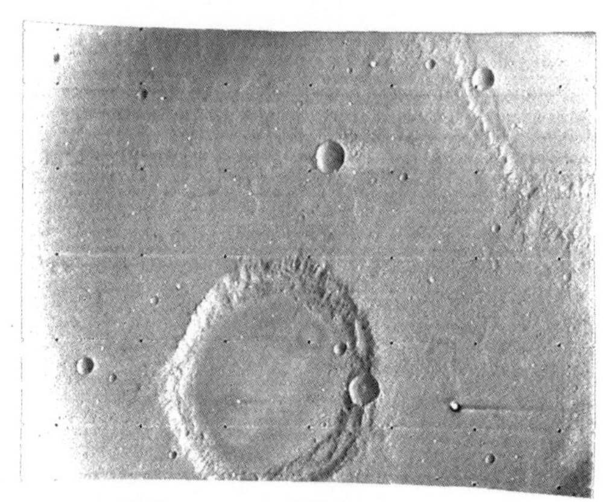

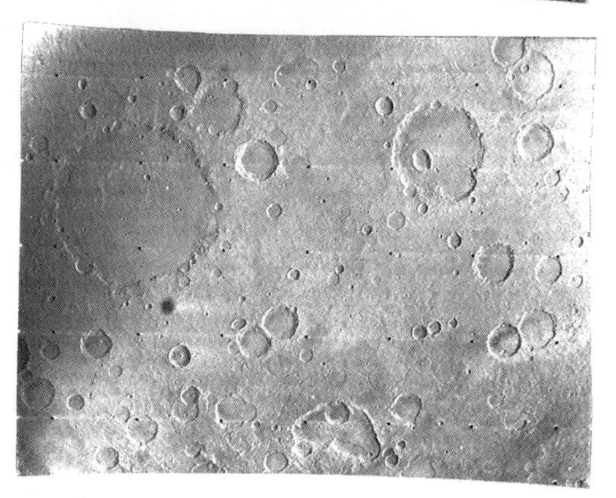

回应，工作人员有些担心，但 8 月 5 日终于又联系上了。它在两个地区拍摄了 33 幅照片，一个地区位于南半球，靠近子午线高原；另一个地区越过了赤道，跨越经度 20° 至 100°。

分析火星上的撞击坑可以发现，撞击坑的宽度与深度的比值，与月球高地上的撞击坑不同。宽度小于约 20 千米的撞击坑，看起来似乎有清晰的轮廓和凸起的边缘；而那些较大的撞击坑，则比月球上对应的撞击坑更“浅”，不仅有复杂的中央峰、内环阶地、退化的边缘和溅射毯，而且撞击坑底部平坦，填充了各种物质。火星上尤其缺乏由溅射物形成的次级撞击坑。

1969 年，探测器飞越火星的一个重要结论，是我们发现撞击坑并不是随处可见。有些地区看起来比较混乱，有些地区则没什么特点。

事实证明，望远镜观测者的某些假设是不正确的。名为海拉斯的明亮的圆形区域经常变亮，就像偏移了位置的极冠。我们认为，那个区域是高原，冬天完全被冰雪覆盖。但大气压数据表明，它其实是一个很深的盆地。据推断，当云层笼罩在火星上空时，它会变得明亮，但毫无特色。在远距离相遇图像中，它还有一个有趣的特征，呈现出一个大大的圆形结构，斯基亚帕雷利经常把它画成一个大亮点，将其命名为“奥林匹斯雪山”。

“水手 6 号”探测器在飞越火星时拍摄的代表性照片。（感谢 *NASA/JPL-Caltech* 供图）

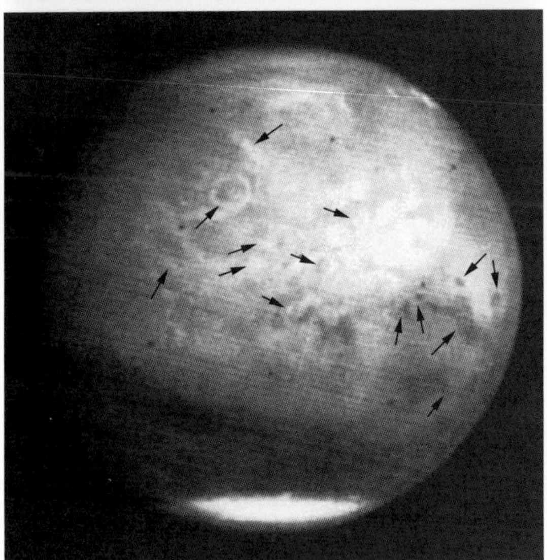

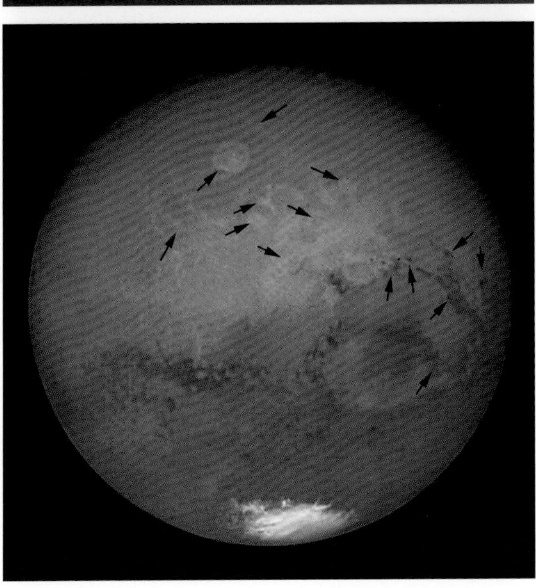

“水手 7 号”探测器拍摄的照片，距离火星 320,000 千米。与哈勃太空望远镜 2003 年拍摄的图像相比，这张图像显示了远距离相遇中的很多细节。天文学家当即认出，圆形区域是他们认为的“奥林匹斯山”，他们相信这是一片高原，在望远镜中很亮，是因为上面都是雪。但现在看来，它可能是一个巨大的撞击坑。只可惜，要解读这张低分辨率图像，通常还需要了解它的实际状况。所以，只有等探测器从轨道上拍摄到全火星的图像后，我们才能完全理解奥林匹斯山的本质及其反照率特征。
（感谢 *NASA/JPL-Caltech/ STScI/Harland* 供图）

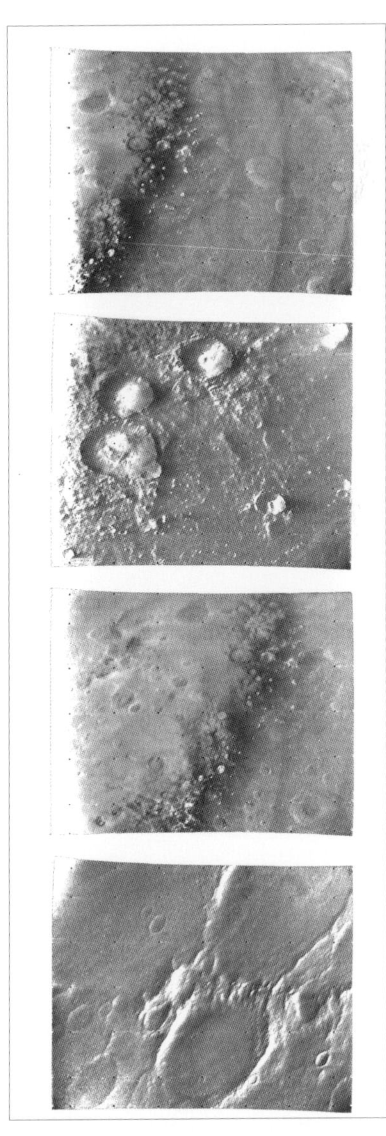

“水手 7 号”探测器在南半球飞越时拍下的代表性照片。（感谢 *NASA/JPL-Caltech* 供图）

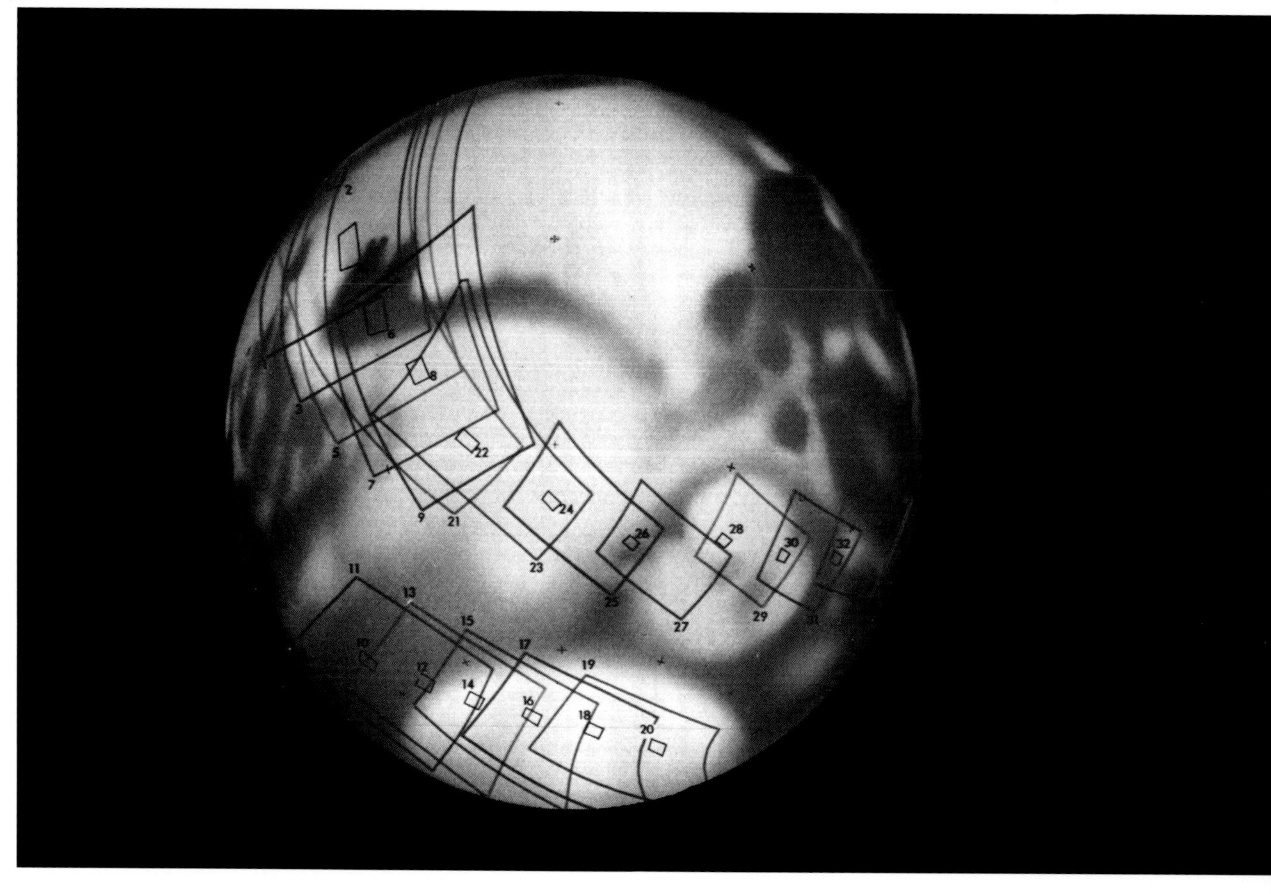

将“水手 7 号”拍摄的图像投影到当时绘制得最完整的火星地图上。（感谢 *NASA/JPL-Caltech* 供图）

探测器的掩星数据证实，火星的引力较弱，大气压较低。子午线高原的表面气压为 0.65 千帕。然而，南半球的表面大气压为 0.35 千帕，说明子午线高原是高原地形。科学家决定以 0.62 千帕作为火星“海平面”的参考高度。这一气压值对水的“固液气三相”来说意义重大。事实上，鉴于火星的地形和季节变化，火星表面的平均大气压接近这一数值。大气压较低时，水无法保持液态。

火星南极的温度为 -123℃，有力地证明了季节性极地冰盖是冰冻二氧化碳的观点，因为这一温度很接近二氧化碳的“霜点”。

美国国家航空航天局的探测器三次飞越火星，探测了约 10% 的火星表面，图像分辨率达到中等水平。这些数据完全否定了人们对这颗红色行星原有的合理印象。火星不再是寒冷干燥、曾有植被的世界，而是一颗保持着古老撞击痕迹、大气过于稀薄、无法形成表面液态水、没有生命的行星。

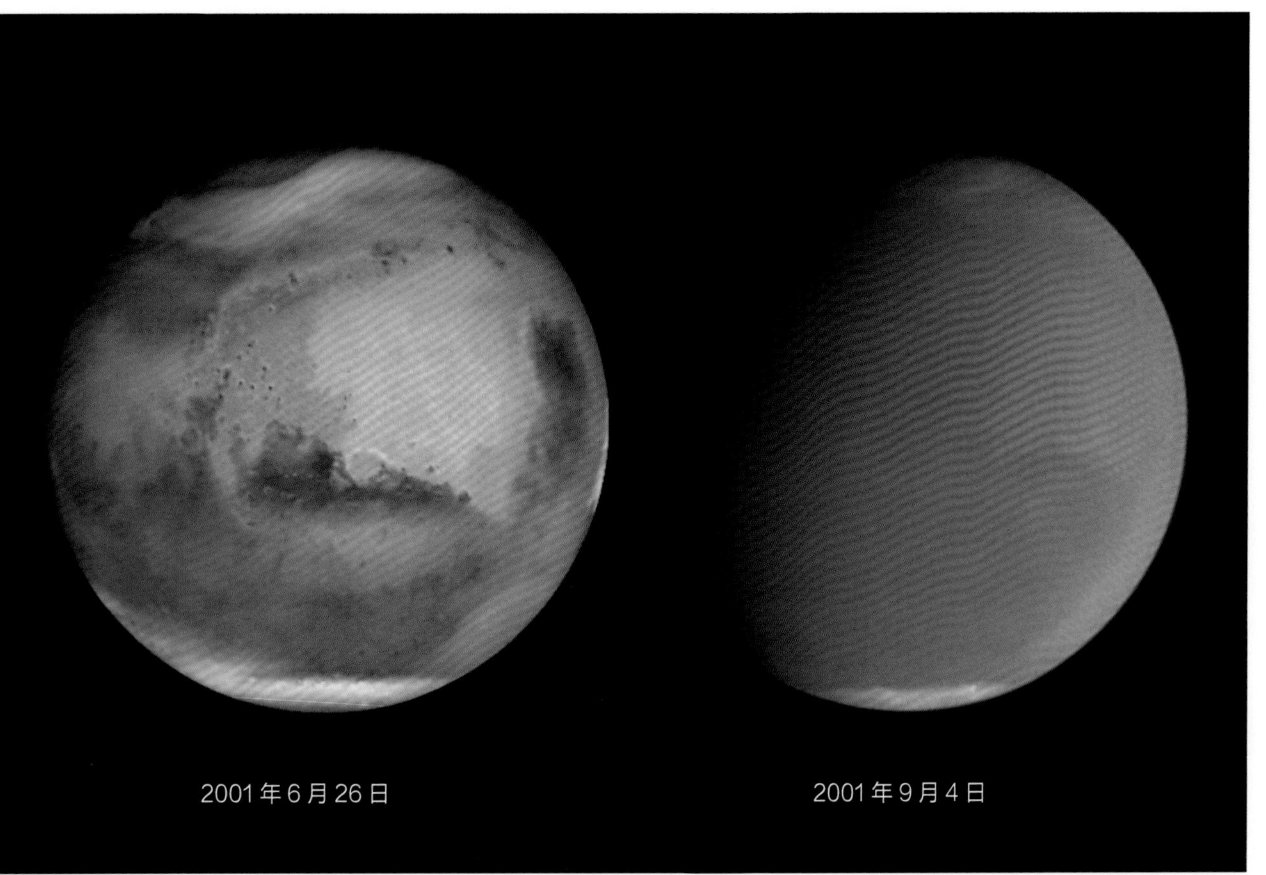

沙尘暴会遮掩火星表面，图片来自哈勃太空望远镜，于 2001 年拍摄。（感谢 *NASA/STScI* 供图）

2. 全球视角

地质学家很希望能把探测器送入环绕火星的轨道，绘制出完整的火星地图。

实际上，如果采用两艘探测器，效果会更好。我们看到的“满”月，只是月球表面反照率的变化。而在其他月相时，晨昏线上的阴影可以展示月球表面的地形。以前，用望远镜观测火星时，观测者只关注火星表面的反照率特征，并没有利用晨昏线的光照条件，来绘制火星表面的地形。轨道探测器可以观测各种光照条件下的火星表面。不过，白昼半球地势高的地方，适合用来研究火星表面的反照率；而晨昏线上地势较低的地方，则适合用来地形测绘。

据此，美国国家航空航天局决定，“水手 8 号”探测器运行到高度倾斜的轨道，从晨昏线上方降低到较低位置，以高分辨率拍摄 70% 的火星表面。而“水手 9 号”沿着赤道上空，以更高的高度，监测火星表面反照率的季节变化。

这些新一代探测器要靠发动机和推进剂减速，才能进入环绕火星的轨道，因此要比前几代探测器重得多。幸运的是，1971 年火星正好位于近日点冲日的位置，可以减少对探测器能源的需求。

“水手 8 号”探测器在发射后失踪，因此，需重新启动该计划。新计划允许单个航天器尽量从倾角为 65°的折中轨道进行观测，这个轨道所能获得的光照角度，比开展反照率研究的角度小，但比开展晨昏线地形测绘需要的角度大。让大家感到欣慰的是，1971 年 5 月 30 日，重新规划后的“水手 9 号”发射成功。

沙尘暴!

天文学家之前见过火星上的“黄云”，它们有时会遮掩火星表面的大片区域。1909 年安东尼亚迪就看到过持续了好多天的“黄云”现象。1911 年，他又一次看到迅速扩大的“黄云”，覆盖了南半球的大片区域，这一现象持续了几个月。进一步观测发现，沙尘暴可能是火星在近日点时，太阳对火星南半球的加热效果不同，从而产生强风，吹起细尘，形成“黄云”。

1971 年 2 月，查尔斯·富兰克林·卡彭（Charles Franklin Capen）在弗拉格斯塔夫预测，1971 年火星冲日时，很可能发生大型沙尘暴，他警告说，这可能会干扰即将展开的遥感测绘任务。

9 月 21 日确实发生了一次沙尘暴。格里高利·罗伯兹（Gregory Roberts）首先在南非拍摄到了这场沙尘暴。到了 9 月 27 日，沙尘暴遮住了海拉斯平原西部的广大地区。到 10 月第一周的周末，沙尘暴就席卷了中南纬区域。到了月末，整颗行星都看不清楚了！

苏联向火星发射了一对探测器，在进入环绕火星轨道前 4 小时，每颗探测器释放出一颗着陆器。

11 月 27 日，“火星 2 号”探测器进入近火点 1,280 千米、远火点 24,900 千米的预定轨道，但是，它的无线电信号太差了，几乎没有接收到可用的数据。探测器穿透大气层的角度，比原先计划的要大得多，它还没来得及打开降落伞，就“砸”在了火星表面。

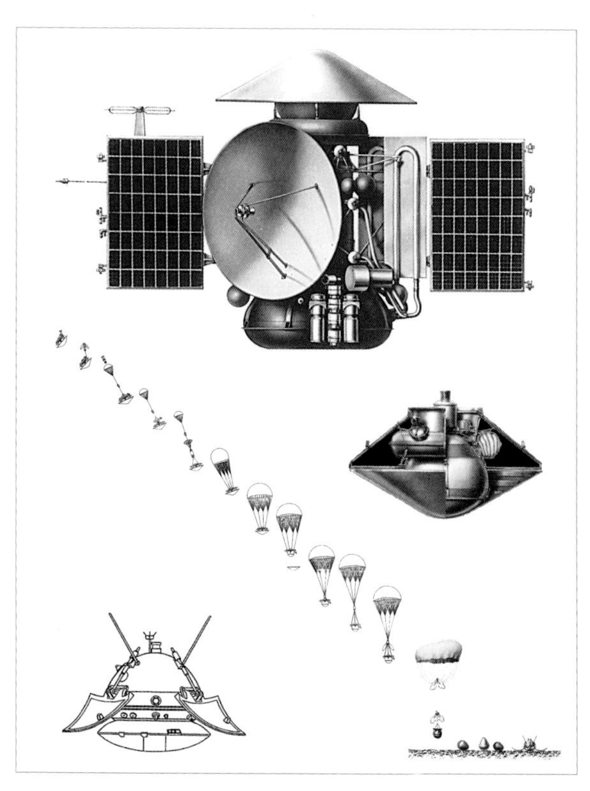

“火星 3 号”探测器的进入、下降、着陆段。
（感谢 *Academy of Sciences of the USSR* 供图）

尽管遇到了推进剂泄漏，12 月 2 日，“火星 3 号”探测器还是艰难地进入了比预定轨道更扁的大椭圆轨道，远火点很高。因此，它能观测到火星的机会很有限。又因为沙尘暴的影响，几乎什么都看不见。最有用的数据还是来自无线电掩星。

“火星 3 号”探测器以 5.7 千米 / 秒的速度，以小于 10°的入轨角度，进入火星大气层。漏斗形减速伞打开，带出了主降落伞。抛掉隔热罩后，开启雷达。在飞行速度为 60~110 米 / 秒，飞行高度为 20~30 米时，降落伞分离。小火箭带着降落伞飞离着陆器。同时，着陆器开启自己的反推火箭，以 20.7 米 / 秒的速度接触火星表面，整个进入、下降的过程共历时 3 分钟。

防冲击泡沫喷射，探测器四瓣张开。着陆 90 秒后，着陆器发送信息至正在入轨的探测器。几小时后，轨道器将信号转发到地球上，数据传输时间不到 20 秒。部分图像基本上是噪点。此外，由于着陆器在下降期间收集的数据，要在着陆后才能传输，所以，这部分数据丢失了。

苏联发射的这对探测器，由于某些原因，着陆任务都以失败告终。但是，有些工程师相信，着陆器工作正常，只是轨道器信号转发失败了。2007 年 11 月，美国国家航空航天局的轨道器在超高分辨率图像中似乎识别出了这个地区遗留的着陆器、降落伞、隔热罩和反推火箭，但也不是很确定是否就是这次任务留下的。

突破尘埃

11 月 10 日，“水手 9 号”探测器与火星相遇，进行在远距离拍照，一周后，从拍摄到的所

“水手 9 号”探测器的详细信息。
（感谢 *NASA/JPL–Caltech/Woods* 供图）

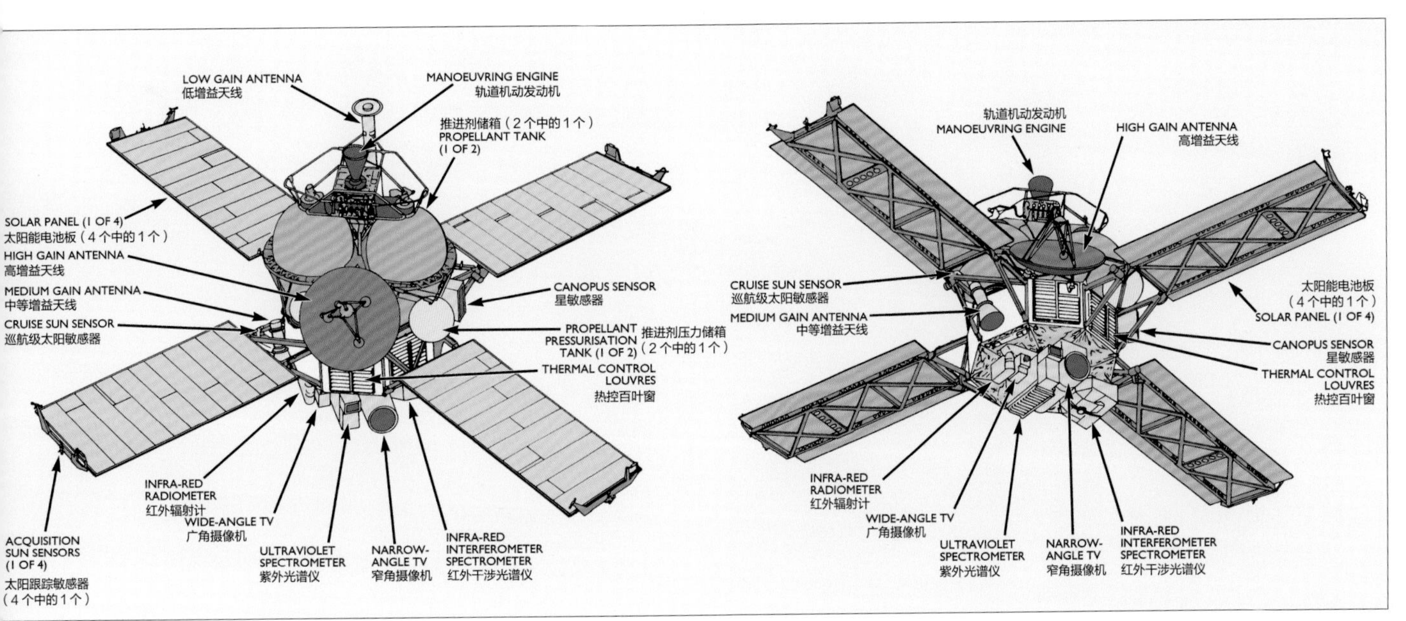

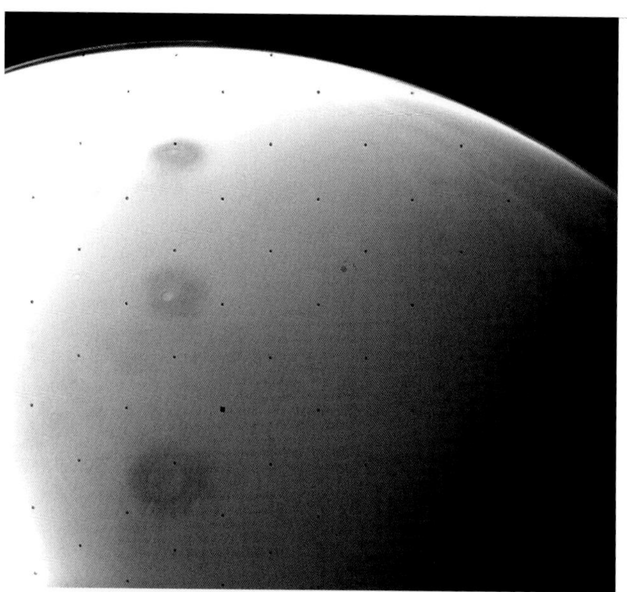

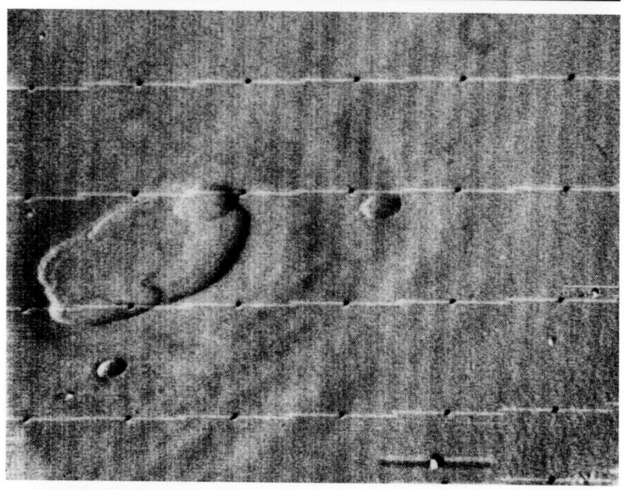

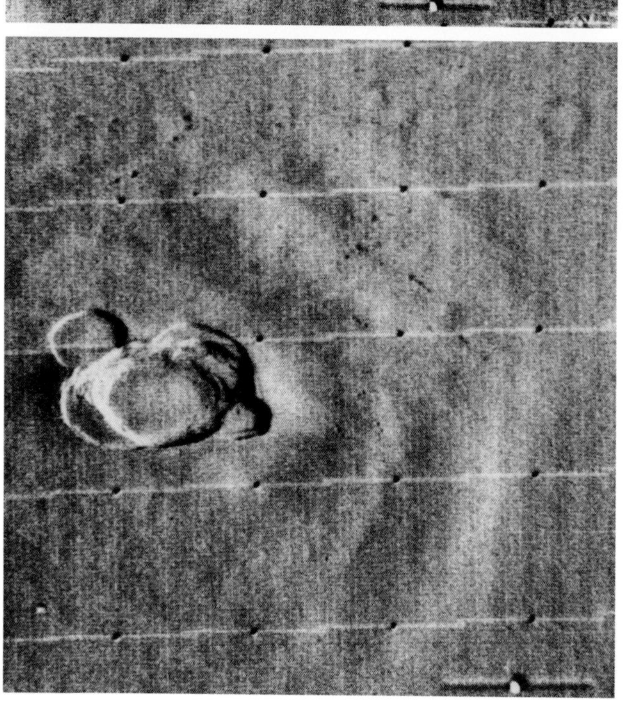

“水手 9 号”探测器进入轨道时，火星正笼罩在全球性的沙尘暴中。上图显示了三个暗黑特征，分别是北点、中点、南点。为了看清全貌，必须升高轨道器的高度。尘埃消散时，每个暗黑的点都露出一个火山口，说明这些特征只能是山顶为火山口的巨大火山。西北第四个地方是奥林匹斯雪山，证明这并非撞击坑，而是火星上最大的火山。（感谢 *NASA/JPL-Caltech* 供图）

有图像特征中，只看到了南极冰盖和四个模糊的黑点。其中一个是奥林匹斯雪山，其他三个都在东南部的塔尔西斯地区，沿西南向东北穿过赤道的一条直线上，平均每隔 700 千米有一个点，分别称为北点、中点和南点。

11 月 14 日，“水手 9 号”探测器成为第一个进入火星轨道运行的人造天体。每次飞过火星圆盘边缘时，探测器都会仔细观测其无线电信号，以监测充满尘埃的大气层特征。

由于周围没有别的东西可以观测，摄像机对准了观测火星上的黑点。每当尘埃消散时，下面都会出现一个圆形的大型结构。尘埃落定后，奥林匹斯雪山看起来像一座盾形火山，高出周围 25 千米，外围是 8 千米高的陡坡。通过图像可以看出，其他几个点也是火山，山顶是火山口。

与飞越任务所拍摄的火山口地形相比，能明显看出，火星经历了强烈的火山活动。

尽管红外辐射计没有看到火山口中的“热点”，说明此时没有火山活动，但随后拍摄的火

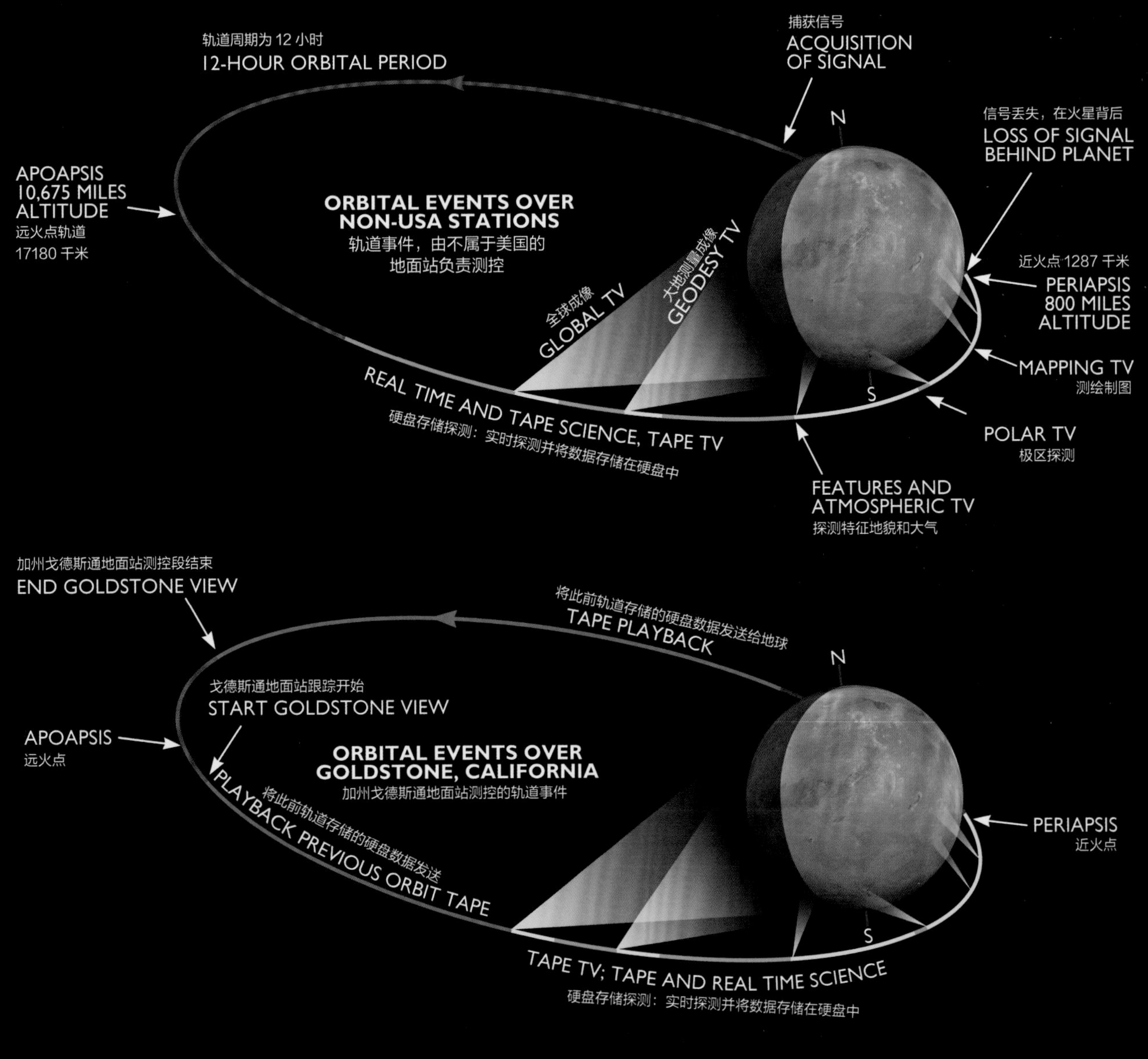

“水手 9 号”探测器的轨道任务。
（*NASA/JPL-Caltech/Woods* 供图）

山侧翼熔岩流的高分辨率图像，发现这些区域没有受到撞击的痕迹，说明火山口“最近”的地质活动仍很活跃。如果是这样，那么，如今的火星大气虽然稀薄而干燥，但它时不时地也会补充火山气体，包括水蒸气。

终于，火星出现了

1972 年 1 月，随着火星大气再次变得清晰，“水手 9 号”改进了轨道，开始进行地形测绘。它从南半球向北飞行，发现了一系列惊人的结果。

回想起来，我们显然可以发现，这三次飞越

任务，都恰巧经过火星表面最像月球的区域。

火星南部的火山地形中有蜿蜒的通道，有些图案像树枝状。随着轨道测绘区域越过赤道，一片峡谷河网开始显现，它沿着赤道延伸，约占赤道周长的1/5。广阔的峡谷水流进入克里斯平原（Chryse Planitia），该平原位于低洼平原遍布的北半球。水流痕迹表明，火星以前一定有过水文循环。

尽管在火星上发现地质的多样性非常重要，但这一发现的真正意义在于，火星在其历史的某个时刻，似乎发生了重大的气候变化。可能过去存在过生命，也适应过环境的改变。

"水手4号"探测器成像轨道叠加在后期火星地貌的晕渲图上。这张图说明，这次任务只关注火星上的撞击坑地形，这扭转了我们对火星的印象。（感谢 *Harland using NASA data* 供图）

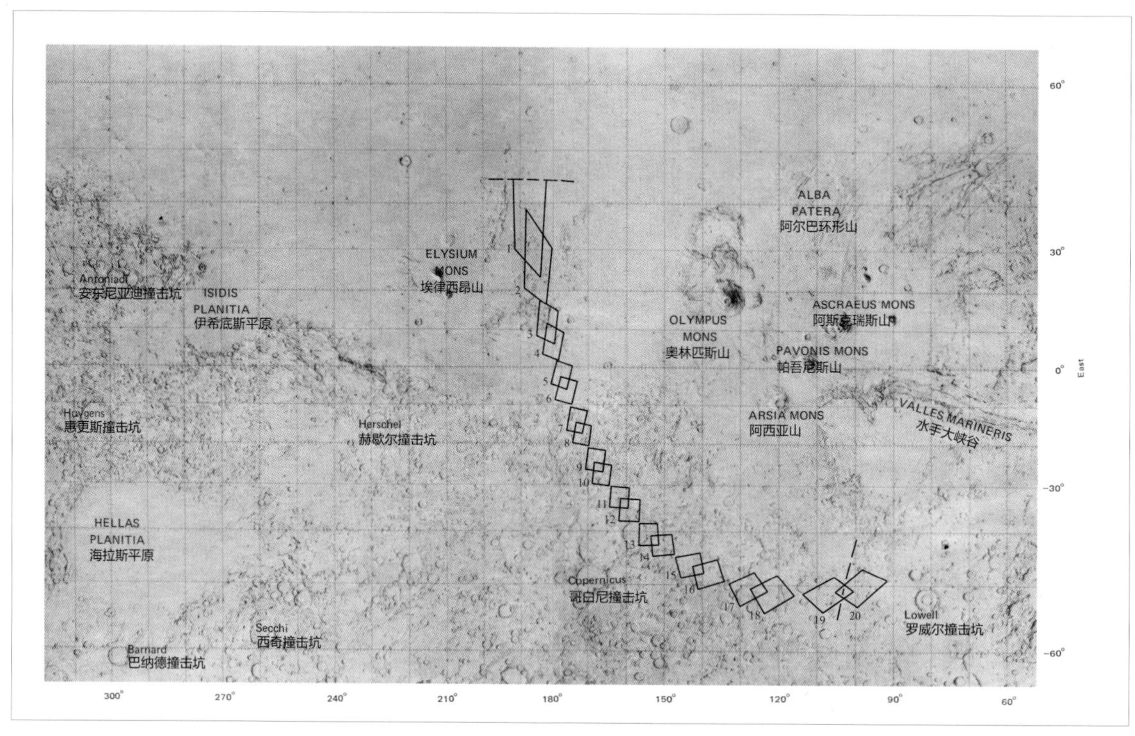

安装火箭整流罩前，对“水手 9 号”探测器进行最后的检查。（感谢 *NASA/JPL-Caltech/KSC* 供图）

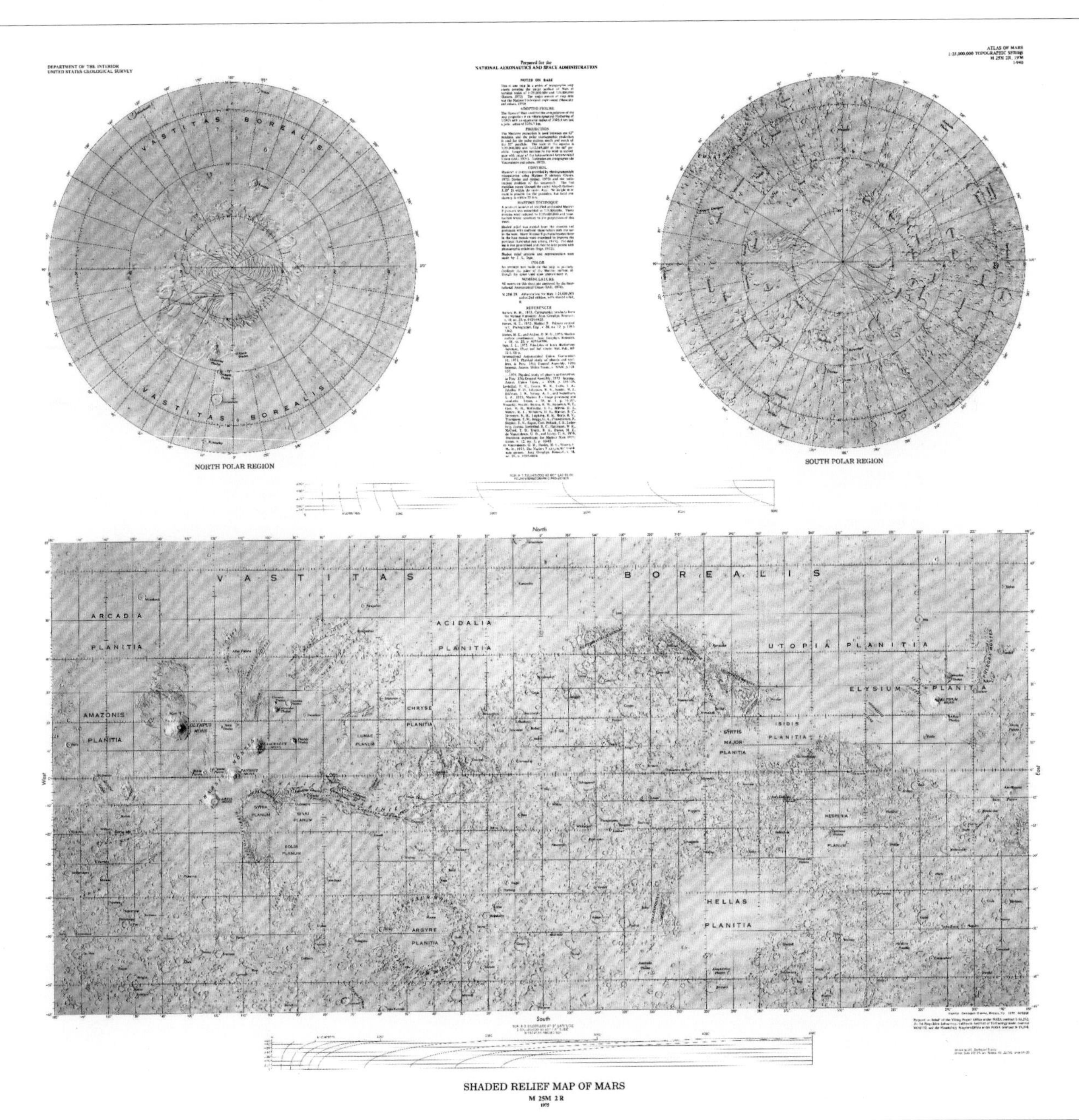

继“水手 9 号”探测器发射后，美国地质调查局制作了这张火星地貌晕渲图，编号为 I-940。（感谢 *NASA/USGS* 供图）

火星地貌晕渲图与反照率特征的叠加图，显示反照率特征与表面地形没有明显的相关性。(感谢 *NASA/USGS* 供图)

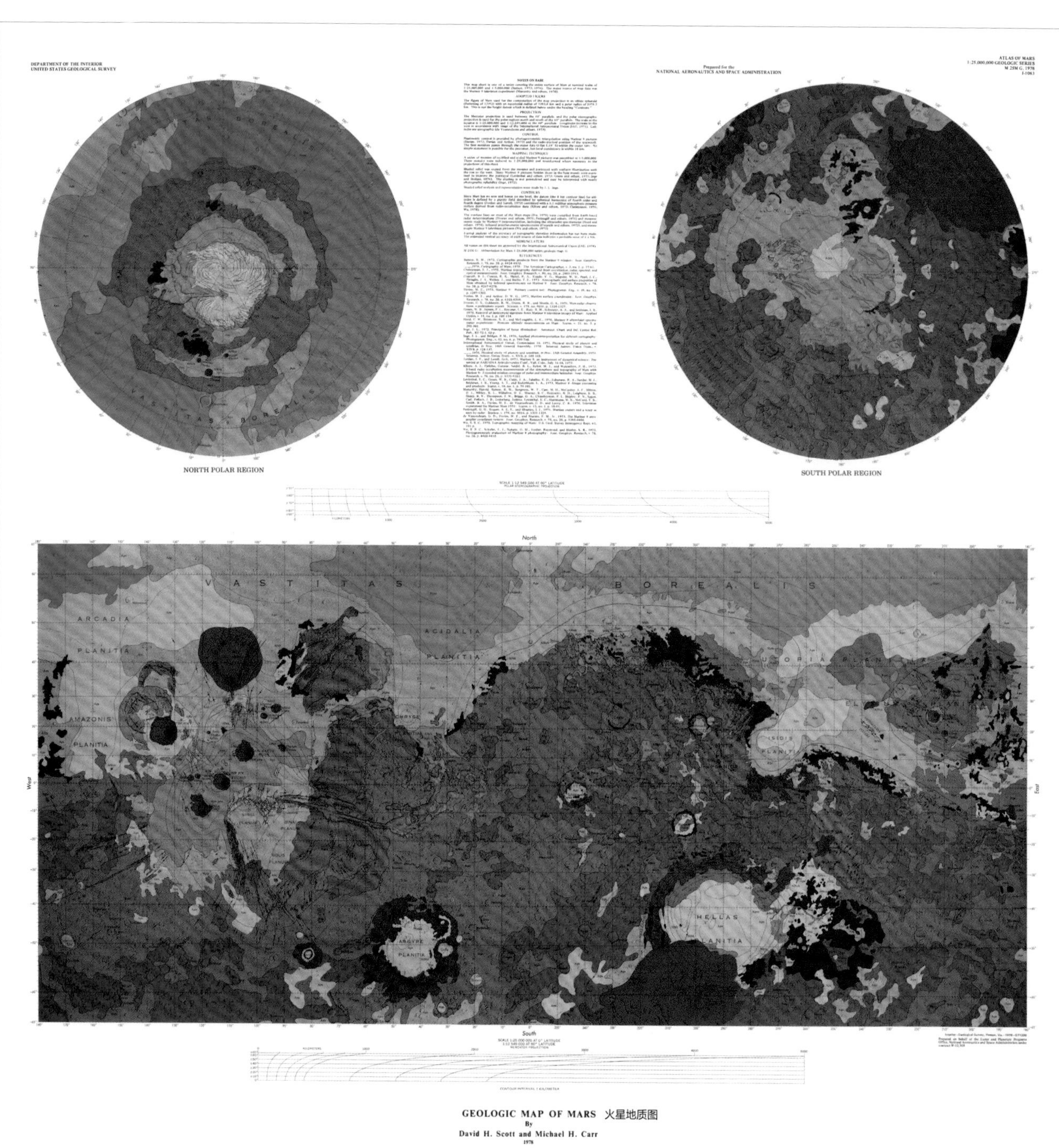

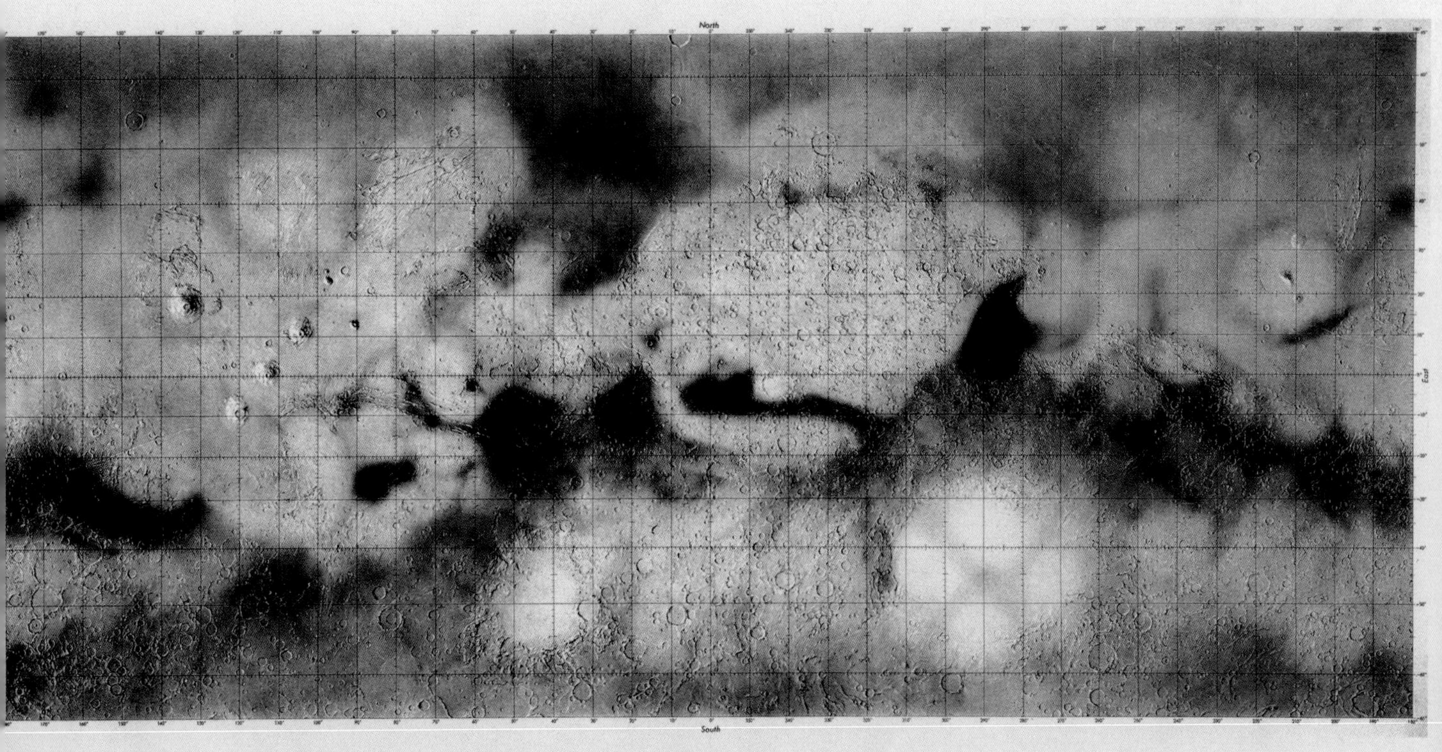

正如卡尔·萨根（Carl Sagan）所言：“只有一个办法能验证这个说法正确与否，那就是在火星表面着陆。”

挫折接踵而至

苏联利用1973年的火星发射窗口发射探测器，但是，火星的位置并不像1971年那样有利于发射，着陆器必须跟轨道器分开发射。运送着陆器的飞船应先释放着陆器，再进行飞越。可惜的是，这个探测器所完成的工作很有限。

推进剂泄漏阻碍了“火星4号”的轨道制动，但在从2000千米远处飞越火星的过程中，“火星4号”探测器也提供了一些有用的图片。“火星5号”探测器成功进入几乎与火星自转速度同步的轨道，但由于仪器舱泄漏，刚开始拍照后不久，就失去了对探测器的控制。

着陆器的表现也不好。“火星6号”探测器在下降过程中，向地球传输了工程参数和大气参数，接着就以60米/秒的速度砸向地面，再也不可能“生还”了。“火星7号”探测器在释放着陆器后，很快就发生故障，以至于错过了火星。

沮丧的苏联工程师决定，暂时放弃探测火星。

美国地质调查局利用“水手9号”探测器的图像数据，制作了这张火星地质图，编号为I-1083。（感谢*NASA/USGS*供图）

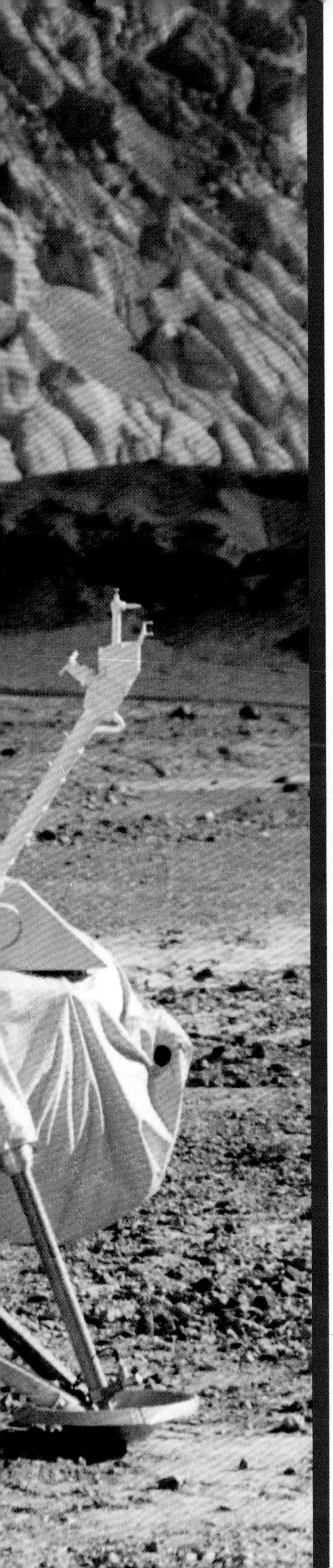

Chapter Four

Seeking Life

第四章

寻找生命

天文学家观测火星时，常常理所当然地认为，这颗行星上居住着智慧生物。这一观点被证实错误后，他们又认为，火星上的暗黑地带被植被覆盖着。而早期太空任务已揭示，火星表面不太可能有植物。因此，接下来比较紧迫的，是了解火星土壤能否存活微生物。

美国公共广播公司（PBS）的电视系列片《宇宙：一个人的旅行》中，有一集是萨根站在美国加州死亡谷的“海盗号”着陆器模型旁。（感谢 *NASA/Druyan-Sagan Associates, Inc.* 供图）

1. 探测策略

1964 年，美国国家航空航天局要求美国科学院协助制定一项战略，确定火星上是否存在生命。著名分子生物学家乔舒亚·莱德伯格（Joshua Lederberg）组织了专家小组，研究这个问题。

1965 年 3 月，《生物学与火星探索》的报告草案表明：我们有正当理由假设，生命可以在火星上独立发展。不过，报告还指出，如果火星上有植物，就肯定存在微生物。另一种可能是只存在微生物。因此，所有针对火星生命的测试，都应该是针对微生物的测试。报告说："我们认为，早期的火星探测任务应假设火星与地球相似，以碳 - 水型生物化学为基础构造生命。"

为了解生物细胞是如何作用的，策略之一是寻找细胞繁殖的证据，但这个过程不是连续的，因为每个物种都不一样，甚至同一物种在不同条件下也不一样。尤其是在与地球上不同的火星环境中进行分析，更是难上加难。然而，新陈代谢可以用很多种方式探测，而且，这个过程还很连续、容易探测，因而更有可能得到确定的结果。例如，可以测量酸碱度的变化或气体的变化。报告中提出，希望从多个方面开展大量测试，因为"没有哪个标准能完全令人满意，尤其是最后还需要解释负面结果"。而在飞行控制方面，报告希望产生实质性结果，好好利用 1969 年、1971 年和 1973 年的有利发射窗口，实现第一次火星表面着陆。"如果可能的话，最好在 1971 年"，当然，不能"晚于 1973 年"。

报告草案发布几个月后，"水手 4 号"探测器飞越火星，结果表明，火星表面存在生命的可能性大大降低。不过，也没否定寻找火星生命的策略。

1967 年，美国国家航空航天局成立了月球和行星任务委员会，为火星探索任务的科学目标提供建议。1968 年 10 月，委员会提出，利用轨道器在 1971 年的地形测绘结果进行着陆区选址，计划于 1973 年登陆火星。1970 年，受预算制约，新的"海盗号"任务被迫推迟，改为在不太有利的 1975 年发射窗口实施。

2. "海盗号"着陆器

根据任务架构要求，"海盗号"探测器进入火星轨道后，释放出着陆器，在火星表面软着陆。"海盗号"轨道器与"水手 9 号"非常相似，但它配备了更大的太阳能电池板和发动机，可在行星际巡航时修正轨道，在进入火星轨道时点火制动，有利于确保从地球上进行地面跟踪所需的时间。

扫描平台配有三台观测仪器。成像系统有两台并排放置的电视摄像机，每台摄像机配有一个焦距为 475 毫米的卡塞格林望远镜，视场为 1.54° ×1.69°，预计可在 1500 千米的近火点拍摄火星表面，面积可达 40 千米 ×44 千米。摄像机的影像质量为灰度值 7 比特，1056×1182 像素。

获取每帧图像，加上它的传输路径所需的时间，总时长约为 8.96 秒；交替使用两台摄像机，可将每帧图像的曝光时间缩短至 4.48 秒。此番调整后，加上探测器沿轨道飞行，摄像机可以记录火星表面的长条轨迹。

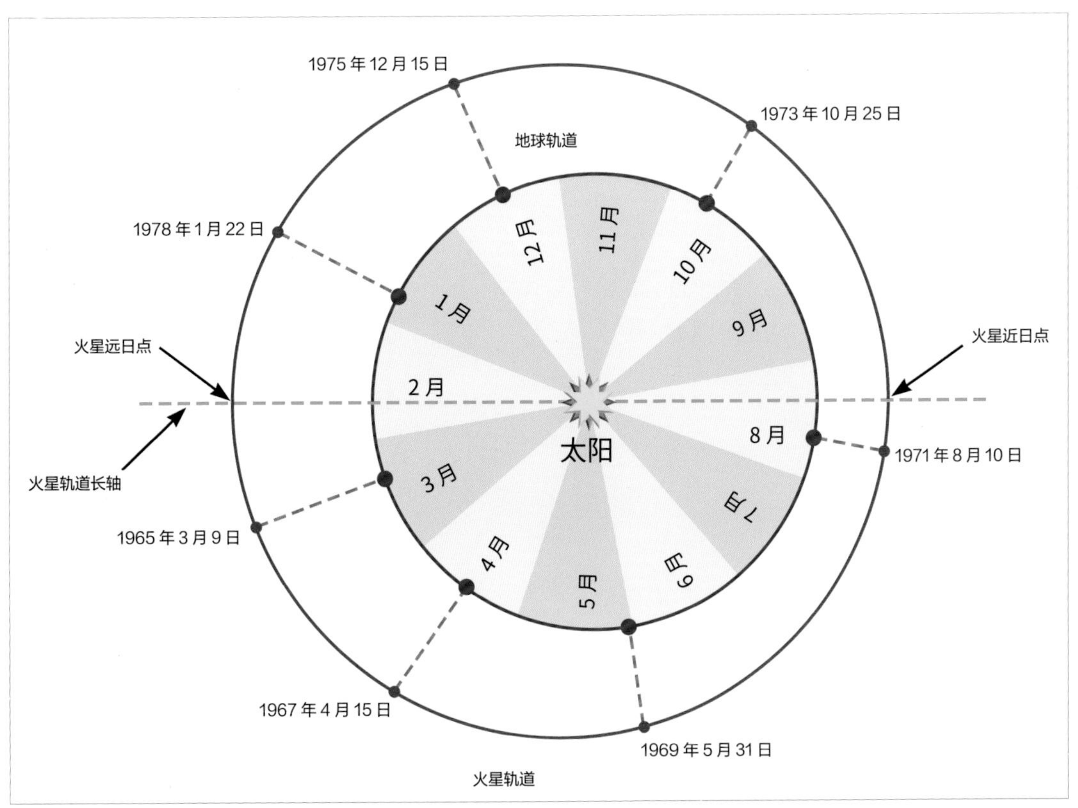

火星绕太阳的轨道为椭圆，有偏心率，因此，它在冲日时与地球之间的距离变化很大。火星探测任务，受到行星际飞行所需能量的影响，当发生火星冲日，火星最靠近地球时，最有利于观测。从1965年至1978年的记录可以明显看出：1971年，“水手9号”成为第一个绕火星轨道运行的探测器，主要就是因为位置有利。最初设想在1973年发射“海盗号”，但最终被推迟。1975年的发射窗口，火星的位置相当差，但因为造出的火箭更大，弥补了能量需求。（感谢 *NASA /Woods* 供图）

此外，还有一个光谱仪，用于测量波长为1.38微米的太阳光漫反射，确定大气中有多少水蒸气。在近火点，光谱仪观测到一片3千米 ×20千米的轨迹，可用点透镜分成15个矩形，每4.48秒提供一组数据，成像速度也与之类似。光谱仪的灵敏度优于1微米降水量（计量大气中的水蒸气含量）。火星上的大部分水蒸气都在地势最低的地方，因此，可以根据地形高度来解释探测数据。

扫描台的右侧是红外热成像仪，每57秒测量一组点：每两点间距8千米，排列成V形，分布在近火点前后。然后，镜头将视场内的场景切换到“冷”空间，把温度设为零点。整个过程历

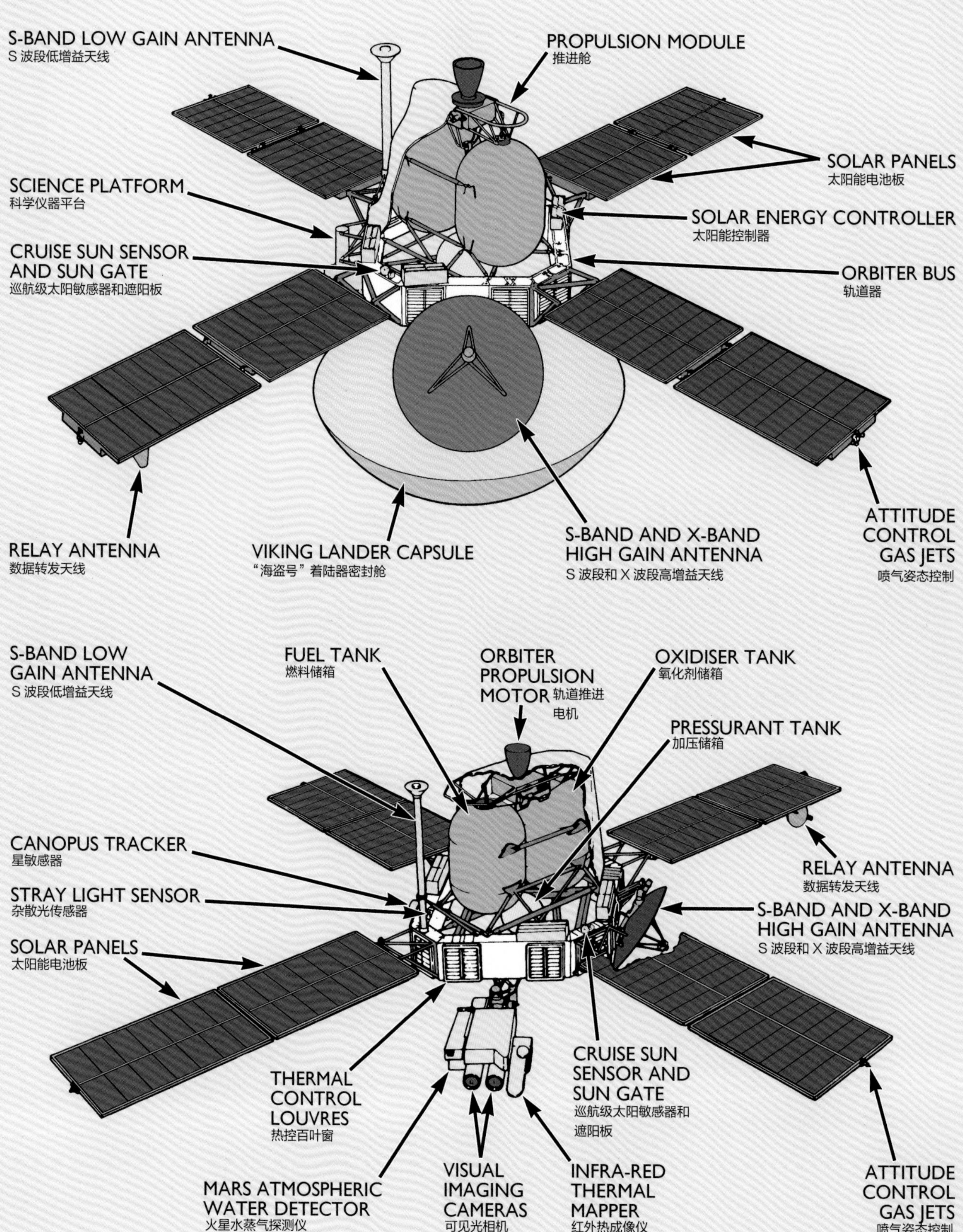

S-BAND LOW GAIN ANTENNA
S 波段低增益天线
PROPULSION MODULE
推进舱
SOLAR PANELS
太阳能电池板
SCIENCE PLATFORM
科学仪器平台
SOLAR ENERGY CONTROLLER
太阳能控制器
CRUISE SUN SENSOR AND SUN GATE
巡航级太阳敏感器和遮阳板
ORBITER BUS
轨道器
RELAY ANTENNA
数据转发天线
VIKING LANDER CAPSULE
“海盗号”着陆器密封舱
S-BAND AND X-BAND HIGH GAIN ANTENNA
S 波段和 X 波段高增益天线
ATTITUDE CONTROL GAS JETS
喷气姿态控制
S-BAND LOW GAIN ANTENNA
S 波段低增益天线
FUEL TANK
燃料储箱
ORBITER PROPULSION MOTOR
轨道推进电机
OXIDISER TANK
氧化剂储箱
PRESSURANT TANK
加压储箱
CANOPUS TRACKER
星敏感器
STRAY LIGHT SENSOR
杂散光传感器
RELAY ANTENNA
数据转发天线
S-BAND AND X-BAND HIGH GAIN ANTENNA
S 波段和 X 波段高增益天线
SOLAR PANELS
太阳能电池板
THERMAL CONTROL LOUVRES
热控百叶窗
CRUISE SUN SENSOR AND SUN GATE
巡航级太阳敏感器和遮阳板
MARS ATMOSPHERIC WATER DETECTOR
火星水蒸气探测仪
VISUAL IMAGING CAMERAS
可见光相机
INFRA-RED THERMAL MAPPER
红外热成像仪
ATTITUDE CONTROL GAS JETS
喷气姿态控制

“海盗号”轨道器 / 着陆器的详细信息。
（感谢 *NASA/JPL-Caltech/Woods* 供图）

时 1.25 分钟。由于大石块比细颗粒物质的保热时间更长，根据昼夜温度梯度可以判断出，火星表面是沙子还是石块，有助于着陆器选择合适的研究区域。

着陆器与轨道器分离后，会自动下降、着陆，在火星表面至少工作 90 个火星日。如果一切顺利，计算机将在三个火星日内完成更新，列出要执行的计划。如果着陆器无法接收到来自地球的指令，就会执行我们提前输入的指令，连续工作 60 天。虽然，着陆器仍可以将探测数据直接传输到地球，但传输速率很慢，只有 1 千比特 / 秒。正常的数据传输速率应达到 16 千比特 / 秒，这一速率只有在轨道器飞经着陆点上空时才能达到，数据传输持续的最长窗口时间为 32 分钟。轨道器可以把着陆器上行的数据链路实时转发到地球，或将这些数据存储在磁盘上。如果着陆器无法向轨道器或地球传输探测数据，就会将数据先存储在磁盘上，以供日后重新读取。1967 年签署的国

1975 年 8 月 20 日，大力神 / 半人马座火箭发射升空，将“海盗 1 号”探测器飞船送往火星。（感谢 *NASA/KSC* 供图）

际条约指出，要对送往火星的航天器进行消毒，防止地球微生物污染火星，使生命探测仪器发生“误报”。因此，根据测试要求，要把着陆器密封在生物防护罩内，在113℃下烘烤24小时，使得将微生物带到火星表面的可能性，降低至不超过万分之一。工程师要面临的挑战是，如何才能设计系统，使之承受这般“严苛”的处理。

瞄准目标

当火星上的极地冰盖撤退，夏季半球的水蒸气更丰富，因此，“海盗1号”的两个着陆器的目标着陆点都在北半球*。

操作方面受到的制约是，虽然在近火点时对应的火星表面经度可以调整，但由于推进剂不够，一旦确定经度，就不能再改变纬度了。“海盗1号”的主着陆场和备用着陆场都位于北纬22°。主着陆场位于克里斯平原的沉积台地上，经度为35°；备用着陆场位于埃律西昂火山区，经度为255°。

选择着陆场不仅仅是选择一个点，因为探测器进入大气的过程中，存在很多内在的不确定性。所以，着陆的目标区域应该是一个椭圆形的“足迹”，沿飞船行进方向延伸120千米，沿轨迹两侧各延伸25千米。如果着陆器瞄准椭圆中心着陆，则有99%的可能性着陆在椭圆形界线内。

由于“水手9号”能探测到的火星表面特征，大小总体上不小于1千米，因此，对“海盗1号”锁定的着陆目标，还要用大型射电望远镜进行雷达调查。

雷达的探测波长为13厘米，可以对1米大小的地形性质进行深入探测，但大范围内的反射信号很均匀，反射信号强，不一定意味着没有巨石。由于着陆器底部到地面只有22厘米，如果不巧着陆在平原上的唯一一块巨石上，它肯定会被撞毁。因此，“海盗1号”轨道器必须在释放着陆器之前确定候选着陆点。

1976年6月19日，“海盗1号”进入火星轨道。6月22日，获得了克里斯平原的第一幅图像，空间分辨率200米，结果显示，该地区有大量的小型撞击坑。这可不是件好事儿，因为着陆气流冲击会抛出石块溅射物。“海盗1号”探测器原计划7月4日着陆，以纪念美国建国200周年，但后续图像显示，首选着陆场遍布撞击坑、河道和有悬崖边缘的平顶山，美国国家航空航天局于6月27日宣布，推迟这次极具历史意义的着陆尝试。

当时“海盗2号”仍处于待命状态，为确保它在预定的纬度到达并进入火星初始轨道的近火点，“海盗1号”必须在7月22日前完成着陆，因此，着陆点位置的选择面临着巨大的考验。

地面控制中心对“海盗1号”进行了轨道机动，调查首选着陆场西北250千米的区域，因为那里的地形似乎更平坦，但调查结果发现，对着陆而言，那里的地形还是太崎岖了。随后，科学家们将注意力转移到了首选着陆场向西580千米的一个区域，那里似乎很少有新鲜的撞击坑。7月13日美国国家航空航天局决定，“海盗1号”将于7月20日在北纬22.5°、东经47.4°尝试着陆。

---

*“海盗号”着陆时当地处于火星上的夏季。

下降

当爆炸螺栓将着陆器释放后，着陆器开始自主控制。无线电信号从火星传到地球需要 18 分钟。如果在着陆过程中出现任何问题，地面工作人员都无法干预，只能眼睁睁地等着。着陆器从环绕火星的椭圆轨道上分离时，高度为 5000 千米，以 156 米 / 秒的速度实施点火制动，脱离火星轨道，与水平面以 16°的夹角，逐渐下降，进入火星大气层。如果进展顺利的话，可以着陆在目标椭圆区域内。

着陆器进入大气层时，隔热大底上的一套传感器开始测量化学成分、温度和大气压。

喷气推进实验室的公共礼堂挤满了人。除了来自世界各地的 400 名记者，还有 1800 名受邀嘉宾，大家在闭路电视上观看控制室内的场景，任务设计师阿尔伯特 · 希布斯（Albert Hibbs）对着画面进行解说。

"正在着陆——" 希布斯报告说。遥测下行链路显示，着陆器从 24 千米的高处降落，经历的动态荷载峰值为 8.4 吉。"降落伞打开前，会进行长时间的平缓滑行，以尽量降低下降速度。"

着陆器减速至 1 千米 / 秒时，荷载减少到 0.8 吉。降到 6 千米高度时，后部弹射出直径为 16 米的降落伞，前部隔热大底脱落。几秒钟后，着陆器三脚架展开。至 1400 米高度时，着陆器的下降速度降至 54 米 / 秒，降落伞与着陆器分离，三台发动机点火，执行最终着陆阶段的任务。

一旦进入火星轨道，"海盗号" 将从轨道上释放着陆器，穿过火星的大气层。（感谢 *NASA/JPL-Caltech/Woods* 供图）

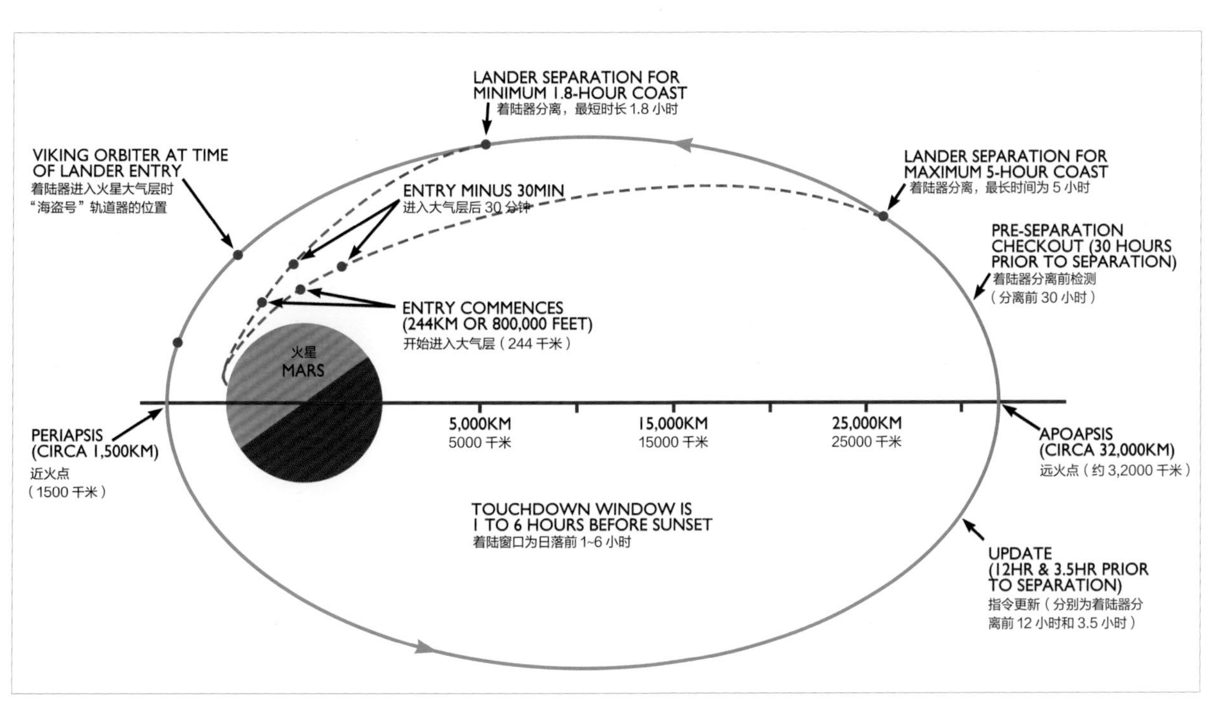

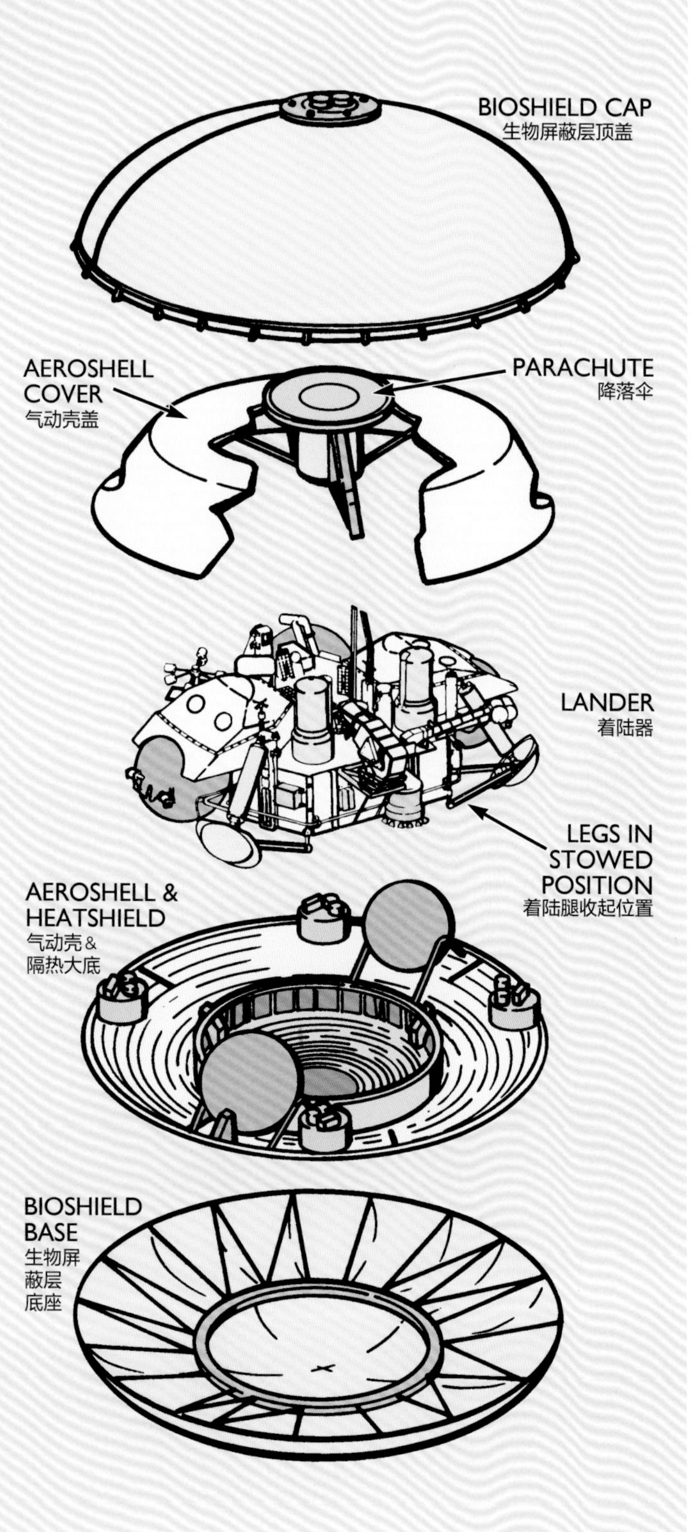

“海盗号”着陆器的大气进入系统。（感谢 *NASA/JPL-Caltech/Woods* 供图）

研制中的“海盗号”着陆器。（感谢 NASA/KSC 供图）

根据惯性参考系和雷达高度计的测量结果，着陆器上的计算机可通过改变火箭的反推力，控制下降速度。而对火箭发动机的设计要求是，尽量减少对火星表面物质的扰动，因为生物学家不想让火箭排出的废气污染土壤，他们希望从土壤中寻找有关生命的证据。为了分散发动机喷出的羽流，每台发动机分成 18 个小喷嘴，指向下方着陆点。在着陆器接触地面前，火箭把下降速度降至 2 米 / 秒。三条着陆腿的脚垫底部有传感器，可以关闭反推发动机。因此，第一条着陆腿接触地面时，着陆器的受控降落阶段结束。接着，着陆器在重力作用下自由落体。接收

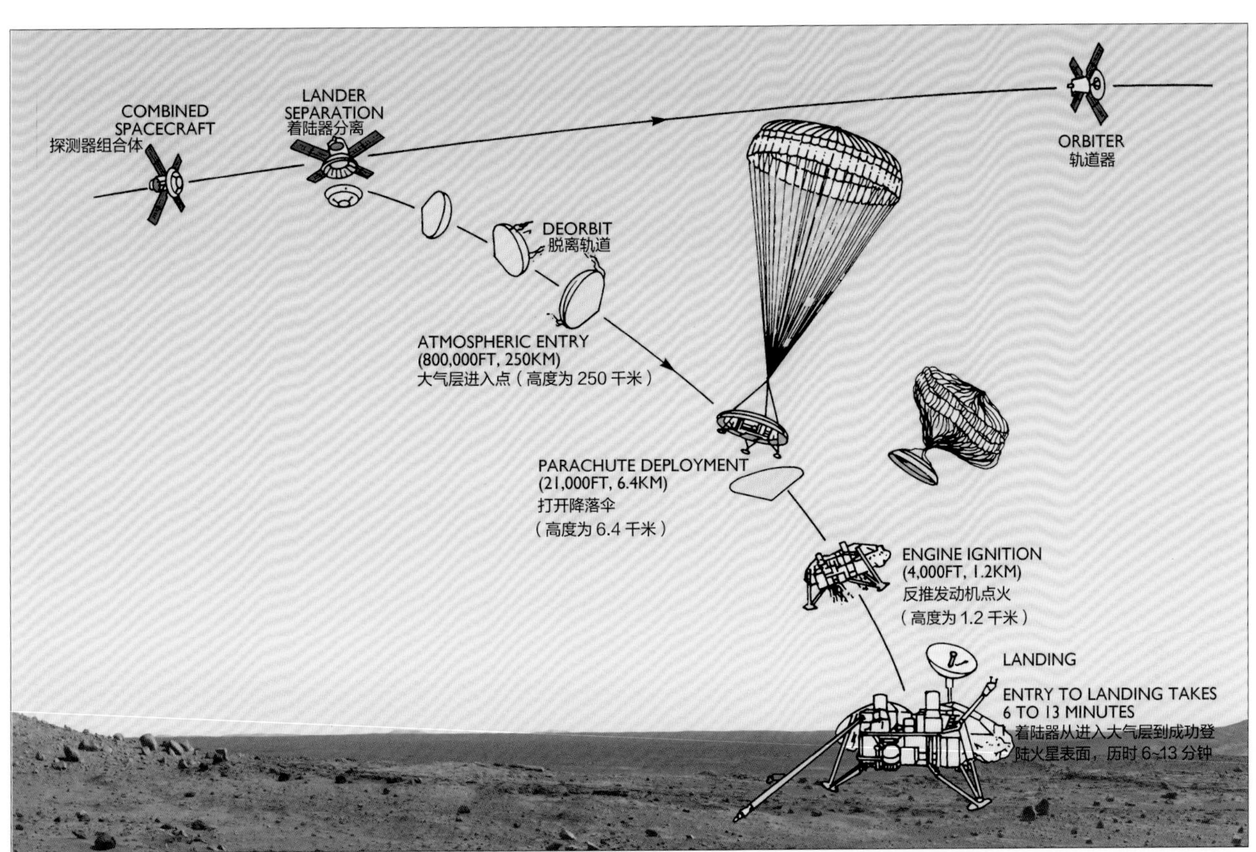

“海盗号”的大气进入、下降、着陆过程。（感谢 *NASA/JPL- Caltech/Woods* 供图）

到着陆器接触地面的信号后，计算机的遥测速率从 4 千比特 / 秒转换为 16 千比特 / 秒。看到这一画面后，希布斯兴奋地宣布：“我们接触到火星表面了！”

这无疑是一个历史性时刻。就像萨根所言：“登陆火星只有一个第一次。”

3. 克里斯平原上

现在是克里斯平原的傍晚时分。事实上，如果从地球上看，“海盗号”的着陆点位于火星圆盘之外。轨道器从着陆器上方飞过，着陆器将信号传给轨道器，转发到地球上。着陆器的第一项任务是拍摄着陆点的照片，以免在夜间发生意外情况。着陆器将两张黑白图像传给轨道器。轨道器从火星背后飞出来时，把图像转发到地球上。

按照相机的操作方式，图像由线阵排列组合而成，在显示屏上缓慢向右滑动。大家都很期待看到火星表面的首次亮相。

前几条线阵是相机慢速扫描时拍到的沙尘腾起产生的条纹，尘埃落地后，图像清晰得令人惊叹。随着图像逐渐延伸，我们可以看到，在细颗粒物质的火星表面出现了一些砾石，其中点缀着一些大石块。这些迹象表明，沙尘经过了风蚀，还有些岩石上有类似囊泡的小孔。在图像中，出现其中一条着陆腿 0.3 米直径的圆形脚垫，持续了几分钟。脚垫表面很干净，没有破损，但脚垫的凹面有些灰尘。这真是一幅令人震撼的景象！

30 分钟后，一幅全景图完成了，向我们展现了延伸至地平线约 3 千米远的场景，远处的线条表明，着陆器实现了水平着陆。那里石块遍布，有些石块还相当大，也有一些沙丘。地质学家注意到，它与美国西南部的高原沙漠有许多惊人的相似之处。

7 月 21 日（着陆后的第一个火星日），地面控制中心收到了第一张火星彩色全景图。虽然，

“海盗号”着陆器的详细信息。（感谢 *NASA/JPL-Caltech / Woods* 供图）

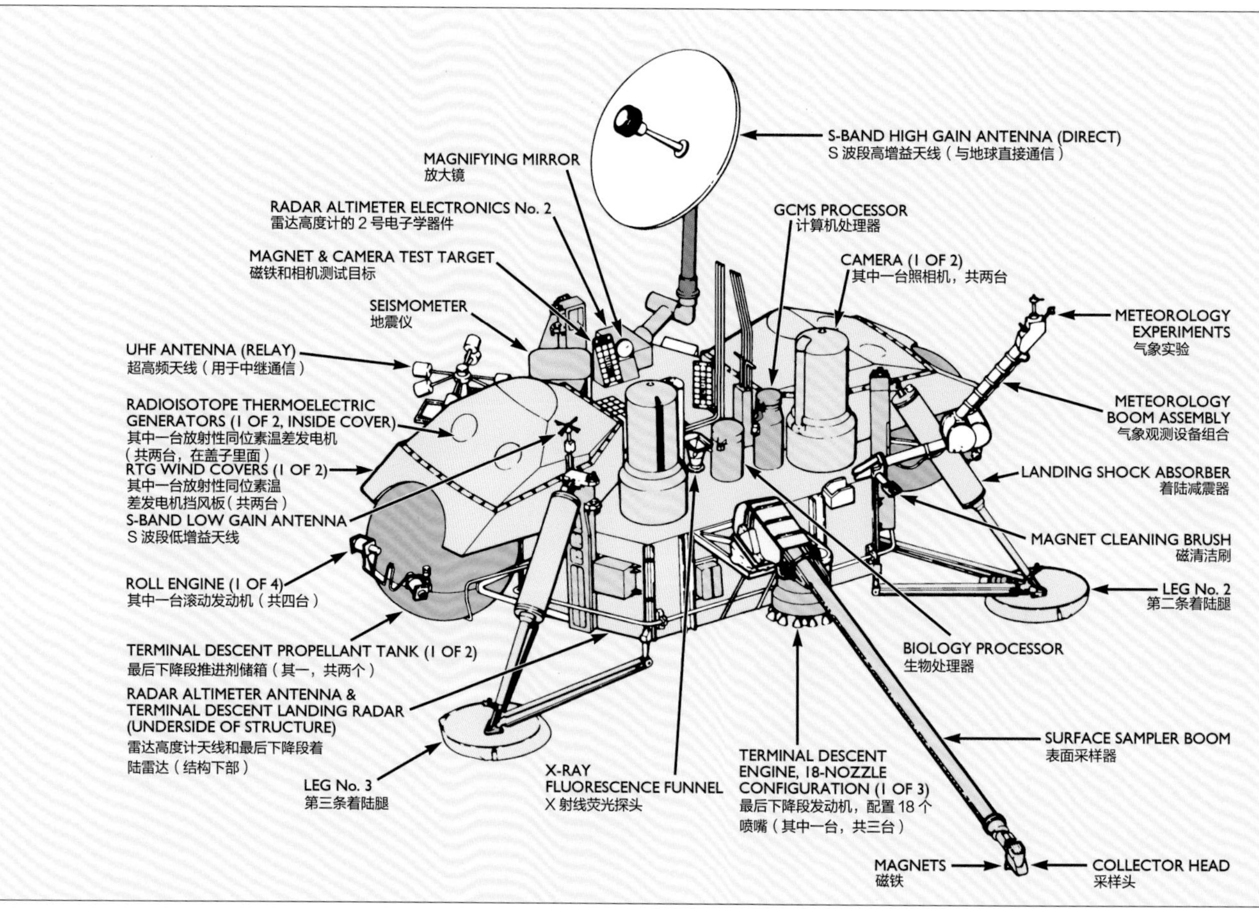

火星上的第一幅地平面图像！这幅图像是“海盗 1 号”着陆器在着陆后几分钟内传来的，由从左边开始的一系列线阵组合而成。在最先开始的图像扫描中，可以看到用于减速的火箭发动机激起的沙尘。（感谢 *NASA/JPL-Caltech* 供图）

着陆器也拍到了其他的彩图，但这张图片在未经校正的情况下，先行发布给了好奇的公众。图像显示，火星上的天空呈淡蓝色。第二天，他们又发布了色差校正后的版本，这幅图片显示出火星上的天空呈橙红色。地球大气中，由于空气分子的瑞利散射，使太阳光中的蓝光发生漫反射，使天空呈蓝色。而火星的大气比地球更稀薄，无法有效地散射蓝色，但火星大气中的尘埃微粒，散射了太阳光中的红光（这就像地球上日落时，地平线上的空气中充满了灰尘一样）。

着陆器配备机械臂，用于取回土壤，进行科学实验。机械臂的伸展距离为 3 米，可水平旋转 230°，向上升高 35°，向下倾斜 50°。机械臂的末端是采集头。采集样品时，盖子抬起，推动臂架深入土壤表层；然后，盖子关闭，臂架缩回；接着，头部旋转，将样品倒在盖子上，然后振动，使细颗粒物质通过小孔，落入恰当的进样口内。机械臂将土壤样品送到 X 射线荧光光谱仪，照射样品，使土壤中的原子核发射出特征频率，在检测器中产生与照射能量成正比的一系列电脉冲。在一定时间内，得到脉冲的计数值。X 射线分析是一个统计过程，数据的信噪比可以逐步提高。根据元素丰度，可以分析物质的（接 83 页）

“海盗号”着陆器成像系统

成像系统有两台立体相机，安装在着陆器顶部，相互间隔 1 米。由于着陆器最初的目的是实时传输图像，因此，新型相机的扫描速率与传输速率相匹配。即使后来增加了磁带记录器，以加速成像过程，但也为时已晚。

在圆柱底部，每台相机都有一个向上瞄准的光电二极管。光学器件位于光电二极管顶部的镜子上方，可旋转，从而实现 512 像素，每个像素 6 比特的垂直扫描。每次扫描后，圆柱体都会轴向旋转，沿着水平方向逐行延展图像。摄像机几乎可以旋转 360°，可从甲板顶部向外看，看到着陆点的全景，但这样做太耗时了。实际上，相机的样机完成后，在拍摄相机研制团队的大合影时，被拍摄的目标要等好长一段时间，才能完成扫描。等拍到最后几个人的时候，最先拍到的那些人已经提前离开了！

这台相机配备了十几个二极管：一个用于黑白全景成像；还有一个红、绿、蓝的波段，用于后续合成彩色图像；三个用于红外成像；四个用于在不同焦点高分辨率黑白成像；还有一个灵敏度较低，用于拍摄太阳进入视场时的图像。虽然，这台相机与现在的 CCD（电荷耦合器件）相机相比，看起来相当原始，但那时它已经是最先进的了。

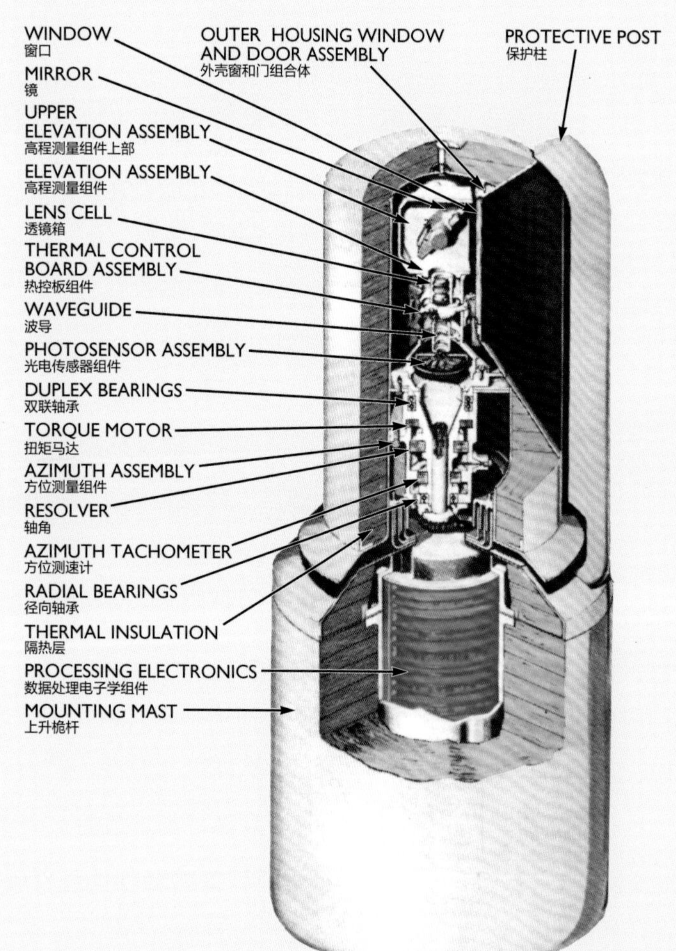

“海盗号”着陆器使用的线阵扫描成像系统。（感谢 *NASA/JPLCaltech/Woods* 供图）

为获得彩色图像，着陆器用不同波长的滤波器，拍摄了同一场景下的几幅图像，然后传送到地球。在合成这些图像时，喷气推进实验室的工程师假设天空是蓝色的，于是向公众发布了左边的这幅图像。但是，经过校正定标后，他们意识到火星上的天空是“橙红色”的。（感谢 *NASA/JPL-Caltech* 供图）

“海盗 1 号”着陆器附近的石块。（感谢 *NASA/JPL-Caltech* 供图）

“海盗 1 号”着陆点地平线全景图像（部分）。（感谢 *NASA/JPL-Caltech* 供图）

“海盗号”生物实验包

“海盗号”生物实验包只有15.5千克，能制作得这么小，简直就是个奇迹。它由四个实验组合而成，目的是寻找火星土壤中微生物存在的证据。着陆器的机械臂挖掘、输送样品。放射性同位素温差发电机为着陆器提供动力，使它在没有太阳时也能进行实验。

其中一个实验使用气相色谱法，实现蒸气组分的化学分离，将分离后的气体输送到质谱仪。质谱仪会测量每种化合物的分子量，可以检测到含量为十亿分之几的分子。我们最感兴趣的是，鉴定出有重要生物学意义的有机化合物。

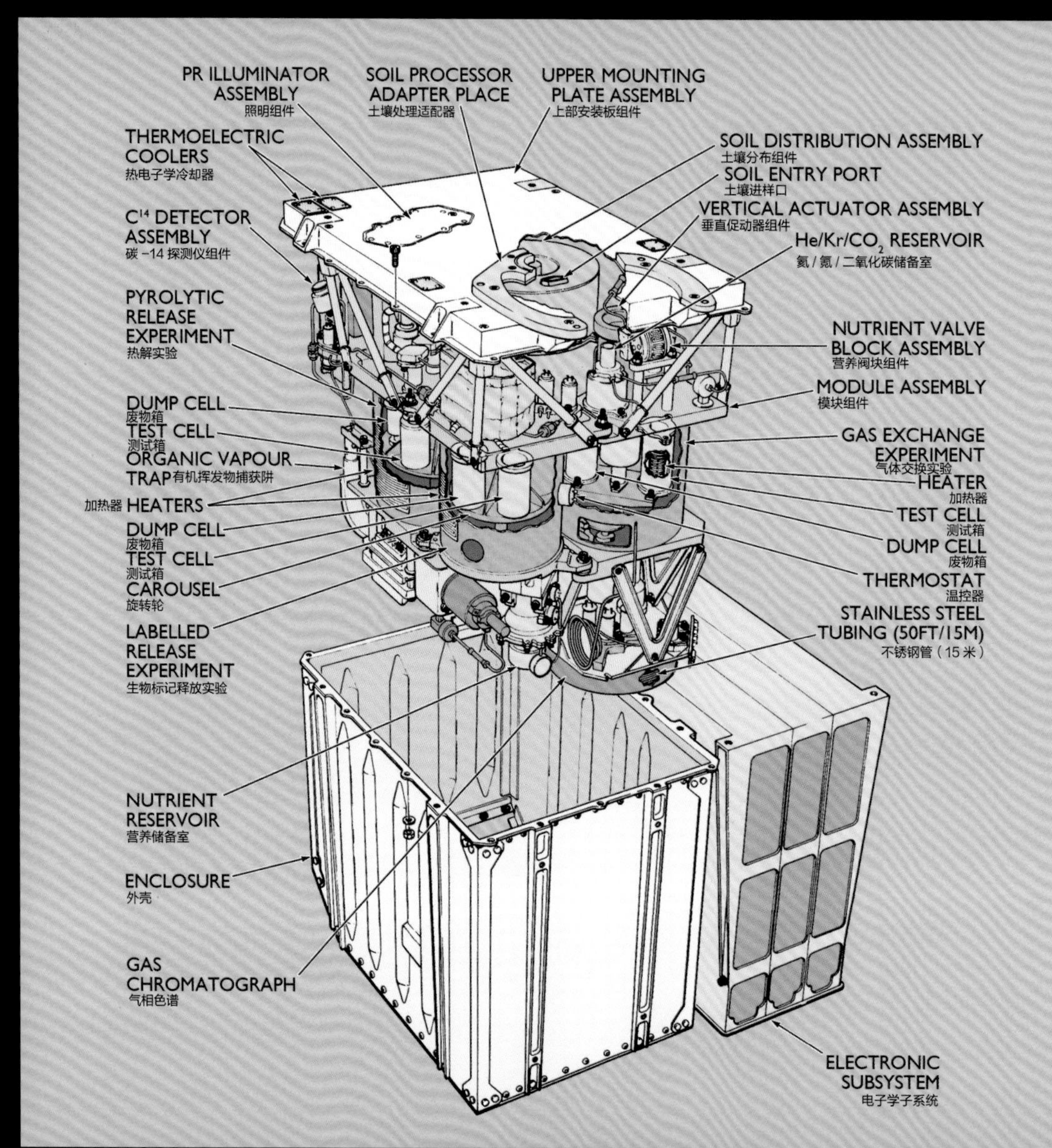

为“海盗号”着陆器研发的生物实验包示意图。
（感谢 *NASA/JPL-Caltech/TRWSystems/Woods* 供图）

气体。首先，用惰性气体氦代替火星上的空气；然后将有机和无机的营养物质和辅助试剂添加到样品上，先加入营养物质，再加水。仪器定期再对培养室的大气取样，送至气相色谱仪，测量气体浓度，其中的气体可能是生物新陈代谢消耗或释放的。

天体生物学家对释放气体标记实验充满了希望。先将一滴标记着放射性碳-14、含水量很高的营养液滴在土壤样品上，然后监测土壤上方的空气，看其是否出现放射性二氧化碳气体，从而证明土壤中的微生物已代谢了一种或多种营养素。

热解释放实验会利用光、水、一氧化碳和二氧化碳组成的大气，将其中的含碳气体用碳-14标记。如果存在光合作用的生物，则认为它们会通过碳“固定”过程，将一些碳作为生物质吸收。培养数天后，排出气体，在650℃的高温下烘烤土壤，测量产物的放射性。如果放射性碳已转化为生物质，它会在加热过程中挥发出来，这一检测将作为新陈代谢的证据。如

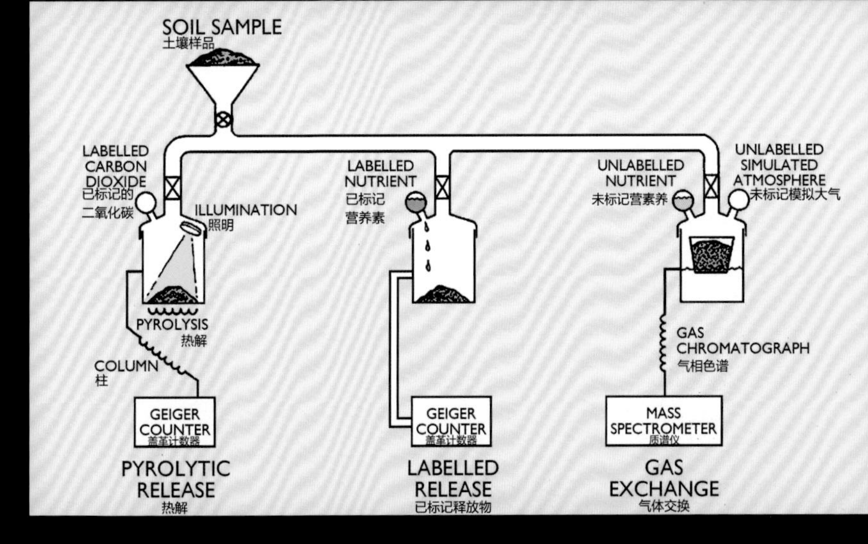

三个“海盗号”生物实验。（*NASA /Woods* 供图）

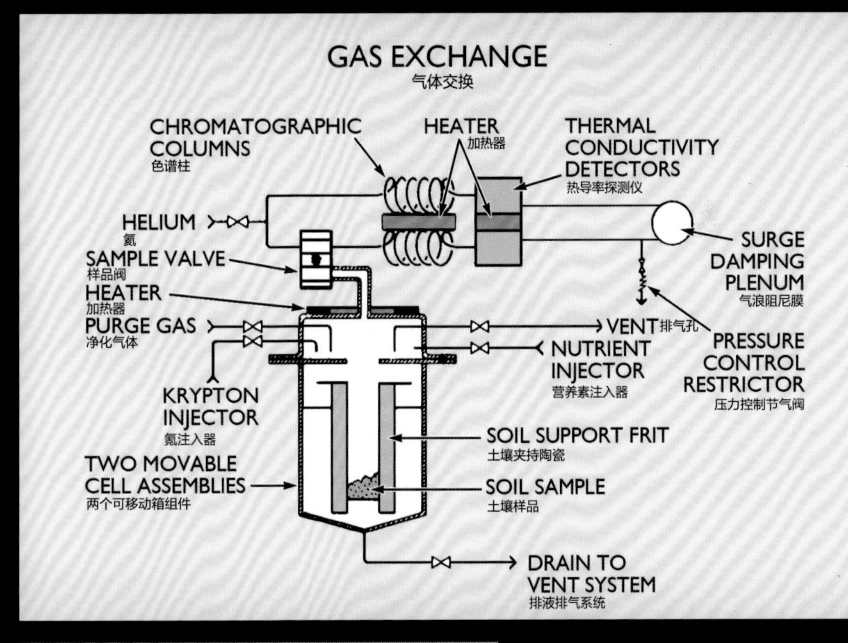

气体交换实验。（感谢 *NASA /Woods* 供图）

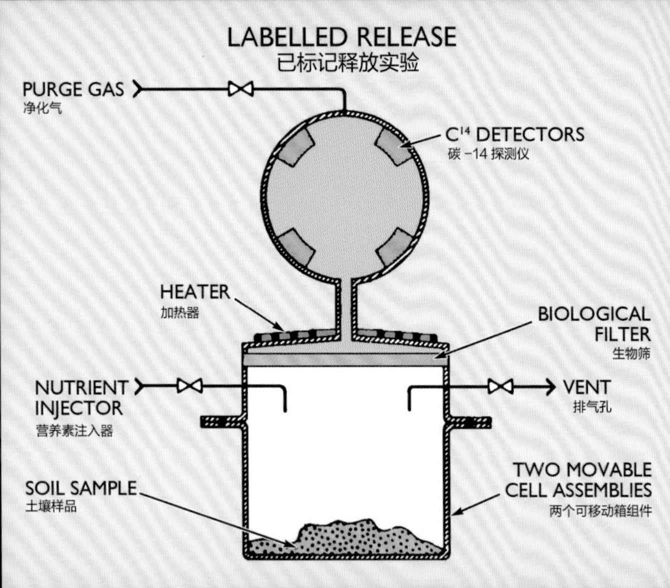
LABELLED RELEASE
已标记释放实验
PURGE GAS
净化气
C14 DETECTORS
碳 -14 探测仪
HEATER
加热器
BIOLOGICAL FILTER
生物筛
NUTRIENT INJECTOR
营养素注入器
VENT
排气孔
SOIL SAMPLE
土壤样品
TWO MOVABLE CELL ASSEMBLIES
两个可移动箱组件

标记物释放实验。（*NASA /Woods* 供图）

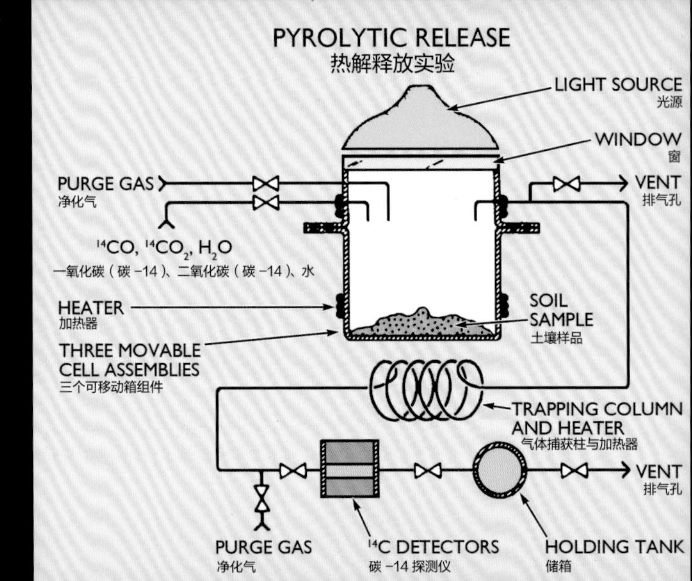
PYROLYTIC RELEASE
热解释放实验
LIGHT SOURCE
光源
WINDOW
窗
PURGE GAS
净化气
VENT
排气孔
14CO, 14CO2, H2O
一氧化碳（碳 -14）、二氧化碳（碳 -14）、水
HEATER
加热器
SOIL SAMPLE
土壤样品
THREE MOVABLE CELL ASSEMBLIES
三个可移动箱组件
TRAPPING COLUMN AND HEATER
气体捕获柱与加热器
VENT
排气孔
PURGE GAS
净化气
14C DETECTORS
碳 -14 探测仪
HOLDING TANK
储箱

热解释放实验。（*NASA /Woods* 供图）

化学组成。科学团队据此推断出可能的矿物丰度，发现主要元素是铁、钙、硅、钛和铝。还有一种可能类似于它的物质是夏威夷玄武岩。随着岩石风化成颗粒，产生灰尘，随风而去。

着陆器携带了一套复杂的仪器，可以测试火星土壤中是否有生命。

气体交换实验于7月29日开始。假设火星上的生命与地球相似，如果火星经历了突发的气候变化，那么，微生物可能在漫长、寒冷、干旱的时期处于休眠状态，等本次实验提供了良好条件时，生命就能复活。实验的目的，是确定生物的新陈代谢是否改变了样品室中的气体组成。营养液是一种名为“鸡汤”的营养素水溶液，几乎含有地球微生物所需的一切——氨基酸、嘌呤、嘧啶、有机酸、维生素和矿物质。水蒸气在火星表面极不稳定，因此，样品室内的大气压必须远高于火星上的大气压，才能防止营养物质分解。实验包括两个阶段。

首先，将二氧化碳和氪的混合物加入样品室中，然后，注入营养雾，使样品暴露在水蒸气中。两小时后，将样品室中的气体送至气相色谱仪和质谱仪，在确定比较基准后，与各个培养阶段的分析结果进行比较，寻找代谢产物，如氢、氧、氮、二氧化碳和甲烷等。第一次分析时，结果显示出极高的氧气峰值，着实令人惊讶。

是营养物质唤醒了休眠的微生物，让它们疯狂地新陈代谢吗？除非看到了可能指示生物活动的反应，否则，科学家们无法宣布存在生命；因此，他们不得不继续等待那些只能用生物来解释的反应。

实验的“湿气模式”持续了一周。样品悬置在营养物上方的多孔杯中，不与水溶液直接接

“海盗1号”拍摄的火星表面全景图像的另一部分。（*NASA/JPL-Caltech* 供图）

触。结果发现，氧气的释放速度显著减缓了。如果氧气很快释放完，但含量仍接着下降，说明土壤与营养物质中的水发生了强烈但短暂的无机化学反应。低海拔大气层中的水蒸气，被紫外线离解后产生游离的羟基离子，在寒冷干燥的土壤中形成过氧化物。过氧化物、超氧化物和臭氧化物都是强氧化剂，遇到含量显著的水蒸气，会迅速分解成水和氧气。这是否可以解释为什么出现水蒸气雾时，样品中会释放出如此多的氧气呢？

8月5日，实验进入“湿润模式”，直接把营养素注入样品中，使样品室中三分之二的二氧化碳溶解到样品或水中，随后进入为期六个月的潜伏期，逐渐恢复至初始水平，反应停止。实验发现，二氧化碳被吸收了，这可以解释为，水与土壤中的过氧化物发生反应，吸收二氧化碳，生成金属氧化物或氢氧化物。二氧化碳气体后来释放得很缓慢，可能是因为土壤中的铁氧化物与溶解在水里的营养物质发生反应，释放出二氧化碳，但氧气没有被释放出来，而是被重新利用，氧气的吸收量与营养素的某些成分一致。显然，火星土壤极易发生反应。

7月30日开始标记物释放实验。这可以进一步排除火星生命的生物化学假设。假设生命适应环境，那么，营养素实际上是一碗低品位的“肉汤”，含有甘氨酸和丙氨酸等氨基酸，以及以盐的形式存在于蒸馏水中的甲酸、乙酸和乳酸。测试的前提是，如果微生物消耗了营养物质，新陈代谢活动就会产生气体，如二氧化碳、甲烷，可以用盖革计数器检测到被标记的碳-14。相比气体交换实验，这一实验无法识别反应过程中产生

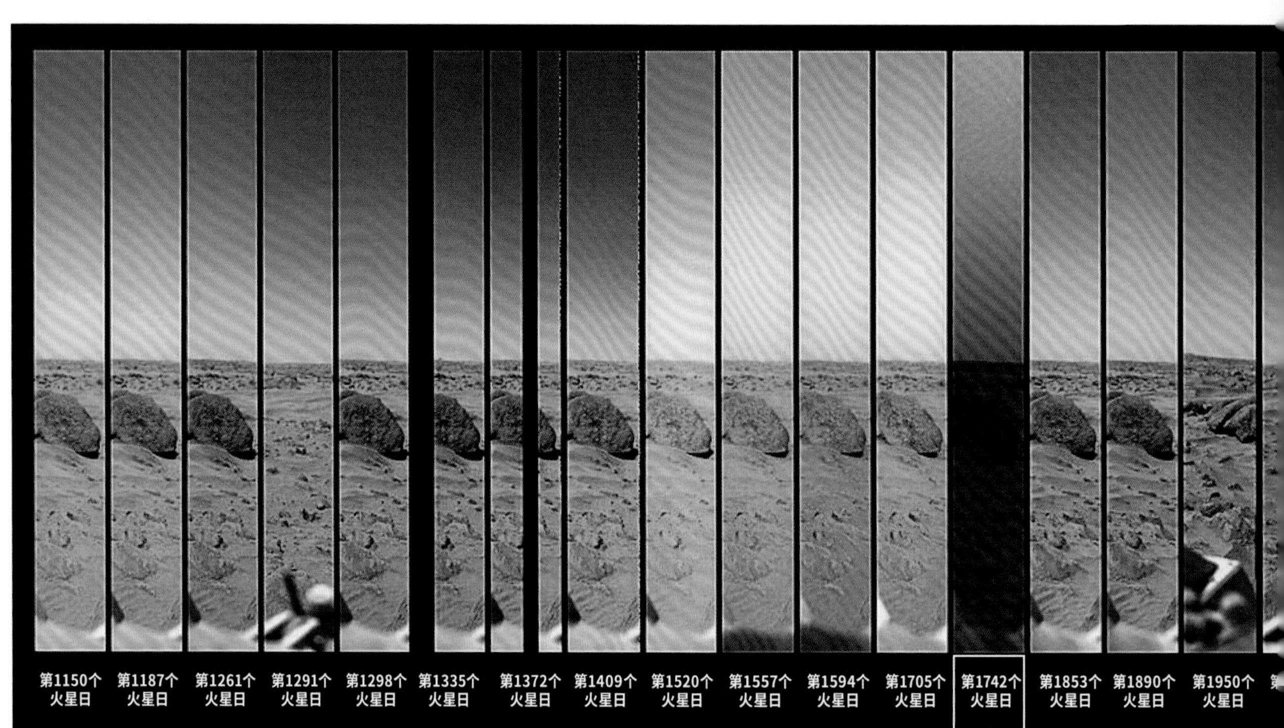

的特定气体。向样品室中引入营养雾，润湿了土壤，再注入氦气，保持样品室内的大气压，防止营养物分解。

盖革计数器每分钟的计数快速上升到 10000 次，说明一旦添加营养物，就会产生大量的气体，但到了 8 月 2 日，计数显然没有增加，似乎说明产生的气体没有增加。这种现象与预测的生物反应或化学反应不符。计数趋于平稳，说明放射性气体停止了释放。于是，第二次注入营养素。如果产生气体的最初原因，是微生物对营养物质的代谢，那么释放出的气体应该会第二次上升，但盖革计数器的计数率却骤降至 8000 计数，逐渐趋于平稳，这说明，要么是微生物在最初的“盛宴”（或者说反应）后已经失效，要么发生的是无机化学反应。

“海盗 1 号”对同一个目标反复拍照，得到了地表亮度随时间的变化。请注意，这个地区在第 1742 火星日出现了沙尘暴现象。（感谢 *NASA/JPL–Caltech/Oliver de Goursac* 供图）

样品中含有过氧化物，过氧化氢可以将营养素中的成分氧化成二氧化碳和水。如果所有甲酸都以这种方式消耗，则放射性二氧化碳的量应仅略低于释放的量。如果在气体交换实验中释放的氧气，是因为营养雾的水蒸气使土壤中的过氧化物解离所产生的，那么，实验中由于甲酸分解产生的水，应该在第一次注入营养物时，就已经把所有过氧化物分解了；第二次注入营养物时，就不会再释放出放射性气体与其发生反应。第二次注入时，盖革计数器的计数发生实质性下降，表明部分碳 -14 已被回收到土壤中，很可能是气体中的二氧化碳被营养物中的水吸收了。

7 月 28 日开始热解释放实验。假设所有火星微生物都适应环境，但也需要从大气中“固定”碳。该实验在尽可能接近火星环境的条件下，寻找合成有机物的证据。将土壤密封在样品室中，抽出火星空气，注入用碳 -14 标记的一氧化碳和二氧化碳等代表性混合物。培养过程中，用氙弧灯照射样品室，模拟火星表面的太阳光，但过滤掉其中的紫外线。

120 小时后，氙弧灯关闭，释放出气体，用盖革计数器进行分析，仍在空气中的碳 -14 产生“第一个峰值”。为了确定微生物是否已经将碳同化，可将样品加热至 640℃，热解有机分子，以二氧化碳的形式将碳 -14 释放出来，该测量值被称为“第二个峰值”。较高的第二个峰值支持生物反应的解释，但如果峰值很低，表明很少有（如果有的话）微生物（这个结论的可靠性取决于峰值的高低）。8 月 7 日，科学家宣布，第二个峰值很强，但同样存在一些模棱两可的地方。测量结果与把过氧化物作为气体交换响应的化学解释相矛盾，因为热解释放过程所进行的是还原反应，而非氧化反应，过氧化物会降低“第二个峰值”的大小。

接下来，重复标记气体释放与热解释放实验，构成“对照”组测试。培养前要将样品充分加热，杀死其中的微生物，同时，不抑制大多数无机化学反应。

8 月 20 日，科学家宣布，虽然标记释放的对照实验可能排除了生物反应，但并不能下定论。事实上，放射性迅速上升至 2200 计数，然后急剧下降，最后稳定在 1200 计数。设计实验的吉尔伯特 · V. 莱文（Gilbert V. Levin）很受鼓舞，他说：“如果我们在喷气推进实验室的停车场做这个实验，而且看到这两条曲线，我们就能得出结论，样品中存在生命。”但如果这是一种化学反应，它就是一种被热分解的物质，“我们已大大缩小了化学反应解释的范围”。

如果在热解释放的初始阶段，碳同化是由生物反应引起的，那么，无菌时的样品应该是相反的。但事实上却有碳同化，尽管水平非常低。有争论认为，这也可能是含有许多反应物的化学反应，在加热前只有部分反应物被抑制了。

气体交换实验完成六个月的潜伏期后，在样品室中重新装入新鲜的土壤，在湿润前进行灭菌。这次收集到的氧气，只占第一次释放的氧气量的一半，这一事实说明，实验中存在非生物响应。因为预热阶段会释放出过氧化氢，所以，第二次反应是热稳定性更高的超氧化物引起的。

8 月 6 日，利用气相色谱仪和质谱仪进行了初步分析。首先，将样品加热至 200℃，以去除水合矿物中的大部分水，但产生的水很少，这令人十分惊讶。接下来，将样品加热至 500℃，使有机分子挥发出来。8 月 13 日的研究报告令人震惊，竟然显示土壤中没有有机物。不过，我们认为，由于推迟了水的释放时间，分析结果变得更加复杂。

8 月 21 日，测试了另一样品，希望获得进一步的分析结果。加热到 350℃，样品中释放出大量水。然而，尽管第二阶段的分析灵敏度有所提高，但其中的有机物（如果有的话）含量，却低于 10^{-8}~10^{-7} 的检测极限。另一方面，要想在这一分析灵敏度下检测到有机物，样品中至少必须有 100 万个细菌。地球上典型的温带土壤样品中，每立方厘米中含有数亿个细菌。如果只对活细胞进行分析，那么，100 万个细菌对仪器检测来说，还是太少了。在地球土壤中，死亡细菌的数量通常是活体细菌的 1 万倍以上。如果火星上的微生物与地球上相同，我们或许能检测到它们留下的有机物和死亡细胞。但如果这些微生物把有机物回收，同时，死亡细胞又被太阳紫外线破坏了，那么，就有可能存在一些光谱仪检测不到、而生物实验包却能检测到的微生物。

为推进研究，莱文又分析了来自南极洲的土壤样品，确认了气相色谱仪和质谱仪的报告结果：在有机物缺乏但细菌量可观的土壤中，可以重现火星上标记释放实验的结果。虽然这个假设可以解释相互矛盾的两个实验结果，但目前没有证据表明它是对的。

“海盗 2 号”轨道器释放出着陆器。
（感谢 *NASA–JPLCaltech/Don Davis* 供图）

4. 这也是个乌托邦

8月7日，“海盗2号”抵达火星，按计划进入近火点为北纬44° 的轨道。考虑到探测器测控的需要，两个着陆器分别被布置在火星球体的两侧。

“海盗1号”轨道器的观测发现，“海盗2号”着陆器原计划在基多尼亚（Cydonia）地区的目标着陆点地形太崎岖，因此，“海盗2号”轨道器的首要任务，是给着陆器寻找更合适的着陆点。如果有必要的话，美国国家航空航天局会推迟第二次火星表面任务，等11月火星穿过太阳

"海盗 2 号"着陆器传回的第一幅图像。
（感谢 *NASA/JPL-Caltech* 供图）

"海盗 2 号"着陆器附近的石块。
（感谢 *NASA/JPL-Caltech* 供图）

和地球之间的连线处之后再说。届时，火星位于太阳的另一侧，地面与探测器之间的通信会受到影响。

火星上，更高纬度地区的地形信息，无法通过地球上的雷达获取。但是，"海盗 2 号"轨道器上的热红外成像仪可以弥补这一不足，它在近火点详细探测火星表面，判断它是否布满了石块。

最后，科学家选择了乌托邦平原（Utopia Planitia）北纬 47.9°，东经 225.9°的地区，作为 9 月 3 日"海盗 2 号"的着陆点。

“海盗2号”着陆器与轨道器的分离似乎没什么问题，但几秒钟之后，轨道器遇到高度控制问题，轨道器上的高增益天线无法转发着陆器的遥测数据。对此，喷气推进实验室的工程师比“海盗1号”着陆器第一次着陆时更焦虑，但他们只能监测来自轨道器的低增益信号，因为着陆器着陆时，数据传输速率将从4千比特/秒增加至16千比特/秒。随着数据传输速率发生变化的预定时间一秒一秒地过去，控制室里的气氛越来越紧张。然而，21秒后，数据传输速率增加，控制室里的人们开始欢呼。

“海盗2号”着陆后，开始实施探测活动，工程师得出结论：着陆器分离时，轨道器被爆炸螺栓击中。幸运的是，轨道器及时恢复了，还记录下着陆器传来的第一幅图像，一旦高增益通信链路重新建立，就可以把这些图像转发给地球。

与之前预期的完全相反，乌托邦平原上石块遍布，其中有一块离着陆器的脚垫相当近，着陆时，它可能被着陆器推到了一边。对着陆点的土壤进行化学分析后，发现它与克里斯平原的土壤非常相似。生物实验包使推测中的无机化学反应有了更严格的约束，但争议仍未解决。

5. 争议四起

吉尔伯特·V. 莱文认为，“我们得到的证据越来越多，而且更符合生物成因的说法，很难用化学成因来解释。新的测试结果一出来，从生物成因的角度很容易解释，而用化学成因来解释却越来越难。”莱文坚持认为，如果是地球样品，得到与火星样品相同的结论时，“我们会毫不犹豫地认为是生物成因”。

气体交换实验的设计师万斯·I. 欧亚马（Vance I. Oyama）对此持怀疑态度：“现在还没有必要用生物成因来解释。”

“海盗2号”着陆器眺望远方的地平线。（感谢*NASA/JPL-Caltech*供图）

“海盗 2 号”着陆器机械臂正在操作。
（感谢 *NASA/JPL-Caltech* 供图）

热解释放实验的设计师诺曼 · H. 霍洛维兹（Norman H. Horowitz）表示同意，但他指出“无法证明其中任何一个反应……不是生物成因引起的”。

在“海盗号”着陆之前，没人知道火星上是否存在生命。遗憾的是，在“海盗号”着陆之后，仍然没人知道！生物学小组负责人哈罗德 · P. 克莱因（Harold P. Klein）后来指出，应该收回“火星微生物一定与地球微生物相似”这一假设，科学家应该重新审视“海盗号”的实验数据，看能否证实“火星上存在不太明显的生命体”。

事实上，“海盗号”在火星上寻找碳元素组成的微生物时，地球上的生物学家也发现了一种全新类型的微生物。

6. 极端微生物

大约在 45 亿年前，地球从太阳星云中吸积形成，约 1 亿年后，充分冷却形成水圈。那时，地球表面主要是火山活动，二氧化碳充满了大气层，形成了捕获太阳能的“温室”。

地球上已知最古老的岩石约有 40 亿年的历史，但在这之后，一些环境条件改变了这些岩石，因此，我们无法揭示当时是否存在生命。第一个令人信服的证据，来自南非的巴伯顿地区和澳大利亚的皮尔巴拉地区，那里有一些保存完好的岩石，形成于 35 亿年前，其中包含微生物生态系统的各种指标。

人们一直认为，最热的地热泉一定是无菌的，但在20世纪70年代早期，人们发现，黄石国家公园85℃的水中仍然生活着微生物。

后来在1977年，调查加拉帕戈斯裂谷的一艘潜水艇，在海底发现了一个热液喷口，喷涌出一股超热的水柱。1979年，科学家发现了与之类似的排气口，位于东太平洋，富含易溶解的矿物质，形成“烟囱”。这些“黑烟囱”构建和支撑起让许多物种存活的一种生态系统，其中一些物种在科学史上前所未见。

1982年，人们发现，这些孤立的食物链建立在单细胞生物的基础上，它们从热液喷口的营养物质中获取能量。随后，在澳大利亚一块有32.6亿年历史的沉积物中，发现了保存完好的矿物纹理，与现在的“黑烟囱”极其相似。

这些嗜热微生物构成了一种名为古菌（archea，意思是旧物种）的全新生命体。

单细胞生物有自养生物或异养生物（或两者兼有），因为它们或是从二氧化碳等原料中合成自身的有机物（自养生物，意为自给体），或是从环境中吸收有机物，将其加工成自身所需的物质（异养生物）。哪种类型的单细胞生物出现得更早呢？这引发了科学上的争议。

澳大利亚西部鲨鱼湾的叠层石。这些单细胞蓝藻群落是最原始的“活化石”。

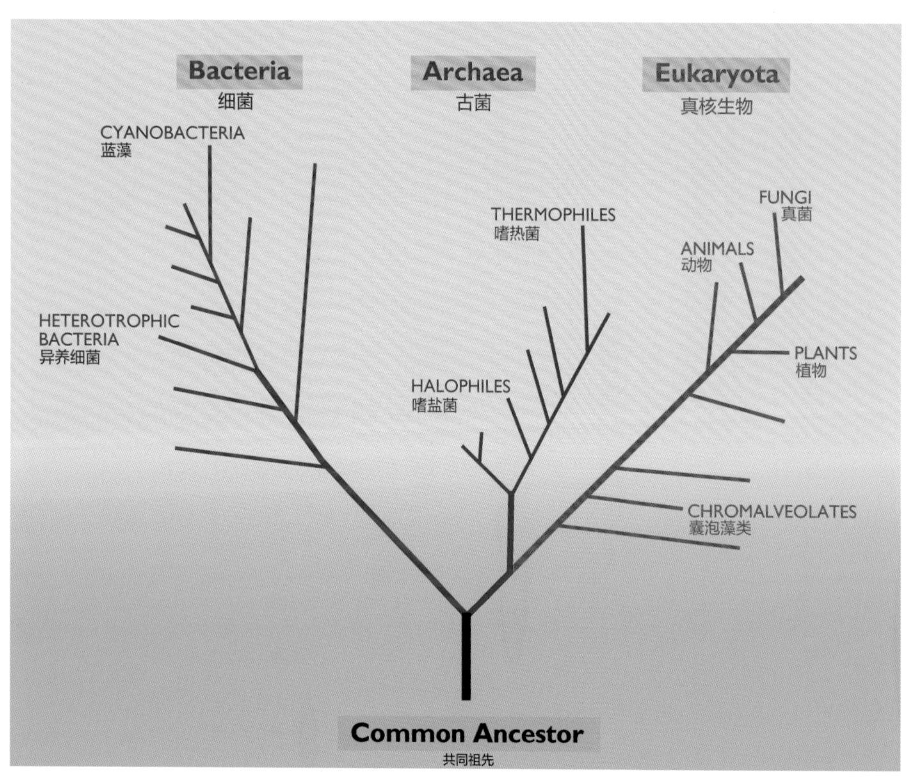

发现极端环境下的古菌，为地球上的生命树，引入了第三个分支。(感谢 *Woods* 供图)

异养起源理论由俄罗斯化学家亚历山大 · 伊万诺维奇 · 奥巴林 (Alexander Ivanovich Oparin) 于 20 世纪 20 年代提出，听起来似乎很合理。是啊，为什么最初的生命体不利用环境中已经存在的有机物呢?

然而，现在的观点却倾向于自养起源。尤其是当人们发现了另一种不同寻常的微生物生态系统后，自养起源的观点进一步得到了加强。

20 世纪 80 年代中期，在美国科罗拉多州皮森盆地地下 1 千米深处，人们在岩石颗粒间的孔隙中发现了微生物。其中一些是异养生物，它们消耗沉积岩中的植物碎屑残余物。它们跟生活在地球表面的微生物一样，只不过在岩石颗粒间它们拥有各自独立的空间，且保持静止，适应缺氧的酷热环境。然而，其中大多数微生物是自养生物，它们依靠对“传统”生命来说是有毒的热量，依靠碳氢化合物生存。由于它们“生活在岩石上”，因此被命名为无机营养菌。

自养生物在古代植物中极具代表性。人们把在缺少氧气和光的热液环境中茁壮成长的生物，称为厌氧自养生物或岩石化学营养生物。许多生物只要有富含火山气体营养物的水就能生存。

太古代的自养生物都不会利用阳光，这说明，光合作用是后来才出现的。从阳光中吸收能量，是一个重大的进化，因为这种方式效率更高。

单细胞蓝藻不受热液喷口的限制，可以用叶绿素进行光合作用，自由地生活在地球上。一开始，它们在浅海海床上形成一层薄膜。后来，薄膜捕获水中的悬浮颗粒物和沉淀出来的矿物，一层层的岩石沉积下来，称为叠层石。澳洲皮尔巴拉地区有叠层石的化石，这一现象颇具争议。但对加拿大巴芬岛上那些35亿年前形成的化石是生物成因，人们普遍没有疑义，原因是它们跟澳大利亚西部高含盐量的鲨鱼湾完全一样，那里仍然有活化石。

地球上古菌的出现，对火星上的生命产生了深远的影响。

由于阳光中含有强烈的紫外线，火星上又没有磁场，无法保护火星表面免受太阳风粒子的影响。同时，火星土壤中含有氧化性的化学物质，因此，如今的火星表面不会再发生有机化学反应。但火星生命可能起源于早期阶段，即火山强烈喷发的时期。后来，火星表面的环境条件发生变化，古菌的同类们或许仍然生活在地底下。

如果“海盗号”着陆器可以钻到火星表面几米以下的深度，采集样品进行生物实验，或许结果会大不相同。

事实上，20世纪60年代中期，乔舒亚·莱德伯格领导的团队制定“从火星土壤中寻找生命”的战略，如果已经知道了古菌的存在，说不定他们会推出一套完全不同的探测方法。

将“海盗号”轨道器传回的大量彩色图像合成之后，得到了图像质量远超“水手9号”的火星全图。（感谢*NASA/JPL-Caltech/USGS*供图）

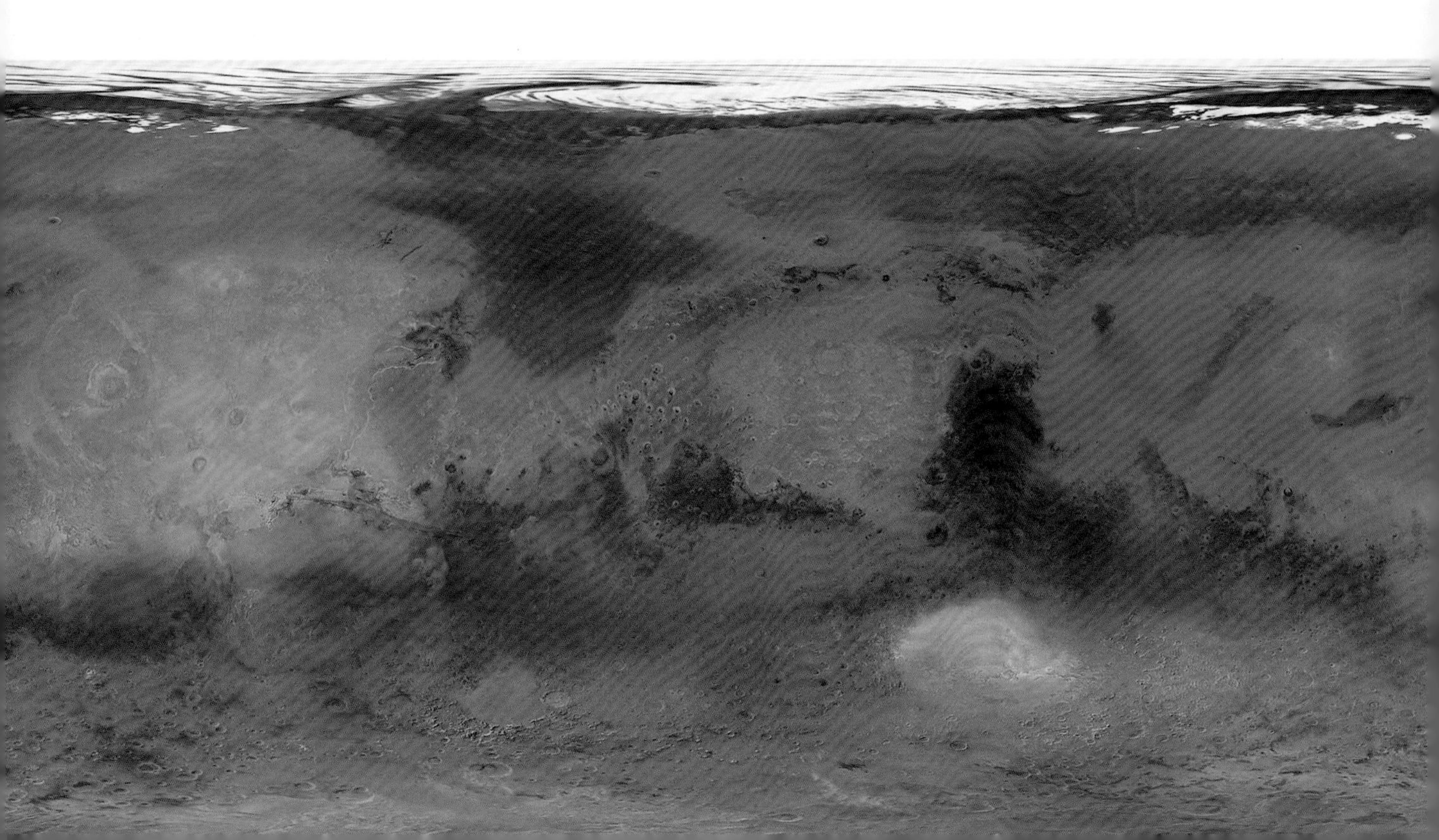

Chapter Five

New Views From Orbit

第五章

遥感视野

根据矿物和地下水冰的分布，配备更精密传感器的轨道器绘制了火星地图，分析水在火星表面特征形成中的作用，监测火星上的季节变化，研究太阳风如何剥蚀大气，揭示火星表面如何从温暖湿润的环境，变成了如今寒冷干燥的环境。

“火星勘测轨道器”上的发动机点火进入火星轨道的艺术画。（感谢*NASA/JPL-Caltech/Corby Waste*供图）

1. 蹒跚起步

“海盗号”轨道器除了转发着陆器的信号外，还绘制了火星表面的图像，分辨率和色彩远超之前的探测器。

1978 年 7 月，“海盗 2 号”轨道器用于控制高度的推进系统发生了泄漏，美国国家航空航天局不得不结束了“海盗 2 号”的任务。但“海盗 1 号”在 1980 年 8 月结束任务前，继续采集了约 1500 圈的轨道数据。工作寿命长，可以监测火星全球在两年内的季节变化。与此同时，美国国家航空航天局也在制定下一项火星探测任务。

过去，为防止探测器在火箭发射或飞行至目的地的过程中丢失，美国国家航空航天局往往会派遣成对的探测器。到了 20 世纪 80 年代中期，人们认为技术已经进步了，独立执行探测任务也没有问题。为降低研制成本，这些探测器开始采用通信卫星和气象卫星使用的硬件和电子设备。

1992 年发射的“火星观察者号”（Mars Observer）是首个执行此类任务的探测器，配备了当时最先进的传感器，可以在一年内对火星表面和大气进行调查。除配备高分辨率成像系统外，还配备了激光高度计，用于绘制火星表面地形图；配备了伽马射线和热发射光谱仪，用于绘制火星表面的物质成分；还有监测火星大气循环的红外辐射计；以及一体化的磁强计和电子反射计，研究火星与太阳风之间的相互作用。

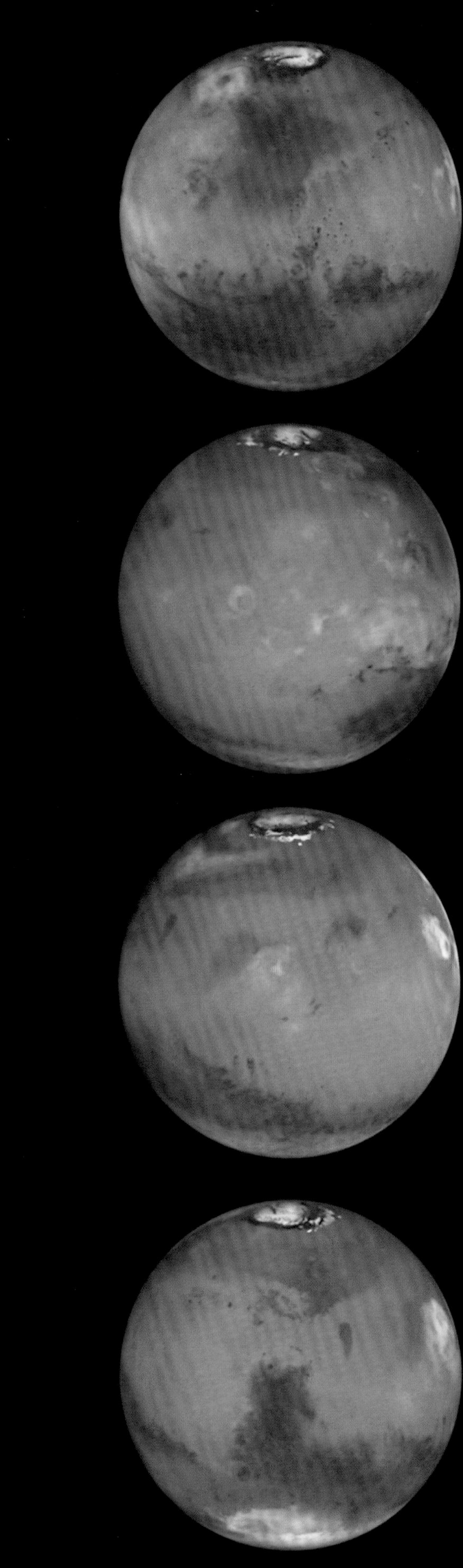

1999 年，哈勃太空望远镜传回的一系列图像，展现了火星绕自转轴的自转。（感谢 *NASA/STScI* 供图）

只可惜，1993 年 8 月 22 日，也就是计划实施发动机点火进入火星轨道的三天前，地面失去了与探测器之间的通信联系。由于通信未能恢复，调查组无法确定问题的严重性。但科学家们意识到，探测器利用主推进系统，只要几天时间，就能到达制动点，在此期间，推进剂缓慢泄漏其实无关紧要。但是，泄漏的推进剂却会在行星际巡航途中聚集起来，在探测器打开燃料输送管、打开点火阀、准备入轨时，引发爆炸。此外，回顾过去的历史，我们不得不承认，由于火星离太阳太远，因此，探测器所处的热环境，与系统设计时预计的热环境相去甚远。有鉴于此，我们放弃了将研发地球卫星的设备用于研制火星探测器的想法。

新的火星探测计划，是利用所有发射窗口，在十年内发射一系列探测器，每个探测器只配备开展具体调查所需的少数几台科学仪器。这样的话，这次为“火星观察者号”研制的所有科学仪器，还可以再次发往火星。

火星探测的三大主题是：了解火星表面和地下的地质情况；了解气候演化的历史，特别是大气挥发物的历史；寻找过去和现在存在生命的证据。鉴于所有主题都涉及水和被水改造的地质特征，因此，这一战略也称之为“追踪水的痕迹”（follow the water）战略。

2. “火星全球勘测者号”

1997 年 9 月 12 日，“火星全球勘测者号”探测器抵达火星，这是新的火星探测计划的第一项任务。目的是用“火星观察者号”探测器上的高分辨率相机、激光高度计、热发射光谱仪、一体化磁强计和电子反射计，获取至少一个火星年的探测数据。

“火星全球勘测者号”采用与“火星观察者号”相似的太阳同步测绘轨道，但实现方式有所不同。它的前任“火星观察者号”可在三个月内多次点火，进入预期轨道，而新的探测器却要用这些发动机，进入远火点较高的初始“捕获”轨道，达到该点时，再次启动发动机，使近火点位于高层大气中，利用“空气制动”，在六个月内逐步降低远火点，同时使近火点摆脱大气层。这样做的目的，是为了减少进入火星测绘轨道所需的推进剂，从而用更小、更便宜的火箭来实施发

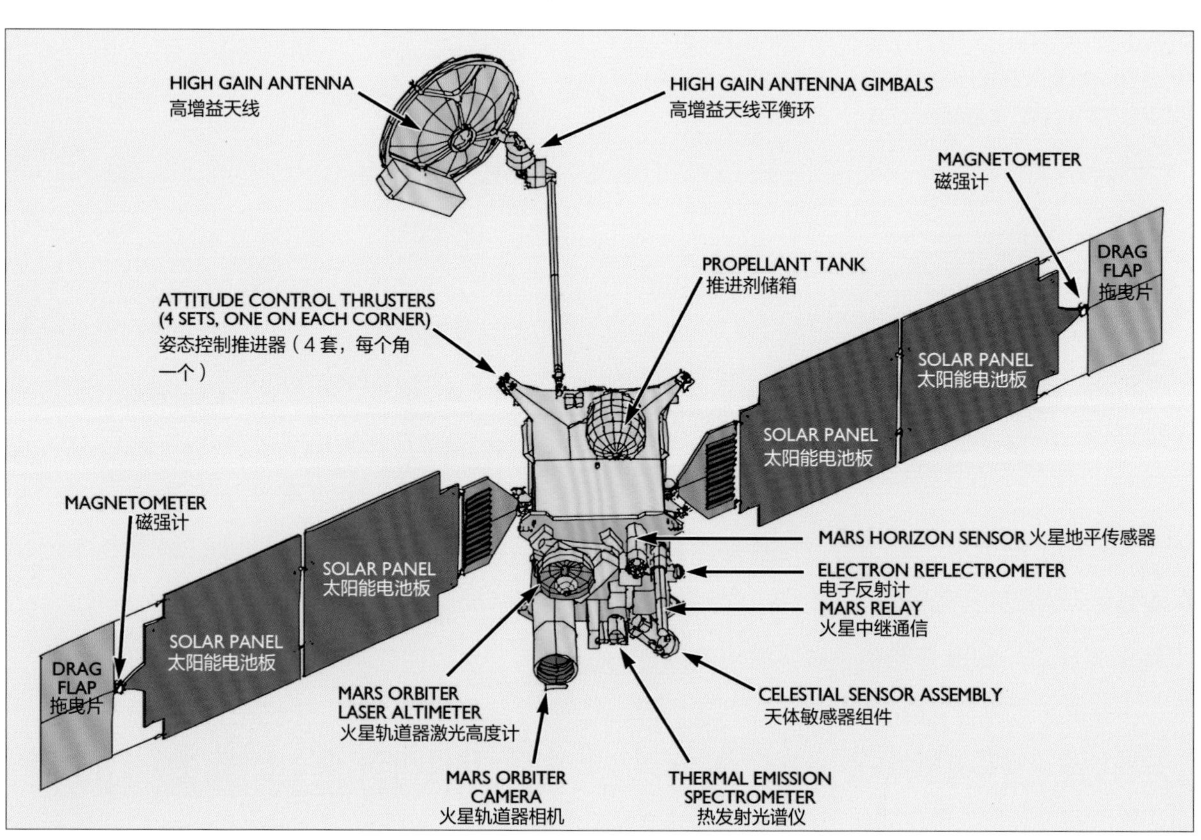

“火星全球勘测者号”的详细信息。（感谢 *NASA/JPL-Caltech/Woods* 供图）

射任务。一旦成功，空气制动将成为未来火星探测器的标准操作程序。

然而，空气制动要谨慎使用，因为空气阻力取决于上层大气的密度，而大气密度会随时间、地点和太阳活动而变化。近火点所处的高度，既要满足探测器深入大气层进行快速制动的需求，又要使探测器承受得起结构负荷和热负荷，使两者达到平衡。

“火星全球勘测者号”的两个太阳能电池阵的倾角为 30°，其背部在空气制动过程中面向飞行方向，以实现“风标”稳定性。然而，有一个电池板没有打开到预定位置，据推测，应该是连接面板与框架之间的三角形环氧铝蜂窝掉了。那块松松垮垮的面板转了 180°，科学家希望利用第一次穿透大气层时所施加的力，把它锁定到位。只要太阳能面板锁定到位，它就会被转回到预定角度，以进行下一阶段的空气制动。

探测器在近火点 110 千米、远火点 54,000

千米的轨道上运行，10 月 6 日的第一次空气制动，减速负荷比预期值超出了 50%。这次操作把之前损坏的面板推到了标称位置之外。因此，指挥员控制探测器，在调查时抬升近火点，让探测器飞出大气层。结果表明，这块面板只能承受预定动态压力的 1/3。为减少阻力，需在更高的大气层中进行空气制动，但要经历更长的时间，才能进入高约 375 千米的圆形测绘轨道。事实上，直到 1999 年 3 月，探测器才成功进入这一轨道。最终选择的轨道，可以对特定地区在不同时间进行拍摄，使图像具有相同的光照条件；拍摄时间常常在火星当地时间刚过正午时分。

“火星全球勘测者号”上的相机，图像分辨率远高于“海盗号”，它拍摄的画面极大地提升了我们对火星的认识。

两个半球

20 世纪 60 年代的两次飞越，让我们以为，火星是一个遍布撞击坑的古老平原，但这些探测器只拍摄到 10% 的火星表面。“水手 9 号”绘制的图像展现出了更为多样化的火星景观。随后，

探测器制动时，“火星全球勘测者号”的激光高度计对火星做了一次扫描，发现北半球低洼平原与南半球高原之间有一道明显的分界线。探测器还首次直接测量了云层高度，离地表至少 10 千米。观测到的云层主要位于极地冰盖与周围地形的交界处。(感谢 *NASA/JPL-Caltech/GSFC* 供图)

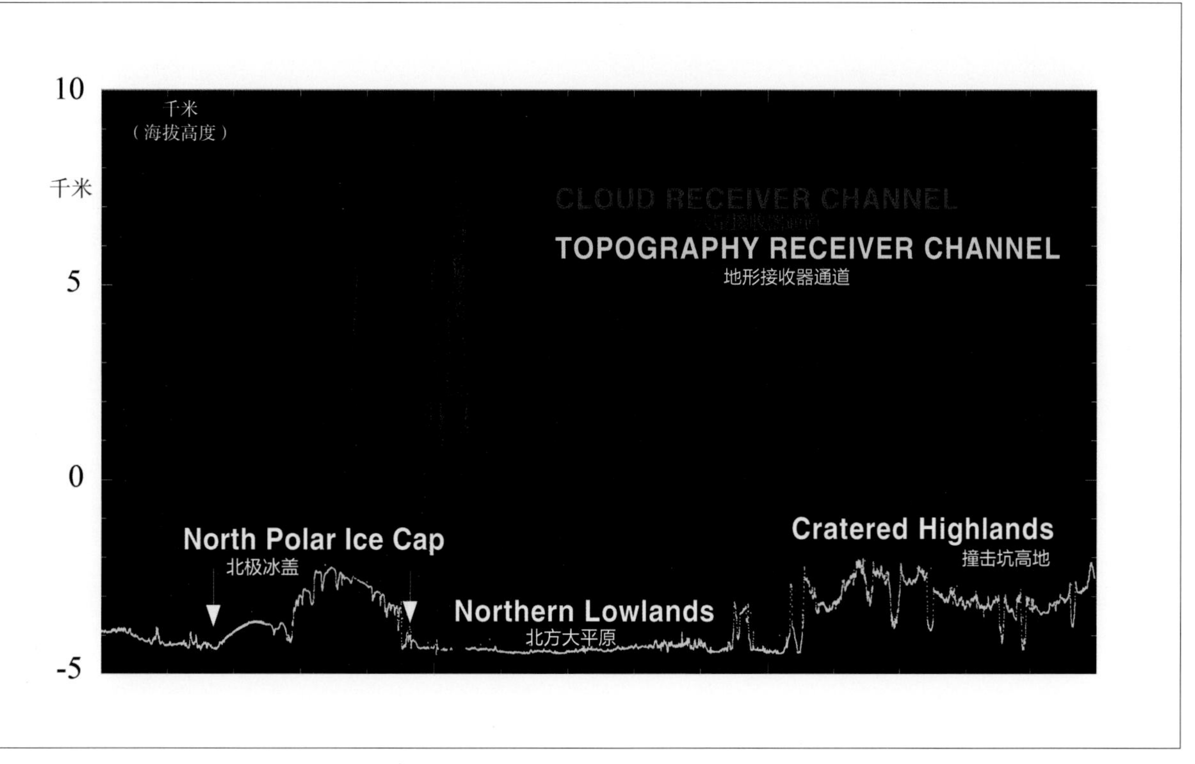

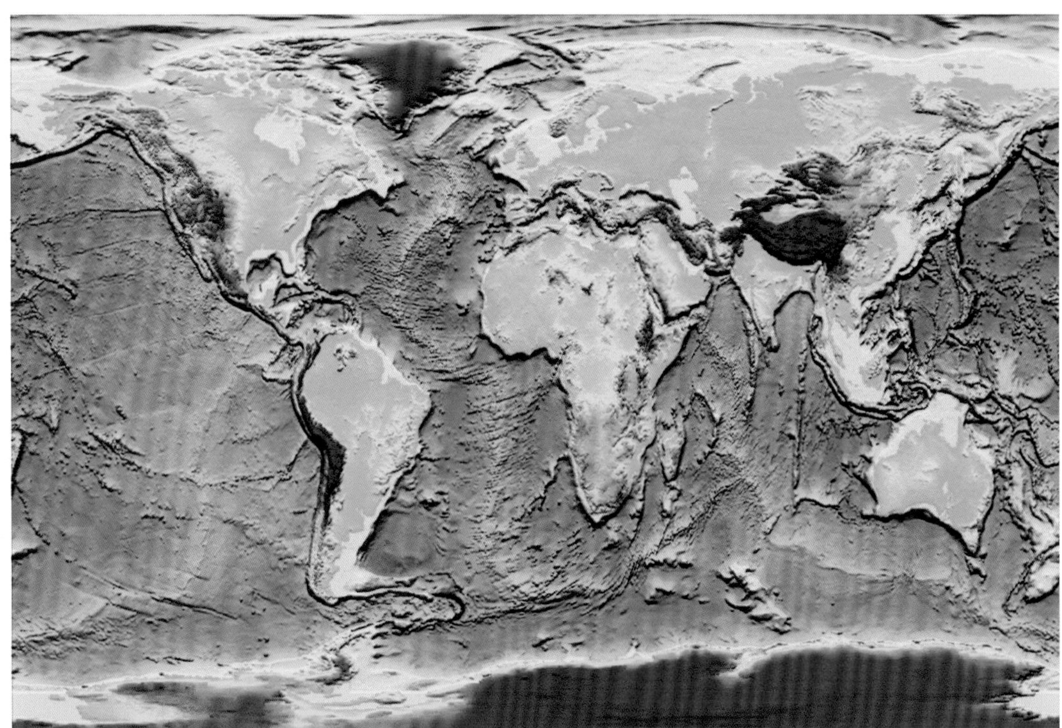

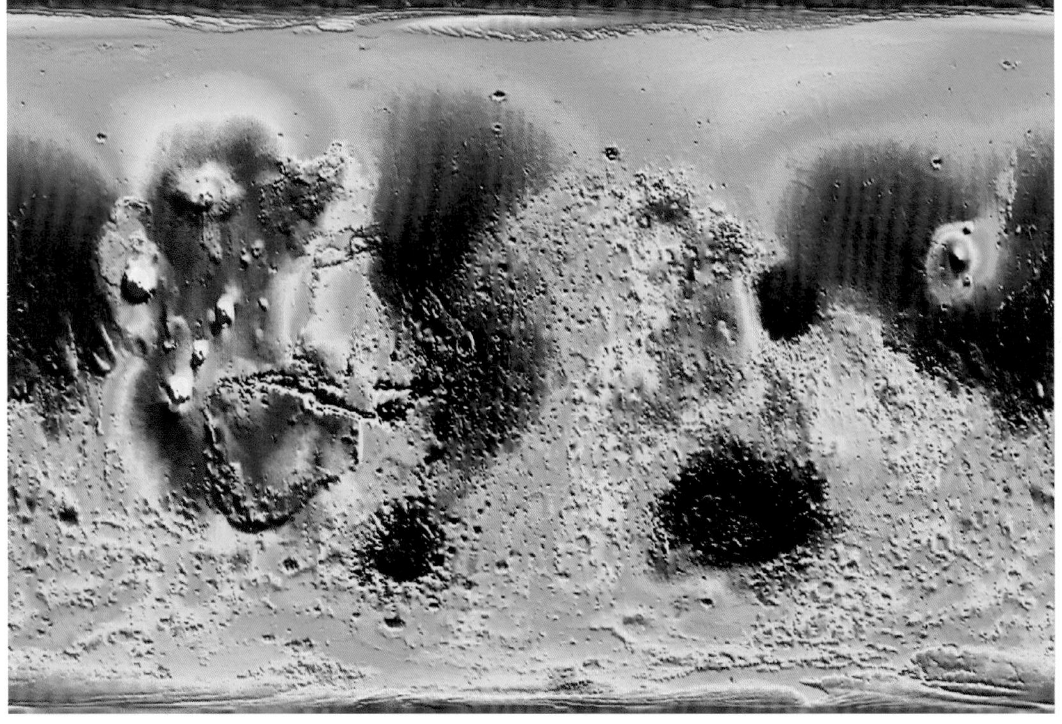

地球和火星地形的大致比较（两幅图采用未分类的不同色标）。（感谢 *NASA/JPL-Caltech/GSFC* 供图）

利用“海盗号”轨道器获得的彩色图像，我们对火星的了解更进一步。

直到“火星全球勘测者号”抵达后，我们才知道，通过测量火星表面大气压，就可以得到海拔高度。新的探测器绕火星轨道飞行后，配置的激光高度计测量了探测器到火星表面的垂直距离。随着时间的推移，这些测高轨迹被绘成地形图，揭示了火星上包括海床在内的大尺度地形。

我们发现，火星有两个形态迥异的半球。二者的分界线位于东经 330°、北纬 50°，界线略不规则。值得注意的是，界线以北的地形位于海平面基准以下数千米，我们定义该高度的大气压强为水的“三相点”，即 0.62 千帕。

北方大平原（Vastitas Borealis）可能是大规模火山喷发或其他形式的大规模沉积形成的。这个地区的撞击坑相对较少，但某些地区有突出的边缘，表明有填充物掩盖了此处原来低洼的地形。

界线不规则，坡度平缓，呈扇形，说明该地区受大型撞击后形成盆地。随后，北方大平原的北部边界遭到破坏，被洪水淹没。

巨大的火山，洪水流过的通道，这一切都表明：在火星的早期历史中，大气浓密，温暖湿润。

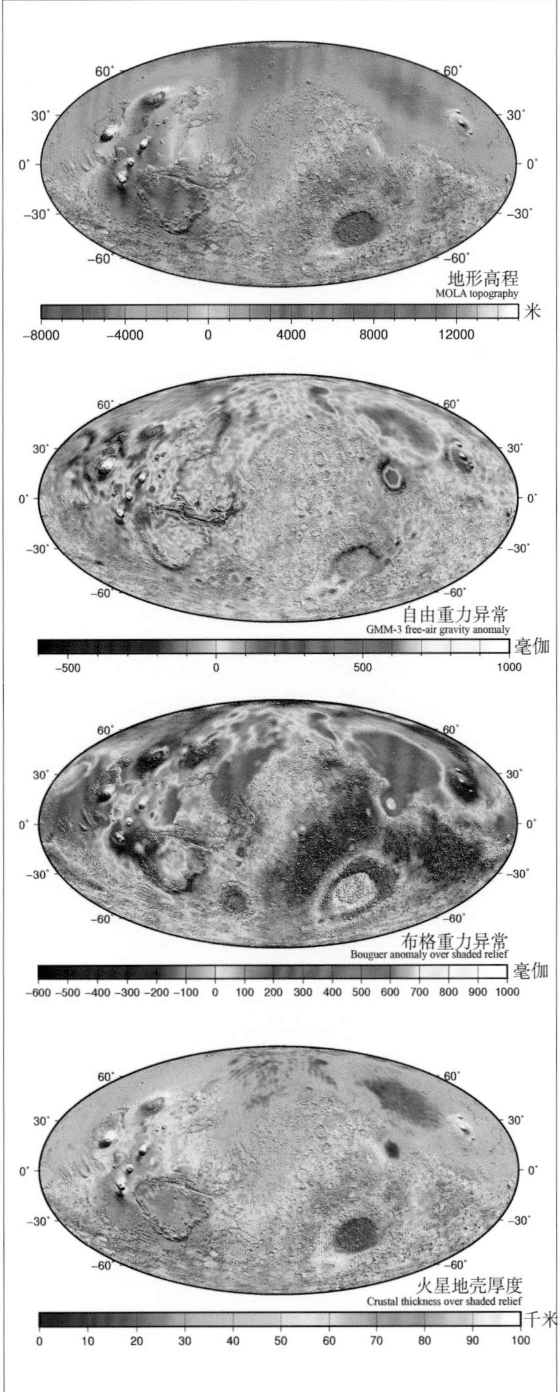

将测高数据与“火星全球勘测者号”的无线电精密跟踪数据相结合，可以分析火星地形与重力场和地壳厚度的相关性。（感谢 *NASA/GSFC/Antonio Genova* 供图）

USGS
science for a changing world

U.S. DEPARTMENT OF THE INTERIOR
U.S. GEOLOGICAL SURVEY

美国内部
美国地质调查局

Prepared for the
NATIONAL AERONAUTICS AND SPACE ADMINISTRATION

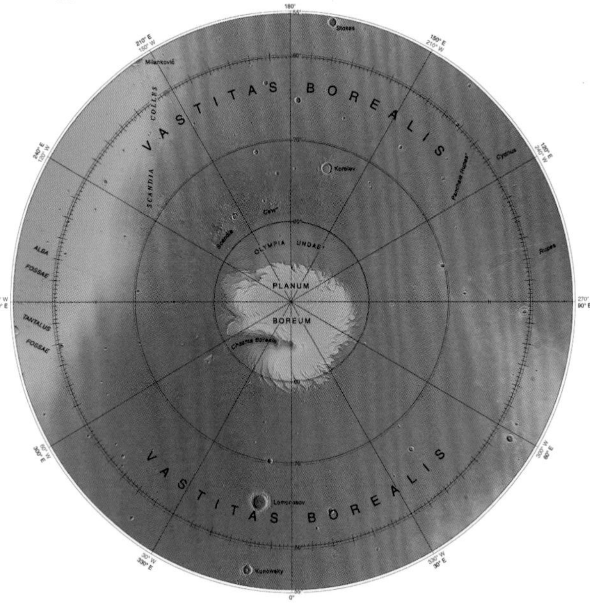

VASTITAS BOREALIS

OLYMPIA UNDAE

PLANUM BOREUM

SCALE 1:15 196 708 (1 mm = 15.196708 km) AT 90° LATITUDE
POLAR STEREOGRAPHIC PROJECTION

NORTH POLAR REGION
北极地区

NOTES ON BASE

This map is based on data from the Mars Orbiter Laser Altimeter (MOLA; Smith and others, 2001), an instrument on NASA's Mars Global Surveyor (MGS) spacecraft (Albee and others, 2001). The image used for the base of this map represents more than 600 million measurements gathered between 1999 and 2001, adjusted for consistency (Neumann and others, 2001, 2003) and converted to planetary radii. These have been converted to elevations above the areoid as determined from a martian gravity field solution GMM-2B (Lemoine and others, 2001), truncated to degree and order 50, and oriented according to current standards (see below). The average accuracy of each point is originally ~100 meters in horizontal position and ~1 meter in radius (Neumann and others, 2001). However, the total elevation uncertainty is at least ±3 m due to the global error in the areoid (±1.8 meters according to Lemoine and others [2001]) and regional uncertainties in its shape (G.A. Neumann, written commun., 2002). The measurements were converted into a digital elevation model (DEM; G.A. Neumann, written commun., 2002; Neumann and others, 2001; Smith and others 2001) using Generic Mapping Tools software (Wessel and Smith, 1998), with a resolution of 0.015625 degree per pixel or 64 pixels per degree. In projection, the pixels are 926.17 meters in size at the equator. Data are very sparse near the two poles (above 87° north and below 87° south latitude) because these areas were sampled by only a few off-nadir altimetry tracks. Gaps between tracks of 1–2 km are common, and some gaps of up to 12 km occur near the equator. DEM points located in these gaps in MOLA data were filled by interpolation.

PROJECTION

The Mercator projection is used between latitudes ±57°, with a central meridian at 0° and latitude equal to the nominal scale at 0°. The Polar Stereographic projection is used for the regions north of the +55° parallel and south of the −55° parallel with a central meridian set for both at 0°. The adopted equatorial radius is 3396.19 km (Duxbury and others, 2002; Seidelmann and others, 2002).

COORDINATE SYSTEM

The MOLA data were initially referenced to an internally consistent inertial coordinate system, derived from tracking of the MGS spacecraft. By adopting appropriate values for the orientation of Mars as defined by the International Astronomical Union (IAU) and the International Association of Geodesy (IAG; Seidelmann and others, 2002), these inertial coordinates were converted into the planet-fixed coordinates (longitude and latitude) used on this map. These values include the orientation of the north pole of Mars (including the effects of precession), the rotation rate of Mars, and a value for W_0 of 176.630°, where W_0 is the angle along the equator to the east, between the 0° meridian and the equator's intersection with the celestial equator at the standard epoch J2000.0 (Seidelmann and others, 2002). This value of W_0 was chosen (Duxbury and others, 2002) in order to place the 0° meridian through the center of the small (~500 m) crater Airy-0, within the crater Airy (Seidelmann and others, 2002; de Vaucouleurs and others, 1973). Longitude increases to the east and latitude is planetocentric as allowed by IAU/IAG standards (Seidelmann and others, 2002) and in accordance with current NASA and USGS standards (Duxbury and others, 2002). A secondary grid (printed in red) has been added to the map as a reference to the west longitude/planetographic latitude system that is also allowed by IAU/IAG standards (Seidelmann and others, 2002) and has also been used for Mars. The figure adopted to compute this secondary grid is an oblate spheroid with an equatorial radius of 3396.19 km and a polar radius of 3376.2 km (Duxbury and others, 2002; Seidelmann and others, 2002).

MAPPING TECHNIQUES

To create the topographic base image, the original DEM produced by the MOLA team in Simple Cylindrical projection with a resolution of 64 pixels per degree was projected into the Mercator and Polar Stereographic pieces. A shaded relief was generated from each DEM with a sun angle of 30° from horizontal and a sun azimuth of 270°, as measured clockwise from north, and a vertical exaggeration of 100%. Illumination is from the west, which follows a long-standing USGS tradition for planetary maps. This allows for continuity in the shading between maps and quadrangles, and most closely resembles lighting found on imagery. The DEM values were then mapped to a smooth g look-up table. Note that the chosen color scheme simply represents changes and is not intended to imply anything about surface characte example, past or current presence of water or ice). These two files merged and scaled to 1:25 million for the Mercator portion and 1:15,1 the two Polar Stereographic portions, with a resolution of 300 dots pe projections have a common scale of 1:13,923,113 at ±56° latitude.

NOMENCLATURE

Names on this sheet are approved by the IAU and have been applied f clearly visible at the scale of this map. For a complete list of the IAU nomenclature for Mars, see the Gazetteer of Planetary Nomen http://planetarynames.wr.usgs.gov. Font color was chosen for readabil followed by an asterisk are provisionally approved.

M 25M RKN Abbreviation for Mars: 1:25,000,000 series, shaded with color (K) and nomenclature (N; Greeley and Batson

REFERENCES

Albee, A.L., Arvidson, R.E., Palluconi, Frank, Thorpe, Thomas, 2001 of the Mars Global Surveyor mission: Journal of Geophysical R 106, no. E10, p. 23,291–23,316.

de Vaucouleurs, Gerard, Davies, M.E., and Sturms, F.M., Jr., 1973, areographic coordinate system, in Journal of Geophysical Resea p. 4395–4404.

Duxbury, T.C., Kirk, R.L., Archinal, B.A., and Neumann, G.A., 2 Geodesy/Cartography Working Group recommendations on M graphic constants and coordinate systems, *in* Joint International S on Geospatial Theory, Processing and Applications, Ottawa, Ca Commission IV, Working Group 9—Extraterrestrial Mapping, Pr Ottawa, Canada, International Society for Photogrammetry an Sensing [http://www.isprs.org/commission4/proceedings/paper.htr

Greeley, Ronald, and Batson, R.M., 1990, Planetary mapping: Camb versity Press, p. 274–275.

Lemoine, F.G., Smith, D.E., Rowlands, D.D., Zuber, M.T., Neum Chinn, D.S., Pavlis, D.E., 2001, An improved solution of the grav Mars (GMM-2B) from Mars Global Surveyor: Journal of G Research, v. 106, no. E10, p. 23,359–23,376.

Neumann, G.A., Rowlands, D.D., Lemoine, F.G., Smith, D.E., and Z 2001, Crossover analysis of Mars Orbiter Laser Altimeter data: Geophysical Research, v. 106, no. E10, p. 23,753–23,768.

Neumann, G.A., Smith, D.E., and Zuber, M.T., 2003, Two Mars year observed by the Mars Orbiter Laser Altimeter: Journal of G Research [in press].

Seidelmann, P.K. (chair), Abalakin, V.K., Bursa, Milan, Davies, M.E., Catherine, Lieske, J.H., Oberst, Juergen, Simon, J.L., Stand Stooke, P.J., and Thomas, P.C., 2002, Report of the IAU/IA Group on Cartographic Coordinates and Rotational Elements of and Satellites—2000: Celestial Mechanics and Dynamical As 82, p. 83–110.

Smith, D.E., Sjogren, W.L., Tyler, G.L., Balmino, G., Lemoine, F.G., pliv, A.S., 1999, The gravity field of Mars—Results from Mars veyor: Science, v. 286, p. 94–96.

Smith, D.E., Zuber, M.T., Frey, H.V., Garvin, J.B., Head, J.W., Muhle Pettengill, G.H., Phillips, R.J., Solomon, S.C., Zwally, H.J., Ban Duxbury, T.C., Golombek, M.P., Lemoine, F.G., Neumann, G.A., D.D., Aharonson, Oded, Ford, P.G., Ivanov, A.B., Johnson, C.L., P.J., Abshire, J.B., Afzal, R.S., and Sun, Xiaoli, 2001, Mars Or Altimeter—Experiment summary after the first year of global Mars: Journal of Geophysical Research, v. 106, no. E10, p. 23,689

Wessel, Paul, and Smith, W.H.F., 1998, New, improved version of Ge ping Tools released: Eos, Transactions of the American Geophys v. 79, no. 47, p. 579.

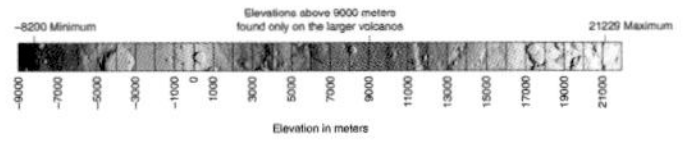

−8200 Minimum

Elevations above 9000 meters found only on the larger volcanos

21229 Maximum

−9000 −7000 −5000 −3000 −1000 0 1000 3000 5000 7000 9000 11000 13000 15000 17000 19000 21000

Elevation in meters

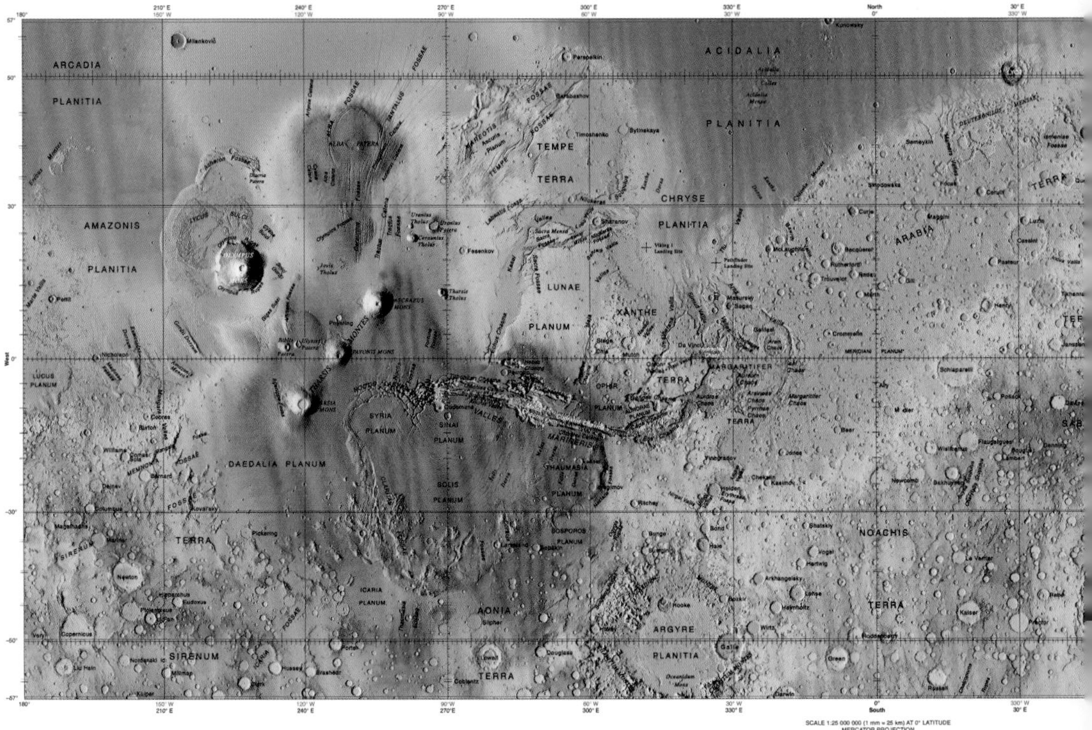

ARCADIA PLANITIA

ACIDALIA PLANITIA

TEMPE TERRA

AMAZONIS PLANITIA

CHRYSE PLANITIA

ARABIA TERRA

LUNAE PLANUM

XANTHE TERRA

DAEDALIA PLANUM

SYRIA PLANUM

SINAI PLANUM

SOLIS PLANUM

TERRA SIRENUM

NOACHIS TERRA

AONIA TERRA

ARGYRE PLANITIA

SCALE 1:25 000 000 (1 mm = 25 km) AT 0° LATITUDE
MERCATOR PROJECTION

Planetographic latitude and west longitude coordinate system is shown in red.
Planetocentric latitude and east longitude coordinate system is shown in black.

NOTE TO USERS

Users noting errors or omissions are urged to indicate them on the map and to forward it to the Astrogeology Team, U.S. Geological Survey, 2255 North Gemini Drive, Flagstaff, Arizona 86001. A replacement copy will be returned.

Topographic Map of Mars 火星地形图

M 25M RKN

By

U.S. Geological Survey 美国地质调查局

2003

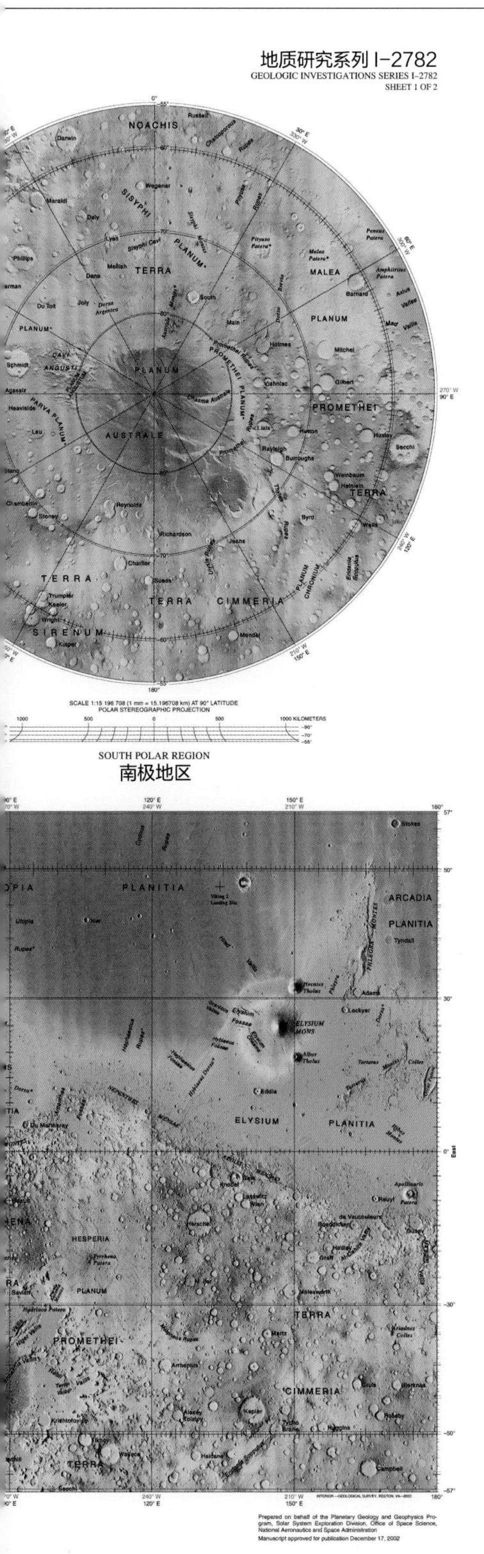

利用许多轨的高程测量数据，美国地质调查局（USGS）发布了火星全球地形图，编号为 I-2782。（感谢 *NASA/USGS* 供图）

火山区

塔尔西斯地区的轮廓并不对称，南北长 4000 千米，东西宽 3000 千米。西北侧地势陡峭，从北部平原隆起，形成一系列年轻的熔岩流；但东部较平缓，向南部高地过渡。

北部广阔的隆起，是阿尔巴环形山，这是该地区发现的第一座火山。

尽管阿尔巴环形山绵延 1500 千米，但极其扁平，最高仅约 1 千米。外围呈同心圆放射状的裂缝，表明它正处于高度坍缩的状态。在早期历史中，火山在高温气流中可能产生爆炸性灰烬云，这种现象被称为火山碎屑流。引力较小时，这样的云会被炸到 100 千米的高度，然后坍缩，冲刷表面，形成一层火山灰，在距离火山口 250 千米至 450 千米处形成环状结构。后来，火山的喷发方式变为溢流式，熔岩通过岩浆通道和熔岩管输送，向西延伸达 1000 千米，横跨 100 千米的不规则火山口。

叙利亚高原（Syria Planum）位于海平面基准以上 8 千米到 10 千米，是塔尔西斯火山的峰顶，被诺克提斯迷宫（Noctis Labyrinthus）中交错的峡谷强烈切割而成。长长的裂谷沿侧翼辐射，在下侧斜坡形成同心弧。东侧的深地壳断层，形成了水手大峡谷中的峡谷系统，沿赤道延伸，约占赤道周长的五分之一。

塔尔西斯火山区的西北侧，有一排相隔约700千米的盾状火山。这是“水手9号”探测器从当时的火星沙尘暴中发现的三个“点”。从西南到东北，分别是阿西亚山（Arsia Mons）、帕吾尼斯山（Pavonis Mons）和阿斯克瑞斯山（Ascraeus Mons）。

月神高原（Lunae Planum）到塔尔西斯火山区的东部，是一个略显坑洼的平原，有一片分布范围很广的低矮山脊。这些高原应该是熔岩流，规模比中央喷口产生的岩浆要多得多。它们由低黏度的岩浆剧烈喷发形成，有点像月球上暗黑色的月海。熔岩流类似地球上的“玄武岩流”（如印度的德干暗色岩和美国的哥伦比亚河流域高原），可能从裂谷中涌出，不留下任何喷发源头的痕迹。高原的厚度很厚，完全掩盖了先前的地形。当熔岩冷却、致密、固结后，由压缩应力形成“皱脊”。月神高原上的许多山脊，都环绕着塔尔西斯火山区，这一事实表明，这些压力是因为月神高原位于小型斜坡上导致的。

“火星全球勘测者号”拍摄了水手大峡谷的提托努利林深谷（Tithonium Chasma）岩墙的早期照片，从中可以看到一座高约1千米的悬崖，其中包括了80层的岩层剖面。获得峡谷中其他部位的图像后，人们认识到，很多地方都有这种岩层。很显然，火星上没有岩石圈的再循环过程，因此，这一层状结构很可能代表了火星历史上最早期的岩层剖面。

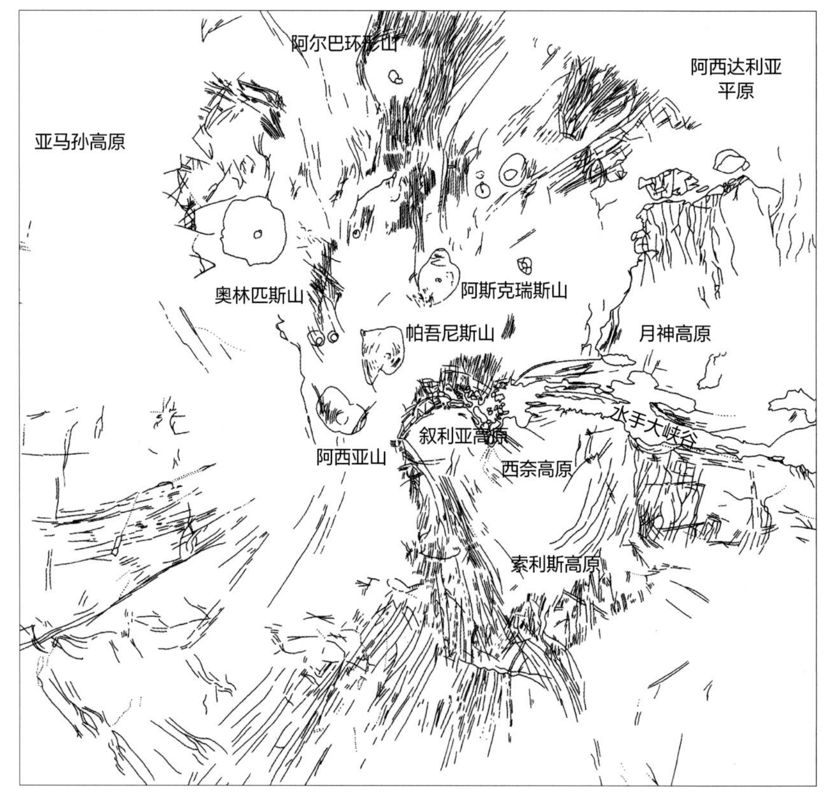

塔尔西斯地区的地壳断层图，不仅包括奥林匹斯山和三座主要的盾状火山，还包含水手大峡谷的巨大峡谷系统。（感谢 *USGS/M.H. Carr* 供图）

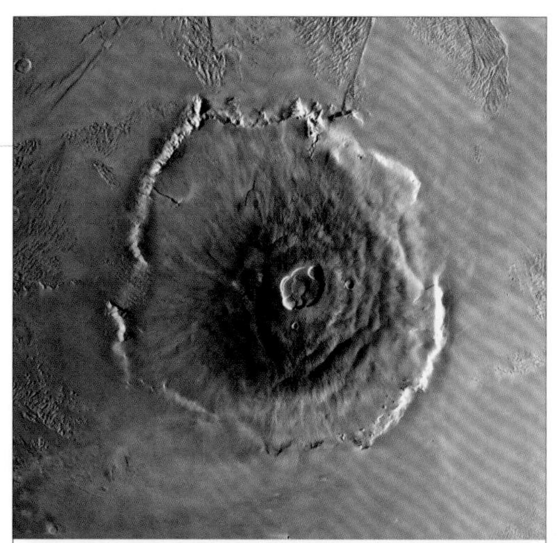

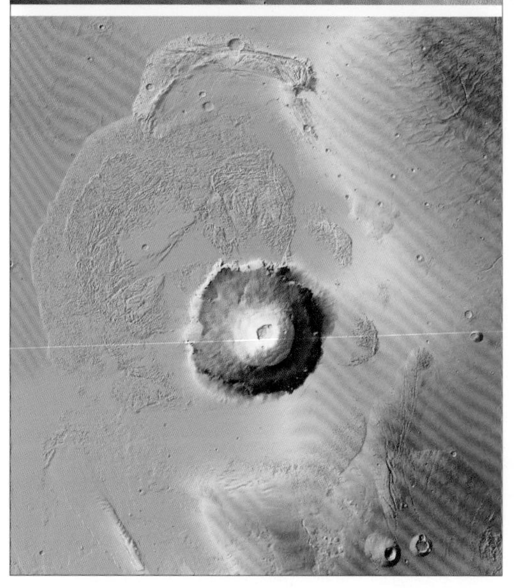

奥林匹斯山外围的叶状结构，可能是 8 千米高的悬崖环绕隆起时脱落的物质。该区域的目视图来自“海盗号”轨道器拍摄的影像，更大区域的假彩色图像来自“火星全球勘测者号”。

位于塔尔西斯火山区西北部的奥林匹斯山，是火星上最大的火山，下翼被一道与叙利亚高原（Syria Planum）海拔差不多的陡坡截断。奥林匹斯山由大量的熔岩流堆积而成，其中一些覆盖在陡坡上，特别是东北部和西南部；而其他地方的陡坡几乎都是悬崖，但是，陡坡的界线并不规则，界线较短，呈放射状分布。测量奥林匹斯山外围陡坡后，我们发现，这一巨大结构横跨 550 千米。

陡坡前半部的倾角只有几度，但是，陡坡上方约三分之一的部分，为倾角 10° 的连续斜坡，这些斜坡位于宽阔的阶地。阶地可能是由浅层逆冲断层滑动形成的，隆起部分膨胀或缩小，防止岩浆从上部储层冒出。陡坡向上 17 千米是峰顶。火山口复合体宽约 80 千米，外缘形成悬崖，向下俯冲 2 千米至多面层的底部，表明这座火山至少经历了六个活动阶段。

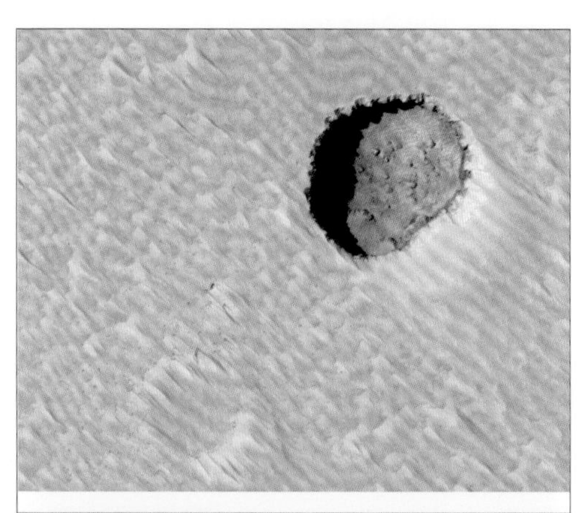

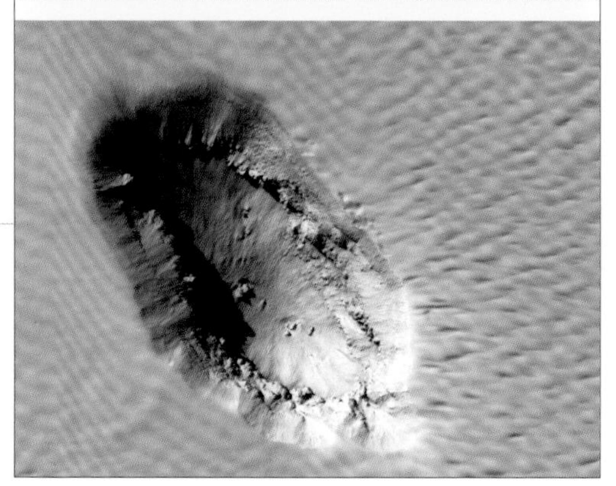

阿西亚山侧面的坑洞，可能是由熔岩管坍塌形成的。
（感谢 *NASA/JPL-Caltech/Univ. of Arizona* 供图）

陡坡向外是几百千米长的大型叶状特征。其中的山脊和沟槽表明，这里有几千米厚的沉积物。有人认为，它们是奥林匹斯山坠落的物质，火山“基底涌浪”后，使陡坡出露。

这三座巨大的盾形火山位于海平面基准以上 10 千米的塔尔西斯火山区，峰顶比海平面基准高出 27 千米。奥林匹斯山顶正好也处于这一高度，但由于它坐落在海平面基准以上 2 千米处，因此，整体结构更大。

岩浆和岩石之间的密度差产生的静水压，导致岩浆上涌。该地区所有大型盾形火山的峰顶高度都相同，表明一旦火星内部的压力不再迫使岩浆上升至喷发颈，顶部的火山口就会停止生长。

在地球上，与这一地形相似的是夏威夷群岛。太平洋底部的岩石圈板块迁移，穿过地幔“热点”时，岩浆有时从地下 60 千米深处上涌，形成一系列火山，排列在数千千米长的直线上。但即使夏威夷群岛所有的岩浆都集中到单个火山，也无法与奥林匹斯山相比。因此，塔尔西斯火山

“火星全球勘测者号”的电子反射计测量的径向磁场，表明地壳磁场发生异常的时间，显然早于火星表面大尺度结构形成的时间。（感谢 *NASA/JPL-Caltech/GSFC/J.E.P. Connerney* 供图）

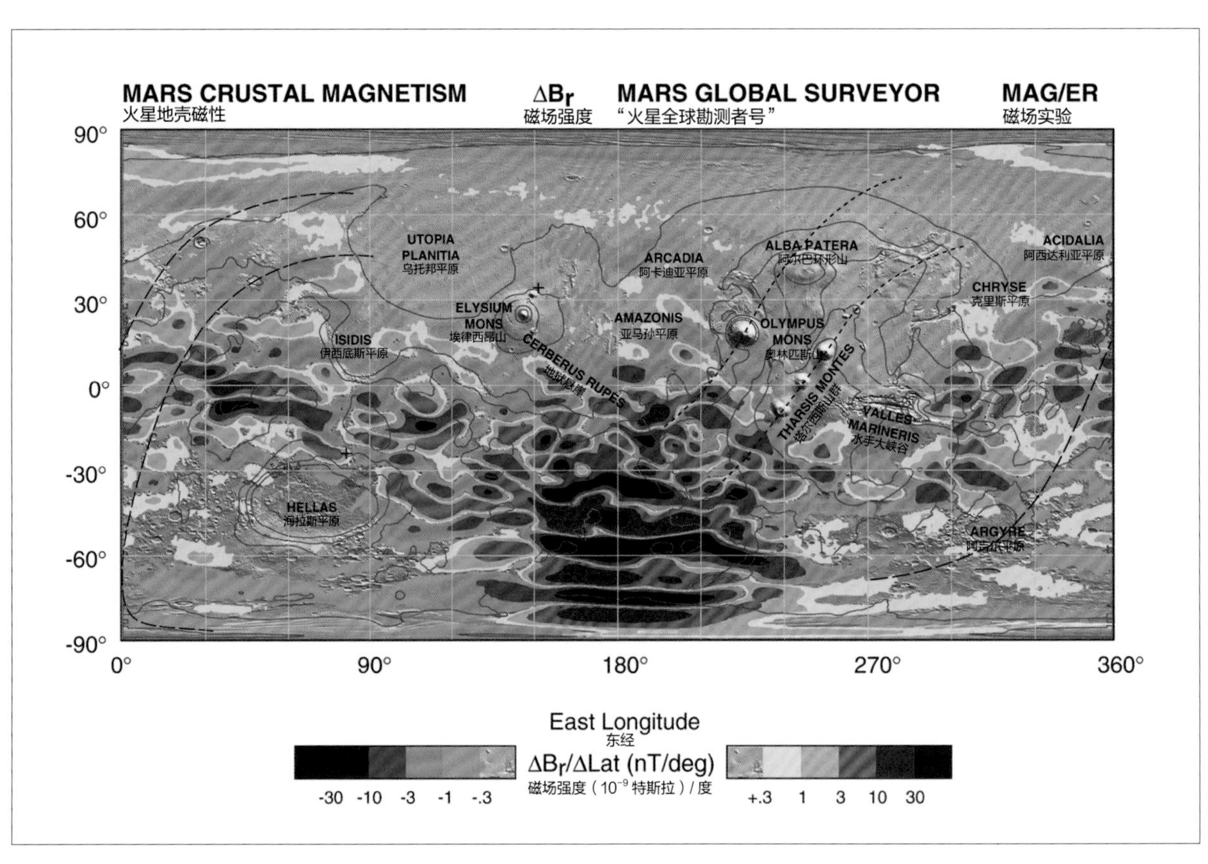

区的大量盾状火山证明，火星的岩石圈不可移动。

塔尔西斯火山区西部，是阿波里那环形山（Apollinaris Patera），处在南北二分线向北的过渡地形中。最初，人们认为它可能喷发过火山灰，但现在认为它是最早的熔岩盾。

西北部的埃律西昂区域中，有三座盾状火山，高出北部低洼平原 5 千米。

高地的火山活动

海拉斯盆地的直径约 2000 千米，是保存完好的撞击盆地中面积最大的。它有一座向西北延伸的弧形山脉，东南边缘已退化，西南边缘因火山活动而被掩埋，东北边缘被两条岩浆通道侵蚀，盆地底部有沉积物。该地貌位于海平面以下 7 千米处，外围溅射毯位于海平面基准以上 3.3 千米，是南半球地势最高的地方。

在巨大的撞击过程中，地壳物质移动，岩石圈下部的压力降低，刺激地壳物质局部熔融，沿着深部断层上升，形成具有复杂火山口的极低剖面结构。

塔海尼亚环形山（Tyrrhena Patera）坐落在海拉斯盆地东北 1500 千米处。一连串的爆炸性喷发说明，岩浆接近表面，与地下水相接触，瞬间变成蒸汽。低缓隆起的侧面，被放射状岩浆通道深深侵蚀，说明火山碎屑留下了厚厚的灰尘，后来被“焊接”起来，变得很坚固。

复杂的火山口呈现出阶段性的火山喷发活动，同时说明火山口的挥发物一旦耗尽，它就会转变为溢流的岩浆。正是这种岩浆而非水，侵蚀了深层通道。其中最突出的岩浆通道出现在火山口，向西延伸 200 多千米，与周围的火山平原融合在一起。

附近的哈德里亚卡环形山（Hadriaca Patera）也经历了爆炸性喷发，沉积了厚厚的火山灰。不再喷发的火山口上形成一道护坦，绵延 300 千米，被放射状沟谷完全侵蚀，现已成为一座独特的山脊。鉴于哈德里亚卡山位于该地区的斜坡上，因此，其熔岩流向西南延伸，形成长约 400 千米的岩浆通道。

在地球上，与火星上的火山爆炸形成的地形特征最接近的，是美国怀俄明州的黄石公园，那是一个“复活的火山口”，喷出的火山灰曾多次覆盖北美洲的大部分地区。

安菲特律特环形山（Amphitrites Patera）和佩纽斯环形山（Peneus Patera）位于海拉斯盆地西南部。它们侧面的斜坡倾角不到 1 度，火山口非常平缓，像是撞击到开阔地面形成的，它们喷出的熔岩掩盖了古老的撞击坑地形。

而在其他地方，如大瑟提斯高原（Syrtis Major Planum）上的尼利环形山（Nili Patera）和麦罗埃环形山（Meroe Patera），是另一种高地火山活动，类似于火山高原上的超低矮盾状火山，宽度超过 1000 千米。这种火山活动明显与附近的伊西底斯盆地（Isidis basin）有关，形成方式与塔海尼亚环形山和海拉斯盆地相同，因为火山口与盆地边缘均位于同心圆的弧形裂缝上。

低洼的北方平原中没有发现低矮的中心喷发结构，这一事实说明，这种喷发方式只有在古老的坑洼地貌中才能形成。

远古的磁场

由于只有当探测器位于近火点时，磁强计才能更好地感知火星表面，而“火星全球勘测者号”有一个优点：它进行空气制动的时间，比原计划所需的时间更长，相比原计划在电离层上方的测绘轨道测量磁场，效果更好。

如今的火星没有全球性磁场，但“火星全球勘测者号”能探测到火星表面岩石的剩余磁场。炽热的岩浆冷却，火星表面岩石记录了当时的磁场环境。地球的北极和南极不时地翻转，地球磁场的变化可以从岩石中反映出来。特别是，当地壳从洋中脊扩张时，中线两侧的凝固岩浆岩的磁性，呈现出对称的条纹图案；实际上，这就像一个磁带记录器。

“火星全球勘测者号”发现，在经度 180° 和南纬 60° 的南半球高地中，磁条的磁性最强。而低洼的北方大平原、塔尔西斯火山区、奥林匹斯山和埃律西昂平原，以及像海拉斯盆地这样的主要盆地，都没有发现这样的磁条。

有趣的是，虽然火星磁场与火星表面最古老的地质单元有关，也就是坑坑洼洼的南半球高地，但磁条和单一地貌之间并没有相关性。这说明，火星的地壳很早就被磁化了，那时的火星还没有遭到撞击。随后，在北半球的低洼地区，形成了大型火山区，掩盖了早期磁化的火星表面。而这些新形成的地质结构没有被磁化。这一事实表明，火星最初的强磁场，如今已经减弱了。

峡谷网络

南半球高地有几种峡谷网络。这些径流很像地球上的排水系统，因此，有说法认为，它们是被火星表面水流的缓慢流动侵蚀的。

这些通道的宽度通常不到 1 千米，长度很少超过 100 千米，在形成之初往往很小，通过树突状支流逐渐扩张。这些径流常常会突然终止，就好像火星表面的水流到那里变成了地下水。地球上，渗透性的岩石形成岩溶地貌时，通常会形成这样的“盲河”。

还有一些径流的结构，看起来似乎是由于永久冻土融化和地下水喷涌形成的。这些峡谷大多很直，崖壁很陡峭。支流来自像圆形剧场一样的洞穴，但没有迹象表明这些洞穴曾汇聚过径流。它们非常短，高挂在崖壁上，像瀑布一样流入主要河流。

峡谷网络源于火星早期阶段，是南半球高地不可忽视的一种特征，可能是火山排放的温室气体进入大气层，使气候更加温暖湿润导致的。

沟谷中的径流

在“火星全球勘测者号”任务的初期，科学家发现：有迹象表明，在最近的地质时期，液态水可能曾在火星表面流动。

火星南半球有些撞击坑，通道壁上有冲沟的痕迹，这些冲沟可能意味着，有地下水渗漏和径流。

人们很容易相信，这些冲沟是流水蚀刻形成的，但许多地方远离赤道，甚至有几千米厚的冻土，而沟谷只有几百米长。如果液态水流向火星

“火星全球勘测者号”上的相机分辨率极高，显现出“海盗号”轨道器拍摄的图像中不清楚的细节部分。这里位于赞西高地（Xanthe Terra）的纳内迪峡谷系统，蜿蜒在峡谷底部的狭窄通道，看起来就像是被持续的水流切断了。（感谢 *NASA/JPL-Caltech/MSSS* 供图）

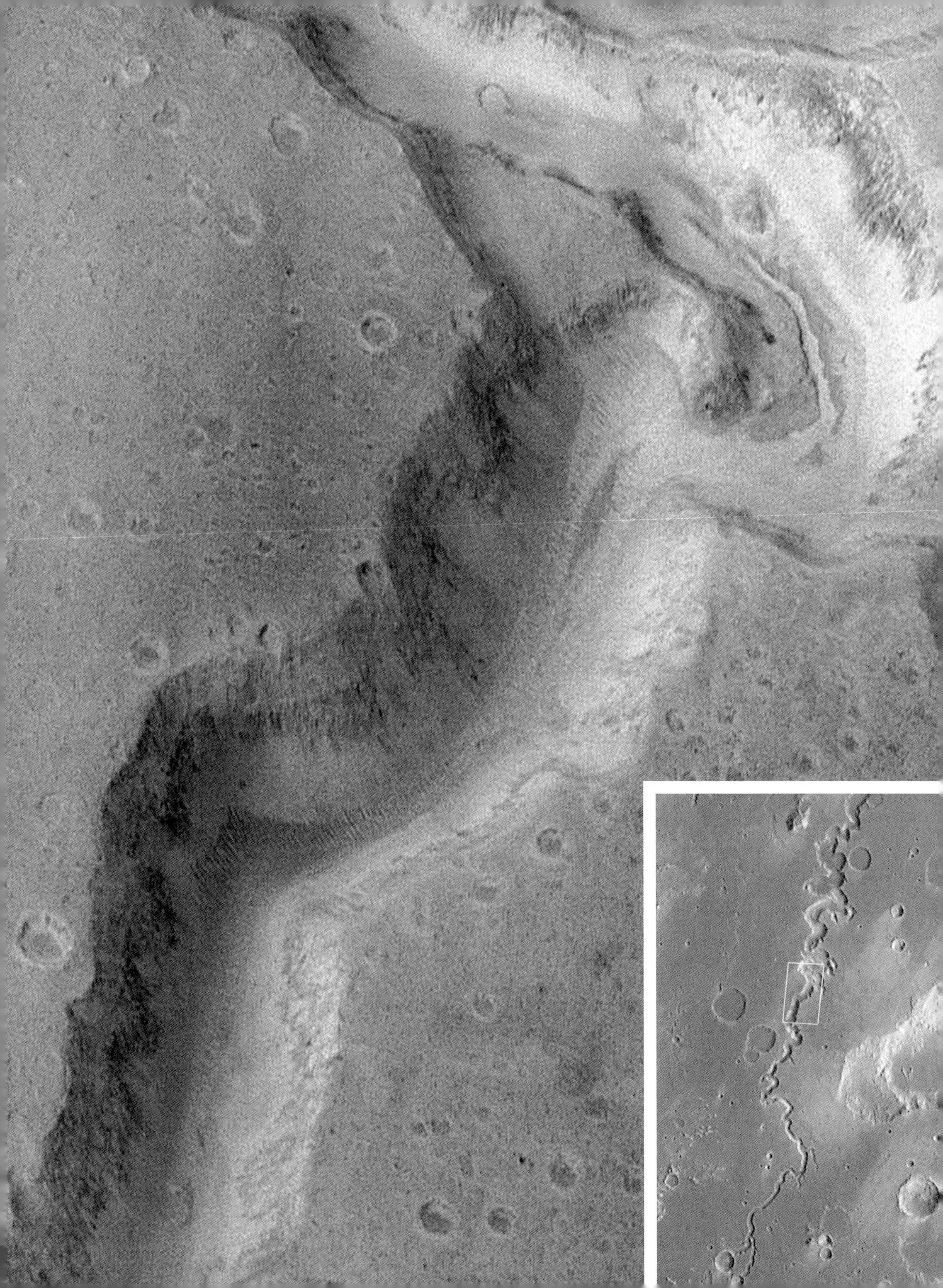

表面，或从陡坡地层中涌出，那么，这些出水点的分布，意味着该地区有地下含水层。或许，地热偶尔能融化下方的永久冻土层，形成含水层。

但也有一些与之相反的假说，其中一种说法认为，沟谷是由冰里面的气体释放、蚀刻形成的。如果二氧化碳从永久冻土中喷出，就会含有1% 的水，在斜坡上形成泥泞的护坡。可惜的是，“火星全球勘测者号”上的热成像光谱仪的空间分辨率较低，无法分辨这些护坡的化学成分及其周围环境。

未来，新的探测任务将进一步研究这些冲沟的形成过程。

撞击坑

在高地地区，撞击坑的密度并没有“饱和”，中间还有空隙。一些撞击坑之间被撞击溅射毯覆盖，部分物质侵入其中一些撞击坑。因此，这些物质一定是撞击后才出现的。科学家认为，这些物质大部分是火山口喷出的火山灰，以及裂缝中喷出的熔岩。

一些撞击坑的溅射毯，也说明火星上曾经有水。火星上的撞击坑通常没有广泛分布的溅射岩席。而在月球上，连续的溅射毯通常延伸到撞击坑边缘 0.7 倍半径范围内，但火星上撞击坑的连续溅射毯可以延伸到 2 倍半径范围内。由于月球的引力较小，在月球上空穿行的碎片，应该会比在火星上穿行的距离更远。为什么火星撞击坑溅射毯会扩张得更远呢？答案似乎跟溅射物的形式有关。月球上的溅射物通常被阻挡在撞击坑边缘，逐渐成为更小的碎片，最终分散到周围的地形中。但在火星上，有很多直径超过 5 千米的撞击坑，周围重叠着叶状边缘的“薄层”。

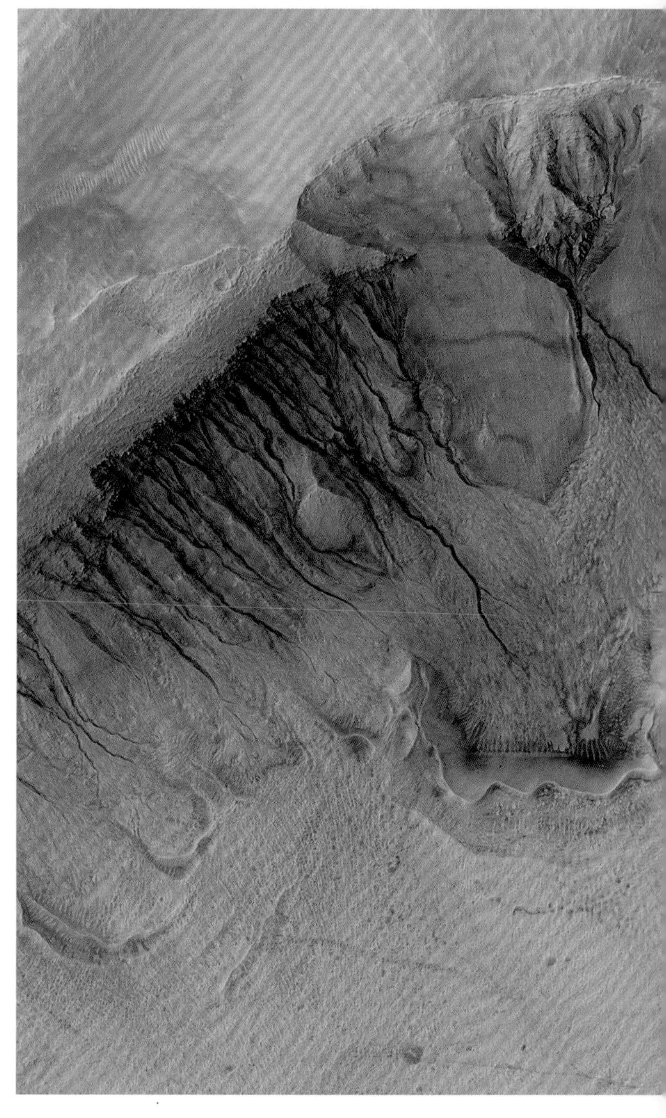

如图所示，在阿拉伯高地（Arabia Terra）的一个撞击坑内，发现斜坡上也有条纹。该图由性能更先进的“火星勘测轨道器”上的高分辨率成像科学实验相机（HiRISE）拍摄。我们认为，这是沙尘覆盖在浅沟上的结果。这些条纹刚形成时呈暗黑色，随着时间流逝，颜色逐渐褪去。（感谢 *NASA/JPL-Caltech/Univ. of Arizona* 供图）

南部高地的牛顿撞击坑，坑壁横跨约 1.5 千米。人们很容易将“冲沟”理解为从崖壁上涌出、流入火山口的水流。（感谢 *NASA/JPL-Caltech/MSSS* 供图）

这种溅射物的最终形式有很大不同。有时很薄，可通过这些溅射物看到下方的地形；有时会覆盖之前的地形；有时集中在厚厚的圆环状分布的物质中，大多呈明显的放射状。显然，撞击激起泥泞的溅射物，随后流经火星表面。在某些情况下，泥石流要么沿着撞击坑边缘转向，要么流经或淹没撞击坑。

撞击坑类型的变化表明，撞击过程挖掘出的岩石，水和冰的含量不同。沿着高纬度的撞击坑边缘流动的溅射物，移动得更远一些，说明这一过程与地质结构有关。

溢流河道

“水手 9 号”探测器另一个令人惊讶的发现，是巨大的溢流河道。除了位于海拉斯盆地东部边缘的两条河道，还有一些河道位于埃律西昂火山侧面，这些河道从南半球高地向低洼的北方大平原延伸。

事实上，大部分的溢流河道都穿越了南北地形二分线，进入克里斯平原。这一巨大的排水系统包括阿瑞斯、提乌、西穆德、沙尔巴塔那、马扎和科赛。[前三部分都形成于坍缩结构，通常跨度为100千米，称为“混沌”地形。第四部分是来自较小的厄俄斯（Eos）混沌地形区。马扎和科赛分别起源于月神高原东侧的朱凡特峡谷和西部的艾彻斯裂谷，在向东流入克里斯平原前先向北流动。]

虽然，这些河道在源头就已完全形成，但一些河道还有从混沌地形中形成的短支流。

这些支流的源头可能来自环状断裂，以克里斯平原下方的撞击盆地为圆心。在此情况下，岩浆从深层断裂上涌，融化了永久冻土，一旦地下水发现出口，孔隙中的水排干后，顶部就会坍缩，形成混沌地形。

有人对此持不同的观点，洪水的规模如此之大，是因为塔尔西斯隆起的重力，使水流“泵送”到此，突然“突破”地表形成的。无论溢流河道是如何形成的，这些洪水都有极强的侵蚀性。尤其是扫除了环绕撞击坑的部分溅射毯，切割其侧面，只保留下撞击坑的“基座”。如果洪水被山脉阻挡，它们就会积聚起来，直到水位达到峰顶，然后在排水时，切割出一条深深的河道。在低洼平原上，洪水扩散，悬浮物沉积，留下砾石浅滩，随后，水流将沉积物侵蚀成辫状河道。在开阔的平原上，孤立的障碍物形成泪滴状的地形，“泪滴”的尾部指向下游位置。

地球上，与这一景观相似的，是美国华盛顿州东部的斯卡布兰兹（Scablands）。这个爱达荷州北部的冰坝，在最后一次冰期结束时冲刷形成。随着时间推移，排放出水量相当于伊利湖（Erie）和安大略湖（Ontario）的一个大型冰川湖。洪水通过哥伦比亚河谷（Columbia River Gorge）排入太平洋，形成被深深切割的河道。

北半球的海洋？

1986年，美国南加州大学的蒂莫西·帕克（Timothy Parker）对“海盗号”轨道器的遥感图像进行了细致研究，发现火星北半球平原上的细微特征，与大约10万年前被淹没的犹他州、内华达州和爱达荷州部分地区的湖泊边缘非常相似。1989年，在综合各项证据后，帕克认为，火星上当时形成了一系列不同水量的海洋，海平面退回到南北二分线以北。据推测，是因为岩浆入侵，融化永久冻土，形成了这些海洋。

“火星全球勘测者号”上的激光高度计的测量精度，可以精确到1米，结果表明，在数百千米的距离内，北半球平原的海拔高度变化不超过100米。火星南北半球的分界线，让人想起了地球上从大陆滑向深海沉积平原的大陆架。

低洼的北方平原中的这两条海岸线，可能在火星历史早期就已存在。“火星全球勘测者号”的高程测量结果表明，除有明显证据表明受到后期地质运动影响的部分区域，如塔尔西斯火山区以外，海岸线内接触带的高程变化很小。（感谢*NASA/MOLA Team/J.W. Head*供图）

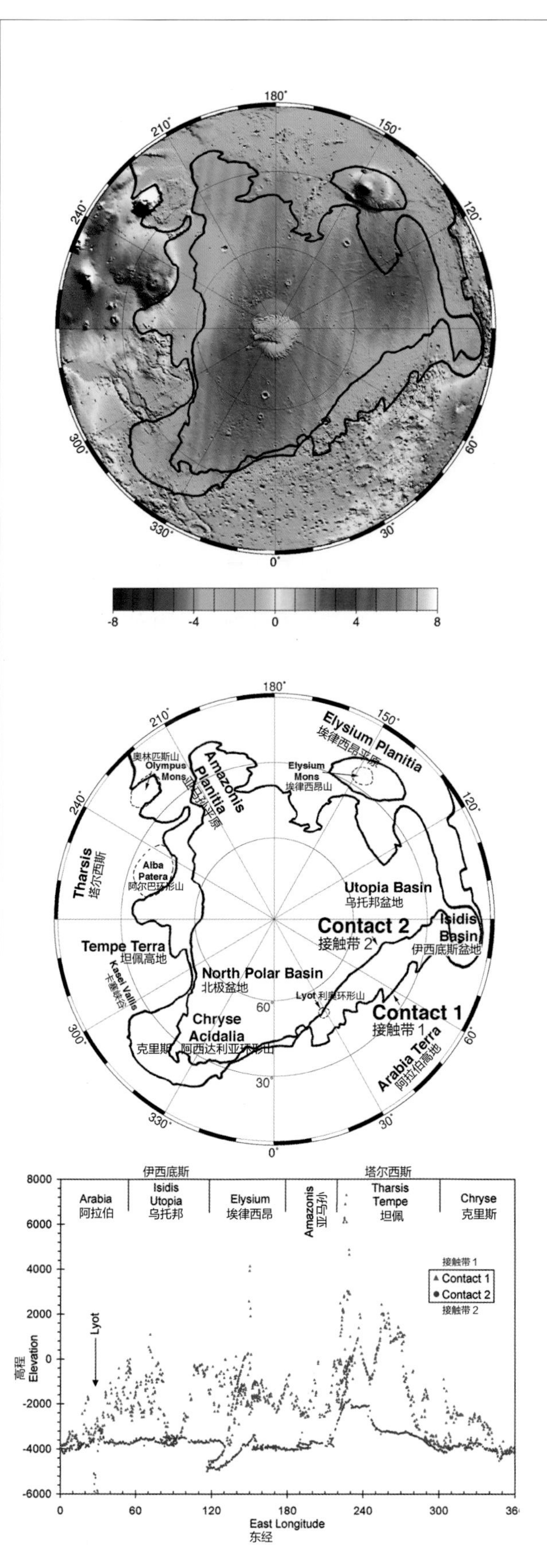

距海平面基准以下 2 千米的两条海岸线中，较大的一条被帕克命名为阿拉伯海岸线，海拔高度起伏不平。但是，德特罗尼鲁斯（Deuteronilus）内侧海岸线（距海平面基准以下 3.5 千米）的整条边界，则显得轮廓单一，与平均高程的偏差不超过 280 米，而偏差较大的地方，显然是由于后续的构造作用和熔岩流形成的。

美国罗得岛州布朗大学的詹姆斯 · W. 海德（James W. Head）认为，海洋曾存在于海岸线内部。边缘几乎与海平面基准相齐，海岸线内的地形比外部更平缓，与平滑的沉积物一致，目前，它暂时被命名为北方大洋（也叫北方大平原）。

“火星全球勘测者号”传回了特定海岸线的高分辨率图像，从中几乎无法找到佐证这一结论的证据。但是，火星上以风蚀作用为主，古海岸线可能已经受到严重侵蚀，近距离时反而很难识别，因此，最好从远处进行推断。

例如，海德注意到：在 2200 千米的范围内，六条主要的溢流河道，在离德特罗尼鲁斯内侧海岸线 180 米处被引入克里斯平原。

随后，高精度的高程测量数据证实，所有穿过南北二分线向北流的十条大型河道，都止步于两条特定的海岸线之间，最大的河道甚至受内侧溢流河道的影响，改变了河道的基本形态。

根据克里斯平原溢流河道的终点位置，海德得出结论，它们进入了平均深度为 600 米、最深处为 1500 米的海洋，海水体积与火星上的水量估算结果一致。

从温暖湿润到寒冷干燥

显然，火星上曾经存在河流的地形证据，意味着早期的大气层可以维持火星表面的水文循

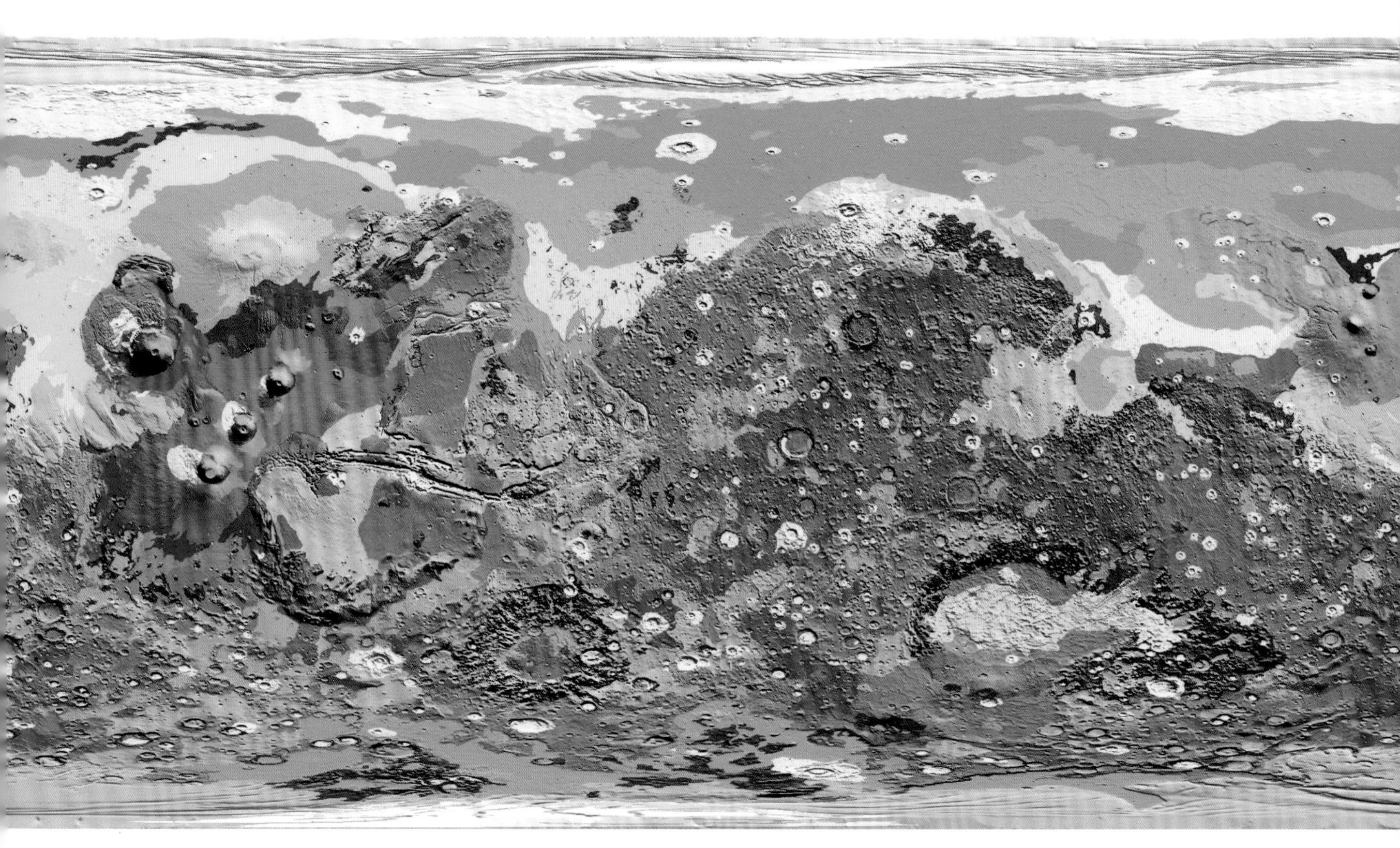

环，对地表进行物理化学侵蚀。如果强降雨长时间排入海洋，那么，与地球上相似，海底必然会有碳酸盐沉积物。

“火星全球勘测者号”搭载了一台热发射光谱仪，主要任务是绘制沉积物和挥发物的分布图。我们假设，这些物质是在温暖湿润的时期沉积的。事实上，这台仪器并没有发现这些矿物的踪迹。然而，它却发现了橄榄石，这是火成岩中常见的一种硅酸盐矿物，而且，这种矿物在温暖湿润的环境中容易风化。所以，橄榄石的存在，意味着自橄榄石形成以来，火星上一定是寒冷干燥的环境，那时是在数十亿年前吧！这些看似矛盾的发现说明，火星研究面临着重重困境。

2006 年 11 月 2 日，地面控制中心向“火星全球勘测者号”发出常规指令。遗憾的是，探测器出了问题，此后，我们再也没有接收到它的消息。实在想不到的是，这个“廉价”探测器的工作寿命，已超过了预定寿命的 5 倍。

“火卫一 2 号”探测器近距离飞越火卫一（火星的两颗卫星中较大的那颗）。（感谢 *NPO-Lavochkin* 供图）

美国国家航空航天局行星地质动力学实验室利用测高数据绘制的火星地质图。（感谢 *NASA/GSFC* 供图）

3. 食尸鬼的盛宴

20 世纪 70 年代早期，苏联在火星探索方面一无所获，十多年后，他们再次尝试发射了一对复杂的航天器——“火卫一 1 号”和“火卫一 2 号”。它们的任务目标非常宏大：绕火星飞行，探测火卫一——火星的两颗小卫星中较大的一颗。

最初的想法是让航天器在火卫一上着陆，但是，火卫一是形状不规则的卫星，引力非常微弱，所以，这项任务非常困难。随后，设计师希望控制航天器靠近到距离火卫一 20 米的位置，用类似鱼叉的装置收集样品。考虑到这次行动的风险太大，他们决定，在近距离飞越火卫一时，部署几个小型着陆器。第一项任务目标，是让探测器在与火卫一的同一平面内，绕火星运行，然后，进行一系列操作，获得飞越火卫一所需的几何轨迹。

这是一项重大的航天任务，铁幕 * 两侧的许多国家都曾参与其中，包括欧洲空间局。美国科学家作为次要角色，也加入了部分团队。只可惜，研发人员的计算机技术无法胜任这一工作。

1988 年 7 月，这对航天器成功发射，8 月，因为一个错误的指令，“火卫一 1 号”失踪。操作程序错误，导致航天器上的计算机还没有收到地面发来的指令，就关闭了姿态控制推进器。所以，当时航天器出现转动，太阳能发电量快速下降，但没有人意识到是这个错误导致的。此后，就再也没有“火卫一 1 号”的消息了。这种错误本该避免，在上传操作程序前，在地面就可以检测出来。

* 铁幕（Iron Curtain），冷战时期，欧洲被分为两个受不同政治影响的区域，它们之间的界线被称为铁幕。

“火星 8 号”探测器在靠近火星时的控制过程。（感谢 *NPO-Lavochkin* 供图）

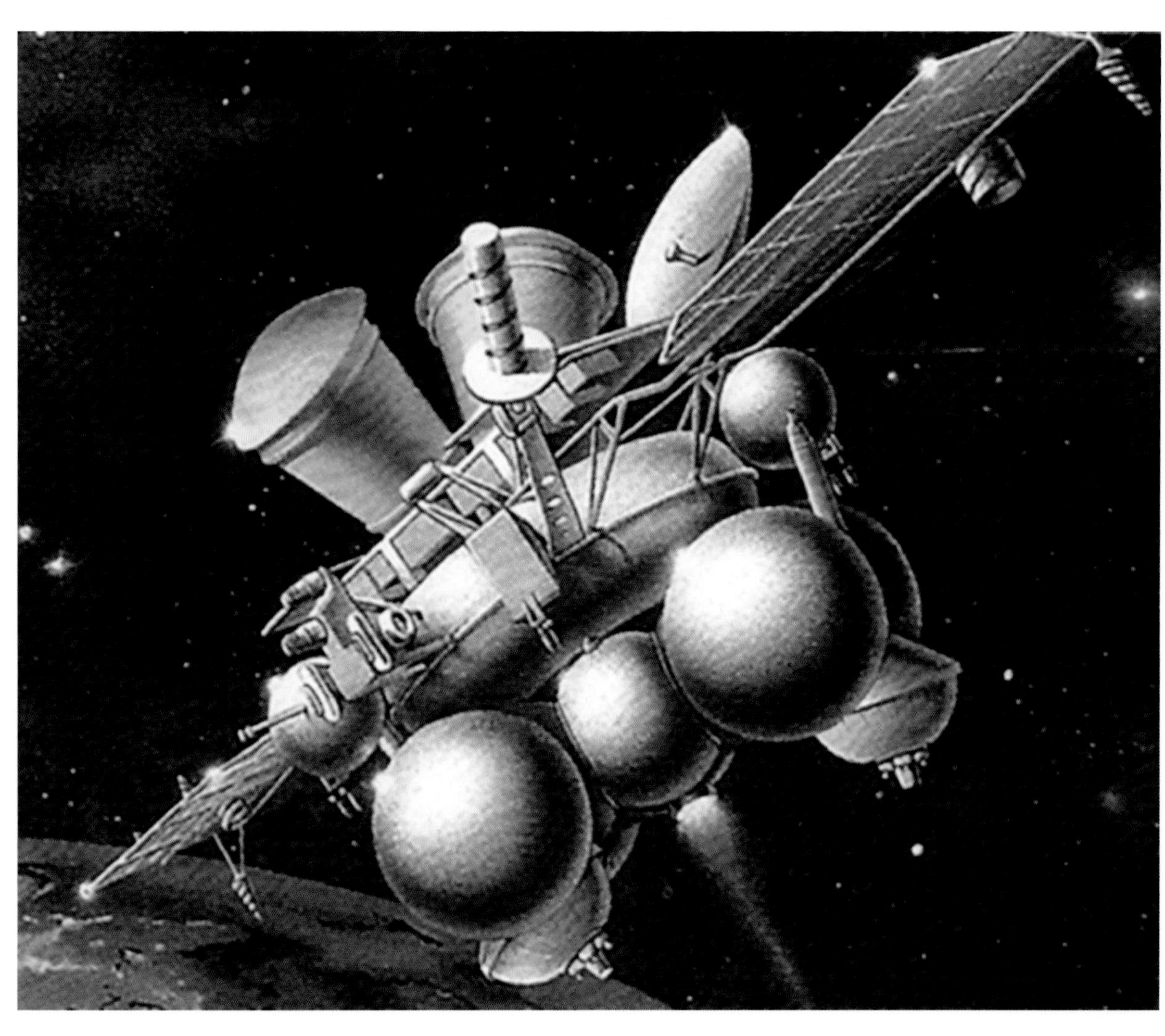

1989年1月30日，“火卫一2号”进入火星轨道运行，3月27日接近探测目标火卫一时失踪。事实上，这些航天器注定会失败，因为它们的计算机元器件不可靠。“火卫一2号”上的一个处理器在行星际飞行时出现故障，第二个处理器在进入火星轨道后不久，就开始出现间歇性故障。由于“阈值逻辑”的问题，无法重新编程，所以，无法阻止这两个故障单元影响幸存的第三个处理器。

苏联解体后，财政困难使俄罗斯无法实施新的火星任务，直到1996年，才发射了一个复杂的航天器，利用国际团队提供的有效载荷，希望从多个方面研究火星。只可惜，“火星8号”被困在了地球停泊轨道上，未能前往火星。

美国国家航空航天局的火星探测计划则呼吁，在每个发射窗口，都要发射火星探测器。

和“火星观察者号”探测器一样，“火星气候轨道器”（Mars Climate Orbiter）也用红外辐射计来分析大气，此外，它还配备了一套新的彩色成像系统，获取中等分辨率的全景图像。它将成为火星的气象卫星，监测火星上的云、表面霜冻，以及水汽含量的日变化和季节变化。

“火星气候轨道器”的捕获轨道，不像“火星全球勘测者号”的轨道偏心率那么大，1999年9月，当探测器抵达时，可以利用空气进行快速制动，进入预定的太阳同步轨道。“火星气候轨道器”的主要目的，是在一年中监测火星的极地冰盖和大气，收集探测数据，希望这些数据有助于了解火星在过去10万年里，是否经历了周期性的气候变化。

可惜的是，航天器在火星背面点火、进入捕获轨道时，与地球失去了联系。调查发现，这是由于简单的单位换算错误导致的。承包商提供给喷气推进实验室工程师的一份数据文件本该采用公制单位，结果却采用了英制单位。结果，航天器飞得离火星太近了。第一次故障信号，是航天器比预定时间提前49秒落在火星圆盘背后。由于单位换算错误，重新计算轨道时，才意识到它已经进入57千米高处的火星大气层，像流星一样被烧毁了。

此后，美国国家航空航天局修改了工作流程，避免再次出现测量单位混淆，并为进入火星轨道和空气制动预留了更保守的余量。

日本决定加入火星探测行列后，设计了一个名为“希望号”[Nozomi（Hope）]的轨道器，来研究火星电离层以及与太阳风的相互作用。

日本没有足够强大的火箭将航天器送往火星，于是，1998年，他们将航天器送入一个偏心率较高的地球环绕轨道，计划通过两次飞越月球，提高远地点，然后点火推进，实现从地球轨道的逃逸。只可惜，推进系统突发泄漏，把航天器留在了以太阳为中心的轨道上，偏离了目标。2003年12月，他们修改了计划，希望让航天器通过一系列飞越地球的动作，靠近火星。然而，点火入轨的努力失败了，航天器从距离火星表面1000千米的地方飞越。

俄罗斯于2011年11月发射了“火卫一-土壤号”（Fobos-Grunt Soil），上面还搭载了一个名为“萤火一号”的中国航天器。

火卫一-土壤计划的主要目的，是部署探测器在火卫一上着陆，收集约200克松散土壤样品，送回地球进行分析。如果火星的卫星是一颗被捕获的小行星，那么，这些样品能够提供证据支持。而且，如果这颗卫星与火星之间

G. W. 伯顿（G. W. Burton）描绘的一种恶毒生物，1969 年，当“水手 7 号”靠近火星时受到了它的干扰，在地球上空留下了令人困惑的印记。未来的几十年里，或许还会干扰其他很多项目。（感谢 *JPL–Caltech* 供图）

只可惜，与 1996 年“火星 8 号”的遭遇类似，火卫一 - 土壤号”也被困在了地球停泊轨道上。

火星任务规划者一直开玩笑说，他们在想，是不是被火星诅咒了。1969 年，“水手 7 号”在飞越火星前不久失去联系，关于“食尸鬼”的谣言开始流传。

存在密切联系，那么，这次任务将间接提供来自火星的样品。

同时，为研究太阳风与火星上层大气之间的相互作用，“萤火一号”将保持在远火点 80,000 千米的大椭圆轨道上。

4.“奥德赛号”的洞察

“火星气候轨道器”没有出现什么根本性的错误，只是运行方式还有待完善，美国国家航空航天局会在下个发射窗口，发射新的航天器代替它。新的航天器于 2001 年发射，刚好亚瑟 · C. 克拉克（Arthur C. Clarke）出版了小说《2001 太空漫游》，于是这颗航天器被命名为“奥德赛号”，向克拉克致敬。

2001 年 10 月 24 日，“奥德赛号”进入火星轨道，开始空气制动。2002 年 1 月，它已进入圆形的太阳同步轨道，开始着手主要探测任务。

“奥德赛号”配有两种仪器。一种是伽马射线谱仪（继承自“火星全球勘测者号”），空间分辨率为 300 千米，用于测量表层土壤中某些元素的丰度，确定表面成分。如今，这台仪器增加了一个中子探测仪，可以探测火星浅表层的氢，氢是水合矿物或含有水冰的永久冻土的标志。还有一台全新的仪器——热发射光谱仪，与中分辨率的光学相机搭配工作。这台仪器能够检测表土中的碳酸盐、硅酸盐、氢氧化物、硫酸盐、氧化物和水热二氧化硅，绘制火星全球的矿物分布图，空间分辨率为 100 米 / 像素，通过与可见光影像相联系，可以识别与水的作用相关的地质结构，从而了解火星过去的气候历史。

作为第一个可以探测到远离火星极区的浅表层水冰的轨道器，“奥德赛号”有望大大提高我们对火星远古时期表面水流的认识。

只要中子探测仪开始运行，它就能获得该任务最重要的结果。

“奥德赛号”的详细信息。
（感谢 *NASA/JPL-Caltech/Woods* 供图）

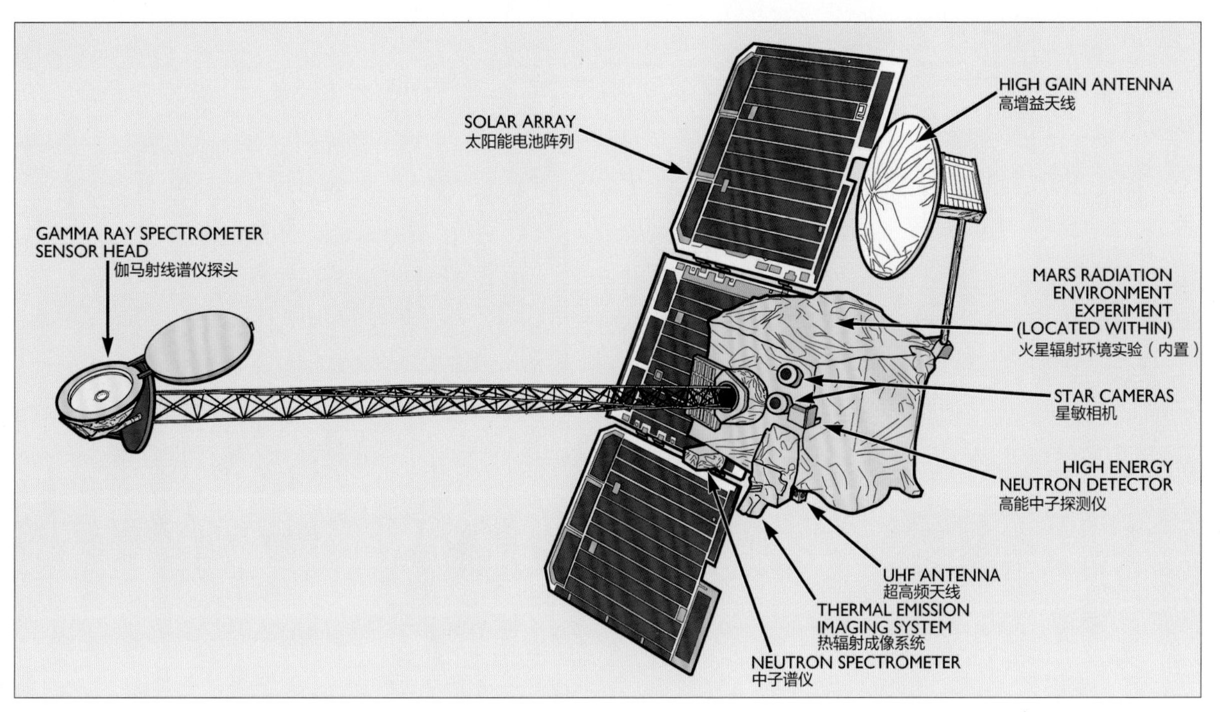

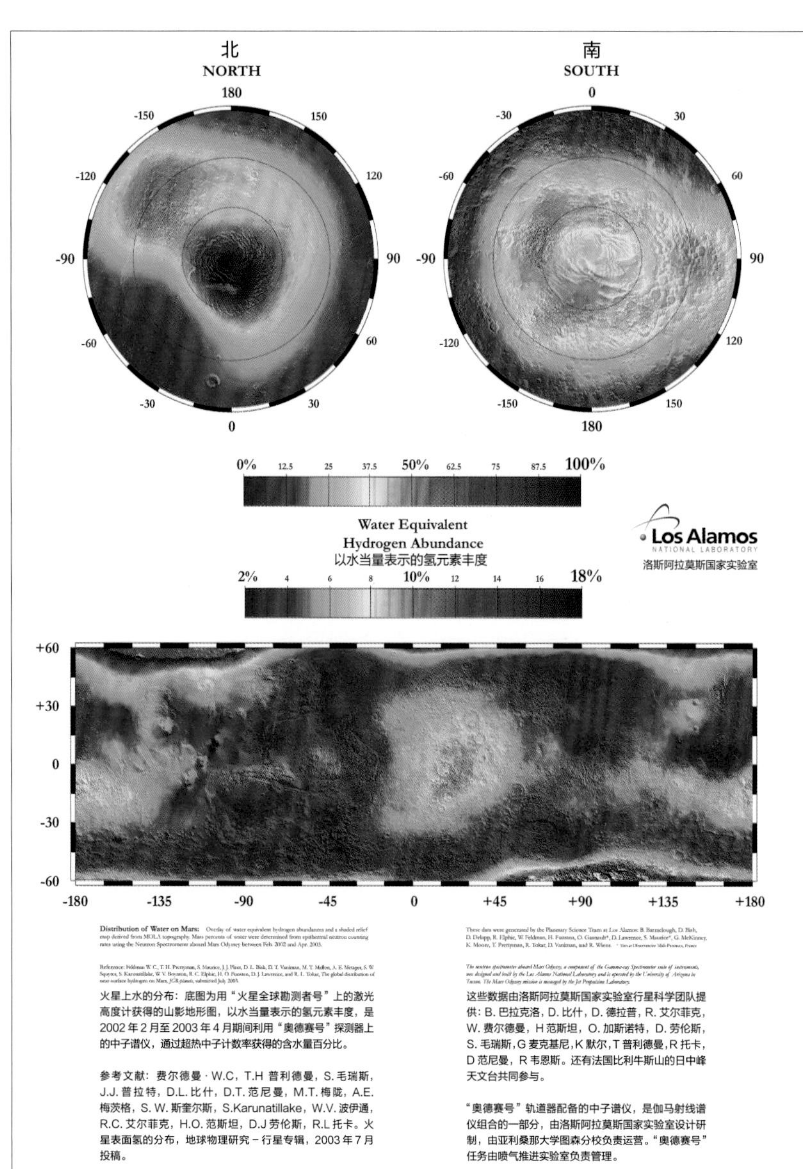

北
NORTH
南
SOUTH
0%
50%
100%
Water Equivalent
Hydrogen Abundance
以水当量表示的氢元素丰度
2%
10%
18%
Los Alamos
NATIONAL LABORATORY
洛斯阿拉莫斯国家实验室
Distribution of Water on Mars:
火星上水的分布：底图为用“火星全球勘测者号”上的激光高度计获得的山影地形图，以水当量表示的氢元素丰度，是2002年2月至2003年4月期间利用“奥德赛号”探测器上的中子谱仪，通过超热中子计数率获得的含水量百分比。
参考文献：费尔德曼 · W.C，T.H 普利德曼，S. 毛瑞斯，J.J. 普拉特，D.L. 比什，D.T. 范尼曼，M.T. 梅陇，A.E. 梅茨格，S. W. 斯奎尔斯，S.Karunatillake，W.V. 波伊通，R.C. 艾尔菲克，H.O. 范斯坦，D.J 劳伦斯，R.L 托卡。火星表面氢的分布，地球物理研究 - 行星专辑，2003年7月投稿。
这些数据由洛斯阿拉莫斯国家实验室行星科学团队提供：B. 巴拉克洛，D. 比什，D. 德拉普，R. 艾尔菲克，W. 费尔德曼，H 范斯坦，O. 加斯诺特，D. 劳伦斯，S. 毛瑞斯，G 麦克基尼，K 默尔，T 普利德曼，R 托卡，D 范尼曼，R 韦恩斯。还有法国比利牛斯山的日中峰天文台共同参与。
“奥德赛号”轨道器配备的中子谱仪，是伽马射线谱仪组合的一部分，由洛斯阿拉莫斯国家实验室设计研制，由亚利桑那大学图森分校负责运营。“奥德赛号”任务由喷气推进实验室负责管理。

“奥德赛号”的中子探测仪绘制了火星浅表层的氢元素丰度图，展现了水合矿物和水冰冻土层的分布。（感谢 *NASA/JPL-Caltech/LANL/Univ. of Arizona* 供图）

“奥德赛号”发现，火星上氢元素的丰度差异很大。极区附近的地表有大量的水冰，可能是水冰和土壤的混合物，也就是永久冻土，这并不令人意外。令人惊讶的是，中纬度地区和赤道附近的一些地区也含有丰富的氢，这些地方很温暖，地表的冰层无法保持稳定。因此，在这些地区，水与矿物（如黏土）进行化学结合的可能性大大增加。

进一步研究证实，远离极区的地方水冰量极大，无法与目前的大气层保持平衡。这表明，在40万年前，火星经历了比现在更冷或称为“冰河”的时期，那时沉积下来的冰，现在仍在适应新的气候。

此外，计算机模拟显示，火星的自转轴不稳定。自转轴大幅度倾斜时，极地冰盖会升华，冰盖上面的冰也会转移到奥林匹斯山的斜坡上，形成几千米厚的冰川，转移到塔尔西斯隆起的火山

火星上的气候对轨道偏心率和自转轴倾角的微小变化，都非常敏感。根据“火星全球勘测者号”和“奥德赛号”探测数据获得的模型表明：约 40 万年到 210 万年前，火星的自转轴倾角更大，两极地区的太阳供热增加。极地变暖导致水蒸气和尘埃进入大气层，在南北半球表面积聚的冰和尘埃延伸到南北纬 30°。据此推算，近 30 万年来，火星一直处于间冰期，自转轴倾角较小。在此期间，水冰重新回到两极，退到南北纬 30° 至 60° 之间的地区，富含冰的表面沉积物总量下降。本图将火星表面沉积物叠加在“火星全球勘测者号”高程测量数据制作的地形图上。（感谢 *NASA/JPL/Brown Univ.* 供图）

上。事实上，有很多表面结构可以证明火星上存在冰川作用。

对火星极区的长期观测表明：随着二氧化碳升华、水冰暴露，冰盖也会发生季节性变化。

这些年来，北方大平原一直在此消彼长。相同的数据，各自的解读角度却不同。伽马射线谱仪提供了迄今为止最能证明钾、铁以及其他元素分布的证据，这些元素很可能是从南半球的高地析出、运送、沉积到北半球的海底。

长期积累的伽马射线探测数据，让我们对火星的大气成分和大气循环有了真正的了解，特别是复杂的二氧化碳循环细节，大气和极地冰盖在这一循环中具有重要作用。由此，可以估算出极区凝结的二氧化碳总量。事实上，大气的组成因季节而异。不能凝结在极地冰盖上的氩气、氮气和氧气等气体，在大气层中通常占5%；但在二氧化碳被冻结后，冬季的极地大气层中，这些气体的整体比例就会上升到30%。这些气体在极地上空分层，与地球上的海水根据含盐量分层相似。有趣的是，火星极地的这种大气分层和气象特征，跟地球两极上空形成的平流层“臭氧层空洞”很像。

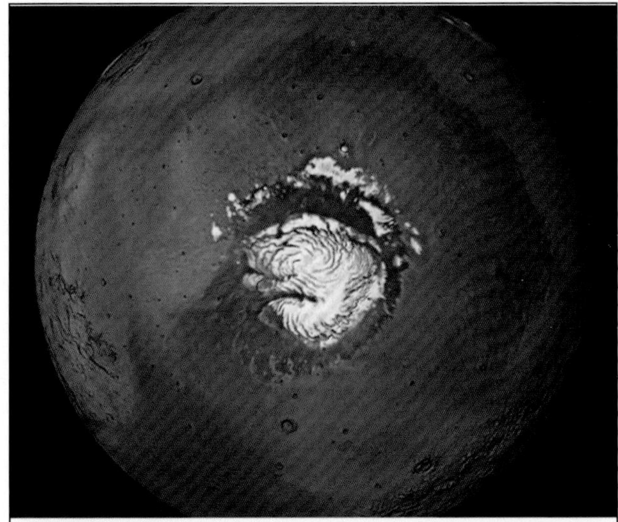

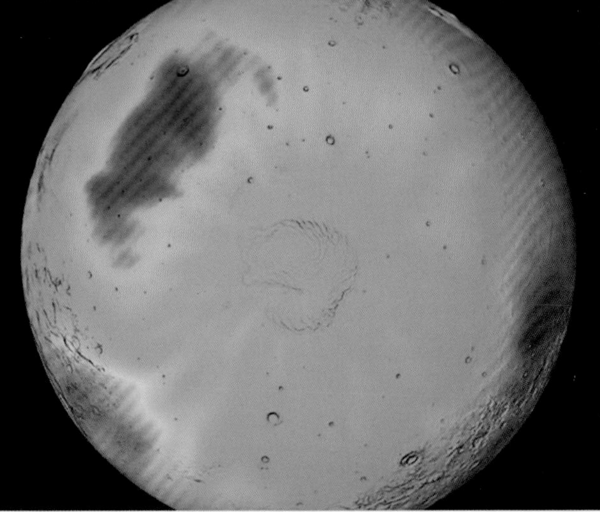

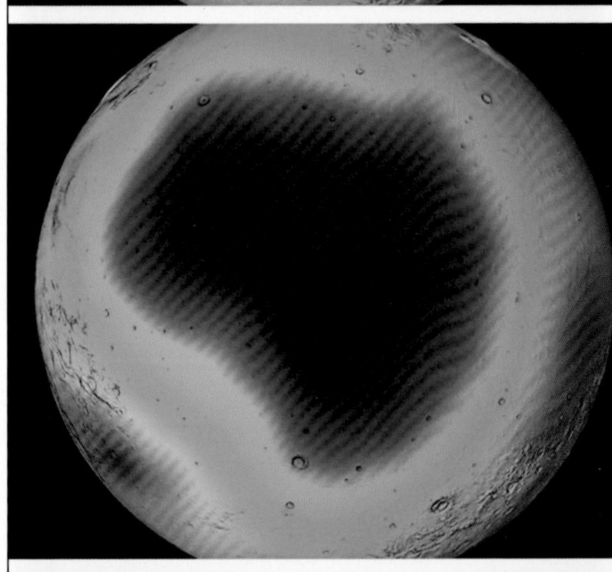

“海盗号”轨道器的北半球图像证实了“奥德赛号”的数据。中间的图中，蓝色表示北半球冬季的水冰分布，当时表面覆盖着季节性冷冻的二氧化碳。下图表明夏季季节性冰盖升华时，水冰变得明显。（感谢 *NASA/JPL-Caltech/GSFC/IKI* 供图）

由于石块、沙子和尘埃的温度和热惯量不同，在夜间，石块相对沙子和尘埃更热，所以“奥德赛号”可以将其识别出来。值得注意的是，“奥德赛号”并没有找到任何表明火星存在内部热源的证据，比如温泉或新的熔岩流；甚至看起来很新的火山沉积物，也没有释放出任何余热。

有一个发现备受瞩目：在塔尔西斯的阿尔西亚火山侧翼，有几百米宽的黑色圆形斑点。我们发现，这是洞穴的“天窗”，可能是熔岩管顶部坍塌形成的。若火星早期有生命存在，这种洞穴可以为微生物提供生活环境，使其存活至今。事实上，洞穴也可以让人类探险者生存下来。2017年，我写这本书的时候，“奥德赛号”仍在工作，在所有绕行星运行的轨道器中（除地球外），它保持着工作时间最长的纪录。

5. 欧洲加入

2003 年的圣诞节，欧洲研制的“火星快车”探测器抵达火星。2004 年 5 月初，它借助空气制动，进入了理想的近极轨道，与火星表面的距离在 300 千米至 10,110 千米之间。探测器上的有效载荷，是欧洲各国在为 1996 年俄罗斯丢失的航天器设计的仪器的基础上改进的。其中包括：一台高分辨率彩色相机；一台用于矿物制图的红外光谱仪；两台测量火星局部地区大气组成的光谱仪，用于研究大气环流模式；一台研究太阳风与火星大气相互作用的仪器。此外，它还配有一种新仪器——长波雷达，可以穿透地表至几千米深处，寻找水冰和可能的液态含水层。

有人对此持怀疑态度，认为欧洲只是重复美国国家航空航天局的探测器已经做过的探测工作。然而，作为欧洲空间局第一台行星轨道器，“火星快车”带来了一流的科学成果，与此前航天器的探测结果，相辅相成。

例如，“火星全球勘测者号”发现了局部磁场。据推测，通过与太阳风中带电粒子的相互作用，磁场可以产生极光。为进一步研究，我们控制“火星快车”上的紫外光谱仪的视场在火星夜晚一侧的边缘移动。它检测到一个发射峰，显然这是被磁场聚集的太阳风电子激发的气体分子，这次观测的检测限超过了“火星全球勘测者号”所能测到的最强地壳磁场。

“火星快车”上的成像光谱仪确定：经水改造后的矿物，即层状硅酸盐（基本上可称之为黏土）和硫酸盐，很可能是在火星表面或近表面有水时形成的。其中包括一种硫酸铁水合物，这种物质只有在偏酸性的水中才能形成。沉积物的分布范围表明，在某一时间段内，火星表面存在大量酸性水。然而，某些在水中形成的矿物，会因长时间暴露在外而被改造。因此，这意味着火星上的水时有时无。严格来说，盐类沉积并不意味着火星表面存在液态水，因为它们可能是由地下水形成的。当然，橄榄石（一种易于在温暖潮湿的环境中“风化”的硅酸盐矿物）的广泛存在，说明火星表面已经干旱了很长时间。

成像光谱仪发现了远古时期的黏土沉积物，这些沉积物被富含橄榄石的熔岩掩盖，随后因撞击而出露地表。因此，熔岩喷发时，当初形成黏土时的水就消失了。有些地区的河道侵蚀沉积物，把它们汇集到河流三角洲，形成了黏土。

“火星快车”上的雷达

2005 年，“火星快车”配备了一台雷达，用一根 4 米长的单极天线，一对 20 米长偶极天线与其垂直放置，同时垂直于单极天线和飞行方向。

“火星快车”的椭圆轨道与火星表面的距离在 300 千米至 10,110 千米之间，这台雷达只有在距离地面 850 千米以内时，才能采集数据，主要在夜间光学仪器无法工作时工作。雷达在每次降低轨道的过程中，先要用 5 分钟探测电离层；到达近火点时，再用 26 分钟进行地下探测；在轨道上升的返回途中，再用 5 分钟探测电离层。

除了确定轨道正下方的地表粗糙度、提供高程测量和电离层数据外，低频雷达还可以分辨埋藏深度为几千米的反射特征，垂直方向的分辨率为 150 米。我们特别感兴趣的，是水冰块和可能存在的液态水蓄水层。

“火星快车”探测器。（感谢 *ESA/Medialab* 供图）

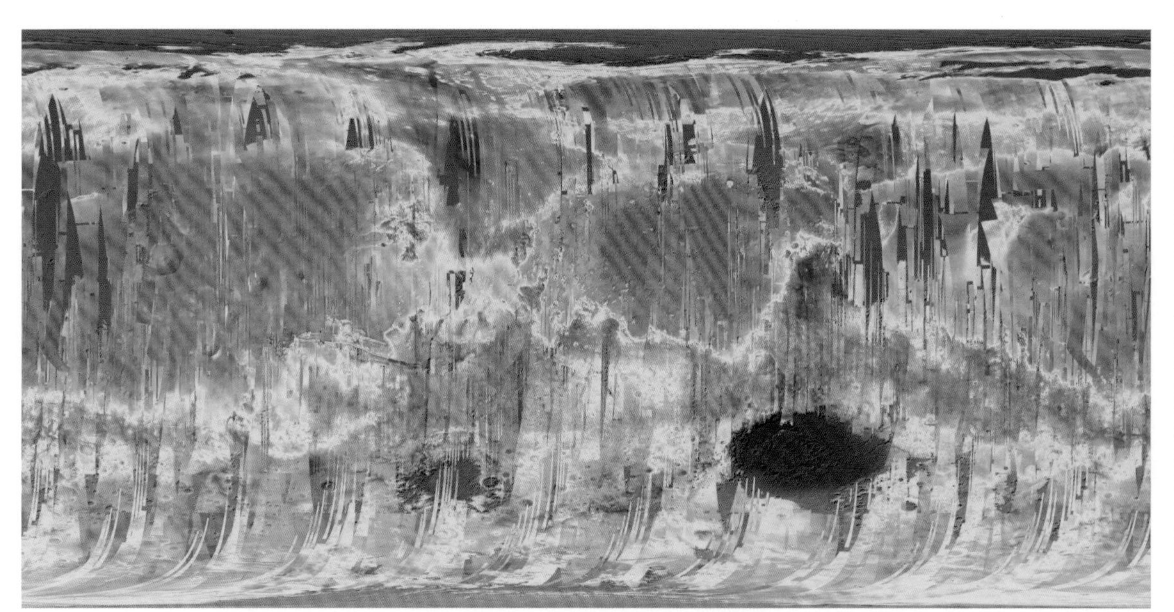

"火星快车"的欧米伽仪器绘制了氧化铁（一种铁的氧化物）的含量分布图，此图叠加在"火星全球勘测者号"绘制的高程图上。颜色从蓝色（低）到红色（高），表示火星表面的氧化程度，因此与含铁矿物的含量有关。火星表面的铁很容易与大气中的二氧化碳和水蒸气发生反应。（感谢 *ESA/CNES/CNRS/IAS/Université Paris-Sud, Orsay* 供图）

我们要在不同沉积区域中，找出黏土沉积物成分变化的原因，由此推断它们的形成条件。地球上的岩石长时间暴露在热水中（如温泉），就会形成黏土。在这种水中，暴露时间不同，形成的黏土类型也不同，其中含有的不溶性元素就会越来越多。这种情况下，黏土中的金属离子主要是镁和铁，而有时主要成分也可能是不同浓度的铝。有些黏土是因热水而形成，还有些则是因沉积作用形成，如马沃斯峡谷（Mawrth Vallis），该地区拥有火星上最丰富的水合矿物。

这些结果对规划未来火星表面的探测任务十分重要，因为黏土矿床存在的地方，就是寻找过去生命存在证据的最佳地点。特别是黏土在水环境中形成，这与在强酸性水中形成硫酸盐的环境不同，水更有利于（按照地球的经验）生命的形成。

在火星上形成硫酸盐和黏土需要不同的环境条件，因此，这两种物质的发现意味着，火星在不同历史时期发生了两次与水有关的事件。形成

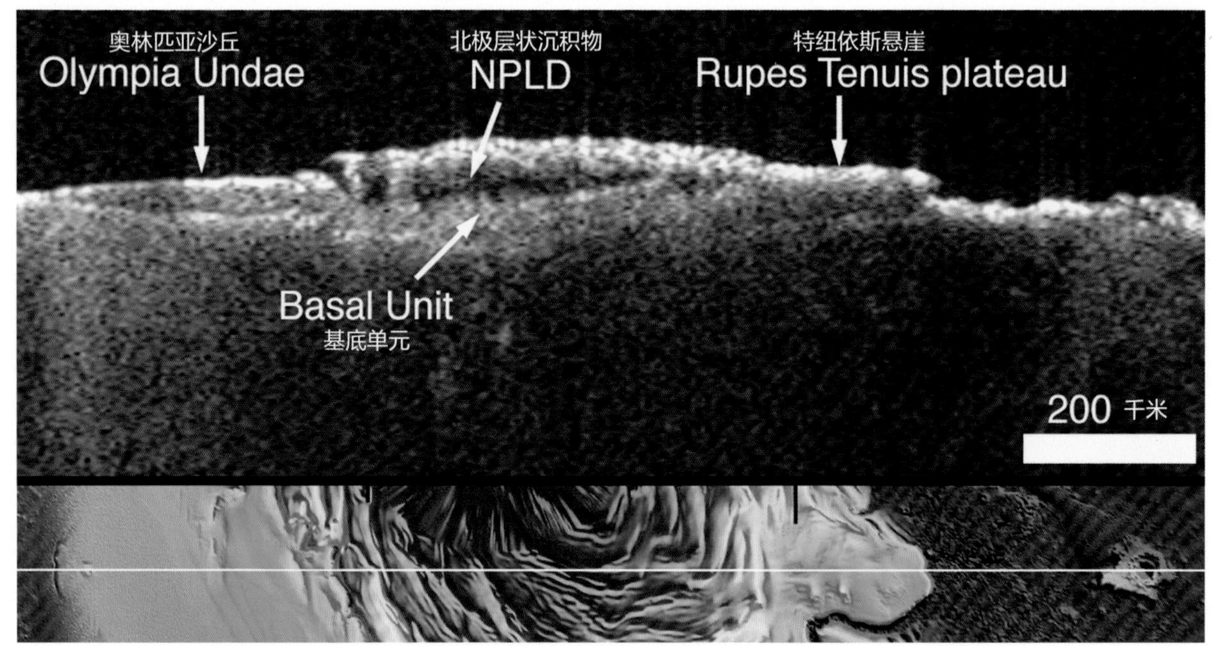

“火星快车”雷达扫描的15,000千米轨迹，经过了富含冰的北极高原，探测深度接近3千米。这一剖面中，富含沙粒的玄武岩单元和富含尘埃的冰，覆盖了极地高原一半以上的表面。基底可能从奥林匹亚沙丘（Olympia Undae）的（左）下方，穿过整个极地堆积，抵达特纽伊斯悬崖（Rupes Tenuis），那里没有覆盖北极层状沉积物（NPLD）。请注意，垂直方向是通过测量无线电信号回波产生的时间延迟得到的。中心区域的玄武岩单元下部边界的加深，是冰层减慢雷达波传输导致的失真信号。事实上，这条边界几乎是平的。（感谢 *ESA/NASA/JPL-Caltech/Univ. of Rome/ASI/GSFC* 供图）

黏土时，水的化学性质为中性或碱性；形成硫酸盐时，水为酸性，这种变化或许是塔尔西斯火山向大气中喷发硫的结果。

如前所述，所有与水有关的沉积物似乎都有数十亿年的历史，因此，火星表面在大部分时期都处于干旱状态。

“火星快车”上的红外光谱仪获取了多轨探测数据，其平均值为甲烷提供了光谱学证据。2003年，地面望远镜采用近红外高分辨光谱技术，探测了大气中的甲烷，似乎约占稀薄大气层的十亿分之十，但地面观测报告显示，某些地区的甲烷浓度会高出平均值数十倍。“火星快车”的探测表明，大气层中的甲烷分布不均匀，不同时期的含量变化也很大。

甲烷无法在高度氧化的大气中长期存在，除非有补充来源。地球大气中超过90%的甲烷是由微生物释放的，其余来自地球化学过程和火山

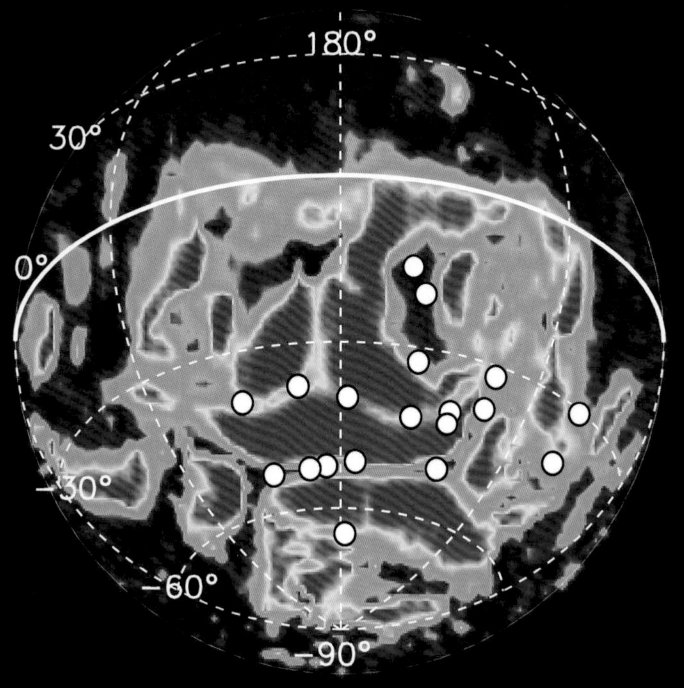

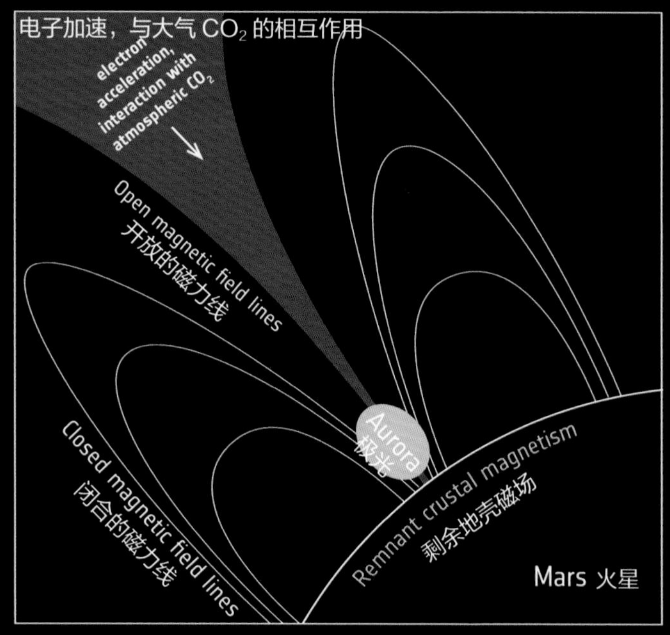

科学家利用“火星快车”十年的数据，（第一次）将局部区域紫外线极光的所有遥感观测结果，与撞击大气层的电子原位测量结果相结合。该图展示了夜间南半球 19 次极光检测（白色圆点）的位置。背景是“火星全球勘测者号”在空中制动时发现的磁力线结构。红色表示与地壳剩余磁场有关的闭合磁力线，由黄色、绿色和蓝色逐渐变为紫色的开放磁力线。极光非常短暂，没有在同一位置重复出现，只出现在海拔 127 ± 27 千米的开放磁力线和闭合磁力线之间的边界附近（如图所示）。
（感谢 *ESA/ATG Medialab，J.-C. Gérard & L. Soret* 供图）

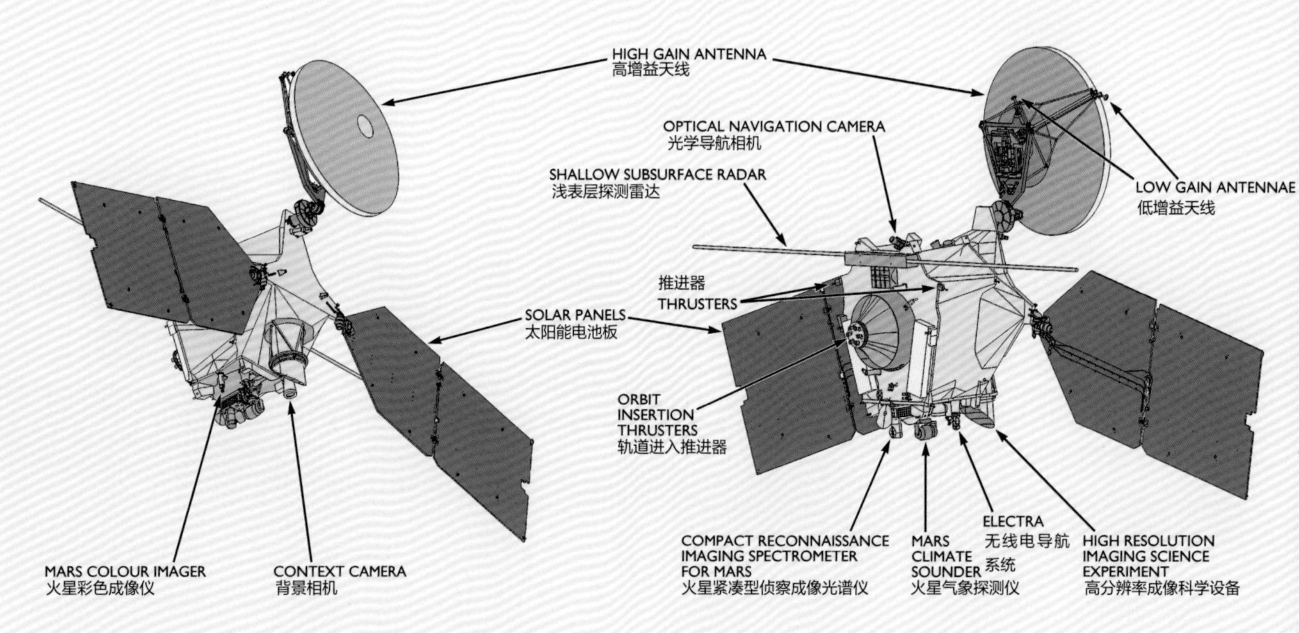

“火星勘测轨道器”的详细信息。
（感谢 *NASA/JPL-Caltech/Woods* 供图）

喷发。“海盗号”实验似乎排除了火星表面存在微生物的可能性。因此，如果有微生物存在，它们应处于火星表面之下的“庇护”环境，比如温泉中——尽管“奥德赛号”的红外扫描并没有发现这样的活动。或者，火星大气可能会因为一颗小型彗核的撞击，偶然得到甲烷注入。

火星大气中的甲烷和其他挥发物究竟是从哪儿来的，这一问题成为了后续探测任务的主题。

6. “火星勘测轨道器”的探测目标

“火星勘测轨道器”（Mars Reconnaissance Orbiter）于 2006 年 3 月抵达火星，开始进行空中制动，9 月进入圆形的太阳同步轨道。

“火星勘测轨道器”配备了一台超高分辨率相机，一个经过改进、用于识别表面矿物的光谱仪，继承自此前失联的“火星气候轨道器”的大气探测仪，以及一个高分辨率的探地雷达。

“火星勘测轨道器”的目标，是监测天气和气候，寻找是否存在水冰的补充证据。具体而言，之前的“奥德赛号”和“火星快车”，找到了一些被水改造过的岩石和冰的沉积物，“火星勘测轨道器”将对这些物质进行深入研究。然后，再根据火星车获得的发现，进行推测。

“火星勘测轨道器”对北方大平原进行了高分辨率分析，没有发现任何证明古海洋底部沉积了细颗粒泥沙的矿物。事实上，那里到处是数米直径的石块。因此，如果火星上曾经有过海洋，那么，它出露在地面上的沉积物，也一定被掩盖了。在一项对北方大平原的研究中，发现了一些撞击坑，其中有黏土和其他水合矿物的光谱特征。溅射物中发现埋藏的水合矿物，本身并不能证明是海洋沉积物，但它可以支持这一假说。

“火星快车”的探地雷达显示：在平缓的北方大平原下，埋藏着一个宽约470千米的圆形结构。“火星全球勘测者号”的激光测高数据提供的线索表明，那里可能有神秘的圆形凹陷。显然，如此大型的结构，需要有大量的填充物才能掩盖。目前覆盖的表面物质，取决于推测中的早期海洋消失后，火星上发生了多少次火山活动。

一次轨道探测任务，往往持续数个火星年，可以帮助我们监测大气层和火星表面的季节性变化和年度变化。“火星全球勘测者号”发现了

为“火星勘测轨道器”配备的高分辨率成像科学实验（HiRISE）相机。（感谢*NASA/JPL-Caltech/Ball Aerospace供图*）

“火星勘测轨道器”上的气候探测仪，是在此前失联的“火星气候轨道器”相关仪器的基础上改造而成的，而那台仪器本身是在“火星观察者号”相关仪器基础上研发的。所以，它给研发团队带来了三次好运！

这是一台光谱仪，包括一个可见/近红外（0.3～3.0微米）通道和八个远红外（12～50微米）通道。它一方面向下探测，一方面沿水平方向探测大气层，观测轨迹两侧的大气层，垂直方向的探测精度为5千米，从而根据温度、大气压、湿度和尘埃密度，获得火星每日天气报告。

“火星勘测轨道器”上的第二台相机每天都能捕捉到火星天气的全球变化。我们把这些数据投影到火星的三维球体上。这张合成图展现了2014年各月的图像（从左到右、从上到下）。特别让人感兴趣的是明亮的水冰云，它们倾向于依附在火山顶和黄色沙尘暴上。（感谢 *NASA/JPL-Caltech/MSSS/Bill Dunford* 供图）

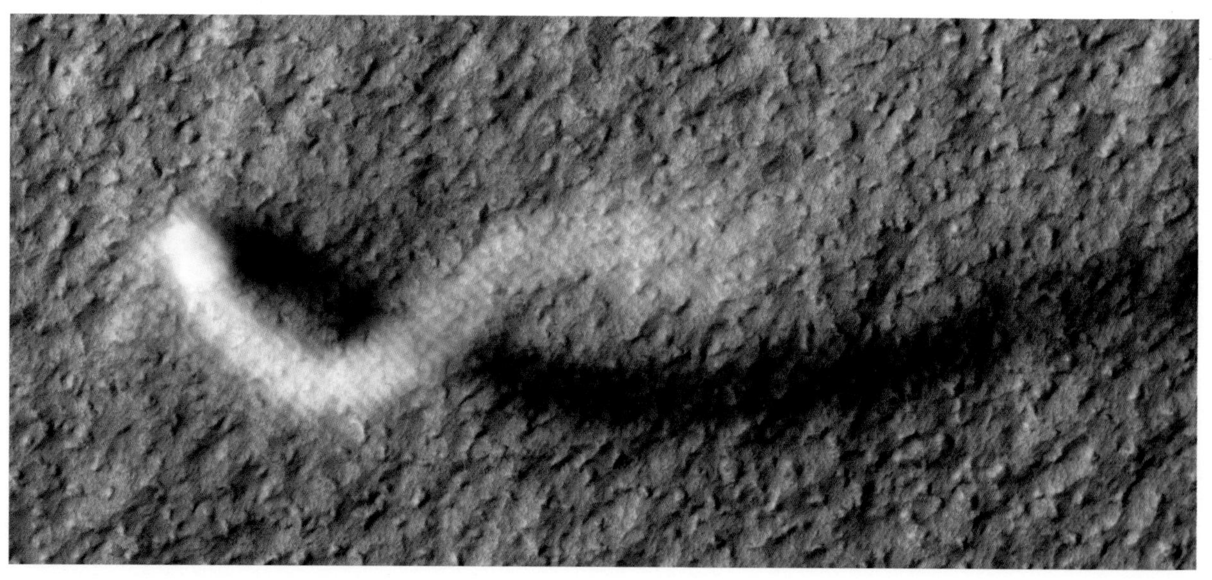

此图由“火星勘测轨道器”2012年2月拍摄。图中，冲天的尘卷风在火星表面投下一个蛇形阴影。这是亚马孙平原（Amazonis Planitia）晚春午后的场景。场景直径约为645米。尘卷风的阴影长度表明，羽流高度超过800米。一阵微风在羽流中创造出一道微妙的弧线。（感谢 *NASA/JPL-Caltech/Univ. of Arizona* 供图）

一个有趣现象：山坡上的小沟发生了变化，让人以为物质沿着斜坡向下滚动，再围绕障碍物流动，这或许是含盐流体运输细小沙粒的过程。然而，令人惊讶的是，大多数有冲沟的地方都位于无冰区。

“火星勘测轨道器”进一步研究了这种现象，从红外光谱中，没有发现任何可以表明含盐地下水流出形成水合矿物的证据。

实验室内的研究证实：火星重力场微弱，约为地球表面重力的38%。干燥、疏松的碎屑颗粒顺坡滑动，也有可能形成这样的特征。这表明，也许，火星根本就没有液态水。

对新形成的冲沟进行长期研究后，我们发现，这些冲沟更有可能是在冬季形成的。这进一步说明，形成冲沟的过程并没有液态水参与，因为冰不可能在冬季融化。科学家认为，冬季积聚的二氧化碳霜冻，触发了干沙的崩塌，形成了冲沟。

尽管如此，在新形成的撞击坑中，我们发现，上层地壳有水冰存在的明显迹象。在那里，撞击释放的热量，可以融化冰，形成河道、扇形支流和湖泊。

“火星勘测轨道器”进一步探测了“奥德赛号”在南半球高地低洼地区发现的氯化物，发现液态水曾经在那里汇集，然后蒸发，留下了晶体。

“火星勘测轨道器”还研究了直径为几米的新鲜撞击坑。2008 年，对其中一个撞击坑进行了光谱研究，发现它的白色溅射毯是水冰组成的。几个月后，溅射毯消失了，就好像冰块升华了一样。值得注意的是，20 世纪 70 年代“海盗 2 号”的着陆点与乌托邦平原纬度相似，如果它下面也有薄板冰层存在，那么，当时着陆器上的铲子与冰层的距离应该不到 10 厘米！

除了研究极地冰盖的结构和循环周期外，“火星勘测轨道器”和“火星快车”的表面穿透雷达观测还显示，地下水冰很普遍。然而，它们没有发现任何液态含水层。即便存在液态含水层，也肯定不在轨道雷达可以探测到的深度。

先进的探地雷达

“火星勘测轨道器”配备的雷达是在“火星快车”基础上研发的衍生产品。

雷达配备 10 米长的天线，工作在 15~25 兆赫之间的频段，因此可以区分深度为 7 米至 1000 米的分层结构，垂直方向的分辨率为 10 米至 20 米，主要在电离层最弱的夜间进行探测。

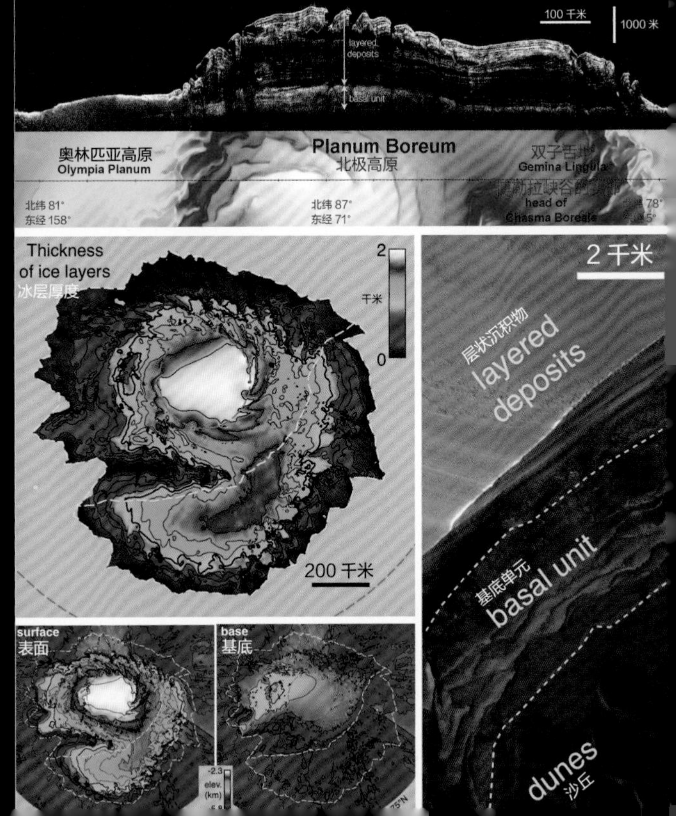

“火星勘测轨道器”的雷达扫描北极，探测到四层厚厚的冰和尘埃，中间被几乎纯净的冰块隔开。计算表明，这些厚厚的冰层表明，火星轨道偏心率和自转轴倾斜角的变化，引起了长达一百万年的一系列气候变化周期。将整个冰层加起来，我们估计北极冰盖的年龄约为 400 万年。右图给出极地冰盖边缘附近的层状沉积物和岩层露头的基底单元。底部是极区的表面高程和层状沉积物基底的高程。（感谢 *NASA/JPL-Caltech/Univ. of Rome/SwRI/Univ. of Arizona* 供图）

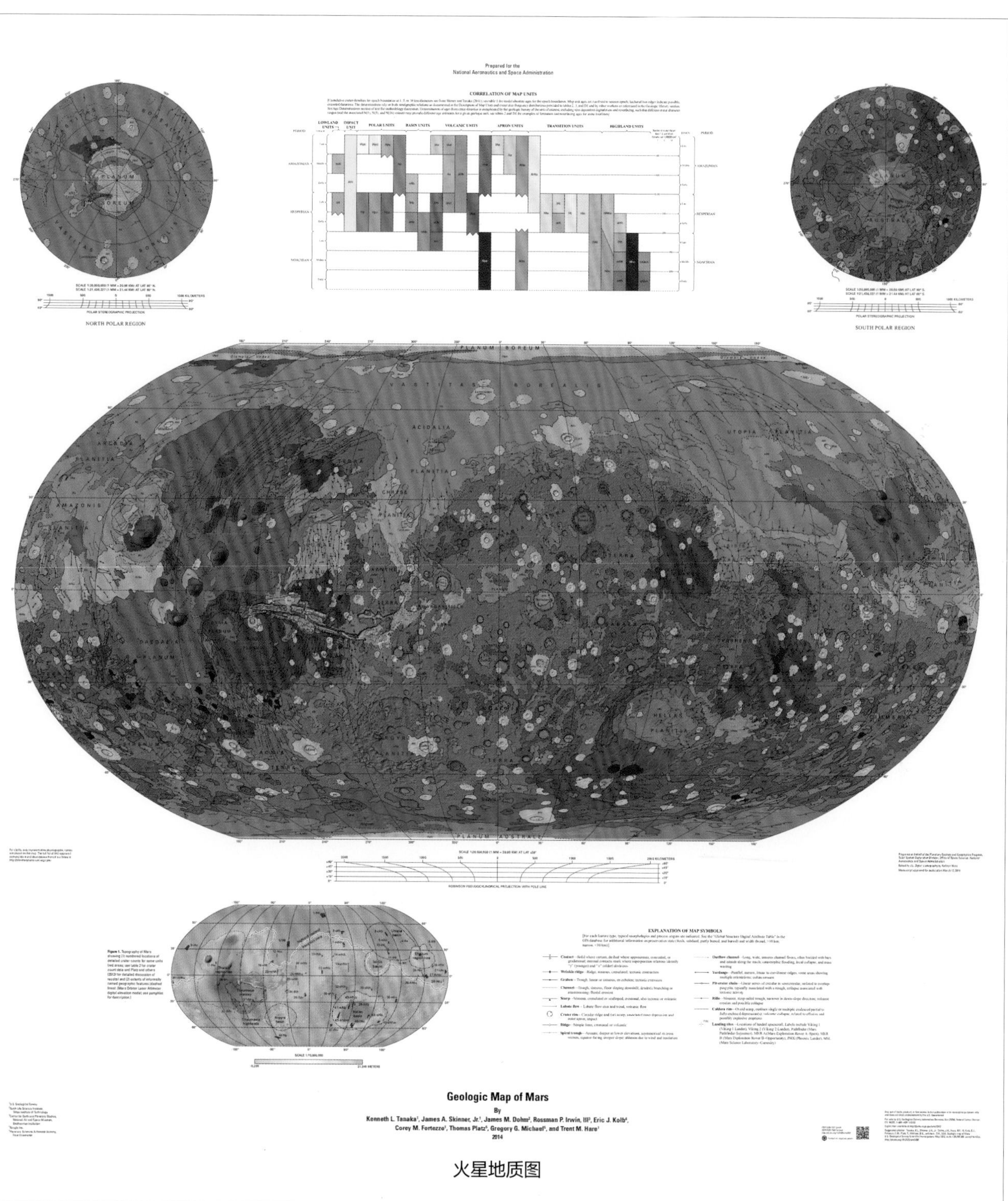

火星地质图

2014 年，美国地质调查局（USGS）编制的火星地质图，编号为 SIM-3292。（感谢 *USGS/NASA* 供图）

7. 地质年代序列

最近，轨道探测和表面探测得到了许多结果，可以支持这一假设：火星在过去某个温暖期内曾有过大量水。不过，科学家对于湿润期出现的时间和持续时长仍有分歧。

根据火星表面特征、不同单元之间的地层关系以及撞击坑的数量，可推断它们的年龄，由此，我们得出了火星的地质年代序列。

最古老的时期被称为诺亚纪（Noachian），这个名字源于海拉斯盆地以西撞击坑较多的高地，这颗行星上约45%的时期属于诺亚纪。接下来是西方纪（Hesperian），这一时期见证了普遍的火山活动和洪灾，形成了巨大的溢流河道。西方纪是一个过渡时期，从温暖湿润的诺亚纪，过渡到如今持续干燥、寒冷和多尘暴的亚马孙纪（Amazonian）。

当然，这个地质年代序列是相对的。绝对年龄并不确定，亚马孙纪大约始于30亿年前，误差为几亿年。为了取得进一步进展，我们有必要采集一组代表性的岩石，带回地球，通过放射性同位素进行年代测定。

8. 印度的火星轨道器

如果太空中真的存在“食尸鬼”，当印度加入火星探测时，它肯定是睡着了。2013年11月，印度发射了“曼加里安号”火星探测器，取得成功。“曼加里安号”在地球轨道上待了一段时间，在进行点火逃逸前，逐步提高远地点。2014年9月，“曼加里安号”成功进入高度倾斜的大椭圆轨道，非常适合研究太阳风是如何剥蚀火星大气层的。

其实此次任务的主要目的，是为后续任务测试技术；只要能获得科学成果，就是额外的奖励。

9. 丢失的大气层

2014年9月，美国国家航空航天局发射的火星大气与挥发物演化探测器“马文号”（MAVEN）抵达火星，直接进入一个高度倾斜的轨道，轨道半径在150～6200千米之间，配备了一套“粒子和物理场”探测仪，研究太阳风与大气之间的相互作用。

结果表明：在太阳风暴期间，火星被太阳风的等离子体击中时，大气的恶化程度显著增加。大气层向太空逃逸，在火星气候变化的过程中可能起到了关键作用（据称发生在距今42亿—37亿年前），从二氧化碳为主的稠密大气（这种大气环境可保持火星足够温暖，让表面的液态水保持稳定），转变为我们如今看到的寒冷干燥的环境。

全球性磁场的衰减让这种转变成为可能，因为火星内核冷却，关闭了形成保护磁层的“发电机”。如今，火星高层大气中的气体分子，被太阳风中的紫外线和高能带电粒子轰击，解离后的离子也被“挟持”着带入太空。

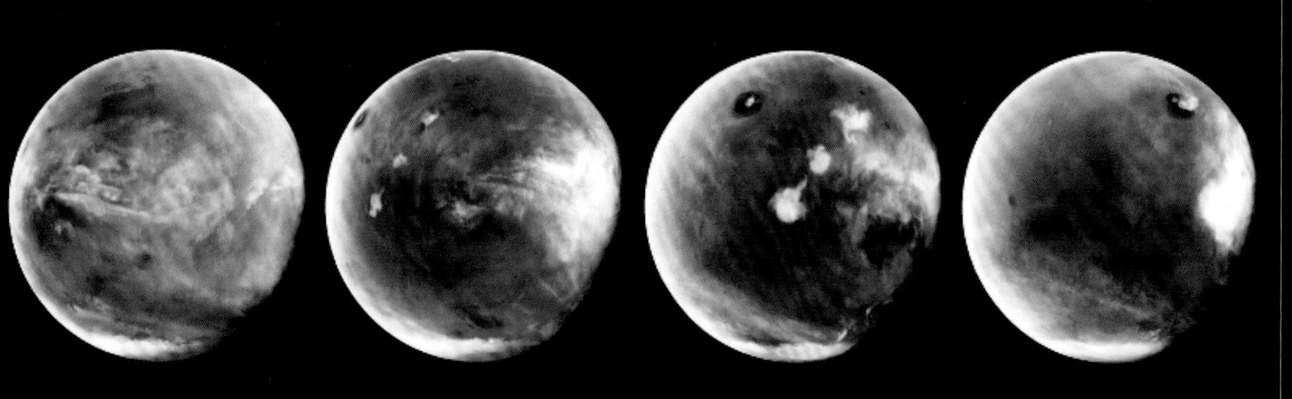

2016 年 7 月，“马文号”对火星云层进行紫外光谱成像。（感谢 *NASA/Maven/ Univ. of Colorado* 供图）

“海盗号”轨道器对阿尔及尔盆地进行斜视观测，同样显示出火星大气的厚度。（感谢 *NASA/JPL-Caltech* 供图）

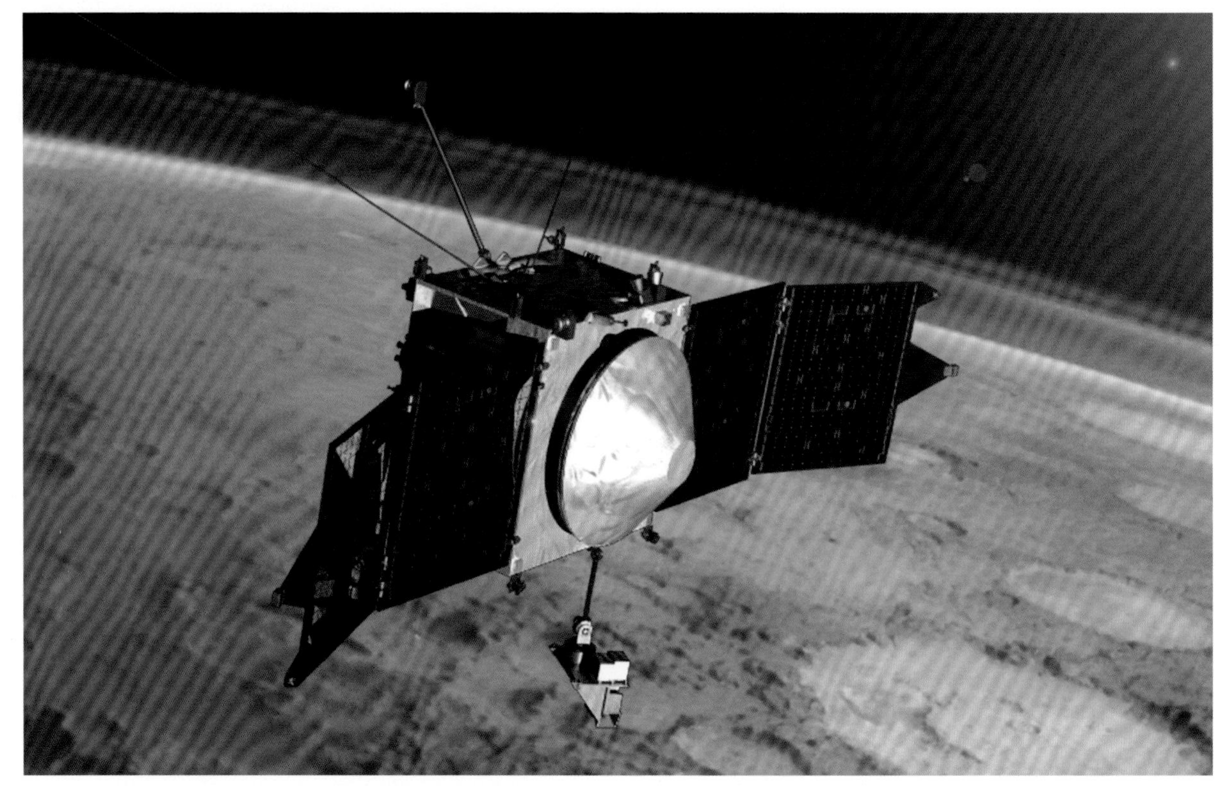

“马文号”探测器。（感谢 *NASA/GSFC* 供图）

10. 嗅寻甲烷

地面望远镜和“火星快车”已经探测到火星大气中的甲烷，为了追踪甲烷，2016 年 10 月，欧洲空间局发射“痕量气体轨道器”（Trace Gas Orbiter），使其进入高度倾斜的火星环绕轨道。

我写这本书时，轨道器仍在执行漫长的空中制动任务。它会在近火点附近测试科学仪器，看它们表现如何。

一旦进入圆形的环绕轨道，轨道器就会扫描火星大气层，绘制从火星表面到 160 千米高度的大气剖面图。剖面图可以展现出甲烷和其他微量气体的时空变化，特别是尽可能确定其来源。如果探测到丙烷或乙烷的同时，仍然发现有甲烷，很大程度上说明火星上有生物成因的甲烷；但如果探测到二氧化硫等气体，则表示甲烷只是地质活动的副产品。无论甲烷源于现在的生命，还是源于活跃的地质活动，这一结果都非常重要。

“痕量气体轨道器”。
（感谢 *ESA* 供图）

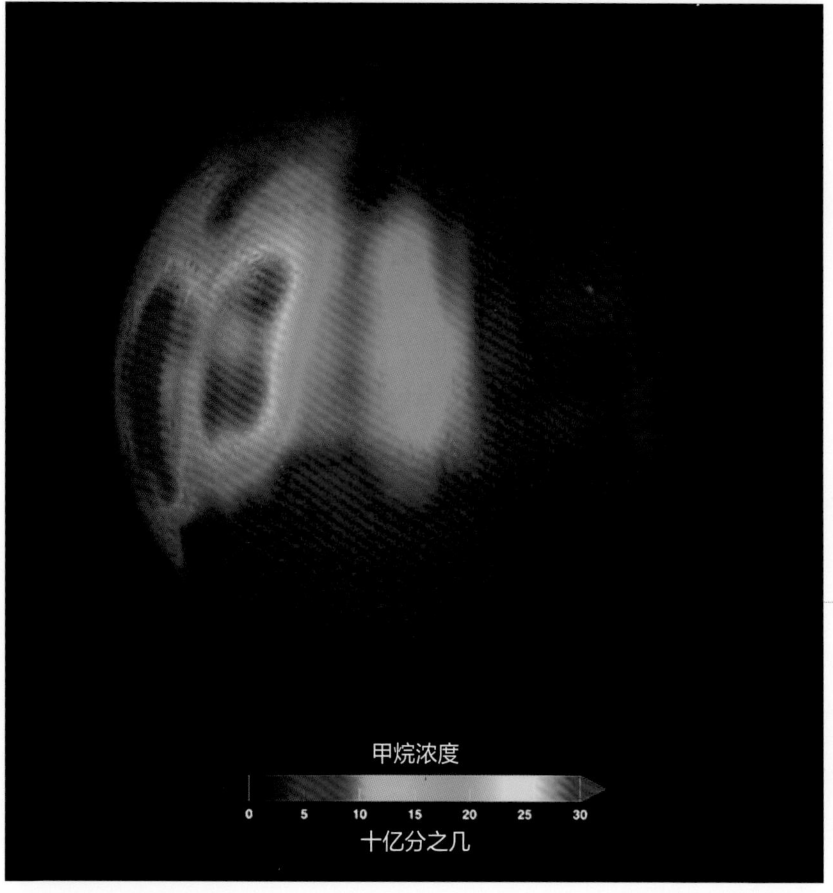

2003 年，地面望远镜在火星北部发现了夏季大气中含有甲烷。令人惊讶的是，甲烷并不是均匀分布的，而是随位置和时间而变化。
（感谢 *NASA/GSFC/Trent Schindler* 供图）

Chapter Six

Seeking Ground Truth

第六章

寻找答案

像火星上的“地质学家”一样，机器人火星车为探测火星带来了革命性突破。一旦环绕火星的轨道器探测表明有些地方很久以前有过水，探测器（火星车）就会被派往这些地方进行调查。此外，着陆器还要详细分析一些固定观测点。在航天时代之前，人类很难想象居然能在火星上有这么大的作为。

空中吊车正准备将“好奇号”吊到火星表面。（感谢 *NASA/JPL-Caltech* 供图）

1. “火星探路者号”

美国国家航空航天局推行实施“发现计划”，研究低成本探索深空的可行性。

1996 年，第一个火星探测器——“火星探路者号”（Mars Pathfinder）发射升空；1997 年 7 月 4 日，着陆在火星表面。

与“海盗号”不同，“火星探路者号”没有配备轨道器，着陆器沿轨迹穿过大气层。此次飞行的主要目标是建立大气进入、下降和着陆的一体化系统（简称 EDL 系统），借此把着陆器送往火星着陆点，再进行探测。这种方式比“海盗号”着陆要复杂得多。

“火星探路者号”配备了一个隔热罩、一顶降落伞、一个火箭推进器和一套安全气囊。探测器上的雷达高度计测得离地面 300 米高度时，安全气囊充气；离地面 50 米高度时，火箭推进器点火，降低着陆速度，同时释放气囊，仍在燃烧的火箭推进器带着降落伞分离。火星上的重力加速度不足地球的一半，气囊着陆时会多次弹起，直到最后停止弹跳。然后，安全气囊放气，着陆

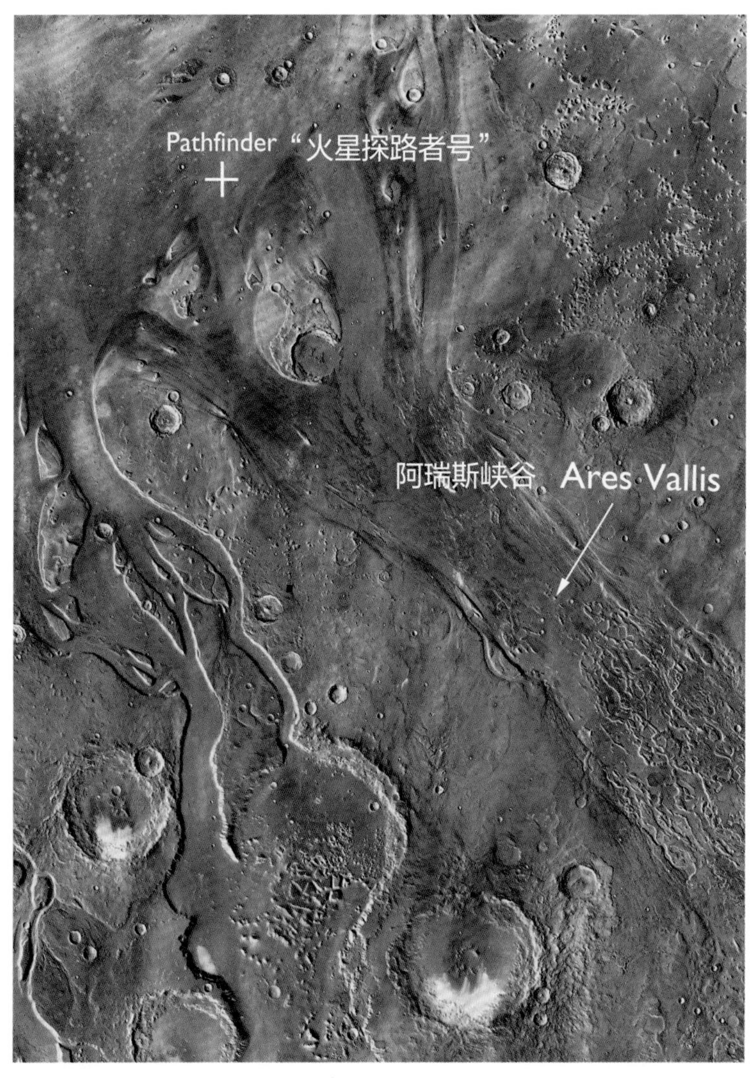

阿瑞斯峡谷的外流河道源于南半球高地，缓慢降低到克里斯平原，“火星探路者号”的着陆点位置已在图中标示，照片由“奥德赛号”轨道器拍摄。（感谢 *NASA/JPL-Caltech/Arizona State Univ.* 供图）

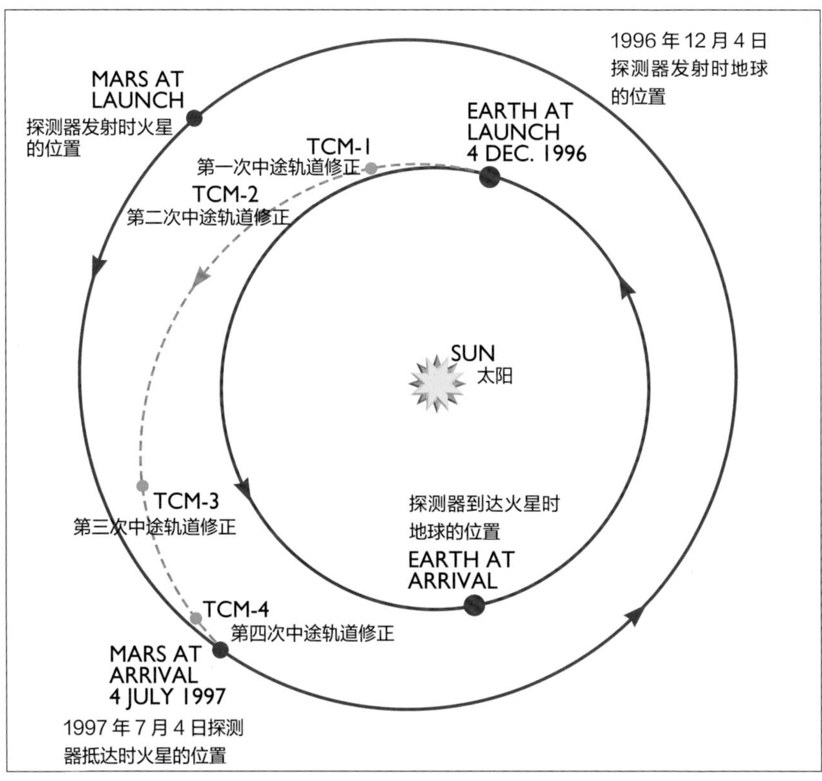

“火星探路者号”任务的行星际飞行轨迹。（感谢 *NASA/JPL-Caltech/Woods* 供图）

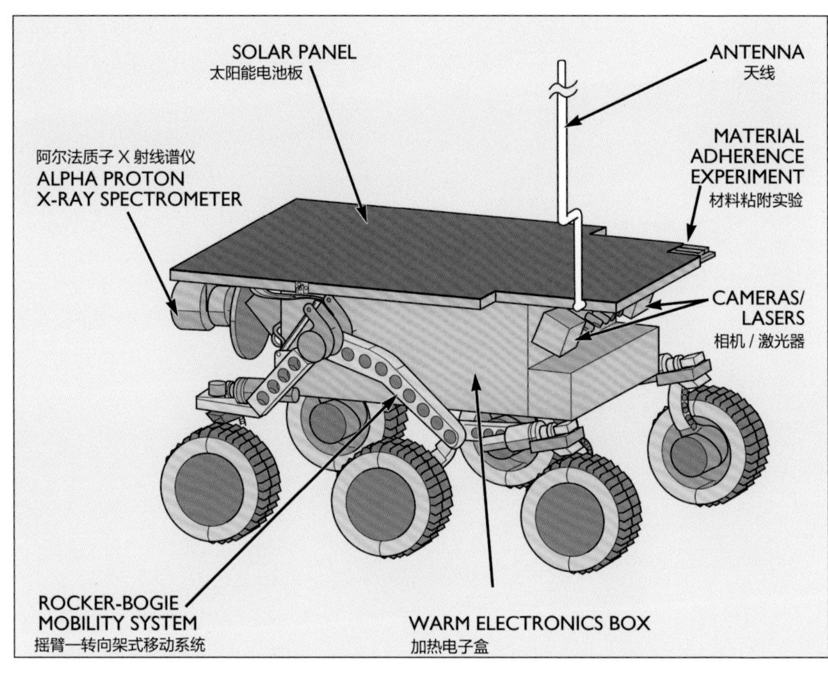

“旅居者”火星车的详细信息。（感谢 *NASA/JPL-Caltech/Woods* 供图）

器侧瓣打开。

为使降落伞的制动效果最大化，最好在低空时点燃火箭推进器。此外，着陆目标必须在赤道区域，这样才能为太阳能电池板提供足够的能源。

我们在克里斯平原的阿瑞斯谷（Ares Vallis）选择了一个着陆点，位于“海盗 1 号”着陆点东南方向约 850 千米，那里的地势崎岖不平。我们希望在那里找到源自南半球高地地区的岩石。

“火星探路者号”的着陆器上配备了一台立体相机和一套气象传感器，但其核心载荷是“旅居者”（Sojourner）——一辆试验性的六轮火星车。即便从火星到地球的信号以光速传播，我们也没办法在地球上实时控制火星车，它必须半自主运行。

令人意外的是，此次任务的着陆点和“海盗号”的着陆点完全不同。地平线上有两座低矮的小山峰，以广受欢迎的电视节目《双峰》命名，这片平原整体上很平坦，但内部却地形起伏，其间还有许多巨石。

“火星探路者号”着陆器

“海盗号”着陆器在火箭推进器的缓冲下，缓缓着陆到火星表面。而“火星探路者号”的使命，是证明安全气囊能让着陆器以合适的速度着陆到火星表面，如果没有安全气囊，着陆器就会被损毁。

四面体形状的着陆器有一个三角形的底座和三个折叠起来的侧瓣。在下降阶段，打开降落伞后，气筒立即为气囊充气。侧瓣由六个 1.8 米长、形如“台球架”的裂片构成，其中各装载一个气囊。研发阶段的测试结果表明，气囊可以承受 0.5 米大小的石块，以 14 米 / 秒的垂直速度、20 米 / 秒的水平速度高速撞击。

着陆后，底瓣会展开一台成像仪，由 23mm、f/10 的光学镜头，匹配 256×256 像素的 CCD（电感耦合器件）组成，每个 CCD 都装载了一个机轮，机轮上有十二个滤光片。成像仪安装在装有弹簧线圈的 1.5 米伸缩杆上，可自由旋转和伸缩，观测当地概况以及火星车的实际运作情况。其中一个侧瓣安装了“旅居者”火星车。

工程师们正在检测装载“火星探路者号”火星车的特制多瓣气囊。（感谢 *NASA/ILC* 供图）

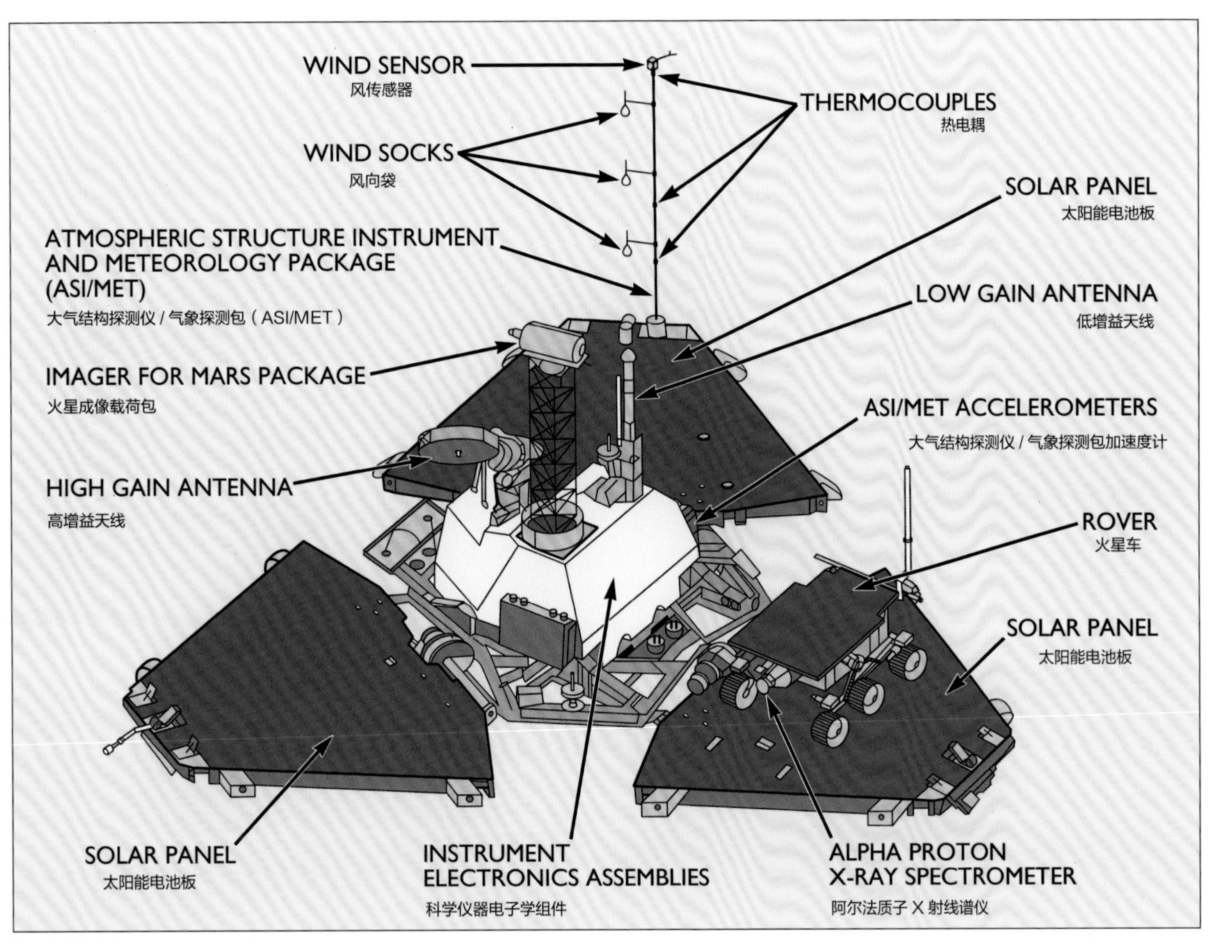

“火星探路者号”着陆器的详细信息。（感谢 *NASA/JPL-Caltech/Woods* 供图）

“旅居者”火星车上有一台光谱仪，用于分析岩石的元素组成。“海盗号”着陆器上的光谱仪，分析的是机械臂抓取的土壤样品。而“旅居者”，则要操控传感器直接接触目标岩石。

检查岩石质地，发现一些石块是砾岩。鹅卵石排列整齐，说明这些砾岩是从洪水过后的悬浮物中沉淀形成的。砾岩表面有空腔，说明那里的鹅卵石被侵蚀了。鹅卵石四处散落，说明它们是从砾岩上脱落下来的；形状为圆形，说明它们进入砾岩前一定受到过长期侵蚀。砾岩能完整无损地保存下来，说明它们要么形成于某条河床，要么形成于火星早期洪水之后。另外，其他形状的砾岩，特别是大块且有棱角的碎片，很可能是向南几千米远的撞击坑溅射过来的。

“旅居者”火星车验证了“海盗号”着陆器的研究结果，发现土壤中富含硫元素，印证了全球性的沙尘暴使整个火星表面沙尘均匀化的理论。火星土壤中有一种高度磁化的矿物，在地球上，

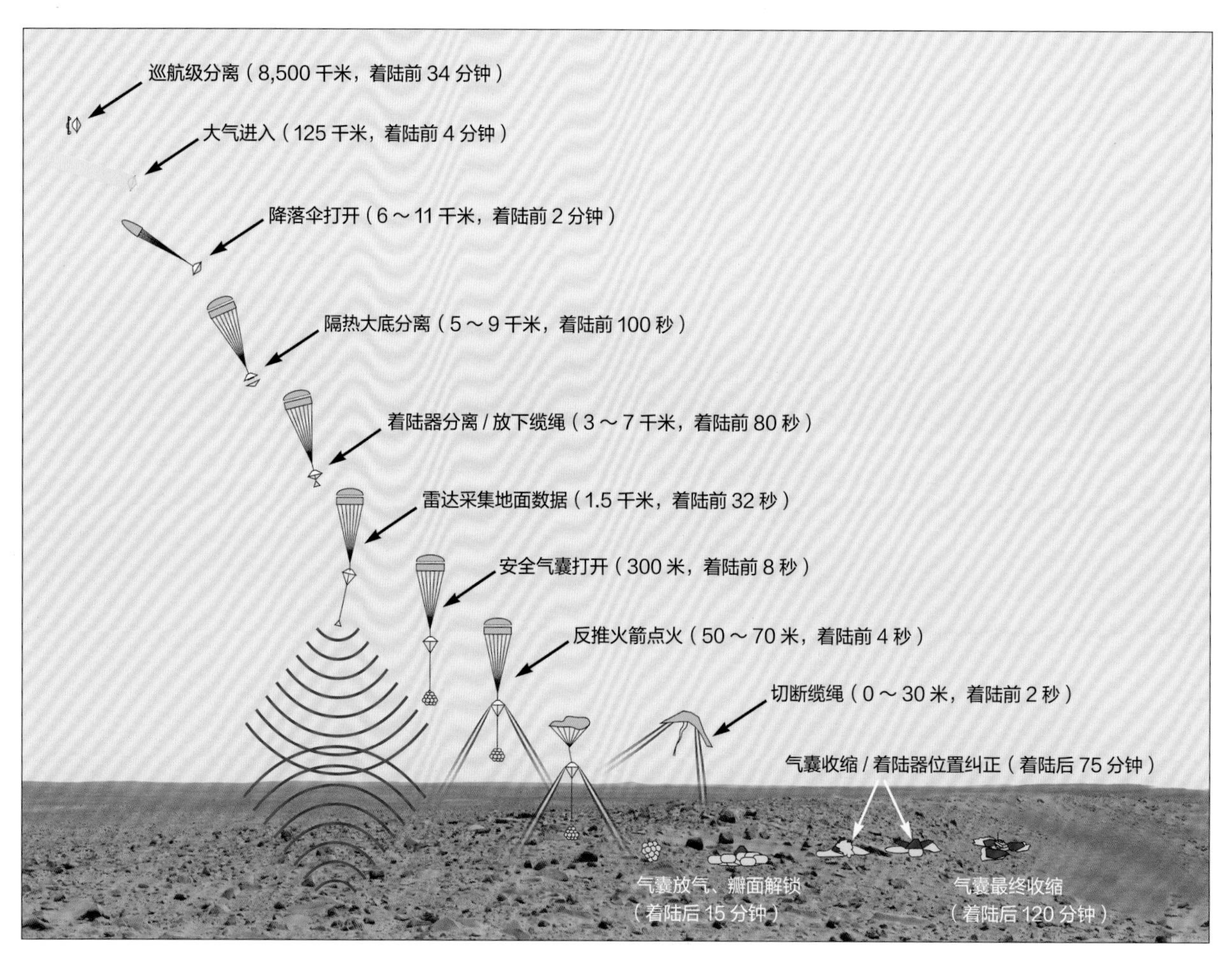

“火星探路者号”大气进入——下降——着陆过程。
（感谢 *NASA/JPL-Caltech/Woods* 供图）

这种物质只有当富含铁的水溶液被冻干时才能形成。这一发现说明，以前的火星比现在更加温暖湿润。

我们不仅检测到了二氧化硅含量较低的玄武岩，出乎意料的是，也有证据表明，那里也有二氧化硅含量较高的玄武岩，说明火星的热演化过程比我们之前想象的还要充分。反过来又引发了一个问题，即火星内部的“热力发动机”是何时停止的?

后来我们意识到，岩石表面覆盖了一层风化物质，这些物质并不能代表里面的矿物成分。工程师们这才意识到，在使用光谱仪之前，应该给火星车安装一个清理岩石的工具。

许多人认为，“火星探路者号”的着陆点是一片古老的洪积平原，但这并不能说明火星拥有稳定的水文循环，因为即使在寒冷干燥的气候条件下，如果地下水源短暂而猛烈地喷发，也能冲刷出一条深的溢流河道，可以运输鹅卵石。为了

“旅居者”火星车

喷气推进实验室在1995年宣布，“火星探路者号”火星车将以美国内战时反对奴隶制度、争取妇女权利的倡导者“索杰娜·特鲁斯”（Sojourner Truth）的名字来命名，后来称为“旅居者”。

火星车重10.6千克，长65厘米，宽48厘米，高30厘米。车内安装了电子系统，上甲板覆盖了一层小的固定太阳能电池。

摇臂转向架悬挂系统安装在车身侧面。两侧的主转向架可放倒，折叠到火星车内部。折叠后，火星车的车身高度只有18厘米。着陆器在火星展开后，弹簧和门闩的设备将主转向架恢复成倒“V”字形。火星车安装了六个铝合金车轮，每个车轮宽13厘米，配备不锈钢轮胎和刹车，还安装了电动马达，可以独立驾驶。

在地球上，通过上传一系列运动指令，可以引导火星车自动行驶，也可以将火星车调至自主模式，命令其行驶至指定地点，再自行选择路线，我们只需远程调控，控制火星车避开某些障碍物即可。火星车的最大行驶速度只有1厘米/秒。摇臂转向架可以检测到20厘米高的岩石，如果火星车有侧翻危险，坡度感应器会发出警报。

“旅居者”通过一对CCD成像仪构建立体图像。为了降低成本，成像仪中的芯片直接从主计算机中获取，主计算机所用的80C85处理器由英特尔公司于1976年生产，可以在太空中使用。由于处理器过于落后，每次读取图像数据都要花费很长时间。传感器会受热噪声影响，地球上早已淘汰这种设备，但是，火星上温度较低，不必担心这一问题。摄像机安装在火星车前部的车架上，摄像机旁边是五个激光灯，能在火星车行驶前方投射出固定图案。图像处理软件可以通过检测图案是否变形、如何变形，来分析前方的障碍物。

火星车通过一根杆状天线与着陆器进行通信，地球上不能直接控制火星车。在设计时，它的任务期限被设定为一周，工作期间，它一直以着陆器为核心展开工作，但通常情况下，其实际寿命要比一周更长，工作区域也更远。

由于重量限制，火星车只能携带一台能谱仪，即阿尔法粒子-质子-X射线谱仪。它与简易彩色摄像头一同安装在火星车后部。遇到待分析的岩石时，火星车必须掉头，让车尾的能谱仪直接接触目标，才能开展分析工作。这一过程需要几个小时才能获得较高的信噪比，从而识别岩石中的化学元素。科学家们也能由此确定岩石中的矿物成分，继而研究岩石的形成过程。

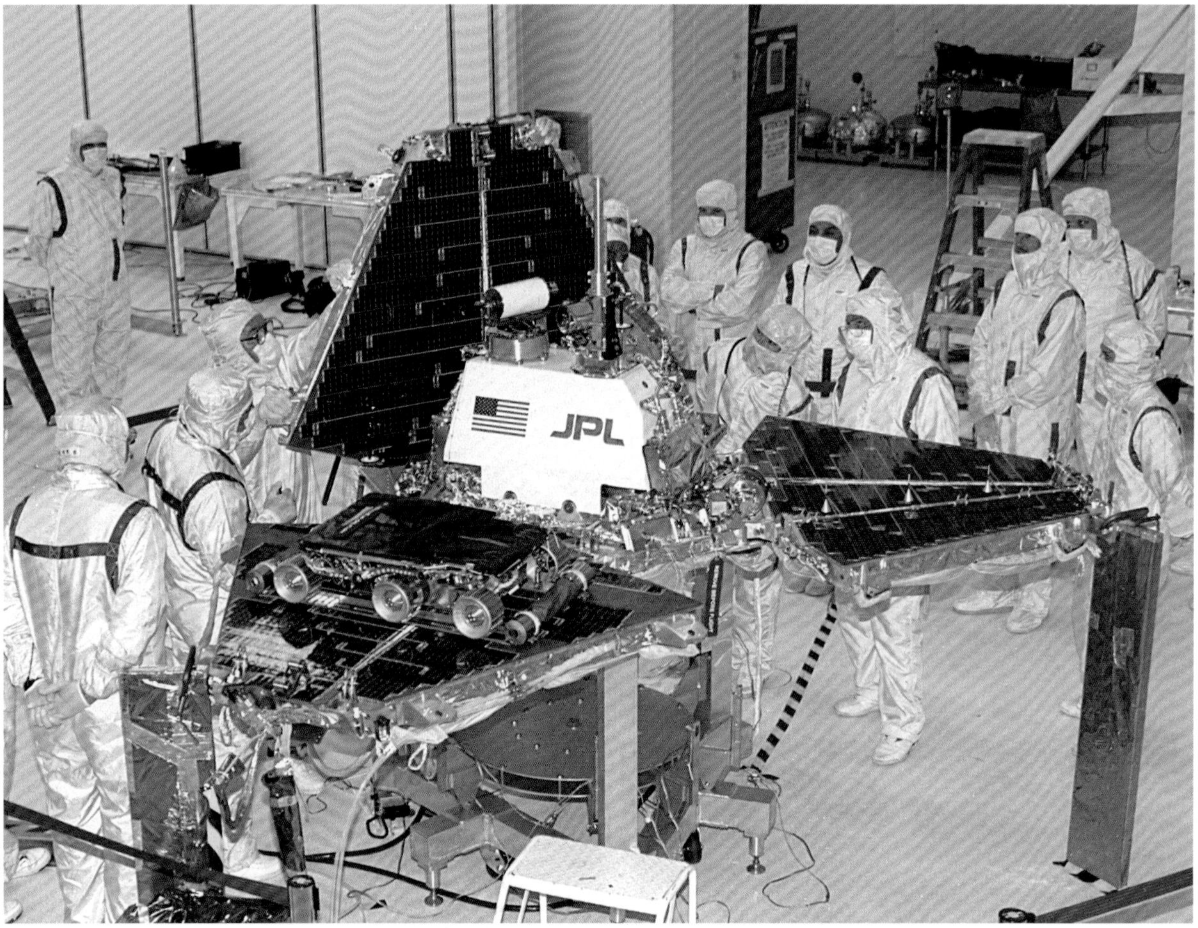

“火星探路者号”着陆器的侧瓣正在关闭，其中装载着“旅居者”火星车。(感谢 *NASA/JPL-Caltech* 供图)

“旅居者”的体型太小了，因此，从这个角度看起来，当地景观似乎相当震撼。（感谢 *NASA/JPL-Caltech* 供图）

“火星探路者号”着陆器的视线越过阿瑞斯峡谷，看到两座小山的全景图。这两座小山以电视节目《双峰》的名字命名。这个地方遍布碎石，到处是山脊和洼地。“旅居者”沿坡道向下驶向着陆器，正在调查一块比自己个头还要大的岩石，这块岩石被亲切地称为“瑜伽士”。（感谢 *NASA/JPL-Caltech* 供图）

证明火星地质历史上曾经有过一段温暖湿润的气候时期，科学家们必须确定那些露出地表的沉积岩的位置。

2. 探索受挫

2003 年 12 月，“火星快车”在接近火星时，释放了一个由英国研发团队提供的着陆器。为纪念 19 世纪 30 年代查尔斯 · 达尔文的伟大航行，这个着陆器以当时达尔文所驾驶的猎兔犬号（HMS Beagle）轮船命名，称为“猎兔犬 2 号”。

这是自“海盗号”着陆器在火星上寻找生命迹象后的第一次任务，主要是检测岩石中是否有可以证明火星过去有液态水的矿物，寻找生活在液态水中的生物所留下的碳氢化合物，以此作为“生物标记”，测量碳同位素的比值。

和“海盗号”不同，关于火星上是否有生命这一话题，“猎兔犬 2 号”不再关注土壤中微生物引发的新陈代谢活动。相反，它的任务是分析新陈代谢，例如，产甲烷菌，导致大气不平衡的气

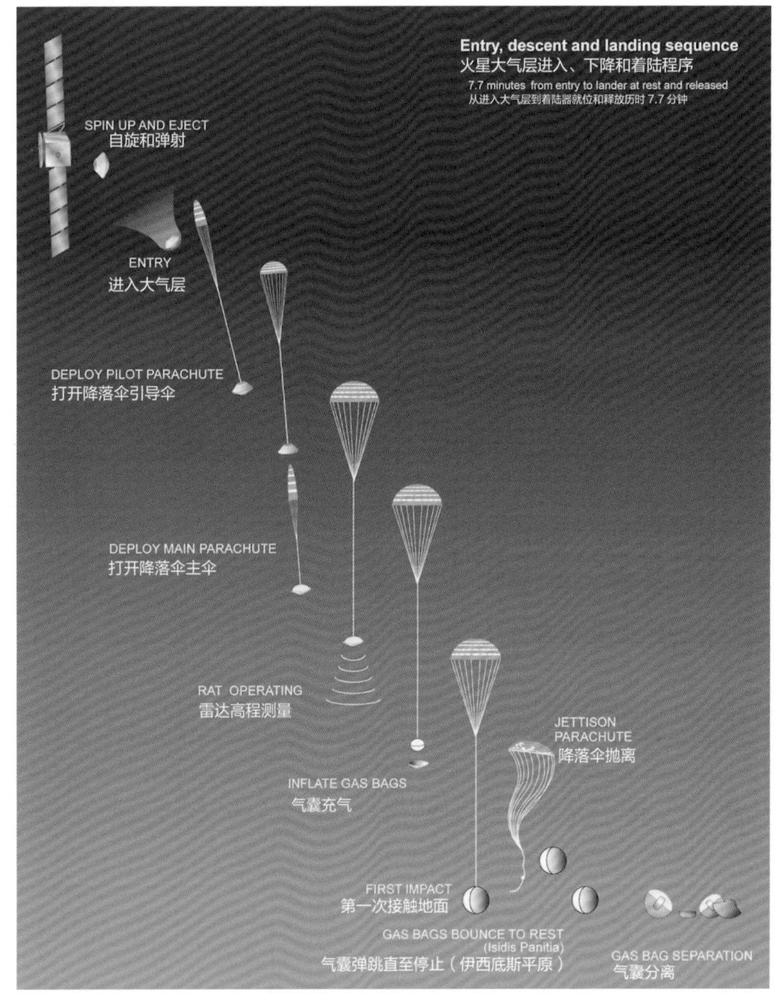

“猎兔犬 2 号”进入火星大气层、下降和着陆的过程。（感谢 *ESA/OU* 供图）

地球上未收到“猎兔犬2号”的着陆信号，研究人员普遍认为，“猎兔犬2号”可能在着陆阶段发生了事故，最终损毁。后来，“火星勘测轨道器”拍到了“猎兔犬2号”在火星表面的照片，证明“猎兔犬2号”确实成功着陆在伊西底斯平原（Isidis Planitia），但由于太阳能电池板未能全部展开，因此阻碍了与地球之间的通信。（感谢 *NASA/JPL-Caltech/Univ. of Arizona/Univ. of Leicester 供图*）

体。“海盗号”只分析了受太阳紫外线、太阳风和宇宙射线照射的表层土壤，而“猎兔犬2号”的调查更加深入，要从岩石中提取岩心，还要在电缆上绑一只“鼹鼠”打洞，深入土壤内部，主要是因为深层土壤比表层更适合研究，也更湿润。

此外，“猎兔犬2号”还测量了环境中的紫外线强度、大气氧化速率和土壤中铁的氧化状态，验证“海盗号”提出的假说——紫外线照射大气会产生过氧化物，浓度不断增加，最终分解有机分子。

“猎兔犬2号”要求着陆点地势低洼，这样才能最大程度地用降落伞制动；还要靠近赤道，这样才能充分利用赤道区域的太阳能。伊西底斯平原的沉积物十分丰富，表面地形平坦，因此被选为这次任务的着陆点。

按照计划，“猎兔犬2号”于12月19日进入大气层。进行制动减速后，打开降落伞，为气囊充气，缓冲、着陆。但由于“猎兔犬2号”没有安装飞行遥测设备，地球上迟迟没有收到着陆信号，调查工作一度搁浅。科研人员考虑了可能导致任务失败的所有原因，但最终也没有得出明确结论。

然而，到了2015年，“火星勘测轨道器”上的超高分辨率相机却拍到“猎兔犬2号”完好无损地落在了火星表面，显然，其着陆过程并未受到影响，问题出在当它展开部件时，四个太阳能电池板中，有两个没能打开，阻碍了它与地球之间的通信。

我们不得不等待另一项计划启动，才能继续调查火星土壤中的微生物。

这项新的火星探测计划与“发现计划”完全不同，它的目的是向火星表面发射着陆器，进行实地观测，回答某些特定的科学问题。

二氧化碳在火星上冰冻，形成了南极冰盖。春天，冰盖退缩，暴露出“分层地貌”，这些交叉出现的条带，是尘土和水冰的混合物。这一发现为研究火星上的现代气候变化提供了思路，它的作用与地球上树木的“年轮”有异曲同工之妙。因此，第一项探测任务在南极区域展开。为了尽量多获取太阳能，着陆点要尽可能从南极点向北延伸，最终向北延伸 15°（约 800 千米）。最佳着陆区是那里类似“舌头”状的分层地貌。“火星极地着陆器”抵达火星表面前几周，才刚刚观测到那片区域。

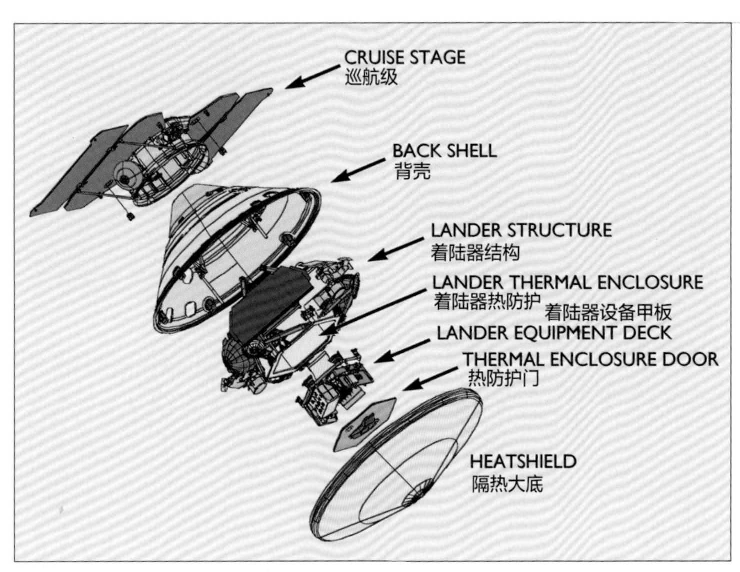

“火星极地着陆器”的大气进入系统的详细信息。（感谢 *NASA/JPL-Caltech/Woods* 供图）

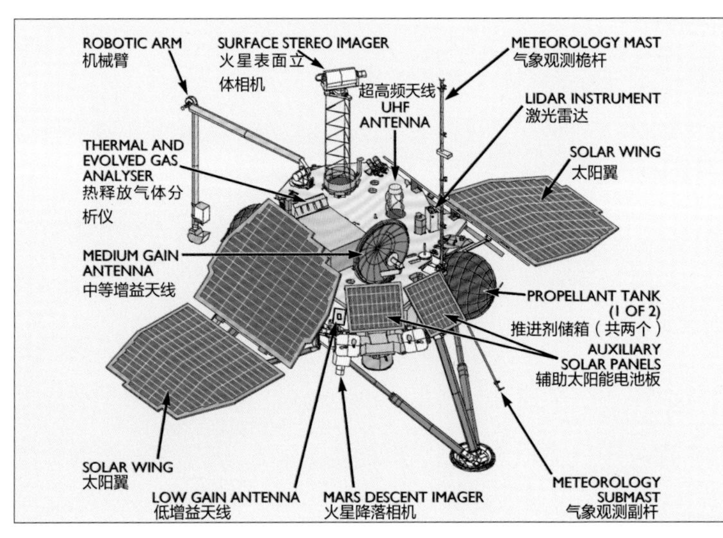

“火星极地着陆器”的详细信息。（感谢 *NASA/JPL-Caltech/Woods* 供图）

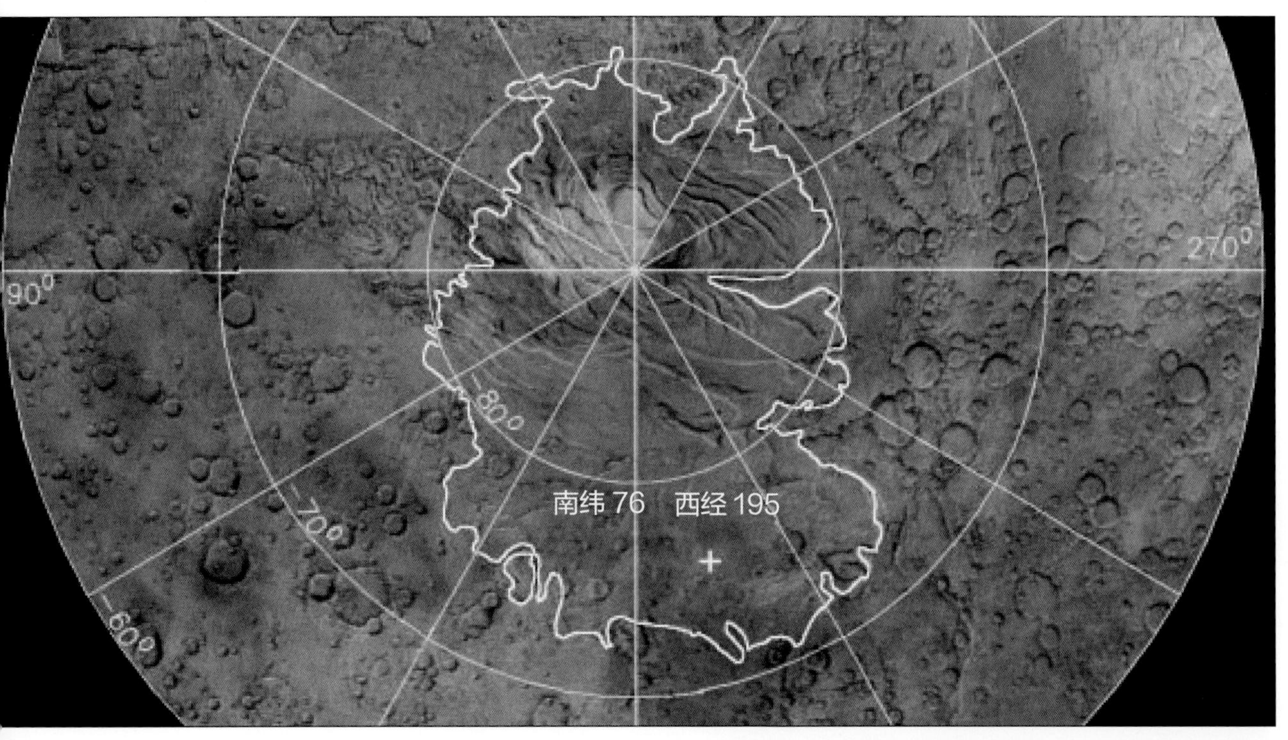

“火星极地着陆器”的着陆点正好位于南极冰盖的分界线，当地的季节性冰雪恰好融化。（感谢 *NASA* 供图）

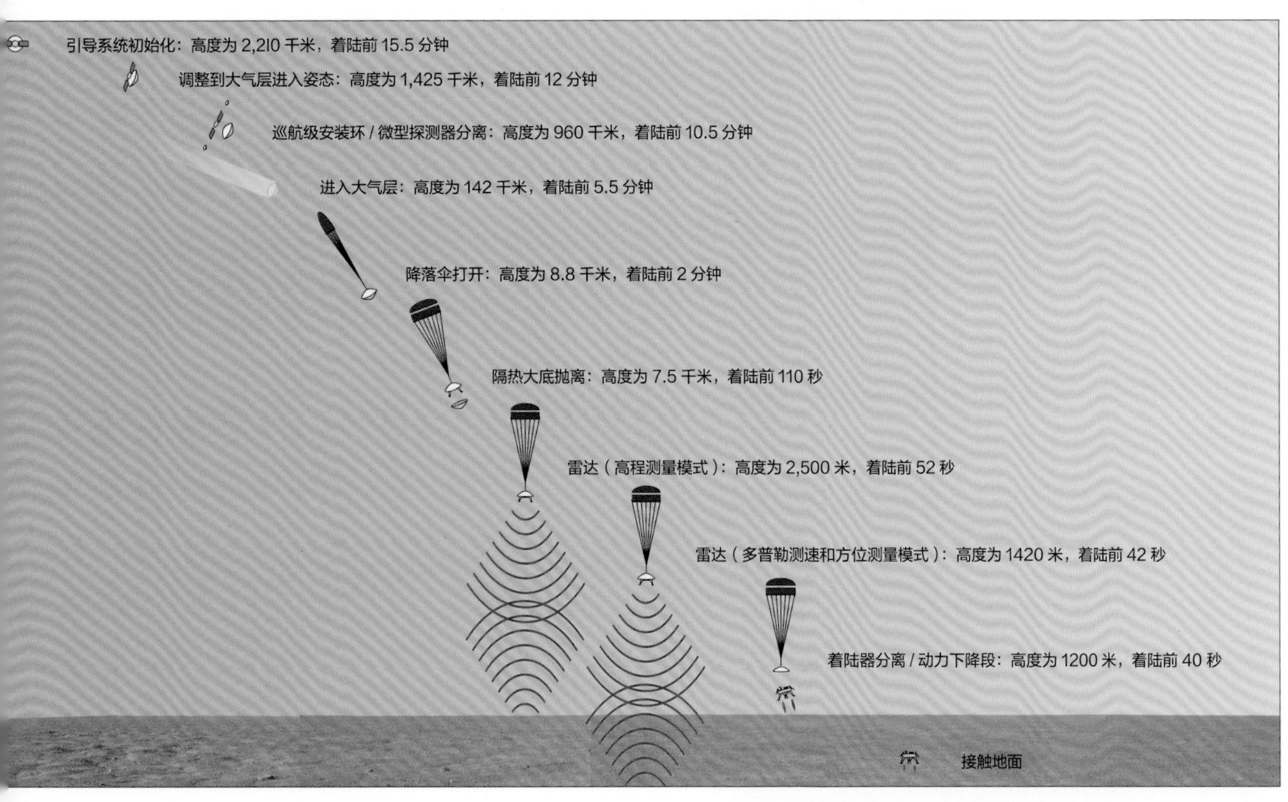

“火星极地着陆器”的大气层进入——下降——着陆过程。（感谢 *NASA/JPL-Caltech/Woods* 供图）

“火星极地着陆器”先于“火星探路者号”发射，但没有配备“火星探路者号”那样的安全气囊。因此，“火星极地着陆器”在大气层“进入—下降—着陆”的过程与“海盗号”相似。除此之外，它与“火星探路者号”完全相同，都是从近火点直接进入大气层。

对美国国家航空航天局和研究火星的科学家来说，1999 年 12 月 3 日是个糟糕的日子。着陆器在下降阶段失去了信号，调查人员分析原因时由于缺乏证据无从下手。经过几个月的分析，研究人员发现，在距离火星表面还有 7 千米的时候，降落伞已成功展开，10 秒后，着陆器抛离了隔热大底，三侧基瓣随后打开。距离火星表面 1500 米的时候，雷达检测到了表面物质。40 秒后，着陆器与背壳分离，点燃发动机，稳定着陆轨迹，控制降落速度。这样看来，一切似乎都进展顺利。

距离火星表面还有 40 米的时候，着陆器已按规定速度开始降落，计算机检测到信号，显示着陆器的一条着陆腿已经成功触地。

就在这时，调查人员发现了一个研发阶段就应测试到的设计漏洞，该漏洞导致在着陆器的着陆腿还未着陆时，就发送了着陆成功的信号，于是，计算机立即熄灭发动机。尽管整个着陆过程耗时不长，但由于失去了发动机缓冲，着陆器必然会受到巨大冲击，造成损毁。

要想排除导致失败的所有原因，重新设计着陆器，避免后续任务再次发生意外，这一过程需要耗费很长时间进行详细测试，无法赶在 2001 年的发射窗口发射，也就无法按时完成这次探测的目标。

3. 机器人野外地质调查

为研发更先进的火星车，美国国家航空航天局暂停了对火星极地的探索工作。研发中的火星车比“旅居者”的机动性更强，传感器也更复杂。为保险起见，两辆火星车都要发往火星。

解决了硬件问题后，核心任务就变成了探索火星早期气候是否温暖湿润，调查战略是“追踪水的痕迹”。

第一项工作，是根据“火星全球勘测者号”和“奥德赛号”的轨道探测数据，选择着陆点。此外，还要寻找数据支撑，验证关于火星早期历史的理论假说。

作为火星上的“地质学家”，火星车应配备先进的分析测试设备，分析岩石的物理特性，化学成分和矿物组成。通过分析，我们就能确定这些岩石是否是在液态水中形成的，或者，它们在形成过程中是否受到了液态水的影响。

根据工程任务的要求，着陆点应位于地势低洼地区，使降落伞的制动效果最大化；还要尽量靠近赤道区域，为太阳能电池板提供充足的能量。此外，着陆点附近要尽可能平坦，以发挥火星车的机动性能。要选择两个着陆点，其中一个主要研究火星的地形地貌，另一个根据遥感化学分析来选择。

“火星探测漫游者”（MER）准备就绪，执行这次任务的火星车要比“旅居者”大得多。（感谢 *NASA/JPL-Caltech/KSC* 供图）

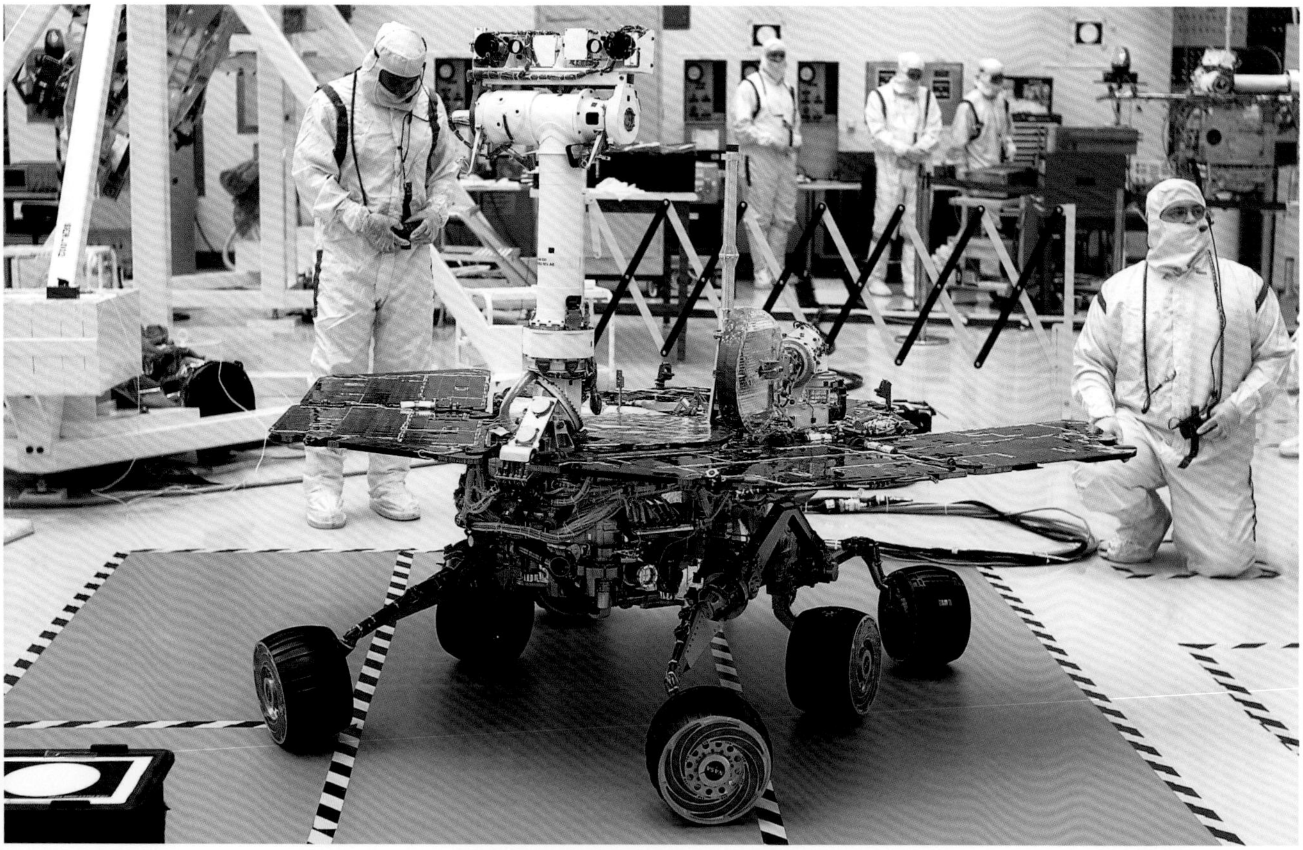

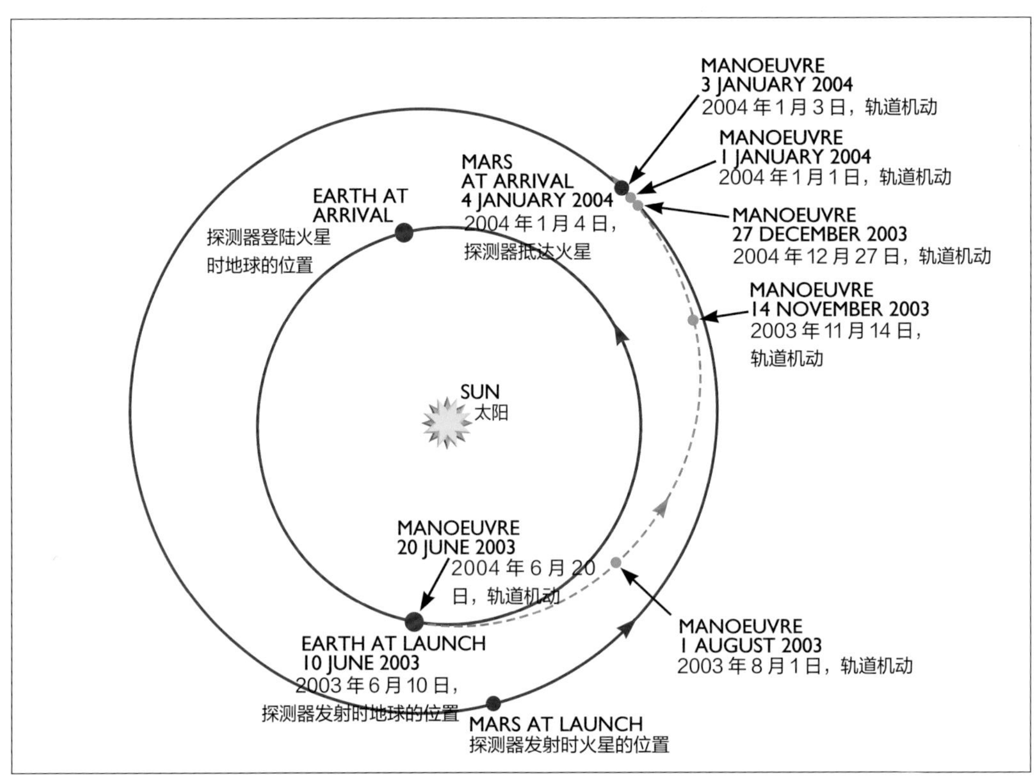

（上图）“勇气号”火星车的行星际飞行轨迹。（感谢 *NASA/JPL-Caltech/Woods* 供图）

（下图）“火星探测漫游者”的详细信息。（感谢 *NASA/JPL-Caltech/Woods* 供图）

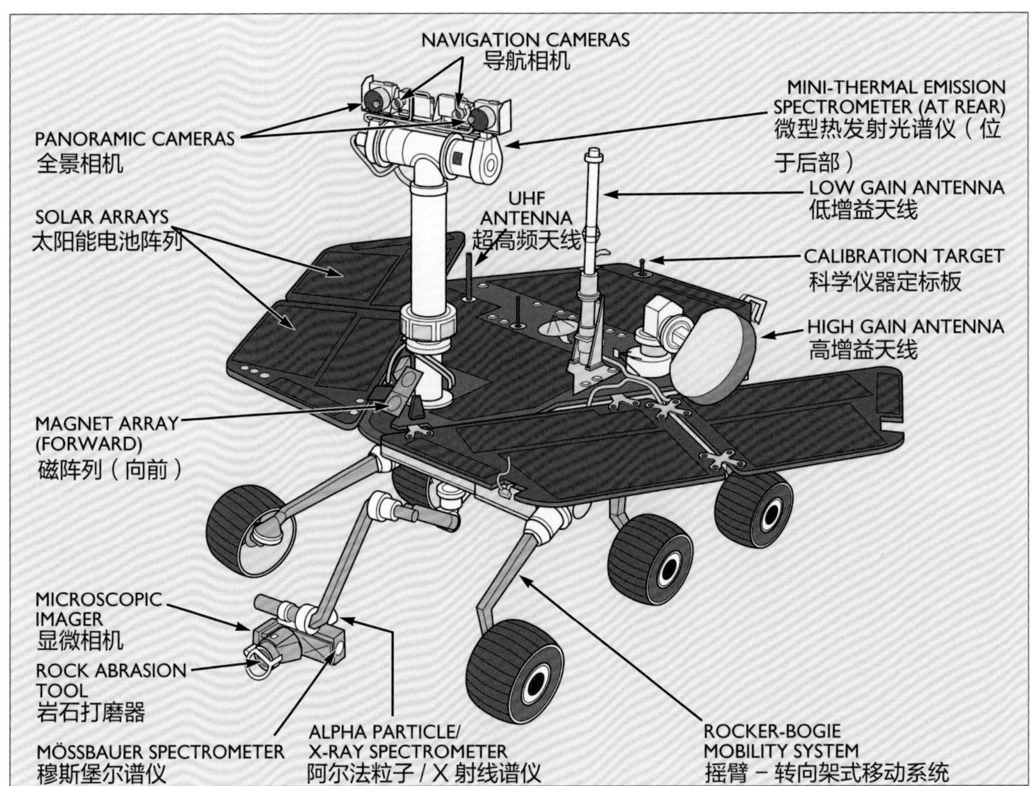

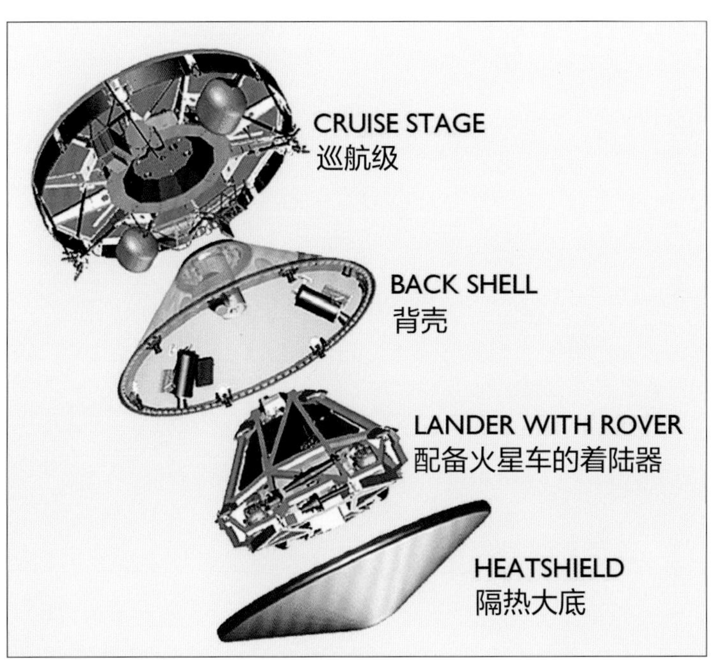

“火星探测漫游者”大气进入系统的详细信息。（感谢 *NASA/JPL–Caltech/Woods* 供图）

“火星探测漫游者”的大气层进入—下降—着陆过程。（感谢 *NASA/JPL–Caltech/Woods* 供图）

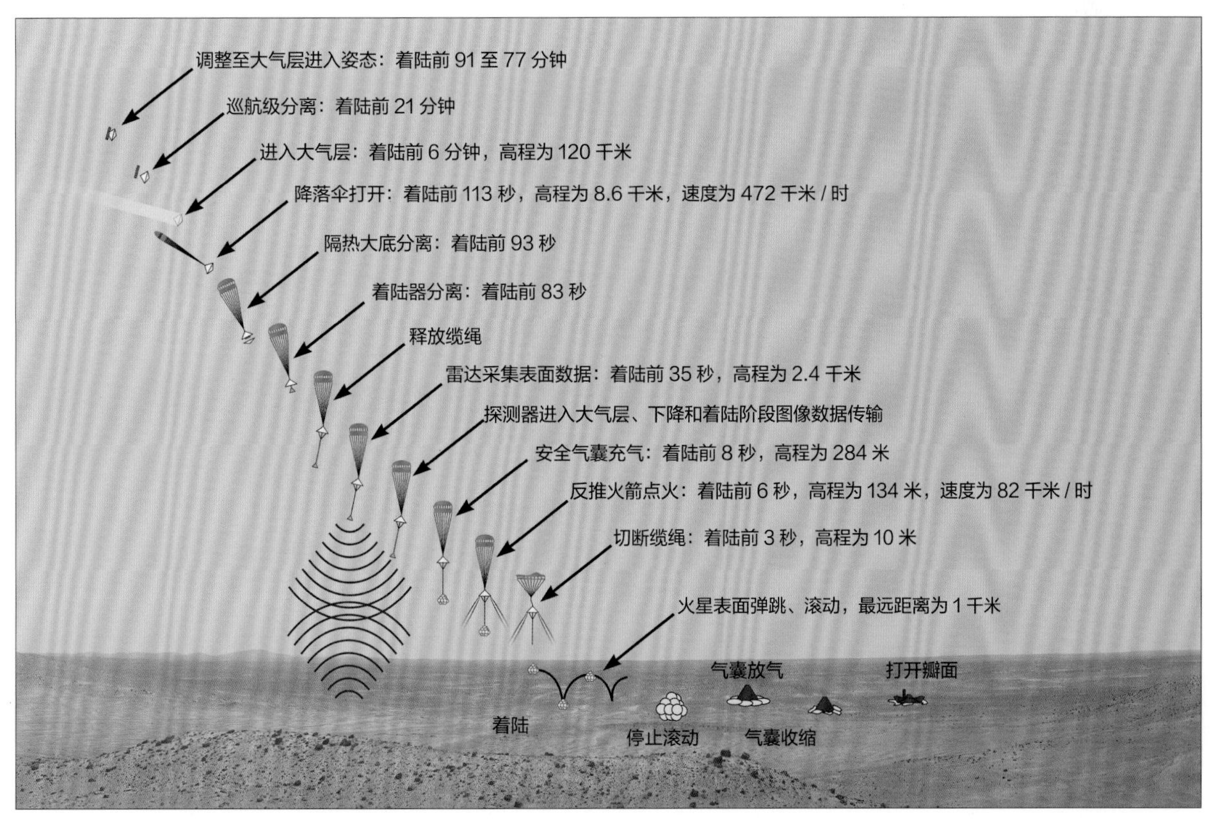

“火星探测漫游者”计划的目标

“火星探测漫游者”的第一个探测目标是古谢夫撞击坑，该撞击坑直径 150 千米，刚好在火星南北半球地形二分线的南部。地貌图像显示，古谢夫撞击坑的南缘受马丁峡谷的流水冲刷，形成了一个湖泊，撞击坑内部残留了各种沉积物。马丁峡谷的源头在火星上的高地。

“勇气号”火星车将在传说中的这片湖床上着陆，寻找水流活动的痕迹。科学家希望分辨出岩石是在静止的湖底沉积形成的，还是先在干燥环境中形成，之后再受到水的改造。如果“勇气号”在撞击坑底部发现的是火山岩，说明湖床（如果确实存在的话）被火山物质覆盖了，这些物质很可能来自古谢夫撞击坑北部的阿波里那火山。

第二辆火星车叫作“机遇号”，“机遇号”着陆点的选择，是根据“火星全球勘测者号”携带的热发射光谱仪探测的数据。光谱仪在火星赤道以南的子午线高原（Meridiani Planum），一个特别平坦的区域，

古谢夫撞击坑底部的灰色物质是由沙尘暴引起的，图片由“火星快车”和“奥德赛号”拍摄。标注十字的地方是“勇气号”着陆点，哥伦比亚山脉位于其东南方向。（感谢 *NASA/JPL-Caltech/ESA/Arizona State Univ.* 供图）

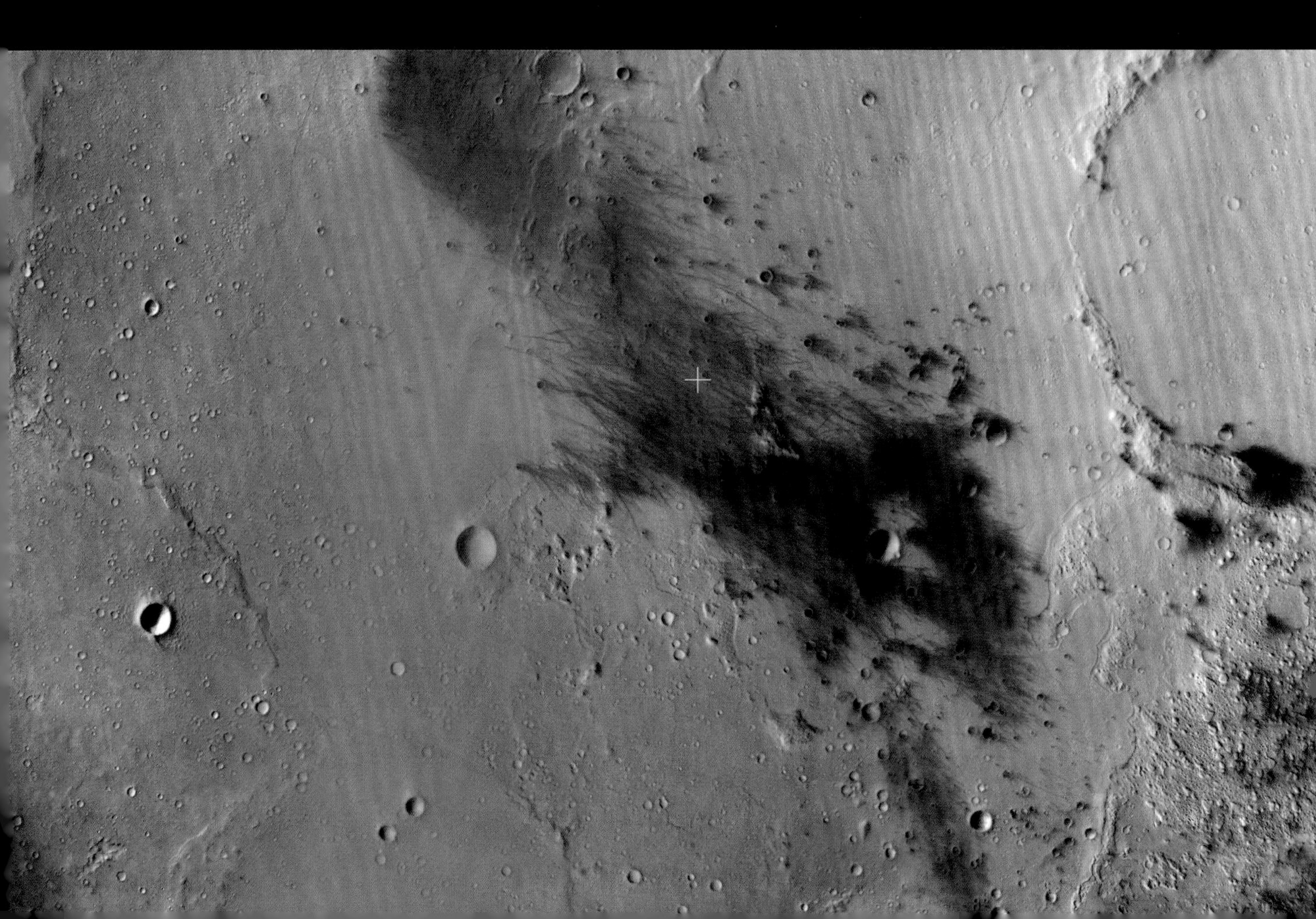

发现了大量灰色的赤铁矿，覆盖在阿拉伯台地上，外观如火山碎屑一样，有几百米厚。

火星表面的铁氧化后呈红色，所以，火星看起来就像一个淡红色的大球。火星表面有丰富的赤铁矿，分为红色和灰色两种，二者的化学成分相同，区别在于矿物晶体的大小不同。红色的赤铁矿颗粒细小，是暴露在空气中的岩石被侵蚀后形成的。这些红色的赤铁矿颗粒受沙尘暴影响，遍布整个星球，所以在寻找火星过去的水源这一研究上，红色的赤铁矿没有什么研究价值。

赤铁矿晶体不断聚集形成大颗粒的赤铁矿时，常常需要液态水的参与，但水也不是必需的。沿着这一思路，我们要调查的内容，就是子午线高原灰色的赤铁矿是否存在于湖泊沉积物或岩脉中，这些岩石受到热液系统的影响，慢慢演化，最终展现出如今的风貌，又或者灰色赤铁矿的形成过程中并没有液态水的参与。

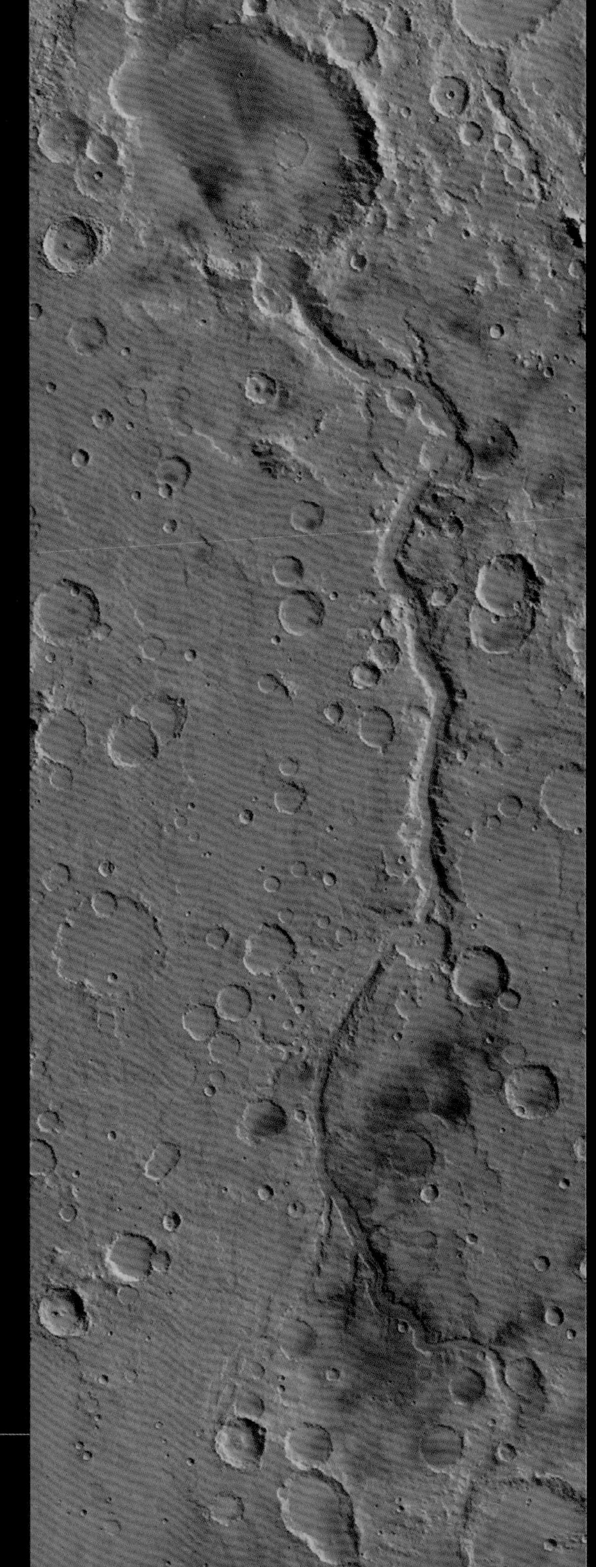

当地的地貌显示，在马丁峡谷冲刷古谢夫撞击坑的南部坑壁时，形成了一片湖泊，图片由“海盗号”轨道器拍摄。（感谢 *NASA/JPL-Caltech/USGS* 供图）。

“火星探测漫游者”的功能

“旅居者”火星车的底盘较低，所以摄像头必须固定在桅杆上，才能模拟出人体高度的视觉效果。

“旅居者”的全景立体相机的分辨率相当于人眼1.0的视力，在可见光和近红外波段配有13个滤光片，以分析火星表面的化学成分。

新型火星车比“旅居者”火星车的自主性更强，能半自动运行。火星车上装载的单色导航相机可以提供更宽广的视场，协助地球上的操作员更方便地监控火星车的运动和取样活动。

第三个需要桅杆协助才能使用的设备，是比“火星全球勘测者号”上的热发射光谱仪小一号的同类仪器。光谱仪的电子学部件封装在火星车内部，桅杆充当了潜望镜的角色。光谱仪的传感器会投射出“假彩色”的圆形斑点，叠加在图像上。每个斑点是167个波长的光谱，传感器“注视”目标的时间越长，信噪比就越高。传感器可协助短小的机械臂上装载的工具在单次采样时选择石块，机械臂可在5个自由度内运动。

机械臂上安装了一台显微成像仪，分辨率与手持放大镜相当。显微成像仪用来辅助鉴定那些在水中形成的岩石，识别火山喷发和撞击成因的地形特征，以及岩石中由于水的存在而形成的矿脉。显微成像仪还能检测土壤颗粒的大小和形状，探测土壤的侵蚀过程。

与“旅居者”火星车一样，新型火星车也配备了阿尔法粒子X射线谱仪，可以检测岩石中除氢外的所有主要元素。由于铁与液态水会发生强烈的化学反应，我们还需要一台穆斯堡尔谱仪，来检测矿物中的铁元素。

“旅居者号”所探测的岩石表面覆盖了一层风化物质，影响了光谱仪的使用效果。所以新型火星车配备了不锈钢刷头，清除石块表面的灰尘，以及一个转动打磨器，可以在石头上磨出一个几厘米深的圆形小孔，使光谱仪能够深入岩石内部，而非仅仅研究岩石表面。

4. 古谢夫撞击坑内的“勇气号”

2004年1月3日，“勇气号”接近火星，“火星全球勘测者号”的红外探测数据表明，沙尘暴导致火星全球范围内的上层大气变暖，这一现象引起了广泛关注。计算结果表明，一旦空气密度降低，第一阶段的制动效果会受到影响。传感器在检测到火星车的下降速度之后，才能展开降落伞，这一滞后操作使降落伞展开与雷达测速启动制动火箭的间隔缩短约20%，只有短短90秒。

“火星探测漫游者”（MER）正在进行发射前的最后检测。（感谢 *NASA/JPL-Caltech/KSC* 供图）

全过程大约需要 100 秒。因此，计算机控制必须提前几秒钟展开降落伞，但风险也随之而来，因为过大的动压很可能会撕裂伞盖。

自“火星极地着陆器”失败后，美国国家航空航天局就要求之后的着陆器必须及时报告着陆进程，为此，给大气进入系统配备的低增益天线成功问世。在下降过程中，只要着陆器到了某个特殊节点，天线就一定会发出约 10 秒钟的音频反馈。

“勇气号”距离地面 125 千米时，着陆器的运行速度为 5.4 千米 / 秒，穿过大气层减速时的最大负载约为 6 吉，隔热大底的最高温度为 1500℃。着陆器的下降速度减小到 400 米 / 秒，距离火星表面 7 千米高度时，降落伞展开，当操作成功的信号传回地球时，工程师们十分欣慰。但下降过程中最紧张的时刻还未到来，需要多个热防护装置的协助。当着陆器前部的隔热大底被抛离，着陆器后盖会释放出一条长达 20 米的缆绳，拉住着陆器。随后，着陆器向“火星全球勘测者号”轨道器发送超高频信号，信号中记录着相关数据，经轨道器中继后转发到地球上。

离火星表面 2.4 千米时，雷达高度计被激活，俯视相机分别在 2 千米、1.75 千米和 1.5 千米高

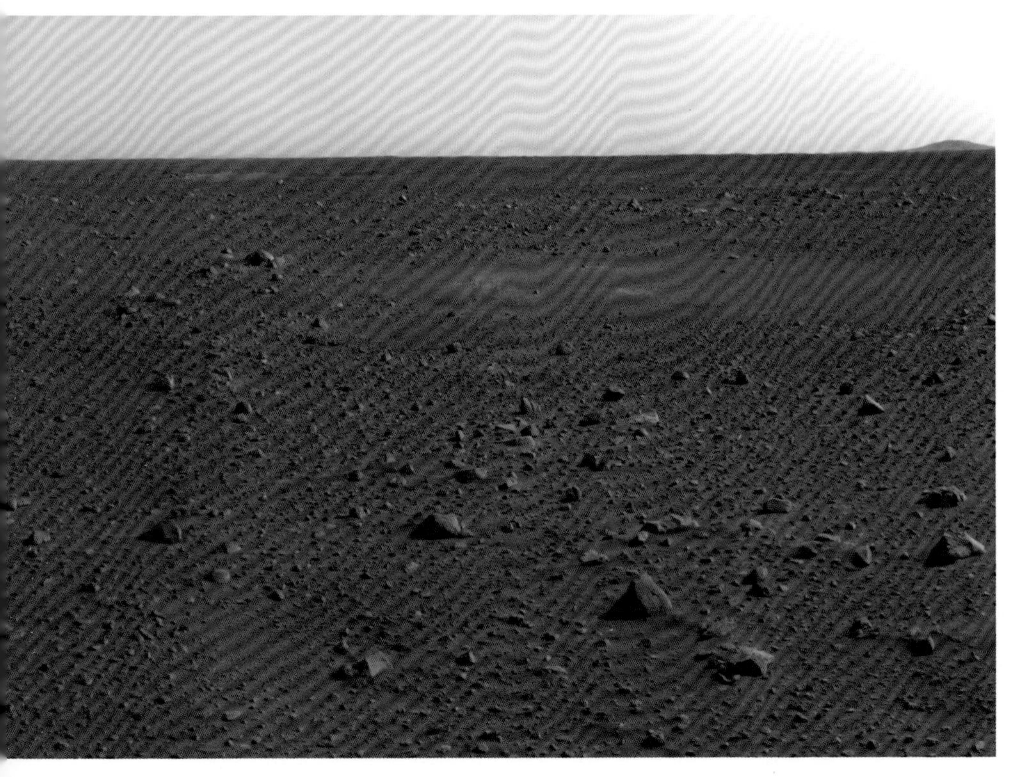

位于古谢夫地区的“勇气号”着陆点，比“海盗号”和“火星探路者号”的着陆点更加平坦，石块也没那么密集。第一眼看上去，这个地方更像是一个湖床，这也是选择这里作为着陆点的原因。（感谢 *NASA-JPL-Caltech/Cornell* 供图）

度时拍摄图像。分析这些数据，可以用来估算由于近表面风引起的着陆器的水平运动。

安全气囊在 284 米高处开始充气，着陆平台的四面各有六个气囊，每个气囊都有两层气袋，以防被石块扎破。距离火星表面 100 米高度时，着陆平台后盖的侧向火箭会自动点火，抵消根据三幅下降图像计算出的水平位移。然后，着陆平台后盖的制动火箭点火，开始减速。在距离地面 9 米高度时，着陆平台速度归零，缆绳断开，仍在燃烧中的制动火箭带着后盖和降落伞分离，着陆器最终实现成功着陆。

着陆平台接触火星表面发出的提示音，让喷气推进实验室内的工程师们热血沸腾。

在安全气囊的缓冲下，着陆器在地上反弹了几下，之后才停了下来。接着，着陆器开始自主运行，先是气囊放气，然后收回气囊，收回支撑火星车的基座以及另外三片侧瓣。由于着陆器在地表着陆时，随时可能停下来。因此，用侧瓣上带动力的铰链，就可以将火星车翻转到基座上。

着陆时，刚过火星上的中午，或称为登陆火星的第 0 天。火星车展开基瓣和太阳能电池板，为电池充电。

在“奥德赛号”飞经着陆器上空的数小时内，着陆平台上传了数据，其中包括第一幅黑白图像。图像显示，石块分布刚刚好，没有阻挡火星车的行进路径。后续图像接踵而至，我们发现，当地地貌比之前的着陆点更平坦，与湖床基本一致。周围分布着大大小小的石块，但都不影响“勇气号”的工作。

“勇气号”夜间休息，日出两小时后开始工

作。它利用导航相机定位太阳，计算地球的偏移，高增益天线自动升起定向，建立即时通信。如果通信失败，着陆器会自动开启预先设置的一系列活动，完成为期 90 个火星日的探索。

“勇气号”的桅杆升起后，全景相机拍摄了一系列高分辨率的彩色图像，通过中继卫星传送给地球。“勇气号”采用特高频无线电波传输，每次中继通信的最大传输数据量为 50Mb。但这个带宽并不只是给全景相机准备的，传输全景图像和与之相匹配的小型热辐射光谱仪的数据，至少需要 10 个火星日，占用了原本分配给火星车与着陆器分离的准备时间。

结果显示，此次着陆区的环境与“海盗号”“火星探路者号”当时的情况差别很大，周围鲜见大的石块。石块表面十分光滑，石块形状从圆形到棱角状都有。这说明，这里的石块十分坚硬，颗粒质地细腻，显然经受了长时间的风力打磨。

其实，只要有一台着陆器，哪怕它无法移动，都可以进行拍照。这样一来，本次科学计划的主要目标就有了头绪。

用低分辨率的黑白导航相机拍到了很像湖床的物质，但在全景相机里可不是这样。地球上的湖床较为平坦，沉积物颗粒细腻，而古谢夫撞击坑内的湖床表面石块散布，其中许多石块已经裂开了，看起来很可能是从其他地方搬运过来的，要么是火山喷发而来，要么是撞击溅射而来，因此，即便这里真的是湖床，也不是最原始的状态。

好消息是，着陆器拍摄的图片不是解决问题的唯一途径。火星车的机动性能和配套的传感

从着陆平台驶向火星表面后，“勇气号”给着陆平台拍了一张照片。与“火星探路者号”不同的是，“机遇号”和“勇气号”火星车的着陆平台没有携带任何科学仪器。（感谢 *NASA-JPL-Caltech/Cornell* 供图）

"勇气号"正在清理、钻探和分析一块被称为阿迪朗达克的岩石成分，结果发现它是一块玄武岩。（感谢 *NASA/JPL-Caltech/Cornell/Univ. of Mainz* 供图）

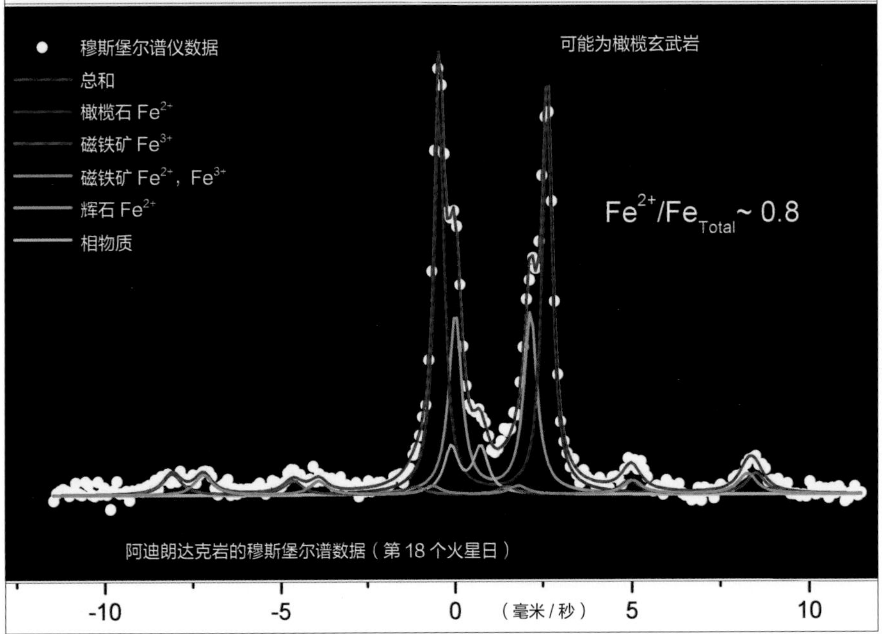

器，能让火星车摇身一变，成为野外"地质学家"，毕竟人类自己目前还难以登陆火星。

下降过程拍摄的全景图中，几个最大的撞击坑边缘清晰可见。撞击坑的直径约为 200 米，距离着陆器约 275 米。撞击形成的撞击坑，坑内最底部挖掘出来的物质堆积在撞击坑边缘。此图中，撞击坑的边缘比周围高出 4 米。如果湖床已经被其他物质覆盖了，那么，湖底沉积岩的快速取样，就只能依靠撞击坑的溅射物了。

地平线上，东南方向 2.3 千米处，是一些山峰，高出平原约 100 米。如果湖水漫过了这些山峰，那么，覆盖湖床的物质也会覆盖这些山峰。这样看来，对这次任务来说，这些山峰就成了关键。

本次任务中，"勇气号"设计的寿命为 90 个火星日，主要任务是采集距离着陆平台 600 米范围内的样品，但在"勇气号"驶离着陆平台开始工作前，科学家团队已经在更远的地方寻找适合采样的目标了。

完成着陆点附近的初步工作后，"勇气号"驶向更大的撞击坑，借由撞击坑的溅射物，作为透视撞击坑内部的"窗口"。从撞击坑内壁的分层，了解覆盖湖床的物质厚度。

"勇气号"火星车上配备了一台热发射光谱仪，与"火星全球勘测者号"上的那台仪器相似，但体型更小。利用这台仪器，"勇气号"获得了古谢夫撞击坑上空的气温曲线。但是，从有利的角度分析，"勇气号"可以测量大约6千米的高度。这是第一次测到了从火星大气层顶部到地面的温度分布。（感谢 *NASA/JPL-Caltech/ GSFC/Arizona State Univ./Cornell* 供图）

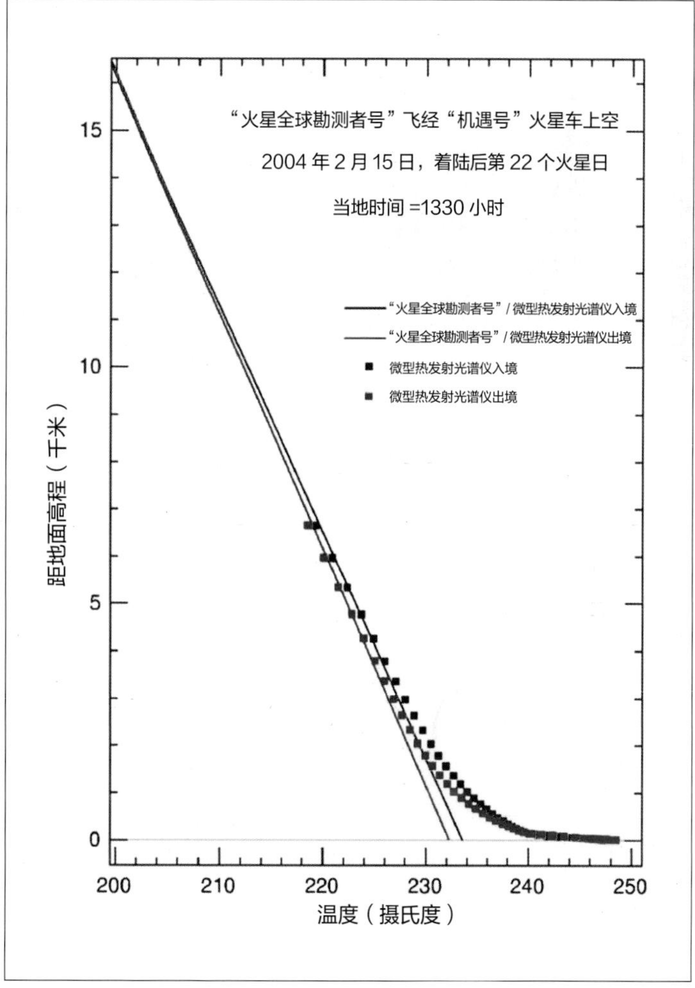

从长远角度来看，"勇气号"的最终目标应该是东南方向的那几座小山。根据轨道器相机数据制作的地质图显示，这几座小山曾受到"侵蚀"，似乎是某个被掩埋的地层单元的一部分。"勇气号"要搜寻从这些山上滚到平原上的物质，越靠近山峰，遇到目标物质的可能性就越大。如果"勇气号"运行的时间足够长，就能穿过地质图上的"接触"界线，对山体的下半部进行实地考察。

第12个火星日，"勇气号"驶离着陆平台，开始进行工程测试。第一项采样任务是检测土壤，在显微镜下，观察到土壤主要是由尘埃颗粒组成的。确认光谱仪正常运行后，"勇气号"的地质调查工作正式开始。

首先，科学家团队选择了离着陆器只有几米之遥的一块岩石，叫作"阿迪朗达克"（Adirondack）。岩石表面光滑，易于打磨，去除表皮。计算机故障被排除后，光谱仪开始工作。发现其中含有橄榄石、辉石和磁铁矿，都显示出玄武岩的成分。刷头清洁岩石表面后，深色物质暴露，对调查工作来说这是一个意外收获，之前选择这块岩石作为调查对象，是因为它看起来表面没有灰尘。这一发现印证了"旅居者"探索的

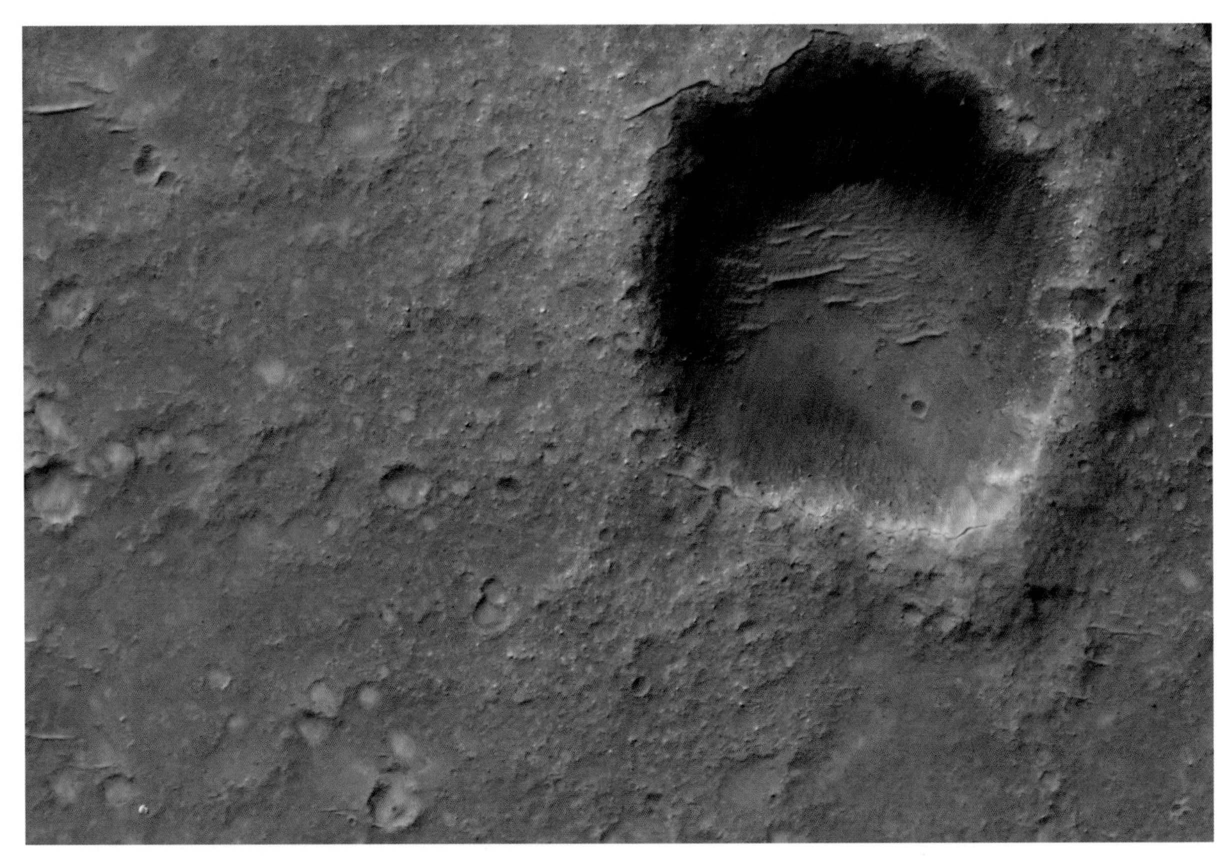

“勇气号”调查的博纳瓦尔撞击坑。照片由“火星勘测轨道器”拍摄，“勇气号”不在图中，但它的着陆平台出现在图的左下角。（感谢 *NASA/JPL-Caltech/ Univ. of Arizona* 供图）

经验教训：分析某块岩石的化学和矿物成分之前，必须先清洁石块表面。打磨器在石块表面磨出一个深约2.7毫米的小孔，刷头把小孔里的灰尘清扫完之后，显微镜观察了小孔的内壁，光谱仪分析了岩石成分。结果证实了我们最初的预测，这是一块火山岩。

完成了着陆器附近的进一步采样工作后，“勇气号”开始向一座更大的撞击坑进发，这座撞击坑名为博纳瓦尔撞击坑（Bonneville），位于东北方向275米处。

在行进过程中，“勇气号”采集和分析了部分岩石样品，然后继续前行，爬上了15°的斜坡。撞击坑边缘覆盖着溅射物质，这里的石块数量比着陆点多了一倍，石块大小约为之前的五倍。导航相机对撞击坑内部进行了全方位检查，在坑壁上没有发现分层现象。火星车沿着撞击坑边缘缓慢移动，利用光谱仪分析土壤的化学成分。

撞击坑边缘有一块2米大小的大石头，据推测，应该是从撞击坑底部挖掘溅射出来的。石块边缘呈多面的贝壳状，显示出长期受到风力侵蚀的结果。此处的岩石色泽柔和，呈糖粒结构，我们对其进行了详细分析，看它是否是我们猜测的玄武岩平原的基底物质。分析发现，此处岩石确实是玄武岩，但是，对岩石表面的多种包裹物及裂隙中的物质进行分析后，我们发现，水沿着裂缝进入过石块内部，沉积形成了矿物，这种变化从未在湖泊中发生过，通常是在地底下发生的。

这个地区的喷发物是玄武岩，说明如果古谢夫撞击坑是一个湖床，那么，沉积物的埋藏位置，一定比撞击形成的博纳瓦尔撞击坑沉积物的位置更深一些。

“勇气号”离开博纳瓦尔撞击坑，前往群山，完成基本任务，也到了设计寿命90个火星日的最后几天了。

“勇气号”看到的博纳瓦尔撞击坑西侧。（感谢*NASA/JPL- Caltech/Cornell*供图）

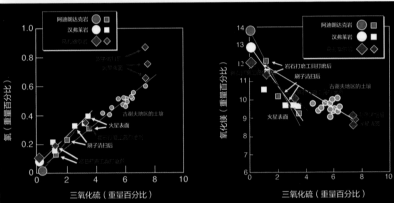

离开博纳瓦尔撞击坑之前，“勇气号”仔细分析了一块叫作马扎察尔（Mazatzal）的岩石。“勇气号”先用刷头清理岩石表面，清理干净的这一小块区域形如花瓣，足以让光谱仪有一个清晰的视场进行分析，然后在岩石上钻出小孔，以分析岩石内部的成分。（感谢 *NASA/JPL- Caltech/Cornell/Max Planck Institute* 供图）

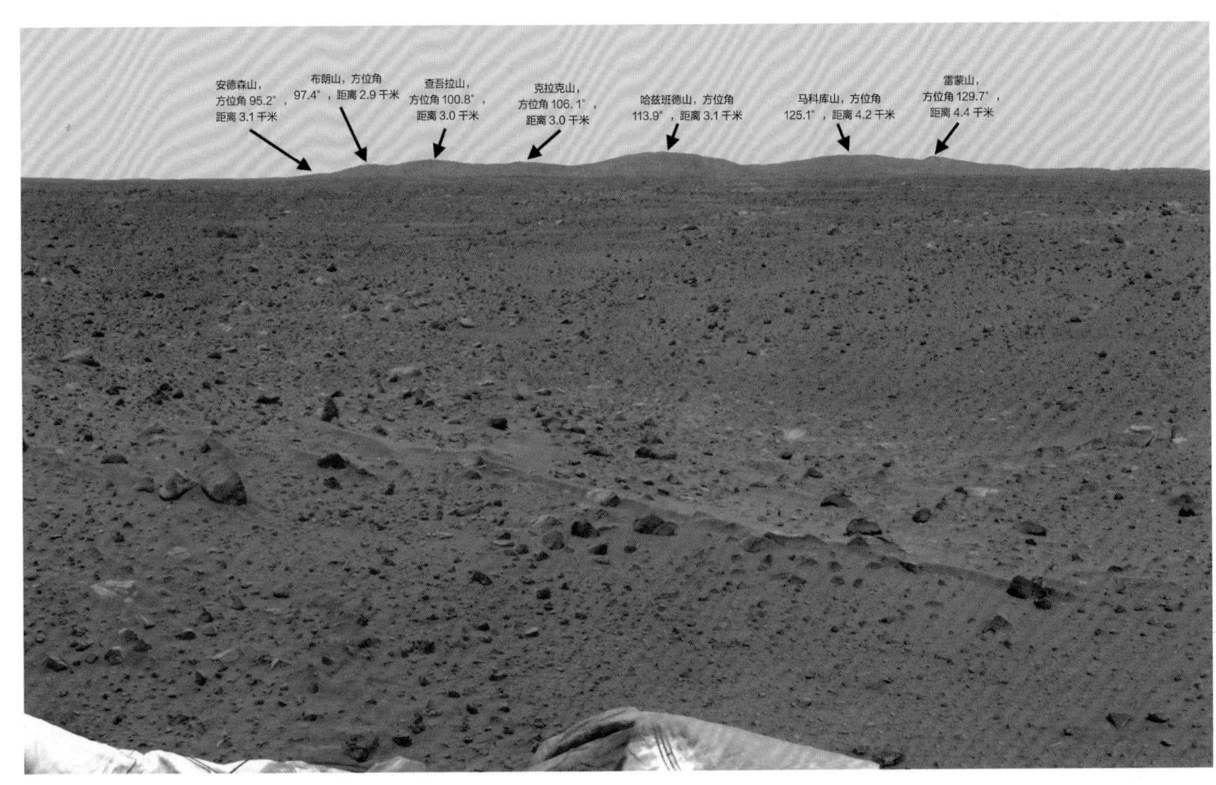

抵达哥伦比亚山脚下之后，“勇气号”调查了一块名为“金罐”的岩石。用放大镜放大后观察，发现岩石上有一处很深的凹坑，其中有一个块状物，分析发现，它含有赤铁矿，这说明山上的物质和平原上的物质并不相同。（感谢 *NASA/JPL-Caltech/Cornell/Max Planck Institute* 供图）

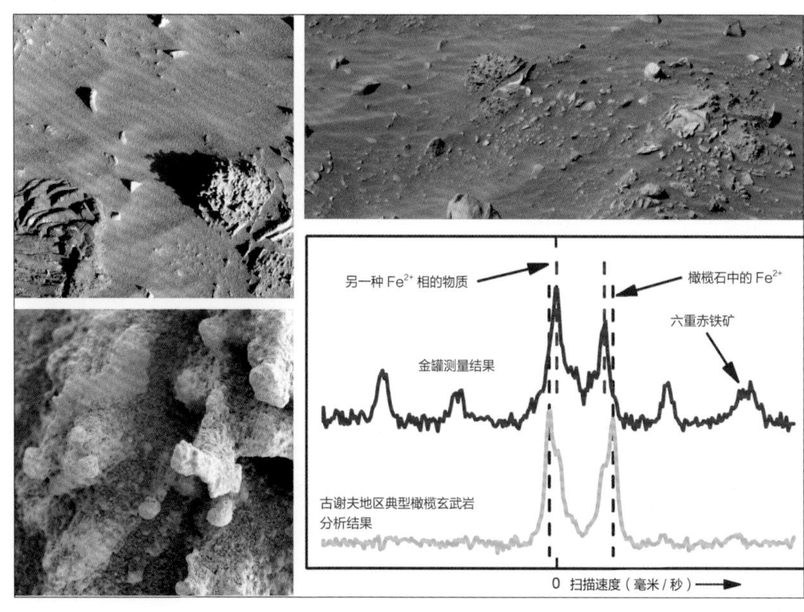

这些山丘以 2003 年“哥伦比亚号”航天飞机重返大气层时牺牲的航天员的名字命名。“勇气号”首先要前往西侧的哈兹班德山（Husband Hill）进行调查，哈兹班德山是所有山丘中海拔最高的山峰，“勇气号”要在这里实现从平原到丘陵的过渡性调查。

第 156 个火星日，“勇气号”抵达了哈兹班德山与平原的交界处，在短短几米距离内，交界处的化学成分发生了显著变化，分界线十分明显。

“勇气号”还未驶离着陆平台时，它看到的哥伦比亚山的景色。这七座山峰以“哥伦比亚号”航天飞机上牺牲的航天员的名字命名。（感谢 *NASA/JPL-Caltech/Cornell* 供图）

哥伦比亚山地势陡峭，“勇气号”在这里工作时还要时刻提防车轮打滑。随着调查工作的深入，“勇气号”发现了大量证据，证明该地区的古老岩石由于被硫、氯、溴和钾等元素改造，原始物质已不复存在。这些元素很容易被水流运输，抵达哥伦比亚山。一些岩石的成分中，大半是盐类物质，说明山上一定被水浸泡过。“勇气号”在哥伦比亚山上没有找到未被改造过的岩石。“勇气号”在途经哈兹班德山外围的峡谷时，经过车轮碾压后，地面暴露出一种浅色物质，光谱仪分析发现，这种物质为纯的二氧化硅，颗粒细腻，形成这种物质需要高温水源，因为要在水热环境中才能发生反应。

第 1892 个火星日，由于遇到软土，“勇气号”陷在原地无法动弹，但它仍提供了被困位置的宝贵数据，直到第 2210 个火星日，“勇气号”才真正停止了工作。

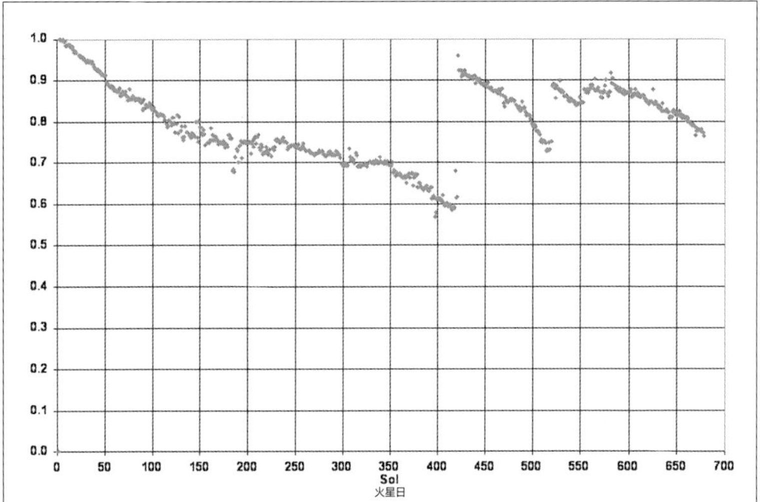

人们以为，“勇气号”火星车及其孪生兄弟“机遇号”火星车的运行寿命会因太阳能电池板上的沙尘累积而受到限制，却没想到，一场沙尘暴将电池板表面的沙尘一扫而净。（感谢 *NASA/JPL-Caltech* 供图）

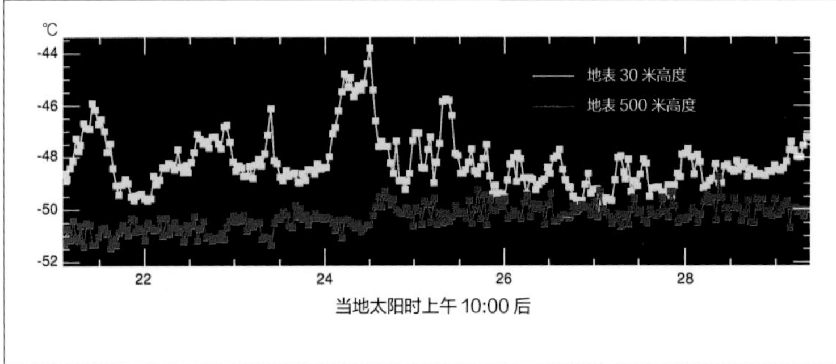

“勇气号”火星车上的热发射光谱仪发现，海拔 30 米处的气温要比海拔 500 米处的气温更高，波动幅度也更大。这一信息能够帮助科学家更好地了解近地面的空气运动与全球性的大气环流之间是如何相互作用的。（感谢 *NASA/JPL-Caltech/Cornell/Arizona State Univ.* 供图）

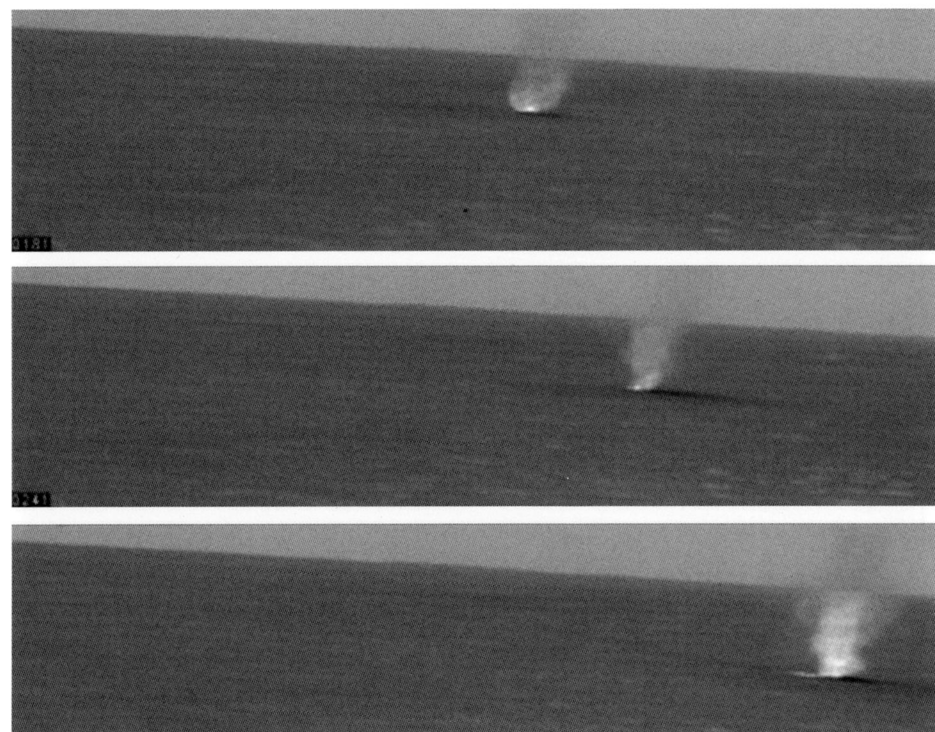

登上西侧山坡之后，“勇气号”记录下了沙尘暴刮过平原的这一刻。（感谢 *NASA/JPL-Caltech/Texas A&M Univ.* 供图）

在移动火星车过程中，可以捕捉当地的“宏观图像”，这是像“海盗号”这样的静态着陆器无法实现的。

轨道器记录了古谢夫撞击坑的地形，图像表明，古谢夫撞击坑曾有过湖泊。“勇气号”在撞击坑底部只发现了火山岩，而没有找到沉积的碳酸盐岩和蒸发岩，说明这个平原很有可能是熔岩流形成的。尽管部分岩石的化学成分，表明它们受到了水的改造，但这些水不一定来自湖泊，也有可能是从熔岩中挥发出来的，或是从地下涌出流经岩石的。所以，这个平原上的岩石无法支撑湖泊假说，如果“勇气号”只能按计划工作 90 个火星日，那么，我们的调查结果也很可能止步于此。

幸运的是，“勇气号”从着陆点行驶到哈兹班德山，足足行驶了数千米。虽然哈兹班德山高 100 米，但这并不能排除它成为沉积物源头的可能性，因为古谢夫撞击坑底部比边缘要深 2500 米。通过对哥伦比亚山的调查，“勇气号”发现，当地物质大多为火山岩，而且被水改造过，说明这个地方在以前被湖水淹没过。

同时，“勇气号”没有发现碳酸盐岩的踪迹，但这一难题被“勇气号”的孪生兄弟——“机遇号”火星车所攻克，后者发现，湖底沉积物中一定有碳酸盐岩存在。

后期处理时将“勇气号”火星车人为叠加在哈兹班德山山顶的照片，给人一种远眺的感觉。（感谢 *NASA/JPL-Solar System Visualisation Team* 供图）

在“本垒板”附近一个名为特洛伊（Troy）的观测点，“勇气号”陷入了松软的沙子里，阻挡了前进的步伐。喷气推进实验室的工程师用一辆工程样车，在相似的环境下进行模拟，研究这一问题。只可惜，“勇气号”很快就被困住了。（感谢 *NASA/JPL-Caltech* 供图）

5. 子午线高原上的“机遇号”

2004 年 1 月 25 日，“火星探测漫游者”计划的第二次任务，是在黑夜中进入火星大气层，进入点就位于水手大峡谷（Valles Marineris）上空。着陆器分离后在火星表面弹跳、翻滚了近 20 分钟，最后才停下来。虽然还没有脱离着陆平台，但它很快就投入了工作。

四小时后，“奥德赛号”完成了第一次超高频中继信号传输，将约 20Mb 的数据传回地球，其中包括许多具有奇幻色彩的火星图像。从地平线看去，着陆器位于直径 22 米、深 2 米的一座撞击坑中。当地土壤的质地与滑石粉相似，而且保留了被安全气囊冲击过的痕迹。令科学家小组惊喜的是，他们在撞击坑一侧的坑壁上，发现了一片水平分层的浅色岩石，看起来像是一小块暴露出来的基岩，这个发现让科学家觉得好像意外中了大奖。

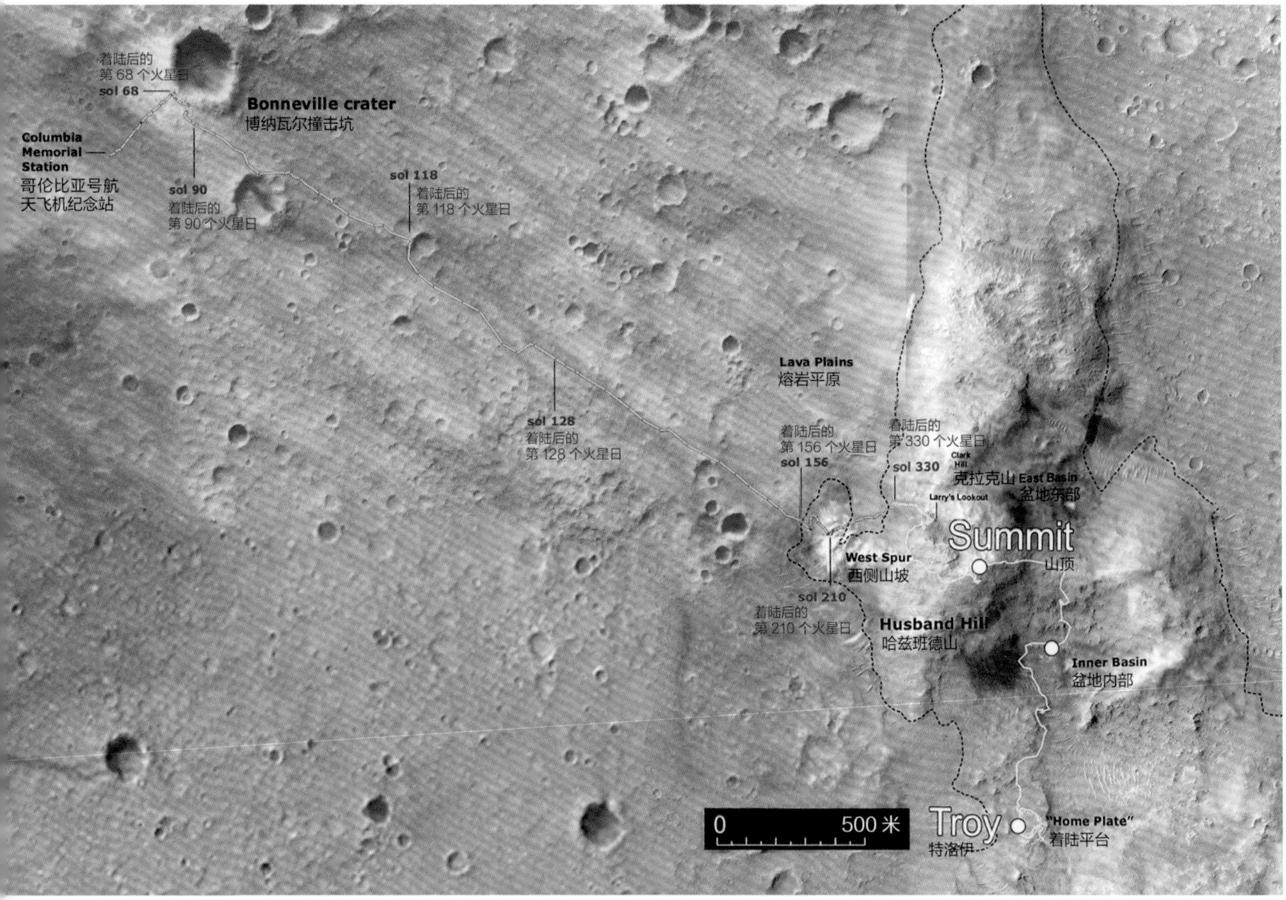

（上 图）“勇气号” 火星车的跋涉路径。
（感谢 *Adapted from NASA/JPL-Caltech/ Cornell/UA/NMMNHS* 供图）

（下图）“机遇号” 火星车从一座名为 “鹰” 的较浅撞击坑出发，由于被撞击坑边缘挡住了视线，“机遇号” 无法看到远处的子午线高原，但是，地质学家惊喜地发现了撞击坑内壁出露的基岩。（感谢 *NASA/JPL-Caltech/ Cornell* 供图）

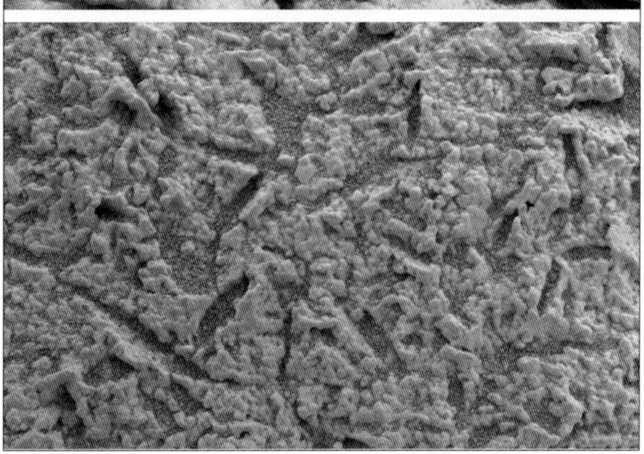

“机遇号”用放大镜检查了一块出露的基岩，这块石头被命名为埃尔卡皮坦（El Capitan），结果发现，基岩上布满了孔隙和狭缝，其中镶嵌着许多小球粒，后来取名“蓝莓”。（感谢 *NASA/JPL-Caltech/ Cornell/USGS* 供图）

作为火星车项目的首席科学家，史蒂芬·斯奎雷斯（Stephen Squyres）解释道：“如果你打过标准的三洞高尔夫球，‘鹰’就是其中的一个洞。”于是，这个撞击坑由此被命名为鹰撞击坑（Eagle Crater）。

充电完成后，日落时，“机遇号”稍作休息，在夜间再次进入工作状态。通过“奥德赛号”轨道器，它第二次发送探测数据，此次发送的内容是全景相机拍摄的第一批彩色照片。照片中的土壤似乎由两种物质混合而成：颗粒细腻的暗红色物质和粗糙灰暗的小球粒。根据这种灰暗的颜色，我们推测，土壤中一定含有赤铁矿。安装在桅杆上的光谱仪对此进行分析，也证实了我们的推测。

在高分辨图像中，暴露出来的部分基岩似乎具备沉积岩的特质，但是，我们很难确定沉积物从何而来，流水、风和降落的火山灰，都有可能影响沉积物所处的位置。显微镜是解决这个问题的关键，在显微镜下，火山灰颗粒多带棱角，如果此处的沉积物是受水流或风向影响而沉积在这里的，那么，显微镜下的颗粒应呈圆形。

“机遇号”对撞击坑中所出露岩层的底部进行了光谱分析，结果发现，基底岩石富含硫元素，说明沉积物中含有盐类物质。将基岩放在显微镜下观察，发现岩石可以分为很多层，每一层只有几毫米厚。层与层之间镶嵌了许多灰色的小球粒，一位科学家将之称为“蓝莓夹心松饼”，这一绰号不断流传，久而久之成了一个代号。原始基岩分为很多阶地，可能是细颗粒基质受到风力侵蚀的结果。

显微镜观察到的图像显示，这些“蓝莓颗粒”并没有影响基岩的分层，由此推断，这些夹在其中的颗粒，并非受外力形成的，而是本身就嵌在软绵绵的沉积物中，它们是原地形成的。含铁矿物中有很多水，渗入岩石中，矿物在硫酸盐水溶液中发生沉积，随着某些不规则颗粒（如沙粒）逐渐增大。

出露的基岩长8米，高30~45厘米不等。大部分基岩顺坡分布，但也有小部分基岩是垂直分布的，“机遇号”沿着斜坡，详细分析了多处基岩。

初步分析结果表明，岩石分层处会向内或向外微微弯曲，说明岩石是在运动流体中形成的。当然，我们还不能确定这些运动流体究竟是熔岩流、水流还是风力。但是，光谱仪发现了硫酸盐、氯化物和溴化物，这或许可以说明，有液态水参与了岩石的形成过程。“冒烟的枪”是一种名为黄钾铁矾的矿物，形成过程需要水的参与。当玄武岩与酸性的硫酸溶液发生化学反应，会生成黄钾铁矾。

这个发现很有价值，可以用来确定当时的水环境。由于受到火山气体的影响，当地的液态水呈酸性，因此我们不必再依赖碳酸盐岩来判断是否有水。缺少碳酸盐岩，不再是判断火星是否温暖湿润、能否在北半球形成海洋这一问题的障碍。如果铁和硫使北半球海洋酸化，那么，碳酸盐岩就不可能从水溶液中分离出来，形成沉积物。

“机遇号”在名为埃尔卡皮坦的岩石上钻孔，采集了两个样品，分别称为麦克凯特里克（McKettrick，左图）和瓜达卢佩（Guadalupe，右图），在岩石内部发现了“蓝莓”。（感谢 *NASA /JPL-Caltech/ Cornell* 供图）

用显微镜观察后，要进一步明确岩石是否是在火星表面形成的。科学家还要对岩石中的交叉层进行检查，每一层沉积物沿着长度方向，会有不同的厚度，反映出沉积过程中受到的侵蚀作用。尽管风力和水流都能导致这种差异，但只有水流经过，才会在表面留下蜿蜒的水纹线。除了交叉层，还有一些曲线被称为“垂饰”。水流经过松散的沉积物时，会形成“垂饰”，这也是水流作用的重要证据。在这种情况下，岩石的形状说明水流很浅，流动速度也较为缓慢，但由于持续时间较长，才能在水中形成沉积。氯和溴的存在，表明这些岩石当时在咸水中浸泡过，也就是说，这个地方有过湖泊或浅海，只不过如今已经干涸，留下了一片盐层。

赤铁矿分布是如此之广，说明水量也一定很大。遥感图像表明，在赤铁矿平原上，撞击坑边缘是浅色的，说明出露了部分基岩。这些基岩与“机遇号”火星车在鹰撞击坑内部检测到的岩石非常相似，说明这一大片区域都分布有沉积岩。

第 57 个火星日，“机遇号”来到鹰撞击坑，调查发现，此处地势平坦，没有太多可供研究的对象。

有意思的是，如果是静态着陆器着陆在这个地方，由于这里离任何一座撞击坑都太远了，它只能检测到满地的赤铁矿球粒，无法探测到地下的基岩，更无法探索基岩的形成原因。

“机遇号”的下一项任务很明确，就是前往更大的撞击坑，研究撞击坑内壁，调查这个平原的深层结构。幸运的是，在着陆器东面 750 米处，就有一座这样的撞击坑，名为耐力撞击坑（Endurance）。

平原上地势开阔，石块稀少，但是，在鹰撞击坑附近，有一块可供研究的岩石。由于这块岩石与当地基岩的化学成分差异较大，所以，我们推断，这块岩石一定是从其他地方溅射过来的。

遥感图像显示了一些长约 100 米的曲线结构，说明是一些链状的深部断裂，曲线边缘似乎

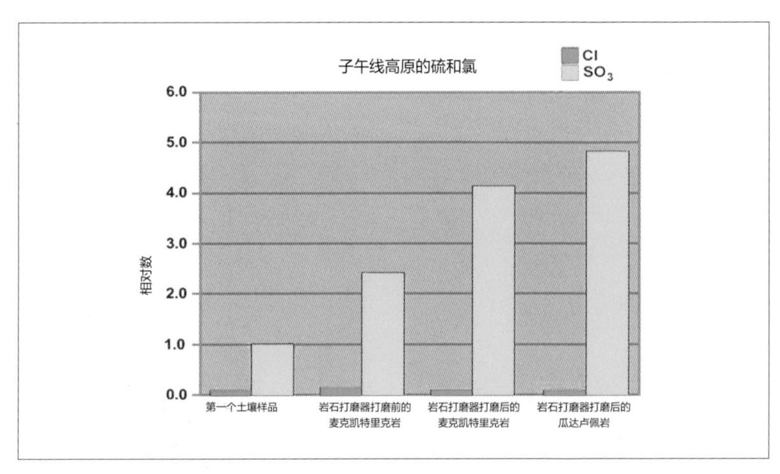

“机遇号”对鹰撞击坑内的岩石进行分析。硫的含量较高，说明硫酸盐浓度较高（约 30%），除此之外还有氯化物和溴化物。岩石含盐量较高，说明沉积物的形成一定伴随着水分蒸发，或冰的升华。（感谢 *NASA/JPL-Caltech/Max Planck Institute* 供图）

有一些石块，这些石块与鹰撞击坑内出露的基岩非常相似。在行驶过程中，“机遇号”要找到一条安全路径，避开这些障碍。

下一个要调查的撞击坑离着陆点 450 米，直径约 8 米。撞击坑外围有一层溅射物，内部呈块状分布。如果“机遇号”在这座撞击坑内部着陆，那么，开展调查的难度会比在鹰撞击坑大得多。

第 93 个火星日，“机遇号”离耐力撞击坑边缘只有短短 70 米时，已经可以观测到撞击坑边缘的上部，科学家小组在这里发现了大量黑色的岩石，对他们来说，这是一个令人振奋的消息。

之后，火星车渐渐放慢行进速度，爬上一个平缓的山坡，来到离撞击坑只有 50 厘米的斜坡

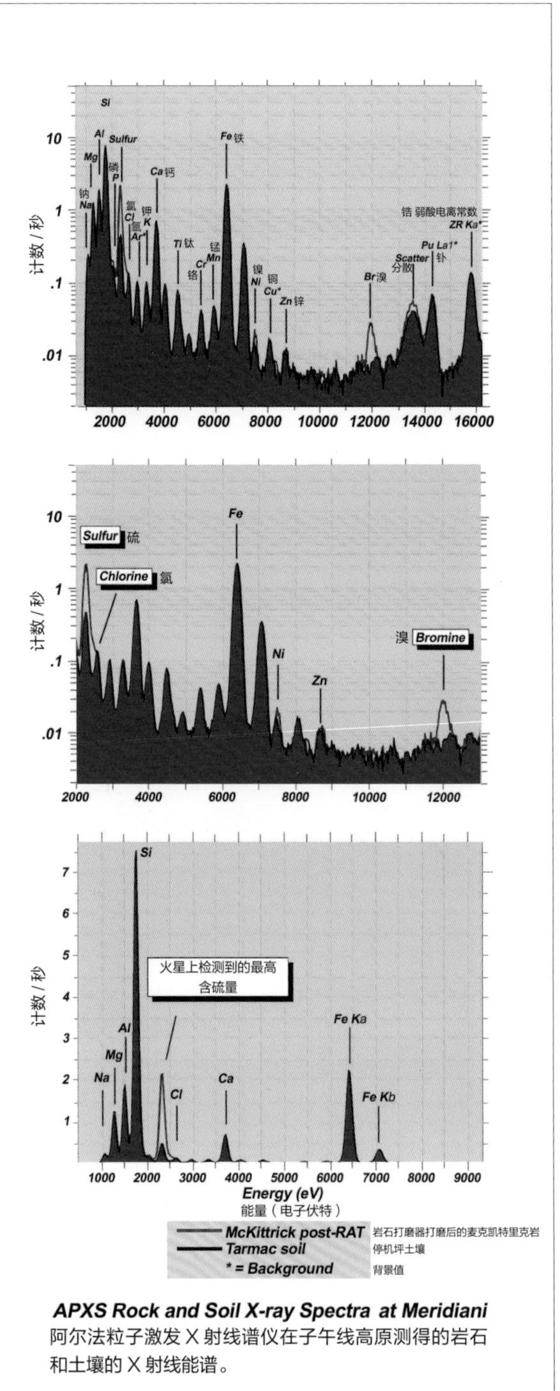

APXS Rock and Soil X-ray Spectra at Meridiani
阿尔法粒子激发 X 射线谱仪在子午线高原测得的岩石和土壤的 X 射线能谱。

对鹰撞击坑内一块名为“埃尔卡皮坦”的岩石进一步分析发现，在岩石的不同部位，盐分的浓度有较大差异。这种元素的“分馏”效应，是高浓度卤水缓慢蒸发时的一种典型现象，即卤水中的化合物依次沉淀。（感谢 *NASA/JPL- Caltech/Cornell/Max Planck Institute* 供图）

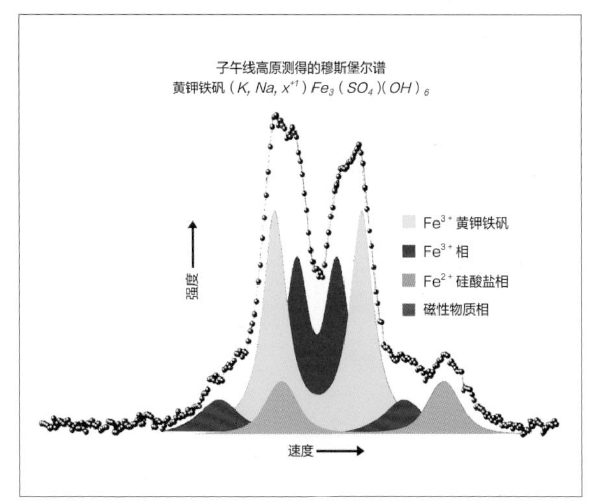

对一块名为“埃尔卡皮坦”的岩石露头进行分析，黄色的峰值代表黄钾铁矾，这种矿物中含有以羟基形式存在的水。这种看起来像冒烟的枪一样的特征，说明岩石的形成过程中一定有液态水的参与。（感谢 *NASA/JPL-Caltech/Univ. of Mainz* 供图）

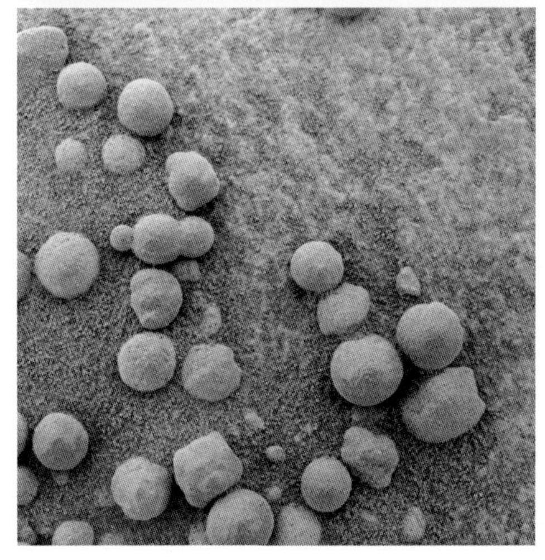

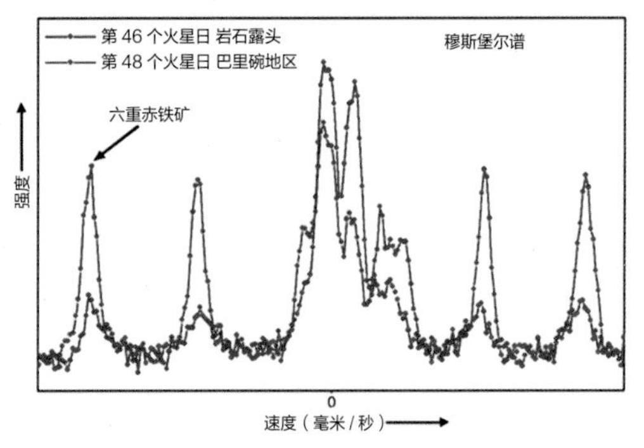

“机遇号”调查了鹰撞击坑中出露的岩层，在岩石空腔内发现了一簇“蓝莓”球粒。“机遇号”分析了“蓝莓”球粒，还分析了附近不含“蓝莓”的部分。经光谱仪分析发现，这些“蓝莓”球粒不仅具备外露岩层的典型特质，还呈现出明显的赤铁矿特征（称为“磁六重线”）。子午线高原之所以被选为“机遇号”任务的着陆点，是因为遥感卫星在这个地区探测到了高含量的赤铁矿，一般来说，赤铁矿是一种形成于水中的含铁矿物。（感谢 *NASA/JPL-Caltech/Cornell/Univ. of Mainz* 供图）

处。撞击坑深 20 米，向内倾斜约 18°，在这里，火星车发现了在鹰撞击坑中看到过的岩石露头，那里有几处重重叠叠的岩层。

任务规划专家深知，要想调查岩石分层的原因，必须让火星车深入撞击坑内部，进行钻孔分析。显然，这项任务有去无回。

火星车先是在撞击坑边缘选取几处进行调查。最后，工程师们决定，沿着最安全路径向西南方向进行调查。

“机遇号”在撞击坑边缘的顶部站稳后，前轮先向前移动，然后移动所有的六个轮子。接着，“机遇号”评估了分布在 18° 斜坡上的“蓝莓”颗粒对车身的阻力。接着，车身沿斜坡向下行驶了几米，斜坡上至少有三层不同的岩石，而它们只是整个岩层的一小部分而已。通过岩层调查，可

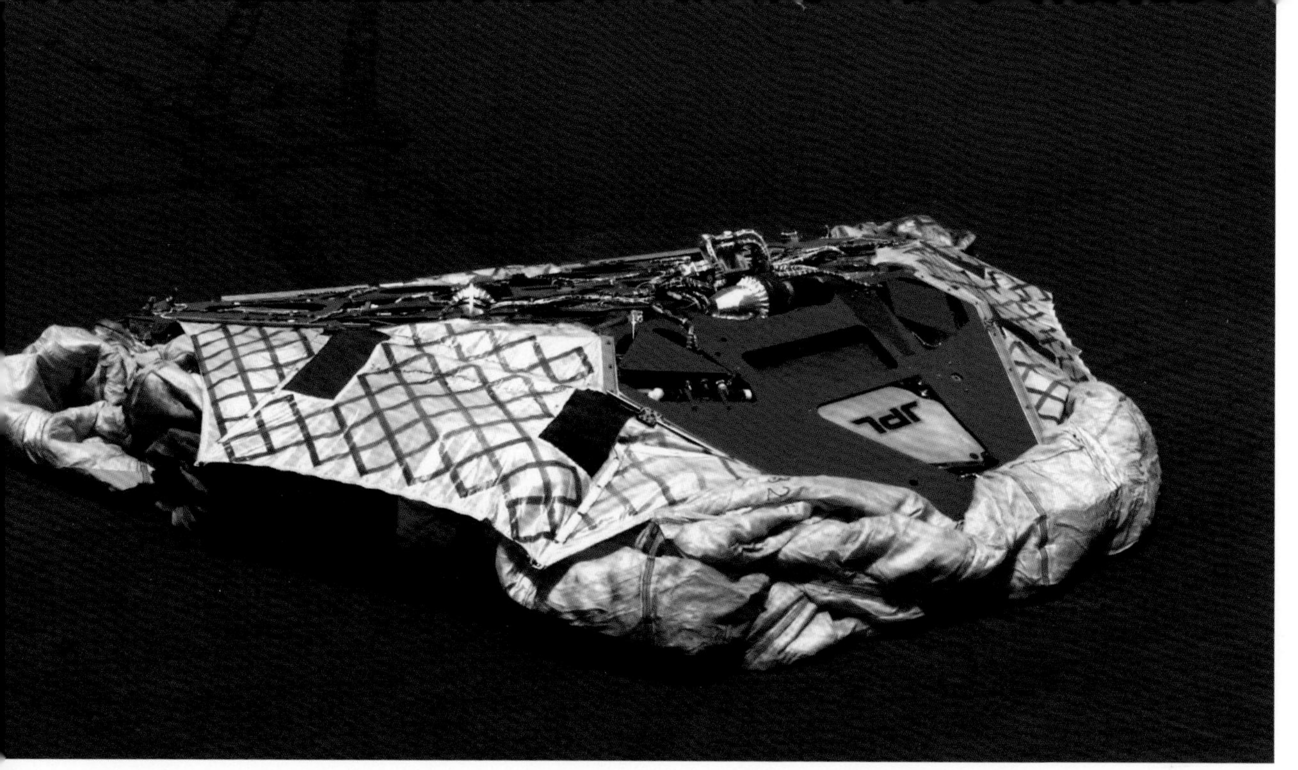

以识别出地层单元。在这种情况下，火星车的工作很像地质学家在野外考察时所做的工作。

火星车从撞击坑边缘沿着斜坡向下行进了7米，一直在采集硫酸盐样品。由此可见，水的影响深度已经相当深了。深色硫酸盐物质的表面没有水纹，说明从水中沉积出来后，沉积物分布均匀。很可能是沉积物表面干涸后，受到了外部风力吹动的结果。问题的线索在于氯与溴的比值，在鹰撞击坑内，几十厘米的距离内，这一比值就会发生变化。不同溶解度的元素，会在不同的环境条件下沉积出来。因此，氯与溴的比值变化，就是蒸发作用的明显证据。如果鹰撞击坑中出露

"机遇号"火星车即将离开鹰撞击坑时，拍摄了着陆器的照片。（感谢 *NASA/JPL-Caltech/ Cornell* 供图）

"机遇号"火星车来到直径更大的耐力撞击坑，从西侧边缘对撞击坑内部进行观测，发现在撞击坑南部坑壁上有一道斜坡，被命名为"伯恩斯崖"（Burns Cliff），斜坡上有许多层状岩石可供研究。（感谢 *NASA/JPL- Caltech/ Cornell* 供图）

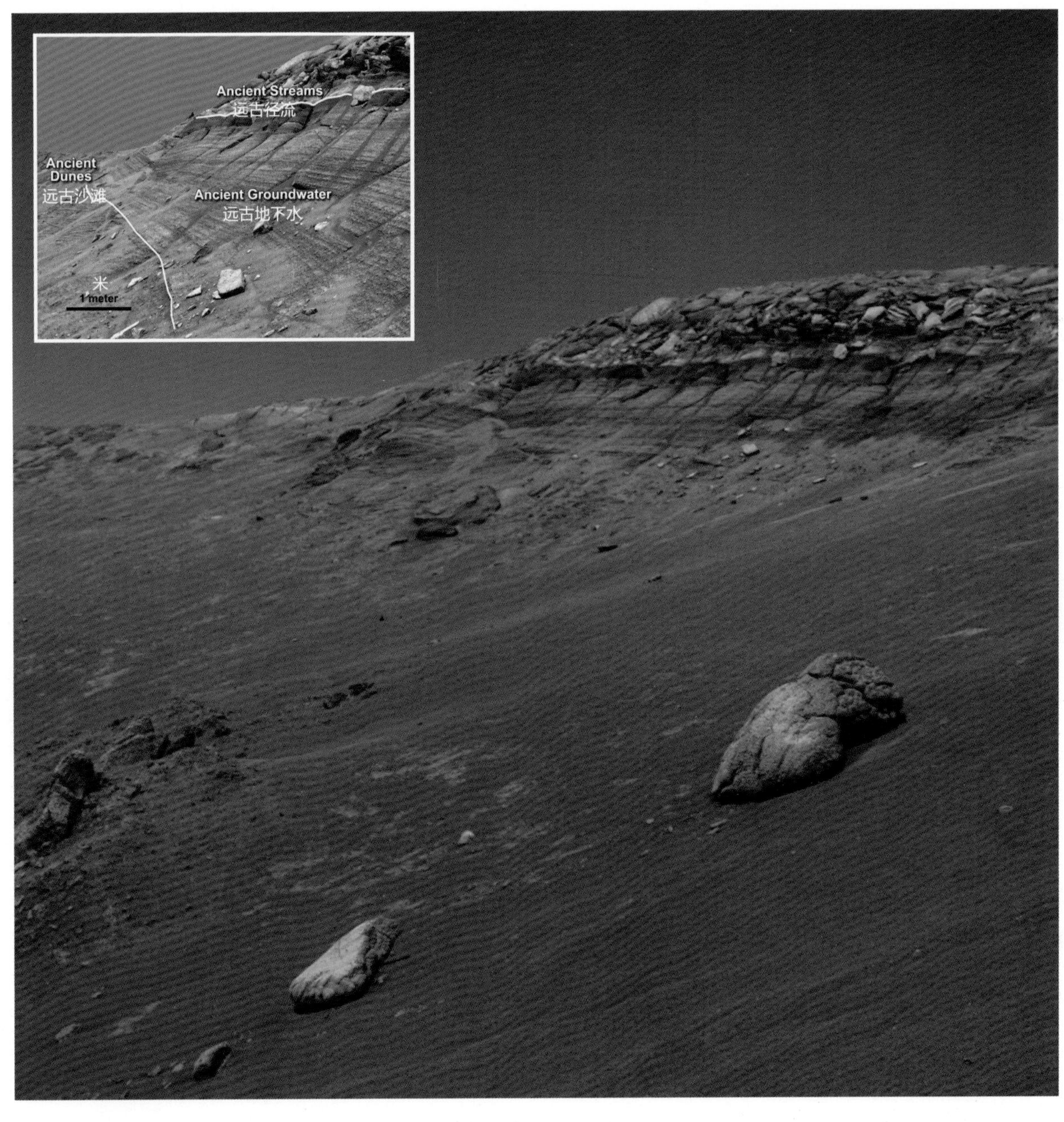

“机遇号”在耐力撞击坑内，向上仰视伯恩斯崖。（感谢 *NASA/JPL- Caltech/Cornell* 供图）

的岩石被均一化了，那么，氯与溴的比值应该是均一的，就像在耐力撞击坑内观测到的那样。所以，我们推断，撞击坑表面曾经历过湿润的时期，也经历过干燥时期。在地球上，这种地貌被称为干盐盆地。

撞击坑深处的一些岩石覆盖了一层干燥泥浆，说明在撞击坑形成前后，都曾受到过水力侵蚀，撞击坑内部曾经有过大量的液态水。

火星车也调查了耐力撞击坑内部，分析南部岩壁上的伯恩斯崖。对地质调查来说，这项工作至关重要，因为岩石露头的位置比硫酸盐层更深。

科学家特别希望分析悬崖上两条岩层以一定角度交叉的地方。这种巨大的交错层与地面以一

离开耐力撞击坑后，“机遇号”检查了着陆器在下降段分离的隔热大底。同时，它还发现了一块铁陨石（上图），被命名为隔热大底陨石（Heat Shield Rock），另一块陨石（下图）被命名为布洛克岛陨石（Block Island）。（感谢 *NASA/JPL-Caltech/Cornell* 供图）

离开耐力撞击坑后，“机遇号”掉头向南，朝维多利亚撞击坑行驶。然而，在行驶过程中，“机遇号”被困在一片沙海之中，后来，这个地方被人们称为“炼狱沙丘”（Purgatory Dune）。被困后，“机遇号”花了整整一个月，才脱离这片沙丘。上图显示的是火星车前进时的路线，下图是火星车撤退时的路线。（感谢 *NASA/JPL-Caltech/Cornell* 供图）

定的角度叠加，说明这个地区一定受到过风力的侵蚀。在地球上，这种交错的地貌叫作石化沙丘。伯恩斯崖最底层的岩石曾经被风力“搬运”过，由此看来，在浅浅的水面沉淀出沉积物之前，子午线高原应该是一片玄武岩沙丘组成的沙漠。

“机遇号”用了六个月时间调查耐力撞击坑。终于在第 315 个火星日，从撞击坑里爬了出来，在附近稍作休息，给太阳能电池板充电。

几天后，“机遇号”调查了离撞击坑不远处的一块岩石，因为桅杆上的光谱仪显示，这块岩石富含铁和镍，实际上，这毫无疑问是一块陨石。

这一发现让人们意识到，火星遭受的石陨石撞击可能比铁陨石多。所以，火星上的一些小石块，很可能就是石陨石。这些小石块在火星上的其他地方并不起眼，很难发现，但在这片缺少特点的平原上，却显得引人注目。

通过探索鹰撞击坑和耐力撞击坑，“机遇号”掌握了基岩概况，也了解了子午线高原的地质历史。于是，在第 358 个火星日，“机遇号”开始向南进发，此时，它已经超额完成了探索距离和设计寿命规定的工作时间。

经过连续几天的行驶，“机遇号”在崎岖的前进道路上，调查了多个大小不一的撞击坑。这些撞击坑表面有许多浅色岩石，表面有明显的流沙纹，时不时会阻碍“机遇号”的行驶。

为了尽最大可能避免陷入沙丘，“机遇号”火星车选择在沙丘之间最安全的“高速公路”上行驶，从安全地点越过障碍物。“机遇号”借此向西南方向蜿蜒行进，来到维多利亚撞击坑。这个撞击坑的直径约为 800 米，撞击坑边缘参差不齐，出露的地层看起来要比伯恩斯崖复杂得多。

风险评估结果表明，“机遇号”可以沿着坡

（上图）在前往维多利亚撞击坑的路上，一片片基岩不时出现在沙丘中。为避免再次被困在软土中，“机遇号”尽可能选择“高速公路”行驶，尽管有些路段布满了鹅卵石。（感谢 *NASA/JPL-Caltech/Cornell* 供图）

（下图）在前往维多利亚撞击坑的途中，“机遇号”发现了条纹状的高海拔云层。如果人类首次登陆火星的着陆点就选在这里，那么，眼前这幅景象可能会让人更加确信，火星就是一个干旱的沙漠而已。（感谢 *NASA/JPL-Caltech/Cornell* 供图）

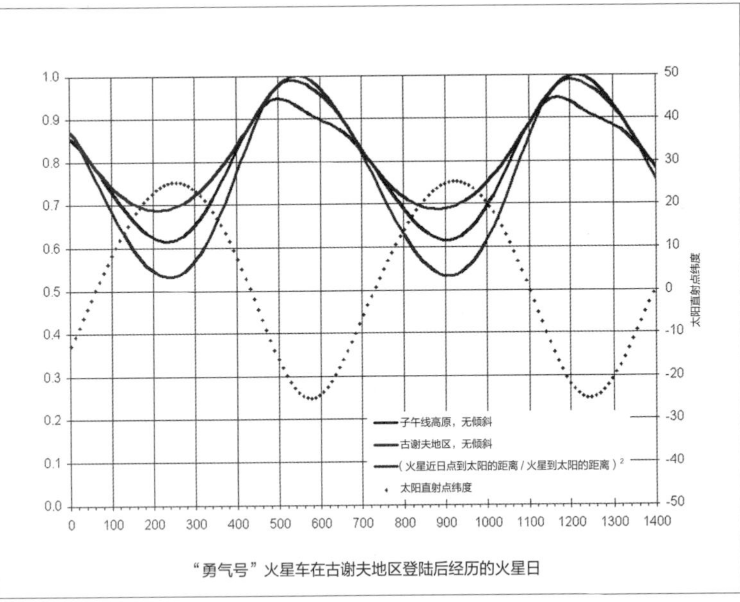

这张图反映了两个火星年内，“勇气号”和“机遇号”可用太阳能的变化。影响太阳能变化的两个因素：火星绕太阳轨道的偏心率和火星的自转轴倾角。横坐标为“勇气号”登陆后经历的火星日。左侧的纵坐标，为火星车可用的太阳能与火星离太阳最近时赤道地区太阳能的比值。红色曲线为“勇气号”着陆点附近的可用太阳能（古谢夫环形山），蓝色曲线代表“机遇号”着陆点附近的可用太阳能（子午线高原）。右侧的纵坐标为图中虚线对应的数值，代表火星赤道南北两侧、正午太阳直射点所在的纬度。（感谢 *NASA/JPL-Caltech* 供图）

度最缓的位置行驶下去，然后从野鸭湾开始，调查撞击坑内壁三处“浴缸圈”形状的岩层。结果发现，这些岩层的纹理和颗粒大小不一，但岩石成分基本相似。

顶部岩层的颗粒中等偏细，含有丰富的“蓝莓”球粒。中部岩层较顶部岩层更光滑，颜色更浅，厚度更薄。底部岩层的颜色更暗沉，其中可能含有玄武岩质地的沙子。岩层中含有硫化物，说明当时浸泡这些岩层的水的盐度很高。在地球上目前已知的生物中，还没有任何一种生物，能在这样高浓度的盐水中生存。

沿着斜坡继续向下，“机遇号”发现了位于野鸭湾的岩石露头，这里的岩石中富含铁，以赤铁矿的形式存在，含铁量比此前分析过的任何火星岩石都要高。

由此，我们可以得出结论，维多利亚撞击坑内最底层的矿物，是在弱酸环境下形成的。当火山活动将硫喷发到大气中时，水的酸性程度可能还会更高。即便火星上存在过生命，如此强酸性的水已经足以将其消灭。

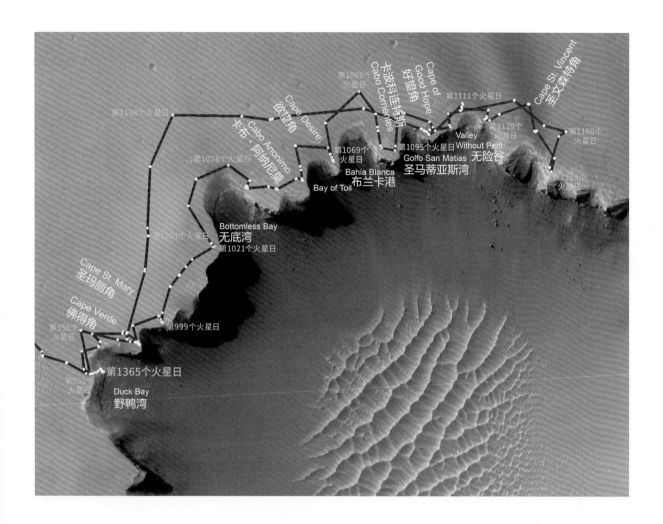

（上图）“机遇号”火星车对维多利亚撞击坑西北侧进行了探索，命名了多处海湾和岬角。本图是在“机遇号”抵达维多利亚撞击坑后，由“火星勘测轨道器”拍摄的遥感图像。（感谢 *NASA/JPL-Caltech/ Univ. of Arizona/ Cornell/ Ohio State Univ.* 供图）

（下图）“机遇号”火星车从上图中的佛得角（Cape Verde）的位置拍摄的维多利亚撞击坑，右侧为野鸭湾（Duck Bay）。（感谢 NASA/ JPL-Caltech/Cornell *供图*）

圣文森特角出露岩层的假彩色图像，这里位于维多利亚撞击坑边缘，顶部堆积着松散、杂乱无章的石块。稍远处突然变成了坚实的基岩，在整个撞击坑周围形成了一道由石块组成的明亮环带。这道环带应该就是撞击挖掘形成撞击坑之前的状态。（感谢 *NASA/JPL-Caltech/Cornell* 供图）

（下图）完成对维多利亚撞击坑的调查后，“机遇号”来到东南方向更远、更大的奋斗撞击坑。当地多山，“机遇号”沿着撞击坑边缘，一点点地靠近约克角（Cape York）。（感谢 *NASA/JPL-Caltech/Cornell/Arizona State Univ.* 供图）

沿着奋斗撞击坑边缘，“机遇号”进入马拉松谷（Marathon Valley），登上了克努森岭（Knudsen Ridge）。转身回望，可以看到平原上扬起的一股沙尘暴。（感谢 *NASA/JPL/Don Davis* 供图）

在维多利亚撞击坑中，“机遇号”沿着沙质的陡坡，探索了整整 340 个火星日。

尽管这辆火星车已超额完成任务，可以说是鞠躬尽瘁，但喷气推进实验室的研究团队还是决定，让它前往考察西南方向 12 千米外的奋斗撞击坑（Endeavour）。奋斗撞击坑直径约 22 千米，深 300 米，在这里，我们对子午线高原的地质历史有了更深入的了解。

遥感图像显示出奋斗撞击坑内壁的分层情况。红外遥感数据显示，其中含有铁、镁的黏土，

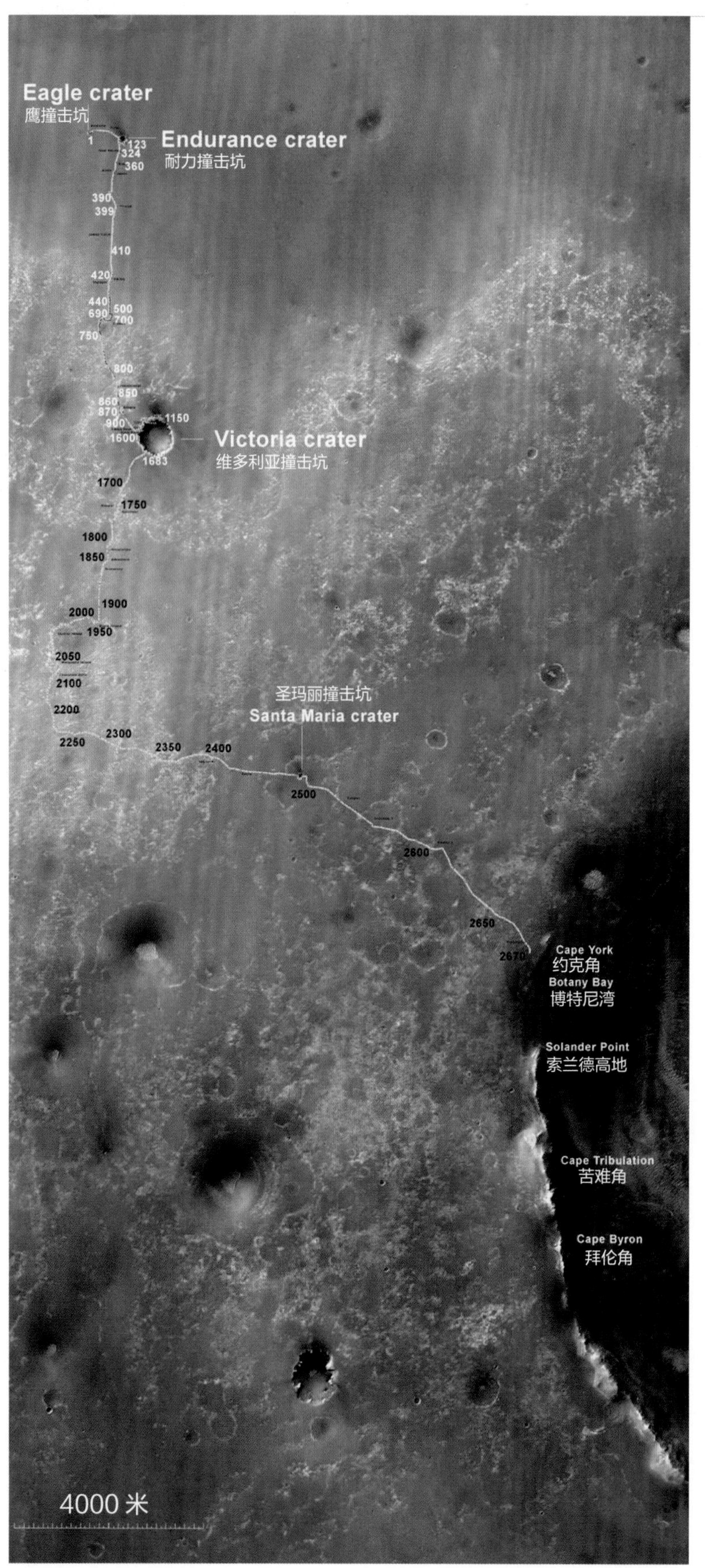

从着陆点到奋斗撞击坑的途中，“机遇号”在奋斗撞击坑和维多利亚撞击坑都设立了主站，进行科学考察。（感谢 *NASA/JPL-Caltech/MSSS/NMMNHS* 供图）

是橄榄石与水反应形成的。这些黏土的形成环境，与形成硫酸盐的环境相比，酸性已经大大减弱，因此也更适宜生命存活。火星车在这里调查的结果，也证实了这一点。

2018 年，“机遇号”遭遇沙尘暴而停止工作，被宣布“阵亡”。它在火星上工作了整整 15 年，“超额”完成任务。它总共仅移动了 45 千米，相对于火星两万多千米的周长来说显得微不足道。

无论如何，“勇气号”和“机遇号”取得的科学成果，已远远超出了我们对它们的预期。

利用“火星勘测轨道器”上的高分辨率科学成像设备和专用小型侦察成像光谱仪提供的数据，呈现“机遇号”对奋斗撞击坑西部边缘的探索。2017 年在我写这本书时，“机遇号”已经结束了探索使命。值得一提的是，拍摄本图时，“机遇号”还是活着的。（感谢 *NASA/JPL-Caltech/JHUAPL* 供图）

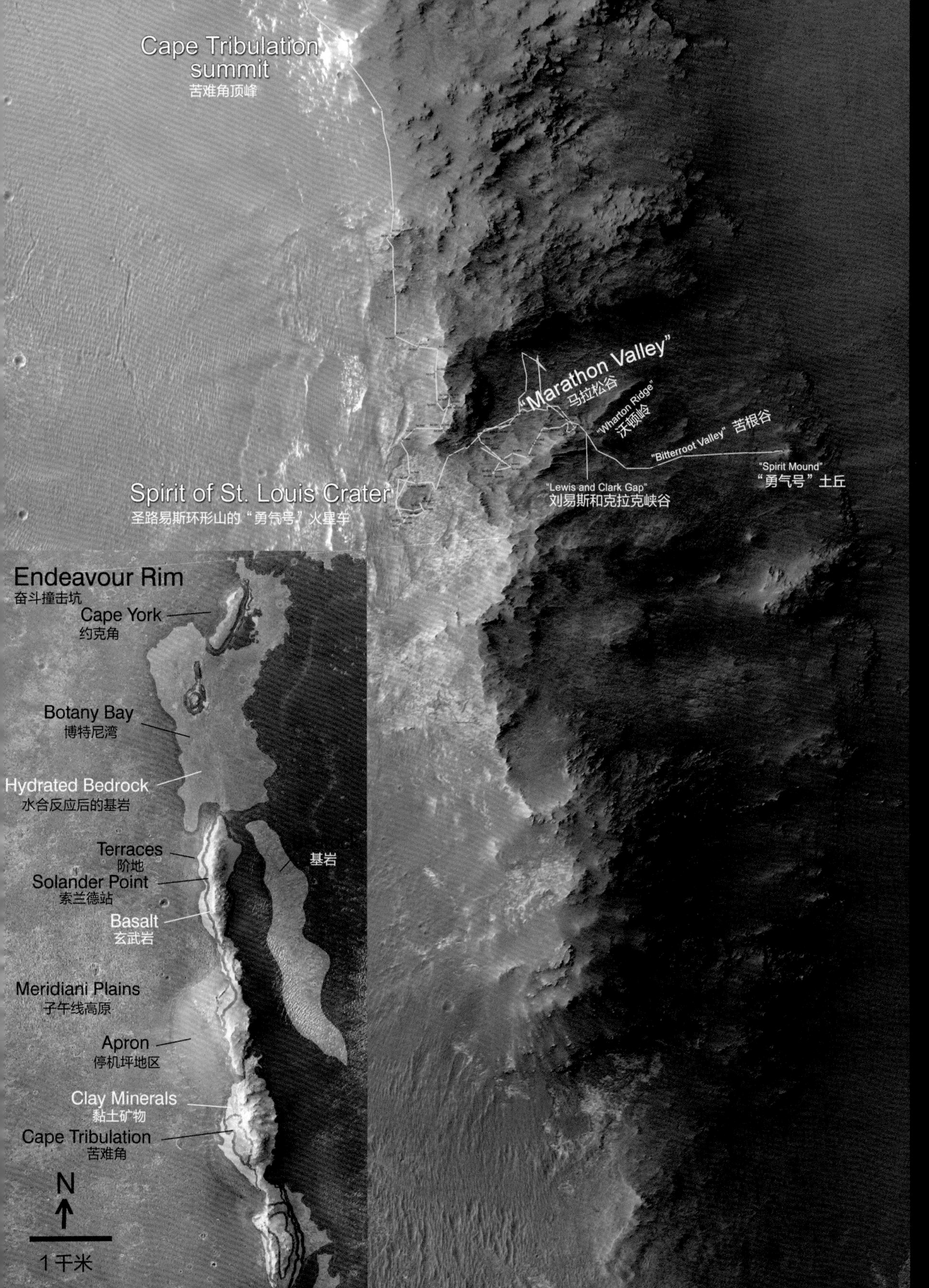
Cape Tribulation summit
苦难角顶峰
"Marathon Valley"
马拉松谷
"Wharton Ridge"
沃顿岭
"Bitterroot Valley" 苦根谷
"Spirit Mound"
"勇气号"土丘
"Lewis and Clark Gap"
刘易斯和克拉克峡谷
Spirit of St. Louis Crater
圣路易斯环形山的"勇气号"火星车
Endeavour Rim
奋斗撞击坑
Cape York
约克角
Botany Bay
博特尼湾
Hydrated Bedrock
水合反应后的基岩
基岩
Terraces
阶地
Solander Point
索兰德站
Basalt
玄武岩
Meridiani Plains
子午线高原
Apron
停机坪地区
Clay Minerals
黏土矿物
Cape Tribulation
苦难角
N
1 千米

6.“凤凰号”找到冰

重拾信心后，美国国家航空航天局希望再次尝试在火星极地着陆，新的着陆器被命名为“凤凰号”。着陆器使用的仪器设备，一部分由1999年失败的火星探测器改进升级研制，一部分是2001年的火星探测器上没有用过的仪器。这次，“凤凰号”将继续贯彻火星探测计划中“追寻水的痕迹”战略。

不过，这次的探测目标，从火星的南极，转向了拥有二氧化碳季节性冰盖的北极。在这里，“奥德赛号”已经检测到近地面有冰。

“凤凰号”的任务，是研究着陆点附近的水和水冰的地质历史，探索极地上空的大气动力学如何影响极地气候，调查极地是否有生命。

第一个探测目标选在了北方大平原，距北极点约1200千米，位于“海平面”基准以下4.1千米。虽然，从遥感图像中并未发现石块，但这里的独特之处在于，平原上有许多数米宽的多边形“枕”状物体。据推测，这种图案是由于冰的季节性膨胀和收缩形成的，这种现象在地球上的冻土带也时有发生。

研制中的“凤凰号”着陆器正在进行组装和测试。（感谢*NASA/JPL-Caltech/UA/Lockheed Martin*供图）

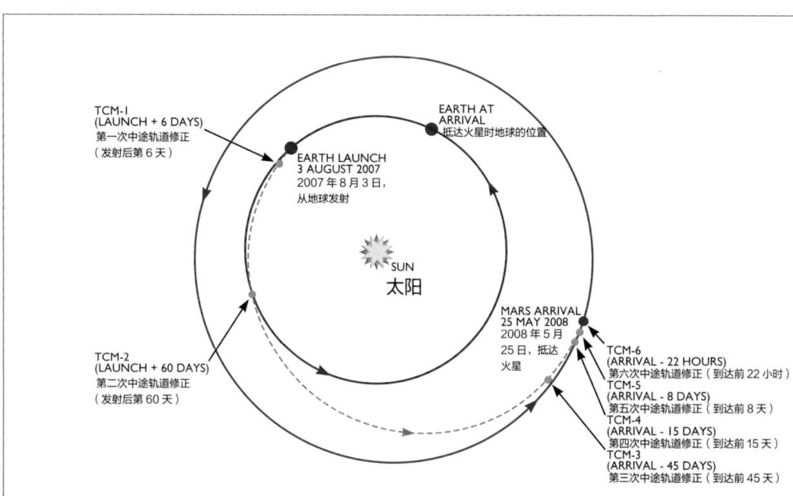

“凤凰号”任务的行星际运行轨道。（感谢 *NASA/Woods* 供图）

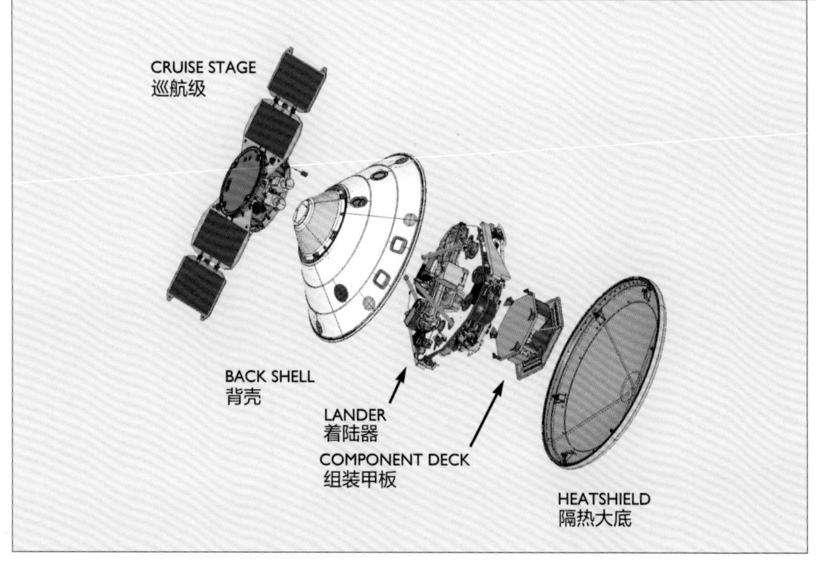

“凤凰号”大气进入系统的详细信息。（感谢 *NASA/Woods* 供图）

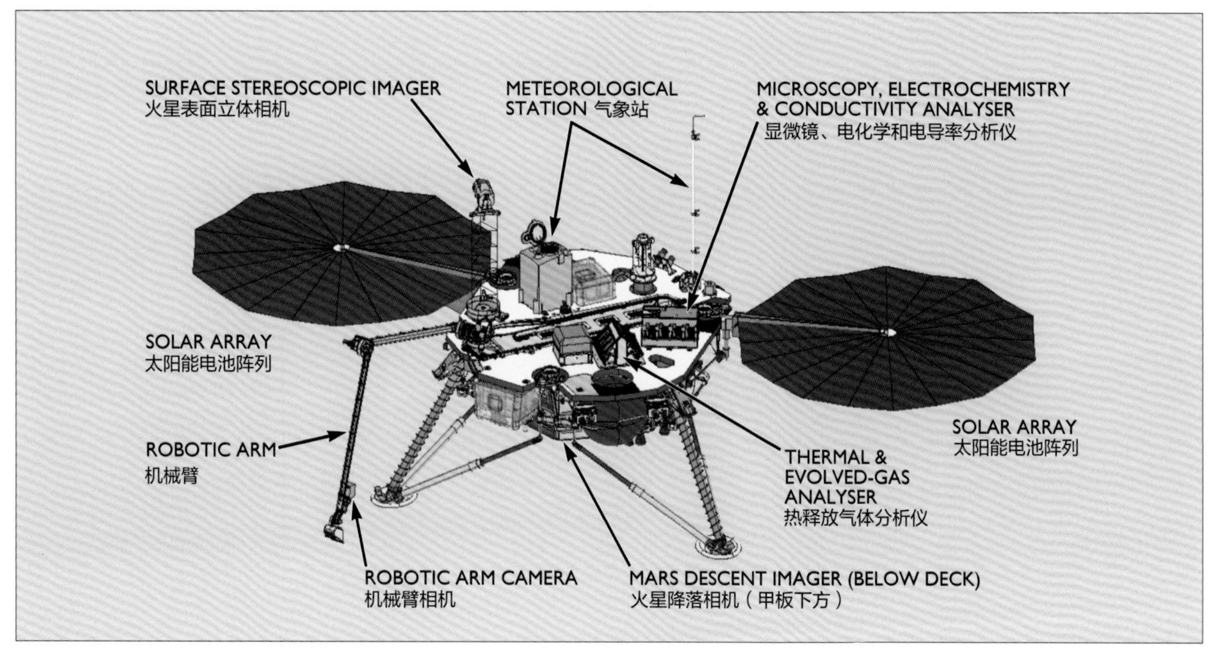

“凤凰号”着陆器的详细信息。（感谢 *NASA/Woods* 供图）

2008 年 5 月 25 日，“凤凰号”登陆火星，“奥德赛号”立即收到了“凤凰号”的信号，“火星勘测轨道器”拍到了“凤凰号”带着降落伞的下降过程。在距火星表面 960 米时，“凤凰号”抛却背壳。自由落体数秒后，着陆器上的发动机点火，实现安全着陆。这也是历史上第一次有三项火星表面探测任务同时实施。

“凤凰号”着陆器大气层进入——下降——着陆过程。（感谢 *NASA/Woods* 供图）

“凤凰号”着陆时扬起一片沙尘，为此，它休整了 15 分钟，尘埃落定后，着陆器展开太阳能电池板、相机和气象桅杆，在随后的两个小时内，与“奥德赛号”建立了通信联系。

当时是火星北半球的晚春，太阳照射在电池板上。6 月 25 日，太阳高度角达到最大值 47°，直到 9 月份“凤凰号”完成设计寿命为止。

着陆点极为平坦，分布着多边形的地形特征，每条边长数米，中间隔着 20 到 50 厘米不等的凹槽，将其分开。着陆点附近有很多石块，但体积都很小，大块的岩石并不多见。那里没有沙丘和沙波纹。从地平线这里望去，隐约能看到几座小山。

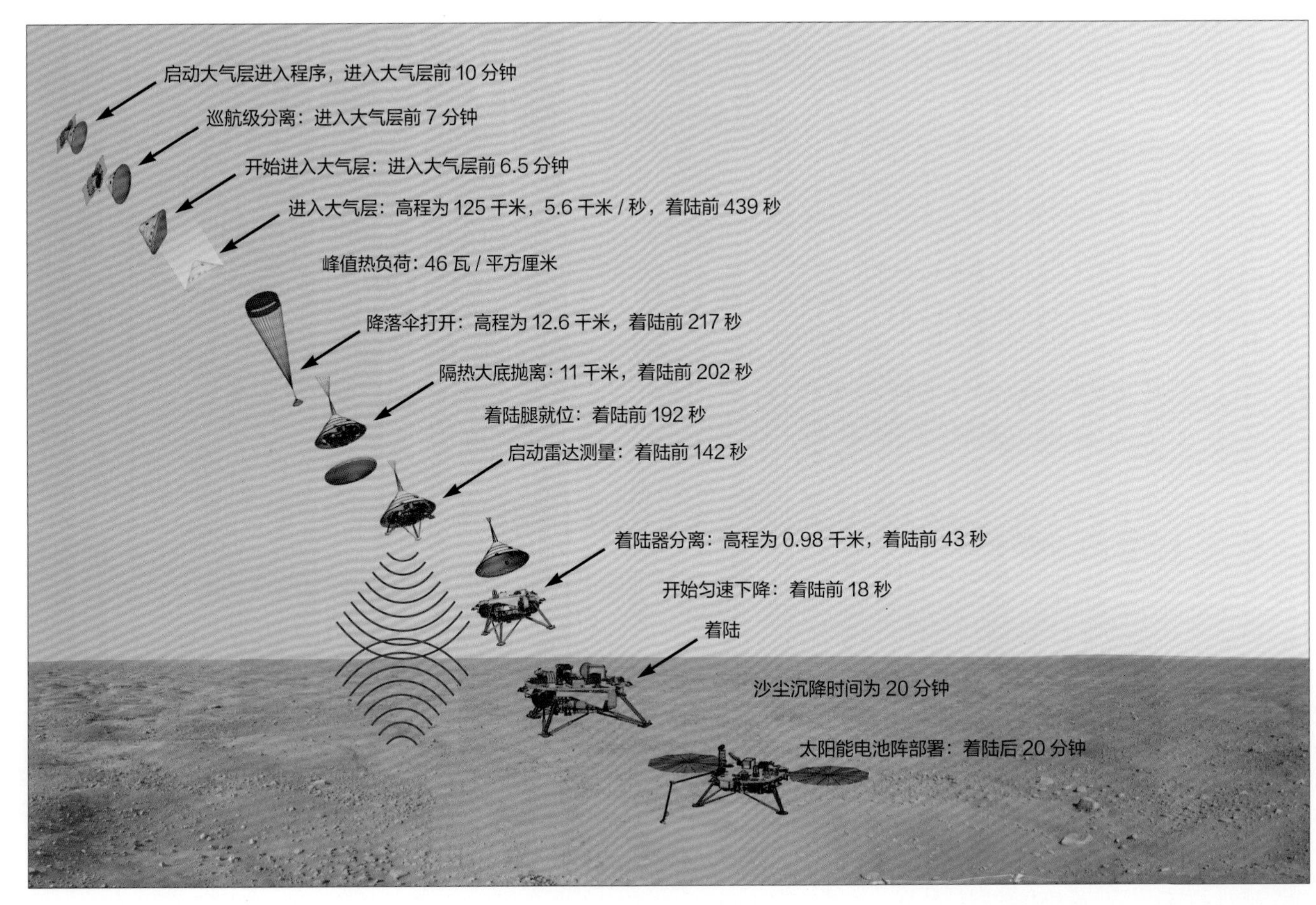

（上图）“凤凰号”着陆时扬起的沙尘落到了自己的支撑腿上。（感谢 *NASA/JPL-Caltech/Univ. of Arizona* 供图）

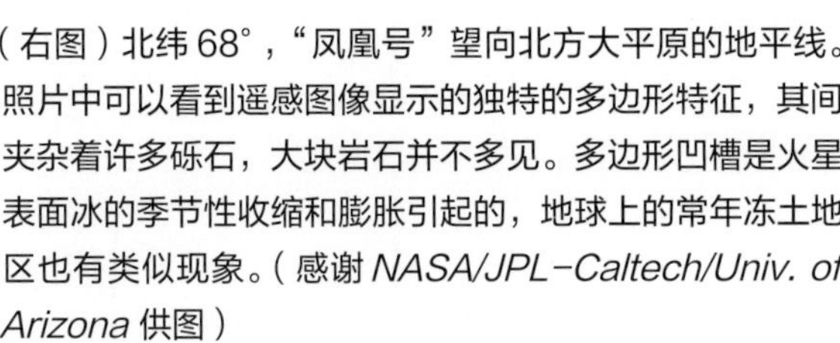

（右图）北纬 68°，“凤凰号”望向北方大平原的地平线。照片中可以看到遥感图像显示的独特的多边形特征，其间夹杂着许多砾石，大块岩石并不多见。多边形凹槽是火星表面冰的季节性收缩和膨胀引起的，地球上的常年冻土地区也有类似现象。（感谢 *NASA/JPL-Caltech/Univ. of Arizona* 供图）

在着陆器脚下的这片多边形特征内部，土壤中含有丰富的冰，而凹槽中的土壤冰含量较少，幸运的是，这两个区域都在机械臂的工作范围内，因此能采集到两种不同的样品。“凤凰号”先是调查着陆区地面，发现表面土壤已经被制动火箭剥蚀，露出了又亮又硬的物质。研究人员推测，这应该是一块岩石，只不过从外观看起来更像是一大块冰。这说明，这里的地形就像冰面上覆盖着几厘米厚的土壤，这一发现为此次任务开了一个好头。当地清晨，温度为 -80℃，下午时的气温变得相对暖和一些，为 -30℃，大气压为 0.0086 千帕。这两项指标说明，地下的冰实际上是水冰，因为在这样的温度下，二氧化碳会迅速升华。

“凤凰号”着陆器的机械臂正在工作，铲斗里已经采到了一个样品。（感谢 *NASA/JPL- Caltech/Univ. of Arizona/Texas A&M Univ.* 供图）

虽然，我们观察到土壤中的一小块冰升华了，但冰层本身仍以固态形式稳定存在，如岩石般坚硬，就连铲斗上的碳化钨刀片都难以从冰层上取样。

“凤凰号”上的主要设备，是从此前失败的极地着陆器任务中沿用的热挥发性气体分析仪，其中安装有微型烘箱，可以对机械臂采集的土壤样品进行加热。气体分析仪先缓慢加热，用 35℃的温度将冰融化，然后升温至 175℃，释放出气体，最后调至 1000℃进行高温烘烤，释放出有机物、盐、被水改造过的矿物。气体分析仪要获得水合矿物吸收的热量与温度变化之间的函数关系，通过了解不同状态水的汽化温度，可以帮我们识别水合矿物的类型。

在对挖出来的沟槽进行反复调查时，“凤凰号”看到了冰粒升华成气体的过程。（感谢 *NASA/JPL-Caltech/Univ. of Arizona/Texas A&M Univ.* 供图）

（上图）当“凤凰号”的机械臂探测着陆器底部时，它发现，着陆器上的喷嘴已经吹走了表面覆盖的薄薄一层细颗粒物质，露出了一大块冰，这一发现让科学家忍不住大呼“哇！”。（感谢 *NASA/JPL-Caltech/Univ. of Arizona/Texas A&M Univ.* 供图）

（下图）“凤凰号”着陆器的机械臂将采集的土壤样品，运送至热挥发性气体分析仪进行分析，结果表明，这里的土壤有较强的黏性，难以穿过筛网。（感谢 *NASA/JPL-Caltech/Univ. of Arizona/Max Planck Institute* 供图）

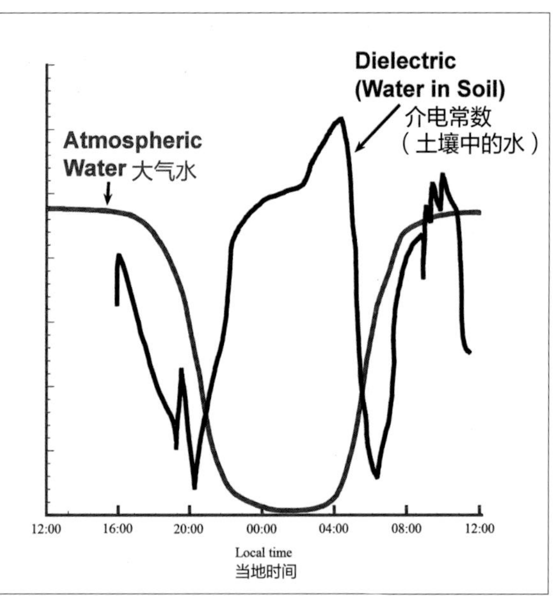

“凤凰号”着陆器的热释气体分析仪进行夜间测量，结果表明，土壤中的含水量在夜间会增加，增加量正好和大气水分的减少量相当。（感谢 *NASA/JPL-Caltech/Univ. of Arizona* 供图）

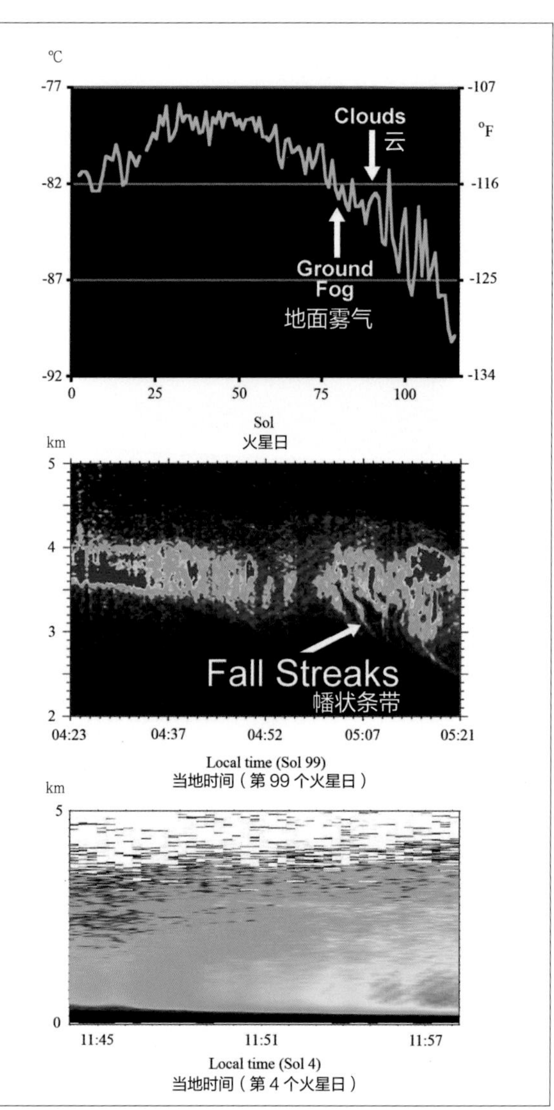

“凤凰号”着陆器获得的大气分析数据。夏季，随着最低气温上升，大气湿度增加。气温开始下降后，我们在夜间观测到了云层、地面上的雾和霜冻。此外，位于桅杆顶部的激光雷达，还测量了云层和空气中的沙尘浓度。右栏中间的这张图中，云层底部出现的幡状条带，说明冰晶正在从云层中降落，这和地球上的降雪过程非常相似。当风速超过 3 千米 / 小时，大于高空风速时，云层底部的这些条带就会发生弯曲。因此，科学家推断，当地降雪的主要成分应该是水，而不是二氧化碳，因为当时的环境温度对二氧化碳来说，太暖和了。在第 4 个火星日接近中午时，最下面的这张图显示出历时 15 分钟的激光雷达测量数据。测量即将完成时（靠近右端），沙尘浓度明显升高（用红色和橙色表示），说明沙尘暴穿过了着陆器附近。（感谢 *NASA/JPL-Caltech/Univ. of Arizona/Canadian Space Agency* 供图）

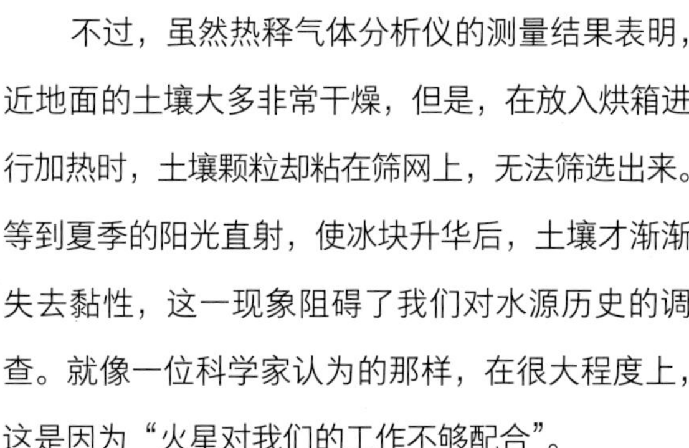

不过，虽然热释气体分析仪的测量结果表明，近地面的土壤大多非常干燥，但是，在放入烘箱进行加热时，土壤颗粒却粘在筛网上，无法筛选出来。等到夏季的阳光直射，使冰块升华后，土壤才渐渐失去黏性，这一现象阻碍了我们对水源历史的调查。就像一位科学家认为的那样，在很大程度上，这是因为“火星对我们的工作不够配合”。

如果我们能够深入地下，探测盐类随深度的分布，那么，我们就能了解火星在温暖湿润时期水的涨落和流动情况。要完成这项工作，就需要某种特殊的钻头或地下探针了。

“湿”化学实验获得了一项十分重要的发现。我们用纯净水对土壤进行了四个方面的检测。在纯净水中浸泡土壤后，我们分析了土壤中的盐、酸性、碱性和氧化电位，目的是确定地下的冰层是否适合生命生存。

从着陆点靠近多边形地形中心的地下数厘米深处，对采集样品的分析发现，pH 值为 8.3，呈弱碱性。而“海盗号”着陆器之前探测到一种富含强氧化性化合物的酸性土壤，初步推断这种物质为过氧化氢。我们向溶液中添加酸性物质，理论上溶液的 pH 值应该降低，但测量结果发现，溶液的 pH 值几乎保持稳定不变，似乎有一种物质在“阻碍”pH 值的变化，而碳酸盐就有这种功效。事实上，火星表面的碳酸盐更适宜于生命生存。盐类物质中含有镁盐、钠盐、钾盐、钙盐和氯盐，但是，硝酸盐和硫酸盐的含量却微乎其微。在本次任务中，最有意思也是最重要的发现，是探测到了高浓度的高氯酸盐离子，之所以说它有意思，是因为地球上有些植物和细菌会利用高氯酸盐，为自己补充能量。

尽管“海盗号”的调查结果比较悲观，但“凤凰号”在高纬度着陆点附近的土壤，却对生命“出奇地友好”，比地球南极的“干旱峡谷”还要友好。然而，“凤凰号”上没有质谱仪，无法检测土壤中是否含有有机物。

当任务即将结束时，“凤凰号”进行了一次非常壮观的观测，记录了清晨雪花飘落到地表的过程。

“凤凰号”任务于 8 月宣告结束，因为寒冬将至，季节性冰盖再次回归。后来的遥感图像显示，冰的重量甚至压垮了其中一块太阳能电池板。

7. 盖尔撞击坑中的“好奇号”

2000 年，火星探索计划曾提出在 2007 年发射一辆重型火星车，采集火星样品送回地球，这要求具备精准着陆的技术和能力。这样一来，这项任务要选择的目标着陆点，比“火星探路者

pH 值

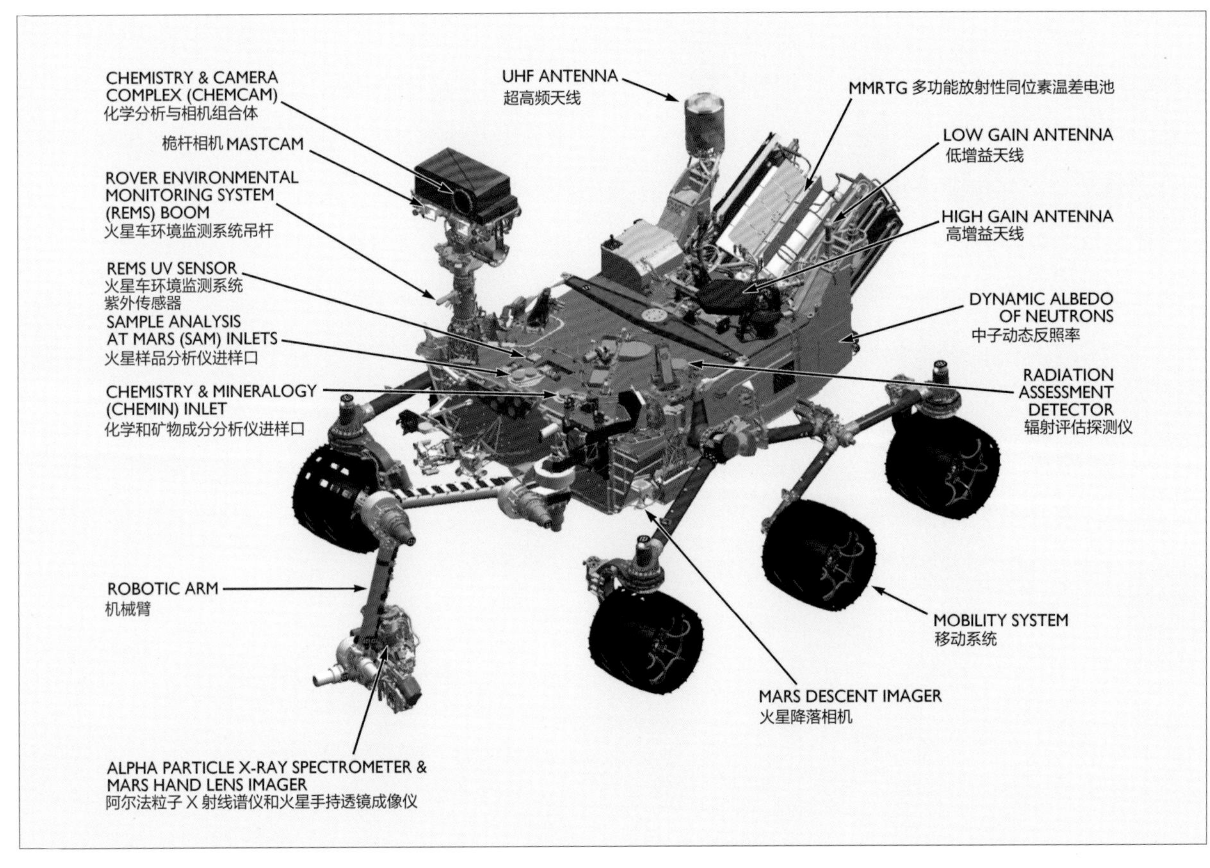

（上图）为火星科学实验室任务研制的“好奇号”火星车的详细信息。（感谢 *NASA/JPL-Caltech/ Woods* 供图）

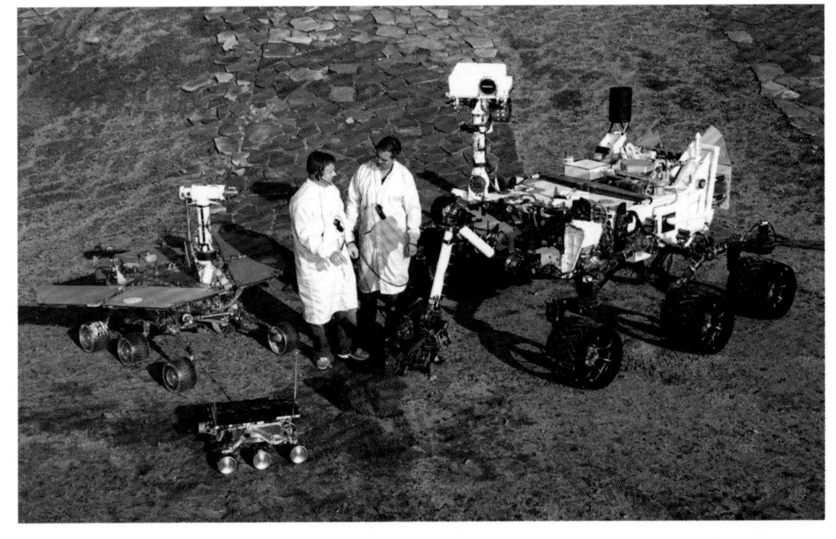

在喷气推进实验室的火星庭院中，马特·罗宾逊（Matt Robinson）（左）和卫斯理·库肯德尔（Wesley Kuykendall）（右）与三代火星车在一起。图中最前方是“火星探路者号”发射的“旅居者”火星车，左侧是与“勇气号”和“机遇号”相同的测试用火星车，右侧是与为火星科学实验室任务研制的“好奇号”相同的测试用火星车。（感谢 *NASA/JPL-Caltech* 供图）

正在研制中的“好奇号”火星车。（感谢 *NASA/JPL-Caltech* 供图）

号”“机遇号”和“勇气号”火星车任务面积更小着陆点更精确。如果试验成功，美国国家航空航天局希望在未来十年内实现将火星样品送回地球。

然而，白宫的政策发生了变化，他们重新修订了财政支持的优先顺序，虽然未来十年内仍然可以开展火星探索计划，但送回火星样品的想法，可能要被暂时搁浅了。

同时，这辆新型火星车的任务目标，也从技术试验，转变为火星科学实验室的科学探索。

但好事多磨，发射计划一再推迟，从 2009 年延后至 2011 年，幸运的是，着陆工作得到了“空中吊车”的帮助。空中吊车下挂着一根安全绳，系在着陆器的背壳部位，通过火箭反推提供的动力，然后，从离地面较低的高度释放安全绳。之后，着陆器下降、逐步稳定，最终实现着陆。

空中吊车的正式名称是主动下降级，可以在火星上空数米高度实现悬停，把火星车吊到地面，释放火星车，然后主动飞离。利用这种方式，可以把更重的设备运到火星上，也比用气囊着陆方式受到的冲击更缓和。

新型火星车被命名为“好奇号”，足有 900 千克重，相当于“勇气号”或“机遇号”火星车及其着陆架重量的 2 倍。而“勇气号”或“机遇号”火星车的重量，已经达到了安全气囊系统的操作极限。

空中吊车还是第一次采用，无法从之前的探测任务中获得什么经验，面临着很大的挑战，火星探索之旅将充满危机。如果任务失败，遥测技术必须肩负起排查原因的重任。由于预算成本增加，分两次发射两辆火星车的方案几乎不可能实现。

与“海盗号”着陆器一样，“好奇号”也是利用同位素温差发电机来获得电能。

由于不再受到太阳能的约束，着陆点的选择变得更加自由，只要在南北纬 60° 以内，“海平面”基准之上 1 千米即可。在进入火星大气层时，由于采用了空气动力学上升技术，意味着着陆区的直径可以缩小到数十千米，而且，空中吊车比安全气囊系统更能适应在斜坡上着陆，所以，也可以考虑那些地形比较崎岖的着陆点。

早在 2006 年，科学家就已经针对着陆点的

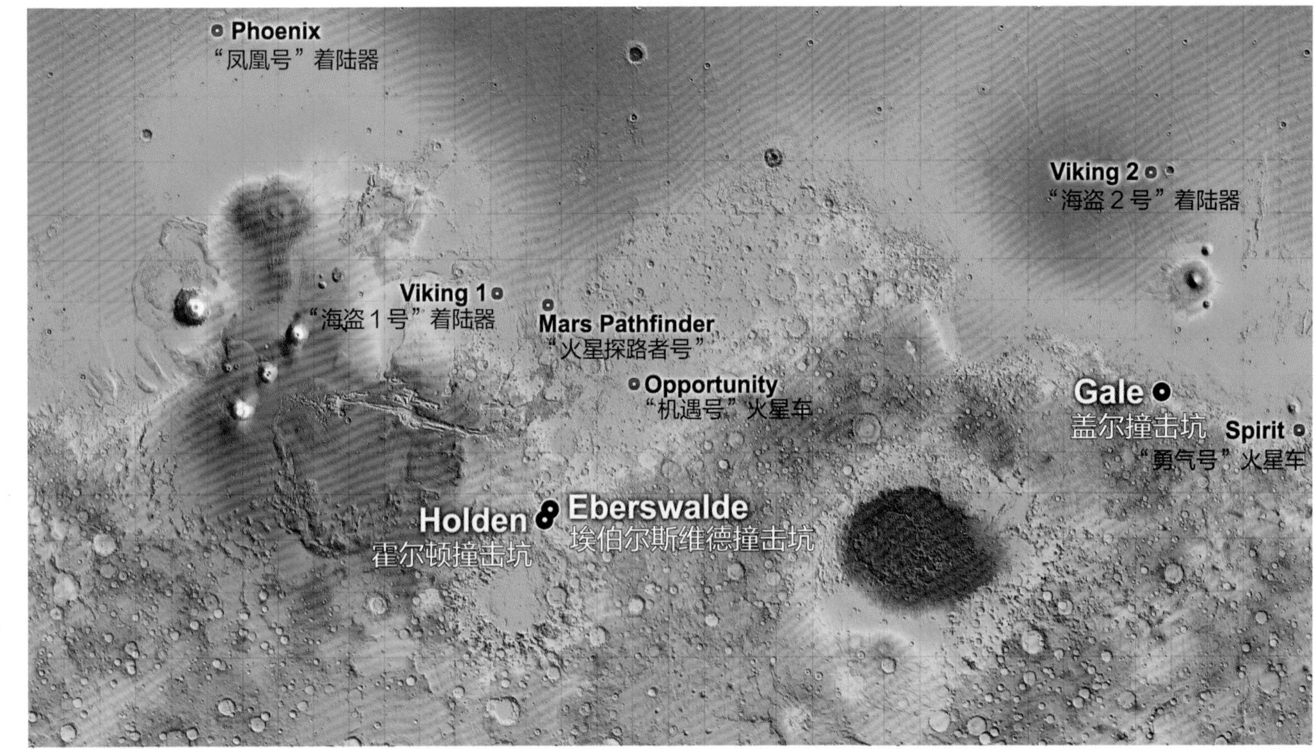

选择进行了讨论，提供了多达 35 种以上的方案。事实上，这也证明了目前存在“火星车短缺”的问题。通过“火星快车”和“火星勘测轨道器”的观测，火星上可供选择的着陆点实在太多了，我们目前的财政预算根本无法深入跟进，以开展地面探索。

着陆点的选择原则，是让光谱仪能探测到黏土，因为黏土可以为我们寻找远古生命的足迹提供线索。然而，一些富含黏土的着陆点，地质背景不够清晰。所以，在选择着陆点时要进行权衡，既要有水合矿物，也要对地质背景有深入理解。

但是，过分强调地质背景，也会给探索任务带来不便，比如，“勇气号”在古谢夫坑着陆时，人们认为撞击坑底部是一个湖床，但事实证明，那里大部分区域覆盖的是玄武岩。

三个候选着陆点最终出炉。

火星科学实验室任务最终选择的着陆点，位于埃伯尔斯维德撞击坑（Eberswalde Crater），曾经有一条河从那里流入湖泊。该地区富含黏土，提供了对生命发育至关重要的碳化学过程。沿着盖尔撞击坑（Gale Crater）内部的中央峰，有一条长达 5 千米的探测路线，足以让火星车对岩层进行调查，研究从底部岩层形成黏土的沉积环境，到后来形成硫酸盐的沉积环境之间的转变。而在霍尔顿撞击坑（Holden Crater）中，水流形成了冲积扇和灾难性的洪积平原。（感谢 *NASA/JPL-Caltech* 供图）

“奥德赛号”的热发射成像系统获得的探测数据，与盖尔撞击坑的遥感图像叠加形成的图像。假彩色代表的是表面矿物组成的不同。比如，淡粉色代表风成作用形成的沙尘，紫色代表富含橄榄石的玄武岩，撞击坑底部的亮粉色代表玄武岩质地的沙粒和风成沙尘的混合物，中央峰顶部的蓝色代表本地物质，而撞击坑外围火星表面的典型土壤则为灰绿色。（感谢 *NASA/JPL-Caltech/Arizona State Univ.* 供图）

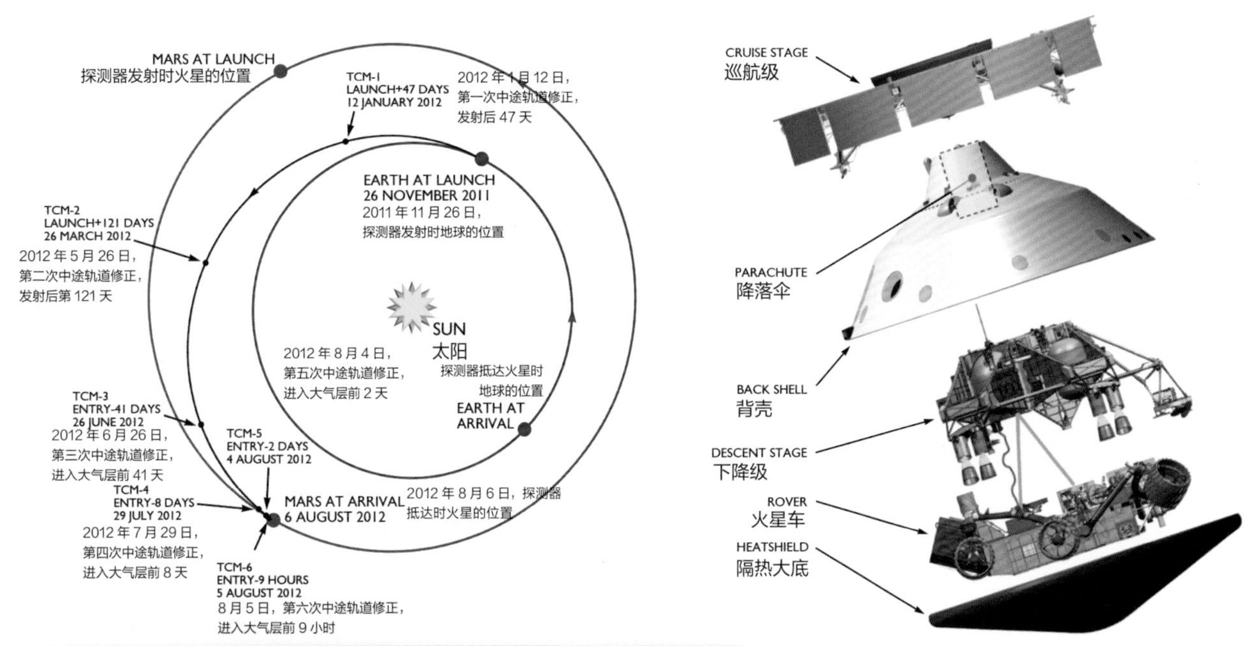

火星科学实验室任务的行星际飞行轨道，以及大气进入系统，以及大气进入一下降一着陆过程。火星车打开降落伞时，上空的“火星勘测轨道器”记录着陆画面，随后对图像进行着色。（感谢 *NASA/JPL-Caltech/Univ. of Arizona/Woods* 供图）

第一个候选着陆点位于盖尔撞击坑，直径约154千米，位于南北半球地形二分线上，中央峰高约5千米。岩层记录表明，随着时间推移，这个区域的水的酸性不断增强。“勇气号”和“机遇号”火星车曾想把这里作为着陆点，但当时要求有一个长为100千米的着陆椭圆，由于这里的地形特征使着陆风险过高，最终放弃了这一想法。

另一个适合的着陆点，位于南半球高地的霍尔顿撞击坑，直径约140千米。坑壁有一个河流的突破口，坑底的外流方向有明显的沉积层。附近是埃伯尔斯维德撞击坑，直径约67千米。撞击坑附近有一片保存较好的三角洲，一条古老的河流从那里汇入湖泊，形成了黏土沉积。

2011年，负责着陆点选址的调查员，由于无法找到河流汇入霍尔顿撞击坑的证据，难以证明撞击坑内有湖。最后，只剩下埃伯尔斯维德撞击坑和盖尔撞击坑这两个选择，调查员将决定权交给项目经理们和科学家小组，他们最终选择了盖尔撞击坑。

这个大小约为21千米×14千米的椭圆形着陆区，位于中央峰北部，靠近北面坑壁剥落形成的扇形碎屑物沉积。

对着陆点进行调查后，“好奇号”要穿过一片沙丘，前往中央峰的山脚下。那里正好有一条通往岩层的峡谷。坑底的岩层含有赤铁矿以及含铁的黏土，这些物质可以提供一些矿物学和地质方面的线索，用于寻找曾经存在水源的证据。地质学家想要查明它们到底是湖底的沉积物，还是撞击或火山爆发后，被风吹过来的物质堆积而成的。火星车沿着斜坡向上爬，分析了硫酸盐层。如果持续时间足够长，它甚至能爬上中央峰的山顶。

艺术家描绘的空中吊车下方悬挂着“好奇号”火星车，准备在火星表面着陆时的场景。（感谢*NASA/JPL-Caltech*供图）

2012年8月1日，航天器接近火星，对大气进入点进行跟踪预报，将数据传给火星车上的导航系统，在火星车进入大气后的超音速阶段，方便计算机控制火星车的运行。火星上空的三个轨道器——“奥德赛号”“火星快车”和“火星勘测轨道器”届时将从上空飞过。

8月6日是“好奇号”着陆的日子。火星车把巡航级留在大气层中，让它自行烧毁。10分钟后，被隔热大底包裹着的火星车，从离地面125千米高度时进入大气层，速度高达6.1千米/秒（根据后来计算得到的结果，火星车进入大气层的角度，比预计的15.5°少了0.013°，飞行速度慢了11厘米/秒，导致最终的大气层进入点偏离目标约200米）。离地面10千米高度时，火星车的下降速度为1.7马赫（1马赫等于340米/秒），降落伞打开。

与此同时，正如预计的那样，地球从火星当地的地平线上落下。火星车与地球之间的直接通信中断，代表遥测状态的声音停止。着陆过程中其他阶段的信号，则通过“奥德赛号”轨道器进行中继传输。

因为“凤凰号”已经用过这套雷达设备，所以，当前置隔热大底抛离，火星车上的雷达激活。在着陆前1分钟，“火星勘测轨道器”可以给这位还在降落伞上的“新朋友”拍一张照片。

降落伞慢慢缓冲，将火星车的下降速度放缓至100米/秒，离地面1.6千米高度时，火星车抛掉后盖，同时与降落伞分离。空中吊车激活自带的八台发动机。除了减小下降速度外，空中吊车还可以抵消火星车的水平位移。在离地面20米高度时，空中吊车释放缆绳，拉住火星车，准备着陆。

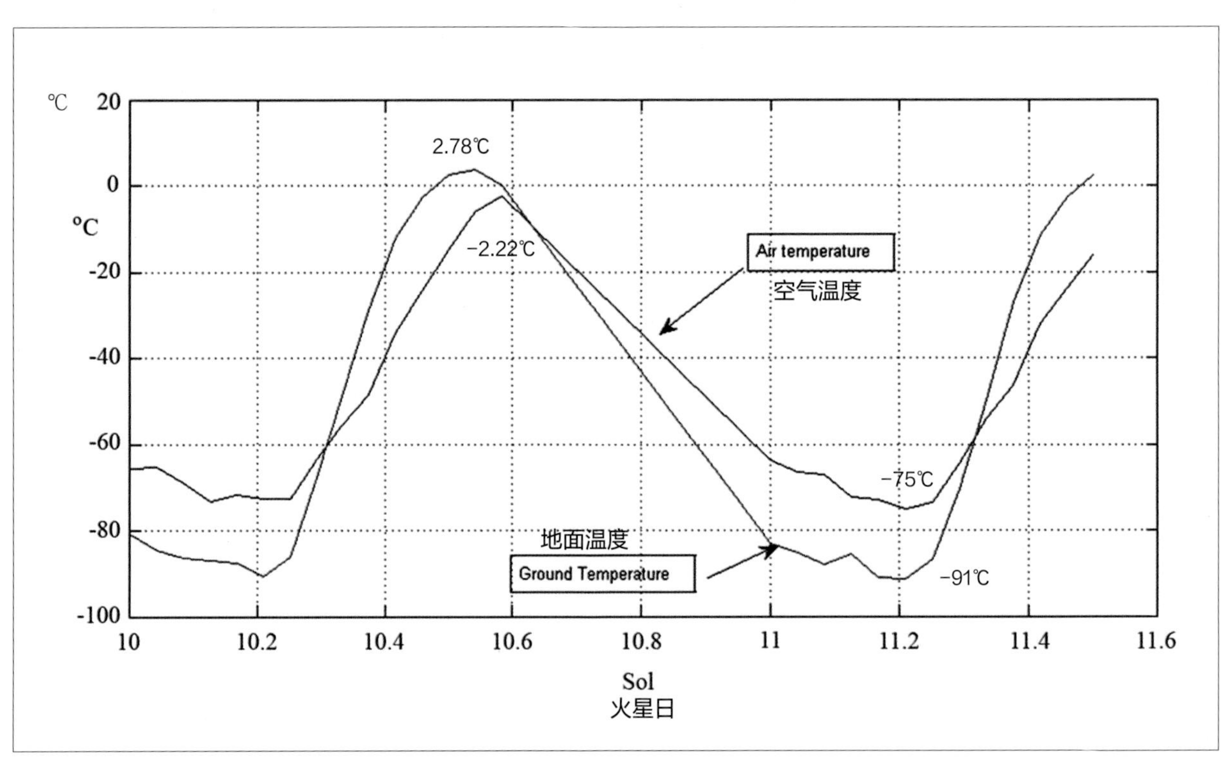

同一个火星日内，“好奇号”火星车测量到的地面和高空气温。与之前预计的相似，地面的温度变化，比高空的温度变化更显著。（感谢*NASA/JPL-Caltech/CAB-CSIC-INTA*供图）

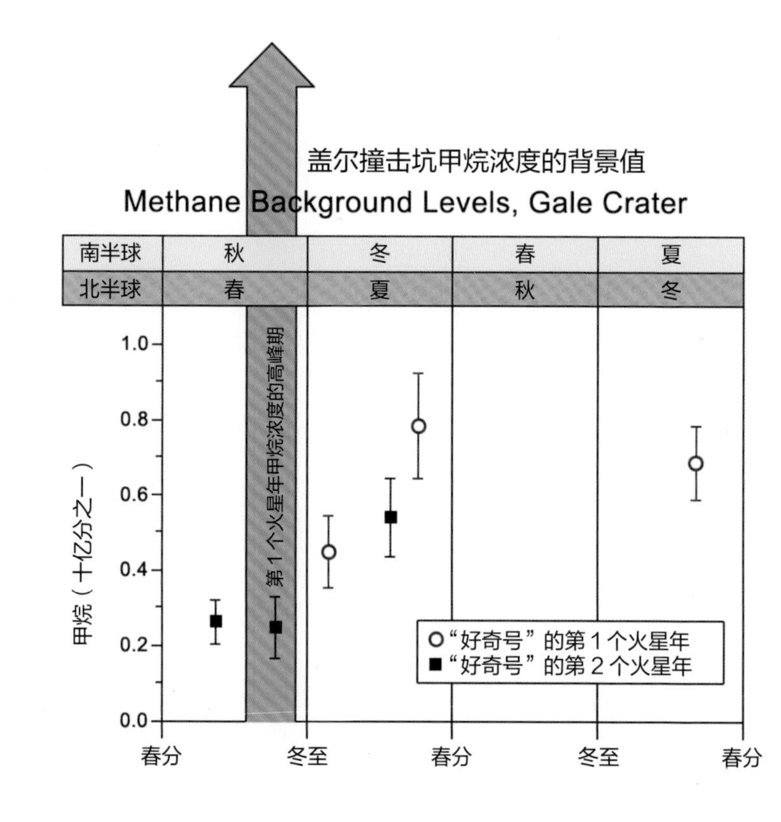

2013 年末至 2014 年初，是"好奇号"火星车在南半球度过的第一个秋天（北半球那时是春天），它对撞击坑上方的大气进行了为期数周的调查，分析了甲烷的浓度。结果发现，这里的甲烷浓度高达十亿分之七。尽管第二年的测量结果出现了变化，但"好奇号"通过长期观测发现，甲烷的浓度变化小于十亿分之一，南半球秋季时甲烷浓度最低。（感谢 *NASA/JPL-Caltech* 供图）

一切工作都在按部就班地进行，"好奇号"以 0.75 米 / 秒的垂直速度和 4 厘米 / 秒的水平速度接触地面，实现成功着陆。实际着陆点比预计地点向东偏离了 2.4 千米，向北偏离了 400 米，可以称得上名副其实的"精准着落"。

由于有了空中吊车，就不需要原先那种给火星车配备的着陆平台了。如此一来，"好奇号"的外形与一辆私人轿车差不多。50 厘米直径的六个轮子，安装在摇臂—转向架系统中，这个系统在"旅居者""勇气号"和"机遇号"火星车上都安装过，"好奇号"上安装的是一个加大版。

"好奇号"登陆后的第一个火星日：从火星车上的导航相机拍摄的图像中可以看到，盖尔撞击坑中央峰向南的地平线占据了很大一部分。任务期间，人们把这座中央峰称为夏普山（Mount Sharp），如今，这座山峰正式被命名为伊奥利亚山（Aeolis Mons）。

随后，科学相机在山脚下拍摄了高分辨率图像，显示出代表岩层纹理变化的一条界线。这条界线将传感器探测到的黏土带和非黏土带区分开来。此外，还有一个明显现象，界线上方的地形，岩层倾角更加陡峭。

仔细观察遥感图像后，科学家小组决定，不再调查此前推测的北部冲积扇，转而向前，驶往向东 400 米的一个观测点。在遥感图像中，那里的表面地形单元显示出"三重接触"的特征，即

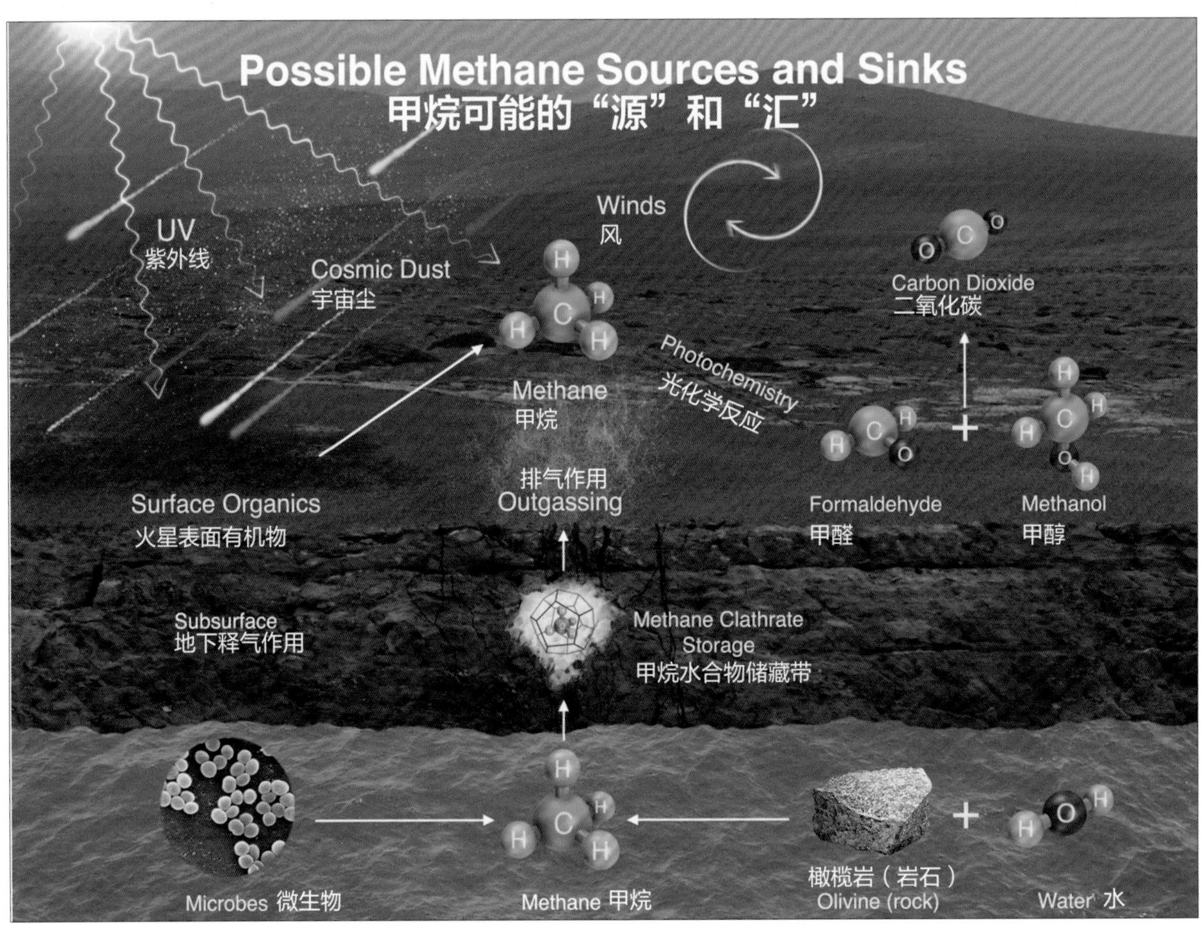

火星大气中甲烷的产生（源）和沉降（汇）过程。一个甲烷分子，由一个碳原子和四个氢原子组成。生物或非生物过程都能产生甲烷，例如，水与岩石之间的反应。此外，长时间的太阳紫外线照射，也会使生物或非生物过程（如落到火星表面的彗星尘埃）产生的有机物转变为甲烷。而地底下形成的甲烷，则会储存在水合矿物的晶格（称为笼形化合物）中，在一段时间后被释放到大气中。所以，现在释放到大气中的甲烷，很可能形成于很久以前，当然，火星上的风也会让某个地方产生的甲烷快速扩散开来。而太阳照射将会引起一系列反应，从而消除大气中的甲烷。一些中间物质，如甲醛和甲醇，会和甲烷发生氧化反应，生成二氧化碳，而二氧化碳则是火星大气中的主要成分。（感谢 *NASA/JPL-Caltech* 供图）

基岩层、密集撞击坑和可能的古老地形、火星车曾经着陆过的沙尘地带之间的相互拼接。

用于火星车下降和着陆过程的软件，被操控和驱动机械臂的软件代替后，又进行了多项检查，终于在第 15 个火星日，“好奇号”火星车开始工作了。

“海盗号”的生命检测实验，结果并不明确，但采取“追踪水的痕迹”战略后，美国国家航空航天局间接地解决了生物学方面的一些问题。

如今，“好奇号”要找“碳”，调查远古时代或现在存在生命的可能性。为实现目标，“好奇号”将分析含碳分子、氢、氮、氧、磷和硫；确定有机物的性质；识别可能源于某种生物体的化学物质，如甲烷。“好奇号”可以探测到浓度为一百亿分之一的甲烷分子，比轨道器和地球上的望远镜要精确得多。甲烷浓度达到十亿分之几十的时候，这台设备还能确定甲烷分子中碳的同位素比值。在地球上如果能得知这一比值，就可以确定甲烷究竟是生物成因还是化学成因的产物。

与“勇气号”“机遇号”一样，“好奇号”也能清扫和打磨岩石，深入岩石钻孔，对清洁后的岩石表面进行光谱分析。这次任务的科学仪器也有了创新，安装在桅杆上的一台仪器，可以向远处的岩石发射激光，再用光谱仪进行遥感分析。

在“凤凰号”的基础上，“好奇号”可以深入调查极区以外地区土壤中的氧化剂。此外，中子探测仪可以探测氢的存在，无论是近地面的水，还是水合矿物，其中的氢都能被探测仪检测到。连位于地下 2 米深处 0.1% 的含水量，都能被检测到。

刚开始，为了检查火星车潜在的安全风险，检验自动导航算法，火星车的行驶距离都很短。由于火星车的控制系统运行良好，行驶距离也越来越长。

“好奇号”攀登夏普山时拍摄的照片。前方 3 千米处是含有丰富赤铁矿的一道山脊；后面是一片绵延起伏的平原，那里富含黏土矿物；接着是富含硫酸盐的圆形山丘。如果“好奇号”能在这些地方分别取样，分析其中的矿物成分的变化，那么，就可以找到火星环境早期演化的答案。而远方的景观更加令人振奋，那是形成于干旱时期的浅色岩石组成的一片峭壁，如今由于受到风力作用而被不断侵蚀。请注意，为了让火星岩石和地球岩石看起来更像，让地质学家更容易识别，图中的颜色是调整后的颜色，并不是岩石真正的颜色。而调整“白平衡”的结果，是火星上的天空也被调成了淡蓝色。（感谢 *NASA/JPL-Caltech/MSSS* 供图）

在这幅图中，地层向夏普山脚下倾斜，说明在山上的大块岩石形成之后，肯定有水从高处向低处流过这片区域。（感谢 *NASA/JPL-Caltech/MSSS* 供图）

穿过莫瑞孤峰群（Murray Buttes）时，“好奇号”遇到了一大片岩石。（感谢 *NASA/JPL-Caltech/MSSS* 供图）

第 40 个火星日，“好奇号”穿过了一片岩层露头。那里的石块就像“破碎的人行道”，像是由许多水泥块松散地堆积在一起。这些镶嵌在火星表面的石块呈圆形，包括几厘米大小的鹅卵石，在变成沙子前，这些鹅卵石经过漫长的时光，被水流运送到这里。这些鹅卵石的形成，或许与北部的冲积扇有关。利用遥感分析技术，我们对这一地区进行了激光探测，发现了水合矿物。结果表明，这一地区曾经是一个浅水湾，这些岩层露头曾经是在水底下。

第 56 个火星日，“好奇号”来到了这片“三重接触”地带。在这里，它发现了一片细颗粒的沙地，沙地结出了外壳，看起来已经有些年头了。沙子里既有浅色的细沙，也有深色的大颗粒粗沙，与地球上的火山土相似。将样品加热到 825℃后，沙子中释放出大量的水蒸气、二氧化碳和二氧化硫。

在高温下，释放出来的部分二氧化碳似乎源于碳酸盐的分解。在火星上开展的首次氘氢同位素比值分析实验，要用大量的水。结果表明，沙子中含有的液态水，氘含量约是地球上海水的五倍，说明随着时间的流逝，大部分质量轻的同位素会从大气层中丢失，很有可能发生在火星历史的早期阶段。样品中的氢表明，这些氢要么来自水合矿物中的晶格内部，要么来自大气中的水分子。“奥德赛号”和“火星快车”上的科学仪器探测到的很大一部分氢，就源于这些物质。

“三重接触”地带有很多采样目标，比如，含有类似石英的明亮侵入体的砂岩、板状的基岩，以及类似地球上形成化石的泥浆中的泡泡。

第 125 个火星日，“好奇号”来到一片低地，在这里发现了许多泥岩和砂岩的连续分层。钻孔机打了一个 6.4 厘米深的孔洞，孔洞内部呈灰色，说明岩石内部还没有被氧化，被钻头带出来的粉

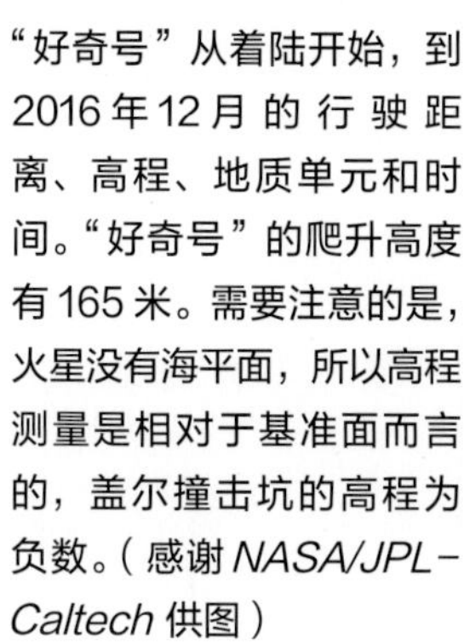

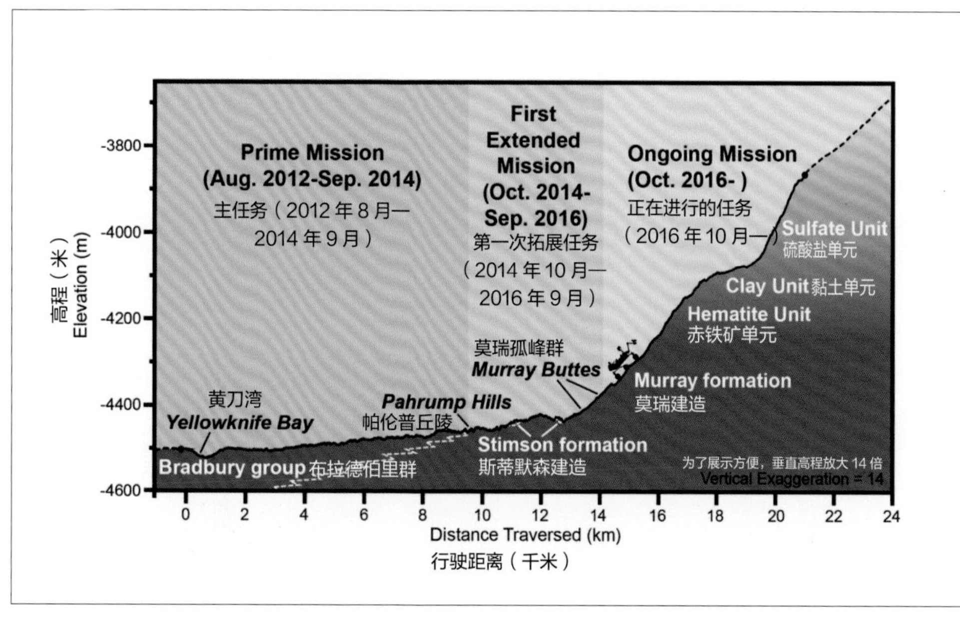

“好奇号”从着陆开始，到 2016 年 12 月的行驶距离、高程、地质单元和时间。“好奇号”的爬升高度有 165 米。需要注意的是，火星没有海平面，所以高程测量是相对于基准面而言的，盖尔撞击坑的高程为负数。（感谢 *NASA/JPL-Caltech* 供图）

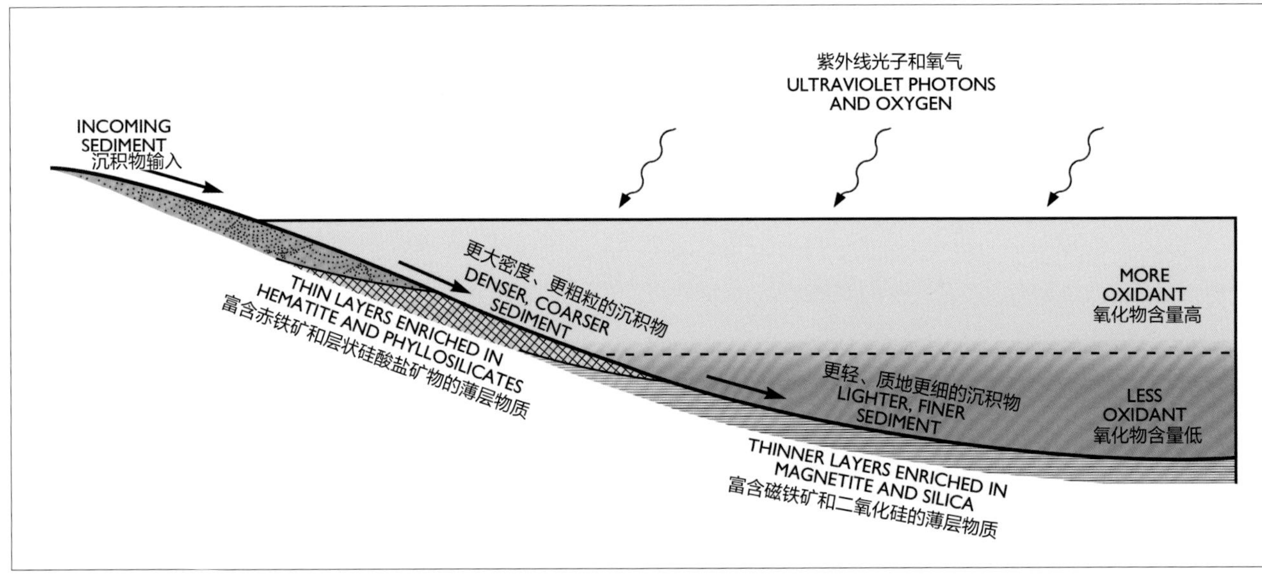

火星早期形成的湖泊，干涸后呈现出如今的分层现象，图中介绍了形成分层的一些过程和线索。由图可见，浅水中含有的氧化物比深水区更多。30亿年前，在盖尔撞击坑湖泊中形成的沉积岩，在形态上与地球上湖泊中的沉积岩有所不同。随着含沙的水流汇入湖泊，沉积在湖底，沉积物的层理厚度和颗粒大小逐渐减小。在夏普山的低处，“好奇号”对沉积岩进行化学和矿物成分分析，结果表明，湖泊不同区域沉积岩的物理特性，与它们的氧化程度之间存在明显的对应关系。从纹理来看，湖泊边缘的岩石，其氧化程度要比深水区域的岩石更高。之所以存在这种化学成分的差异，是因为靠近湖面的水更容易受到大气中氧气和太阳紫外线的氧化作用。地球上，富含氧化物的浅层湖泊和缺少氧化物的深层湖泊中，都有明显的分层界线；具有不同分层边界的湖泊，给不同类型的微生物提供了适合生存的多样化环境，为在盖尔撞击坑搜寻微生物，提供了平行的观察依据。（感谢 *NASA/JPL-Caltech/Stony Brook Univ./Woods* 供图）

末，是这次分析的对象。分析结果表明，这些岩石为火成岩，含有高含量的黏土矿物。黏土中富含大量的硫和铁，说明这些岩石形成于中性或弱酸性的盐水中，这与“机遇号”火星车在子午线高原发现的结果恰好相反。这些数据表明，“好奇号”火星车采样的地方曾经是一个湖床，水流在这里持续了相当长一段时间，且能维持微生物的生存。

利用惰性气体的同位素比值，我们可以计算出岩石受到宇宙射线照射的时长。通过继续分析样品，我们发现，这些沉积物已在火星表面存在了8000万年。这并不意味着这些沉积物是在8000万年前形成的，而是说它们形成于火星历史的早期阶段，然后被掩埋，直到被风力作用挖掘，出露到火星表面的时间。这么长的“照射年龄”，对寻找有机物来说并不是个好消息，因为宇宙射线的长期照射，可能会将有机分子完全分解。于是，科学家们的首要任务，是寻找一块暴

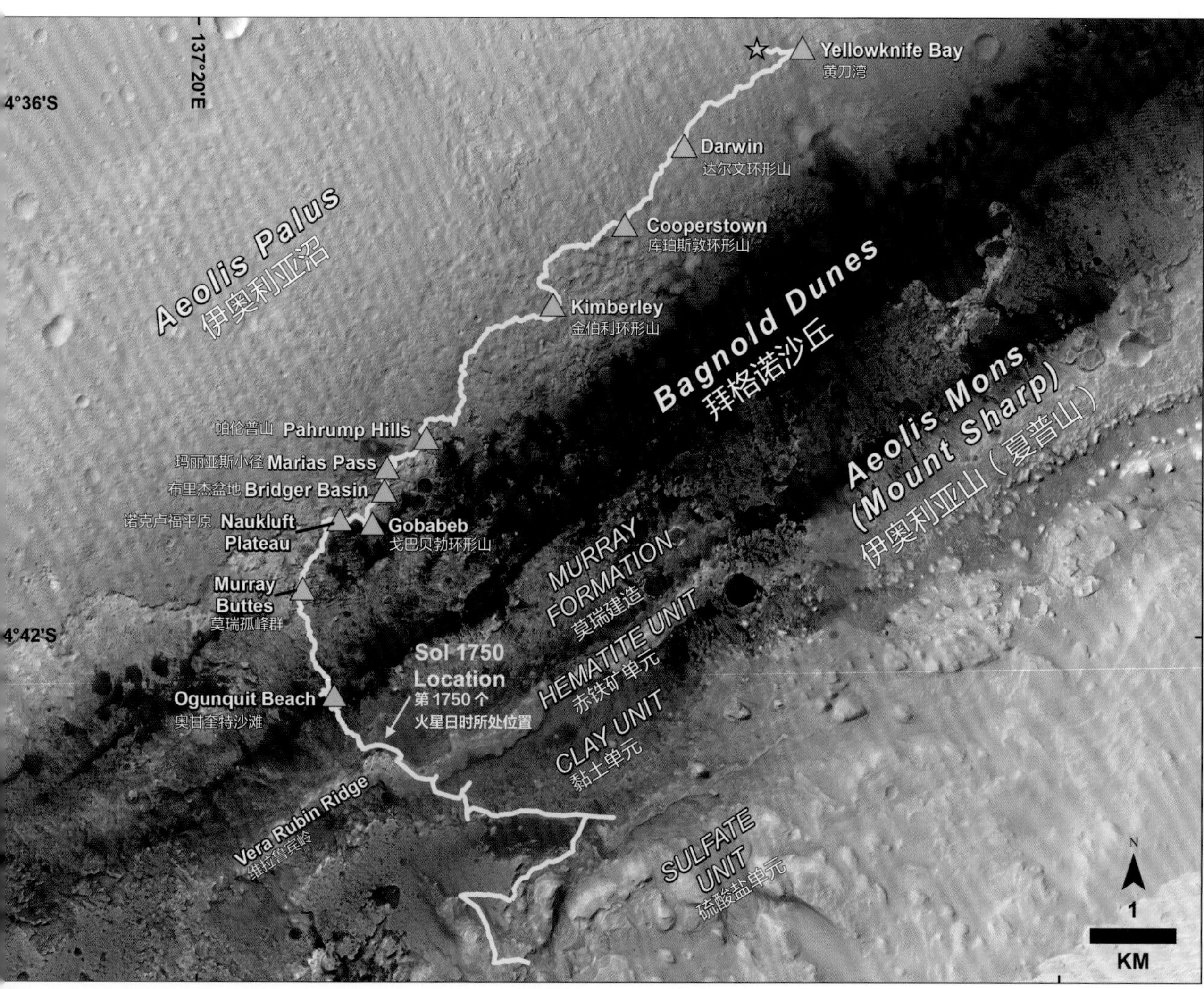

露时间不长的基岩进行采样，确保其中的有机物还没有被分解。

完成了“三重接触”地带的调查工作后，“好奇号”继续向南进发，前往夏普山的山脚。行驶过程中，“好奇号”还会调查遥感图像中一些具有特殊现象的目标。

大气中的甲烷分子在一定程度上可以反映火星上是否存在微生物活动，而在最初的分析中，我们并没有发现这些大气分子。随后，我们又进

图为“好奇号”的行驶路线。蓝色星标是布拉德伯里着陆点（Bradbury Landing）。蓝色三角形是盖尔撞击坑底部和夏普山（从帕朗山开始）的调查点。第1750个火星日的标识，是2017年7月9日“好奇号”所在的位置。当时，任务规划专家正在对下坡一侧的维拉鲁宾岭（Vera Rubin Ridge）进行调查，因为“火星勘测轨道器”上的光谱仪显示，维拉鲁宾岭富含赤铁矿。随后，“好奇号”按照计划好的路线，前往维拉鲁宾岭山顶，因为遥感图像显示，山顶含有黏土矿物和硫酸盐矿物。（感谢 *NASA/JPL-Caltech/Univ. of Arizona* 供图）

行了为期二十个月的定期测量，发现在 2013 年末至 2014 年初，大气中的甲烷含量高达十亿分之七，在随后的分析中，甲烷含量的变化小于十亿分之一。甲烷含量的这种变化与遥感分析结果相一致，即不同地区、不同时间的甲烷含量有所差异。

这是我们获得的第一个重要分析结果：加热火星表面沉积物，可以检测到氮。这些氮以一氧化氮的形式出现。由于氮可以被生物体所用，因此，这进一步支持了远古期的火星适合生命繁衍的观点。

第 746 个火星日，“好奇号”沿安全路径穿越沙丘，来到夏普山底部的小山中。

2017 年初，美国国家航空航天局曾自豪地宣布：“自 2012 年‘好奇号’在盖尔撞击坑着陆以来，一年内，火星车探索任务完成了计划目标，发现着陆点曾经的地质状况有利于微生物生存。我们在调查中发现，长期持续的淡水湖环境，含有生命所需的所有关键化学元素，以及地球上微生物所需的化学能源。”但是，由于火星上的湖泊早在 38 亿年到 33 亿年前就已经形成了，我们很难从那一时期的岩石中，找到生命存在的明确证据。

几个月后，我们发现，盖尔撞击坑中的古代湖泊曾经出现过分层现象。浅水区富含氧化物，而深水区的氧化物含量较低，说明微生物生存所必需的湖泊水环境随着时间的变化而有所变化。

在我写作本书时，“好奇号”仍在攀登夏普山。夏普山的早期环境有利于微生物生存，如果环境条件不发生改变，这些微生物可能至今仍然还在，而“好奇号”的任务，就是探索火星上的这种环境是何时开始的，又是如何被改变的。

8. 火星内核

2018 年，美国国家航空航天局启动发现计划，通过地震调查、大地测量和热传导测量，探索火星内部，这就是“洞察号”火星任务。

“洞察号”和“凤凰号”类似，都是静态着陆器，但“洞察号”的探索更加深入。地震仪将确定火星的核、幔及壳的大小、厚度、密度和整体结构，热传导探针将深入到地下 5 米，测量内部热流的传导速率。这些数据有助于我们了解火星早期的地质演化历史。

要达成这些目标，并不需要着陆点满足什么特殊条件。只要满足以下四个条件：第一，位于赤道区域，确保全年可以有效利用太阳能；第二，海拔较低，保证着陆器进入火星大气时，减速效果最大化；第三，地形相对平坦，障碍物少，减少着陆时发生事故的可能性；第四，着陆点的地表相对较软，以便使热传导探针穿透至预期深度。埃律西昂平原（Elysium Planitia）满足以上所有条件，因而成为了本次任务的着陆点。

“洞察号”成功在火星埃律西昂平原着陆，它的设计工作年限约为两个地球年（一个火星年加 40 个火星日）。“洞察号”已成功将地震测量仪安放在火星表面，并捕捉到了火星上的微小震颤。

“洞察号”着陆器采用地震仪和热流探针，进一步研究火星内部。（感谢 *NASA/JPL-Caltech* 供图）

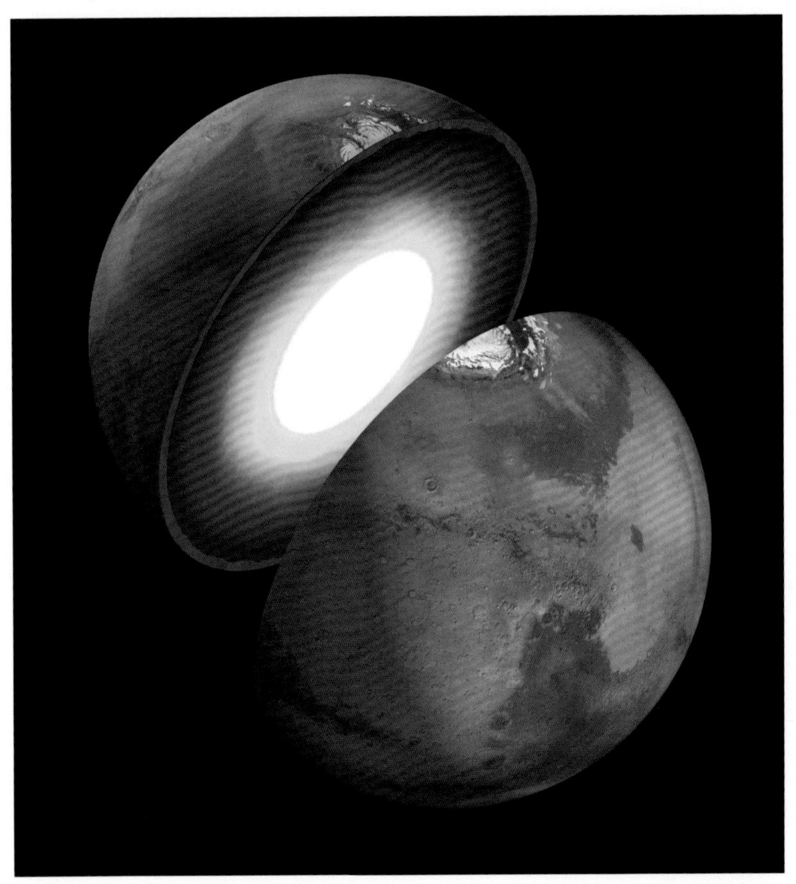

人们认为，火星内部包括壳、幔和核。（感谢 *NASA/JPL-Caltech* 供图）

9. 未来火星车

2020 年，美国国家航空航天局的火星探测计划使用另一台空中吊车，让一辆类似“好奇号”的火星车携带仪器着陆，进一步调查这颗早期似乎有过生命的星球。届时，调查的重点，是评估保存在样品中、便于采样的生命标志物。

新型火星车最有意义的一项任务，是将采集好的样品，通过后续任务尽可能送回地球。

2016 年 10 月，欧洲空间局和俄罗斯联合发起不载人的火星探测任务一火星生命计划，发射了验证大气层进入一下降一着陆过程的“斯基亚帕雷利号”（Schiaparelli）。这个验证器在最后的下降段发生故障，好在实时遥测数据发现了问题所在，本次任务算是成功了一半。如果“斯基亚帕雷利号”在子午线高原成功着陆，那么，上面的小型科学仪器将进行气象监测，直到电池耗尽，无法继续工作为止。

下一次火星生命计划将于 2020 年实施，由俄罗斯研制的着陆器，上面将搭载由欧洲空间局研制的一辆火星车，前往火星。科学家正在分析一系列候选着陆点，在发射前一年确定最终的着陆点。

这辆太阳能火星车将至少工作六个月，寻找过去或现在火星上存在生命的证据。

火星车要深入地下 2 米，从不同地点采集岩芯样品，每段样品长 3 厘米，直径 1 厘米。这项计划有一个前提，即地下 2 米深处的环境，已经足以屏蔽火星表面的严酷环境，远古时代温暖湿润环境下形成的微生物，可以存活至今。

与火星车一起进行探索的，还有一台光谱仪，用来识别火星表面与水有关的矿物；以及一台中子探测仪，用于检测地下的水合作用和埋藏的水冰。

探地雷达将绘制着陆点的浅层地层，帮助选择钻孔位置。钻孔系统的摄像头将观测与水有关的矿物随深度的变化。

美国国家航空航天局计划于 2020 年发射火星车，用钻孔方式获取岩芯样品。证据表明，在火星早期历史中，部分地区适合生命生存，火星车将在这些地区寻找过去有过微生物的迹象。（感谢 *NASA/JPL-Caltech* 供图 ）

岩芯样品会被送到火星车内进行分析。火星车配备了专门的仪器，分析样品中的有机分子，工作方式和“海盗号”着陆器上搭载的气相色谱 / 质谱仪类似，但灵敏度更高。还有一台光谱仪，可以识别水合作用形成的矿物，从矿物和指示微生物活性的其他“标记”中，寻找生命存在的依据。

火星车将部分物质粉碎，用红外成像光谱仪进行分析；还会研究矿物颗粒的聚集体，确定这些矿物的来源、结构和组成。此外，还要找到相关证据，解释火星过去和现在的地质变化过程和环境变化。

如果我们选择的着陆点和钻探点的理由充分而有效，且地下真的有生命，那么，执行火星生命计划的火星车有极大的概率能检测到它们。

我们需要找到确切的直接证据，从根源上解决问题。所以，我们要回顾以前的数据，讨论哪些事实才是有没有生命的证据，而在此过

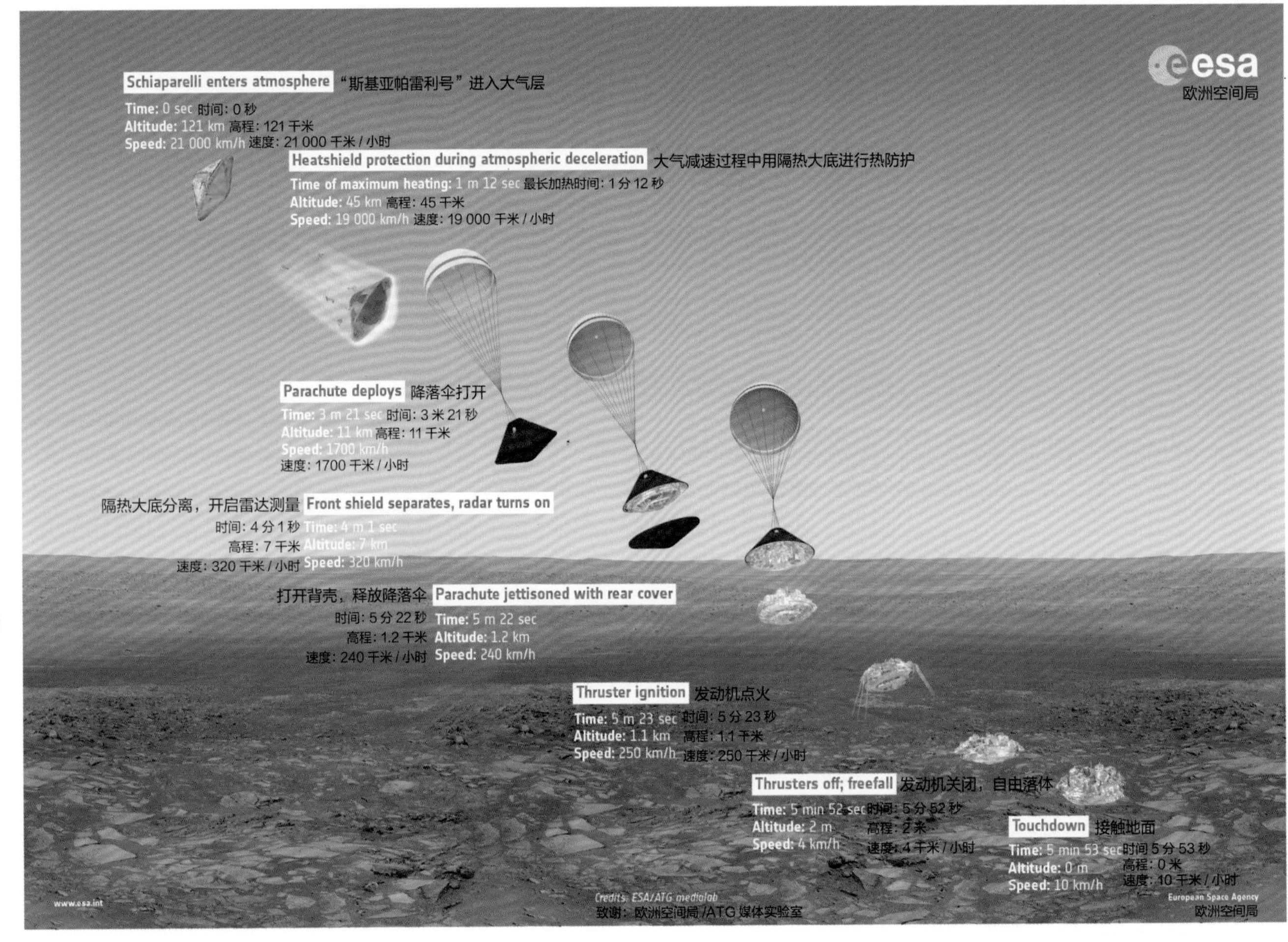

火星生命计划中，“斯基亚帕雷利号”探测器大气层进入——下降——着陆的全过程。在打开降落伞，激活反推发动机之后不久，任务就失败了，未能在火星表面成功着陆。（感谢 *ESA/AGT Medialab* 供图）

程中，分歧在所难免。哪些观点是最先提出来，关乎科学家未来的学术声誉，甚至是诺贝尔奖的分配。

如果生命不仅仅在地球上有，那么，正如麻省理工学院已故的菲利普 · 莫里森（Philip Morrison）教授所说：“生命的诞生不再是一个奇迹，而只是一堆数据。”

如果火星上从未有过生命，那么，问题又来了：“为什么通过化学演化可以在地球上孕育生命，在火星上却失效了呢？”

无论结果如何，探索火星上是否有生命，仍然是全人类都要面对的基本问题。

10.2020 年中国首探火星，一举实现三个目标

2016 年 1 月，中国首次火星探测任务正式立项。经过几年的研制，2020 年在海南文昌航天发射场，利用长征 5 号运载火箭发射，通过环绕火星的轨道器、火星表面着陆器、火星车等三个航天器，天地联合探测火星。火星探测器经过约 7 个月的飞行，抵达火星轨道。也就是说，我国自主研发的第一个火星探测器将于 2021 年到达火星，随后着陆在火星表面并进行巡视探测。

根据地球与火星的位置关系，每 26 个月火星会有一个发射火星探测器的最佳时间，叫作发射窗口。在这个时间发射，将节省火星探测器的燃料，缩短抵达火星的时间。2020 年就是一个火星发射窗口，历时约 1 个月。如果错过这次机会，只能再等 26 个月。

虽然，中国已经开展了四次月球探测任务，全部取得成功，但在探测火星方面，我国还是“后来者”。不过，通过探月工程的锻炼，我们已经掌握了深空探测器的轨道设计、自主导航、测控通信、表面软着陆等关键技术，积累了丰富的经验，为火星探测任务的成功实施奠定了坚实的基础。

中国首次火星探测任务，将探测火星的空间环境、地形地貌、地表结构、大气运动等重要信息，为下一阶段的探测任务收集基础数据。

中国首次火星探测任务虽然起步较晚，但奋起直追的决心很大。此前，只有美国在一次火星探测任务中，成功实现“绕”和“落”，欧洲曾两次尝试火星表面着陆，但都以失败告终。我国首次火星探测，在一次任务中，实现“绕、落、巡”三大工程目标，这在世界火星探测历史上也是前所未有的。当然，我们面临的挑战也空前巨大。

人类已经开展了 40 多次火星探测任务，但只有 18 次获得了成功，成功率仅 40%。探索火星的旅途并非坦途，需要经历长达 7—8 个月的行星际飞行、飞行旅程数亿千米，从地球上发过去的信号需要 20 多分钟之后，才能被火星探测器收到。在进入大气层之后，要经历 7 分钟左右的急刹车，避免高速撞击到火星表面坠毁。即便经历重重困难，终于成功登陆火星，火星车还要穿越崎岖不平、坑坑洼洼的地形，经历强风和大范围的沙尘暴，承受火星表面强烈的宇宙射线照射，这些都是我们要面对的难题。

在中国首次火星探测任务中，环绕火星上空运行的轨道器上，将搭载高、中分辨率相机，光谱仪、磁强计、雷达探测仪、离子和中性粒子探测仪等科学仪器；火星车上将搭载探地雷达、相机、光谱仪、小型气象站、磁场探测仪等科学仪器。利用这些科学仪器获得的探测数据，将帮助我们更好地认识和了解火星。

如果说，月球探测打开了中国人探测深空的大门，火星探测则是中国第一次真正意义上的行星探测任务，是我们迈向深空的关键一步。正如中国科学院院士、著名的天体化学家欧阳自远所说的那样：“在深空探测上，中国应该飞得更远，中国也有能力飞得更远！”中国人在火星探测上，不仅要去，还要回得来。在完成首次火星探测任务之后，中国计划在 2030 年左右，从火星上采样并送回地球，迈出更大的一步。

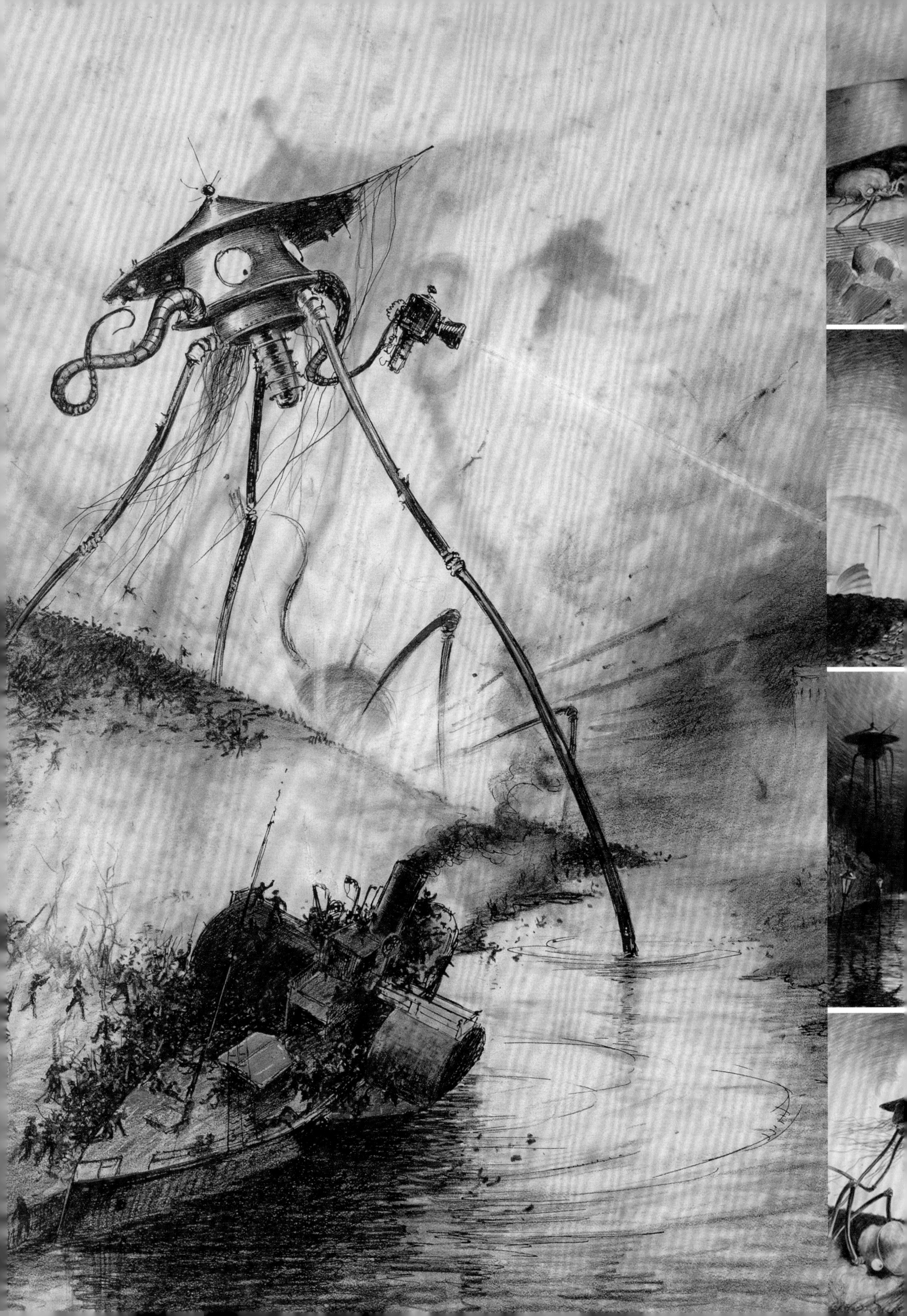

Chapter Seven

Mars In Fiction

第七章

火星科幻

与其他行星相比，火星更容易登陆，人们期待在火星上找到土著生命，思考如何在那里建立殖民地。这一切，都让火星格外受到科幻作家的青睐。或许，终有一天，我们会彻底改造火星。在人类拓展生存空间的道路上，火星将是下一个挑战的前沿阵地。

《星际战争》，H. G. 威尔斯著。1906 年比利时译本的插图，由恩里克 · 阿尔维姆 · 科雷亚（Henrique Alvim Corrêa, 1876—1910）绘制。

1.《星际战争》

罗威尔一直对天文学很感兴趣，1893 年，他从远东地区返回美国马萨诸塞州的波士顿市后，收到一本名为《火星》(*The Planet Mars*) 的书。1892 年，这本大部头作品在法国问世。书中，高产作家兼天文学家弗拉马利翁从火星观测的历史，一直谈到最近乔瓦尼·维吉尼奥·斯基亚帕雷利在意大利发表的线条状“火星河道”的报告。

罗威尔很快就把这本书读完了。1894 年火星冲日期间，他在亚利桑那州的弗拉格斯塔夫附近，修建了一座私人天文台，专门用于研究火星。1895 年，他在《火星》(*Mars*) 一书中记录了自己的观测结果，以及对火星环境的一些看法。他认为，火星上的运河是由一个古老的种族建造的，用来灌溉干旱的土地。

罗威尔将火星视为一个濒临灭绝的世界，这种观点启发英国小说家赫伯特·乔治·威尔斯，写下了《星际战争》一书，讲述了地球遭到火星人入侵的故事。

该作品最初在《皮尔逊杂志》上连载，《皮尔逊杂志》是创办于 1896 年的月刊，以“推理小说”的文学形式为主要特色。在该杂志上，威尔斯的小说从 1897 年 4 月连载到 12 月。第二年，《星际战争》由威廉·海涅曼 (William Heinemann, 1863—1920) 出版成书。此书一经问世，就成为畅销书，至今仍广受读者欢迎。

H. G. 威尔斯，1890 年由弗雷德里克·霍利尔 (Frederick Hollyer) 拍摄。(感谢 *Wikipedia* 供图)

1906 年《星际战争》比利时译本的封面。与《皮尔逊杂志》(*Pearson's Magazine*) 连载小说所配插图相比，H.G. 威尔斯更喜欢恩里克·阿尔维姆·科雷亚的作品。

小说开头如下：

“在 19 世纪末的那几年里，人们还不相信，有一种外星生物正居心叵测地密切注视着地球。这种生物的智慧超越人类，却并不比人类超凡脱俗。人类忙活着自己的事情，全然不知道自己已成为这种生物观察和研究的对象。他们观察起人类来，也许就像人类用显微镜观察水滴中密密麻麻、不断繁殖的微生物一样。人类无比满足地在地球上为琐事奔忙，深信自己是世界的主宰，无忧无虑。这与显微镜下的纤毛虫可能别无二致。没人曾想到，宇宙间那些早已存在的星球，会是人类的危险之源，即使想到过宇宙间还有别的星球，也不相信那上面会有生命存在。现在，回忆起人们在过去岁月中的习惯性思维模式，仍令人感到不可思议。地球人最多也只是想象过在火星上可能会有另一种人类，也许比地球人低级，而且正在期待地球人前去造访。然而，火星人的智力与地球人的智力相比，就像人的智力与野兽的智力相比一样。他们知识渊博，而且冷酷无情。穿过茫茫太空，他们正在用贪婪的目光注视着地球，有条不紊地制订着进攻地球的计划。”

为了增强故事的可信度，威尔斯明确地提到了当时最新的科学思想，甚至包括斯基亚帕雷利等人的名字。

小说中，威尔斯讲述了火星人降落在伦敦西部的过程，接着描写了火星人攻击伦敦的情形。为了入侵地球，这些火星人待在坚不可摧的机器内，每个机器都有三脚架支撑。他们射出强热的光芒屠杀人类，残酷无情。然而，就在他们即将获胜的时候，却因细菌感染而溃不成军。

有趣的是，威尔斯并未过多描述火星人的外貌特征，只是把他们当作怪物而已。

当时正处维多利亚时代晚期，社会公众对故事中的残暴入侵行为备感震惊，激动万分。

事实上，威尔斯所讲的是一则寓言故事。当时，英国还是世界上的“日不落”帝国。英国军队入侵他国，排挤当地人，迫使他们接受自己的法律和制度，想用这种手段占领更多土地。威尔斯从受压迫人民的角度来呈现这个故事；而在《星际战争》的故事中，受压迫的群众，其实就是整个人类。

1906 年，罗威尔在《火星及其运河》（*Mars and its Canals*）一书中，进一步阐述了自己的看法，勾画了一幅较为完整的图画，描绘了勤劳勇敢的火星人，为了阻止荒漠化的发展，避免被灭绝的场景。他在书中写道：“火星上住着某种生物，我们有多么不确定他们究竟是什么，就在多大程度上可以确定他们一定存在。”

1908 年，罗威尔在《火星宜居吗？》一书中，谈论了地球和火星的不同条件如何驱动生命演化，以及对各自星球上智慧生命的影响。

埃德加 · 赖斯 · 伯勒斯（感谢 *Britannica.com* 供图）

2.《火星（巴松）》与约翰 · 卡特

美国的埃德加 · 赖斯 · 伯勒斯（Edgar Rice Burroughs，1875—1950）支持罗威尔对火星环境的看法，展开了他对火星人的幻想。

罗威尔曾想象，火星人性格善良，众志成城，在濒临灭绝的环境中生存下来。威尔斯则把火星人塑造成冷血好战的形象，讲述火星人残酷入侵的故事。伯勒斯与他们都不一样，他在作品中制造了一场浪漫的冒险。威尔斯努力加强作品的科学性和合理性，而伯勒斯却虚构了一个幻想的世界，想象认为那个世界上有许多有趣的人物。

约翰·卡特莫名其妙地穿越到了火星，他发现，这个星球上生活着两个智慧种族，一个是游牧民族，另一个是城市居民，种族之间战乱不断。当地人把火星叫作“巴松”。在火星探险的过程中，卡特爱上了美丽的公主。

1911 年，这部作品完稿。1912 年 2 月至 7 月，作者以诺曼·比恩（Norman Bean）为笔名，在通俗杂志《故事会》（*The All-Story*）上连载。1917 年，作者用真名将作品成书出版，取名为《火星公主》（*A Princess of Mars*）。随后几年，伯勒斯又陆续发表了一些续集，包括《火星上的约翰·卡特》（*John Carter of Mars*）系列。

伯勒斯的故事加深了人们对火星宜居的印象，虽然，火星上的生活方式，可能跟书中所讲的有所不同。

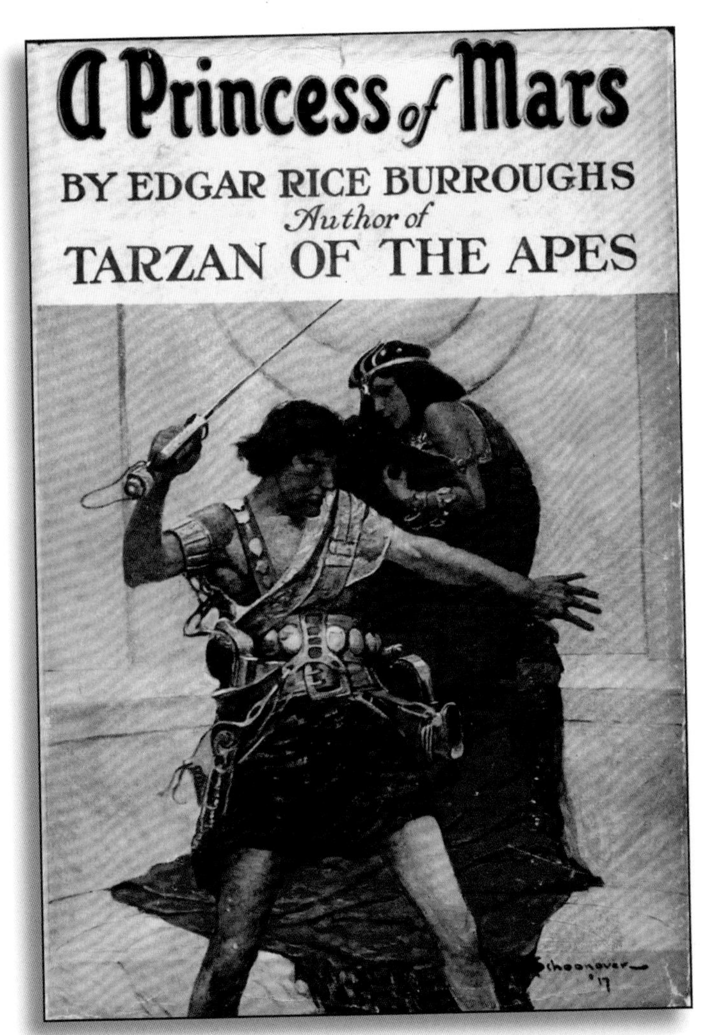

伯勒斯1917年版《火星公主》的封面，由弗兰克 · E.斯库诺弗（Frank E. Schoonover, 1877—1972）绘制。

3. 广播剧恐慌

1938 年，纽约哥伦比亚广播公司在《空中水星剧场》（*Mercury Theatre on the Air*）节目中，播放了一系列广播剧。

10 月 30 日，该节目以万圣节剧场的形式，播出了改编自霍华德 · 科克（Howard Koch, 1901—1995）和约翰 · 豪斯曼（John Houseman, 1902—1988）的《星际战争》，由奥逊 · 威尔斯（Orson Welles, 1915—1985）制作、导演和主播。由于听众主要是美国人，他们将故事的发生地改成了新泽西州。

该剧持续播放了一个小时，其间没有停下来播放广告。节目刚开始时，放了一首稀松平常的广播音乐。几分钟后，威尔斯插播了一则新闻快讯，称天文学家发现火星上有一个地方正在闪闪发光。过了一会儿，他又接着报道有个奇怪的物体落在地球上，靠近格罗弗斯米尔镇（Grover's Mill），而这个地方是真实存在的。之后，整台广播剧彻底变成了一连串的“现场报道”，威尔斯绘声绘色地描绘了大开杀戒的怪物和满目疮痍的景象。

当时，大家都喜欢把收音机作为背景连续播放，就像我们现在总喜欢开着电视一样。

对那时的大众来说，广播电台是可靠的新闻来源。由于1938年10月正值纳粹德国入侵邻国，电台播出的新闻大都让人沮丧不已。几周前，刚刚在慕尼黑签署了一项协议，似乎暂时满足了阿道夫·希特勒（Adolf Hitler）的要求，缓解了眼前的危机。

一些小村庄的居民甚至拿起枪，聚集起来，保卫他们的家园免受侵略者的袭击。当然，便携式晶体管收音机那时尚未问世，所以人们一离开家，就听不到广播剧了。但这并不是最关键的，因为在恐慌的情况下，事件中的参与者会散布可怕的谣言，这台广播剧虽然是以万圣节祝福的形式收尾的，但恐慌一直持续到深夜。随后，各大报章开始大肆报道。

这一事件表明，至少在美国，民众都非常愿意相信存在火星人。

奥逊·威尔斯正在播出《空中水星剧场》节目，1938年。（感谢*CBS*供图）

奥逊 · 威尔斯正在排练改编自《星际战争》的广播剧,《空中水星剧场》于 1938 年的万圣节之夜播出。（感谢 *CBS* 供图）

Average net paid circulation for September exceeded Daily---1,800,000 Sunday-3,150,000

DAILY NEWS

Copyright 1938 by News Syndicate Co., Inc. Reg. U. S. Pat. Off. NEW YORK'S PICTURE NEWSPAPER Entered as 2nd class matter, Post Office, New York, N. Y.

FINAL

Vol. 20. No. 109 New York, Monday, October 31, 1938* 48 Pages 2 Cents IN CITY LIMITS | 3 CENTS Elsewhere

FAKE RADIO 'WAR' STIRS TERROR THROUGH U.S.

—Story on Page 2

(NEWS foto)

"War" Victim

Caroline Cantlon, WPA actress, listening to this radio in West 49th St., heard announcement of "smoke in Times Square." Running to street, she fell, broke her arm.

(By Associated Press)

"I Didn't Know". Orson Welles, after broadcast expresses amazement at public reaction. He adapted H. G. Wells' "War of the Worlds" for radio and played principal role. Left: a machine conceived for another H. G. Wells story. Dramatic description of landing of weird "machine from Mars" started last night's panic.

—Story on page 2.

《纽约日报》第二天在头版报道了电台广播造成的恐慌。

《纽约时报》上相关的头版报道。

Radio Listeners in Panic, Taking War Drama as Fact

Many Flee Homes to Escape 'Gas Raid From Mars'—Phone Calls Swamp Police at Broadcast of Wells Fantasy

A wave of mass hysteria seized thousands of radio listeners throughout the nation between 8:15 and 9:30 o'clock last night when a broadcast of a dramatization of H. G. Wells's fantasy, "The War of the Worlds," led thousands to believe that an interplanetary conflict had started with invading Martians spreading wide death and destruction in New Jersey and New York.

The broadcast, which disrupted households, interrupted religious services, created traffic jams and clogged communications systems, was made by Orson Welles, who as the radio character, "The Shadow," used to give "the creeps" to countless child listeners. This time at least a score of adults required medical treatment for shock and hysteria.

In Newark, in a single block at Heddon Terrace and Hawthorne Avenue, more than twenty families rushed out of their houses with wet handkerchiefs and towels over their faces to flee from what they believed was to be a gas raid. Some began moving household furniture.

Throughout New York families left their homes, some to flee to near-by parks. Thousands of persons called the police, newspapers and radio stations here and in other cities of the United States and Canada seeking advice on protective measures against the raids.

The program was produced by Mr. Welles and the Mercury Theatre on the Air over station WABC and the Columbia Broadcasting System's coast-to-coast network, from 8 to 9 o'clock.

The radio play, as presented, was to simulate a regular radio program with a "break-in" for the material of the play. The radio listeners, apparently, missed or did not listen to the introduction, which was: "The Columbia Broadcasting System and its affiliated stations present Orson Welles and the Mercury Theatre on the Air in 'The War of the Worlds' by H. G. Wells."

They also failed to associate the program with the newspaper listing of the program, announced as "Today: 8:00-9:00—Play: H. G. Wells's 'War of the Worlds'—WABC." They ignored three additional announcements made during the broadcast emphasizing its fictional nature

Mr. Welles opened the program with a description of the series of

Continued on Page Four

新泽西州格罗弗斯米尔镇上的一座纪念碑，这就是广播剧开始所讲的火星人入侵的地方。（感谢 *Courtesy of ZeWrestler, Wikipedia* 供图）

4.《火星纪事》

伯勒斯写出了约翰·卡特系列冒险故事，深深影响了他的美国同胞雷·布拉德伯里（Ray Bradbury, 1920—2012）。20 世纪 40 年代末，后者写下许多短篇小说，1950 年又将这些小说结集成《火星纪事》（*The Martian Chronicles*），一经出版，便轰动世界。

尽管科幻小说《红色星球》极富想象力，但它远不如布拉德伯里描写的火星故事那般气势恢宏。

在作品中，布拉德伯里保留了罗威尔的火星观点，将火星塑造成一个干旱的世界，靠运河灌溉，火星上生活着一个善良的种族，他们半人半灵，通过心灵感应进行交流。

从本质上讲，布拉德伯里与威尔斯的想法完全相反，在他的作品中，人类主动穿越太空到火星，且来者不善。此外，威尔斯和伯勒斯都将故事设定在当代，而布拉德伯里的故事却发生在未来。

作品设定在 20 世纪末，人类正试图首次到火星上探险，而火星人却百般阻挠，不让他们返回地球。但后来，火星人却沦为人类疾病的受害者，几乎导致种族灭绝。从那之后，人类在那个看似空荡荡的星球上定居下来，慢慢地将其改造成了第二个地球，偶尔也会遇到一些幸存的火星人。然而，随着地球上的战争迫在眉睫，大多数住在火星上的地球人都返回了家园。战争最终以核爆的方式结束，唯一幸存下来的人类，竟然是生活在火星上的人类，他们成为了新的火星人。

《火星纪事》对后来创作科幻小说的作家产生了巨大的影响。

雷·布拉德伯里（CBS）

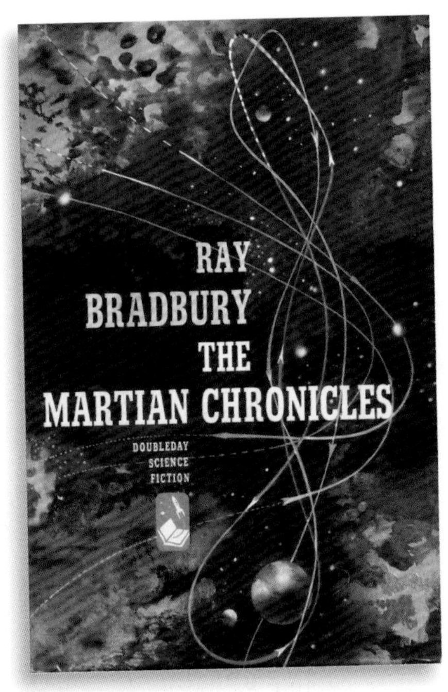

《火星纪事》，布拉德伯里著，1950年由双日出版社出版。

5.《红色星球》

罗伯特·安森·海因莱因

20世纪40年代末，罗伯特·安森·海因莱因（Robert Anson Heinlein, 1907—1988）出版了许多给青少年读者的小说，作品的主人公也都是青少年。不过，他写的科幻小说更是世界一流。1949年出版的《红色星球》（*Red Planet*），就是其中的一部经典。

火星环境的设定与罗威尔一样，有沙漠和运河，运河中的水会在夜晚结冰。火星上有古老的城市和火星人，他们允许人类在火星上定居，但对其冷眼相待。人类殖民者为了躲避严冬，每年在地球和火星之间来回迁徙。在罗威尔学院就读的两个男孩发现，管理火星的公司一直在推迟人类迁回地球的时间，迫使他们留在火星，以节省开支，就算定居者因此丧生，也不管不顾。在火星人的帮助下，两个男孩通过地下交通系统逃了出来，最终转危为安。

故事中有一个有趣的转折，其中一个男孩养了一只小型智慧生物作为宠物，当这个智慧生物快要长大成为成年火星人的时候，公司经理打算把这个火星生物送到地球上的动物园。这时，火星人用神秘手段杀死了经理，然后，命令人类离开火星。但是，男孩和小火星人之间的友谊，动摇了火星人的决定，最后，他们允许人类继续留在火星上。故事的最后透露，成年火星人去世时，会变成“老年态”，生活在另一个空间里，作者在他的后续作品中，进一步展现了这一主题。

海因莱因《红色星球》的封面，由克利福德·吉利绘制，斯克里布纳出版社1949年出版。

6.《火星沙》

《火星沙》(*The Sands of Mars*)是亚瑟 · C. 克拉克(Arthur C. Clarke,1917—2008)创作的第一部科幻小说,1951 年出版,详细记录了人类在火星上定居的具体细节。

火星是一片沙漠,稀薄的空气仅够人们戴着呼吸器在外工作;虽然有植被,却无法构建起有运河网络的火星文明。

亚瑟 · C. 克拉克,1952 年。(感谢 *AP Photo/File* 供图)

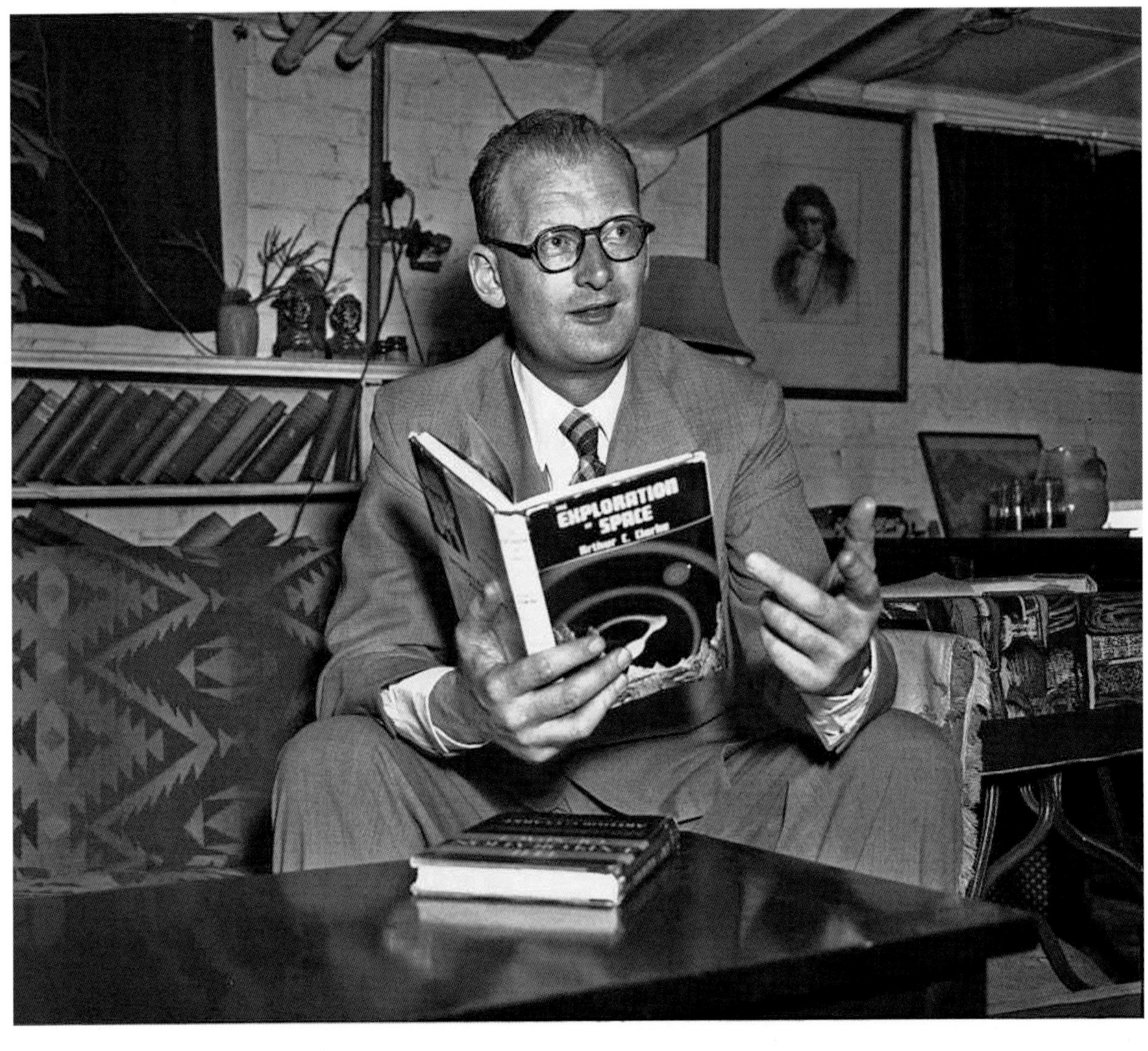

人们在罗威尔港上建设了穹顶，作为小型移民基地，但地球当局认为基地的费用高得离谱，并不划算，正在考虑召回所有参与该项目的人员。

故事开头，一位老年记者从地球乘坐补给船到火星旅行。旅行途中，他与一名年轻军官成了朋友。环游火星时，他们偶然发现了一种秘密设备，能让植物适应火星的环境，释放出氧气，从而提高大气中的含氧量。该项目的另一部分，是把火星的卫星福布斯变成第二个太阳，给火星提供热量。后一个任务实现时，就能从根本上改变移民火星的长远计划。这样一来，地球人就不得不开始大兴土木，实施这一计划。这名记者决定在火星上定居下来。

《火星沙》问世后，关于火星的小说，已经从伯勒斯的幻想故事和海因莱因的想象作品，到了硬科幻小说阶段。

克拉克采纳了当时已被广泛认可的火星表面环境条件，决定让故事中的殖民者着手改造火星，使其变得更加宜居，这一点很重要。

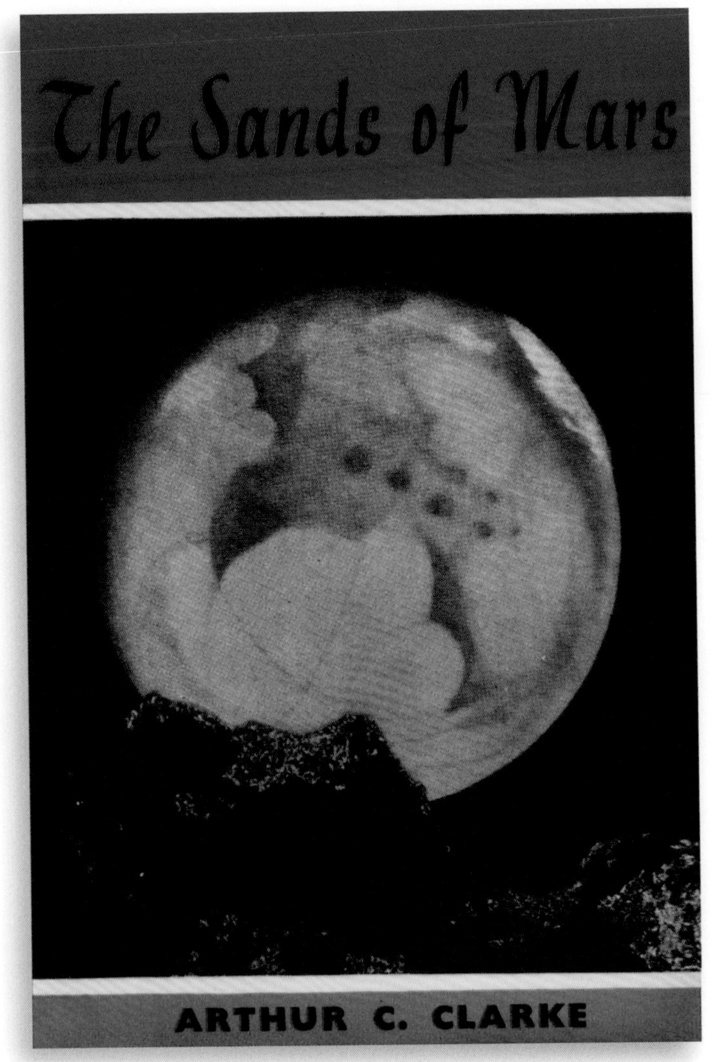

克拉克 1951 年修订版《火星沙》，封面图片由切斯利·博尼斯戴尔绘制。

7. 太空时代小说

随着太空时代的到来，相关发现证明，火星与此前最有远见的科学家所相信的图景相去甚远。

火星上非常干旱寒冷，空气稀薄，没有植被，也没有智慧的火星人，更没有运河网络，有的只是撞击坑、干涸的峡谷、庞大的溢流河道和巨大的火山，这些令人惊叹的景象。火星表面非常古老，可追溯到数十亿年前。

虽然，火星在其历史早期被证明是温暖湿润的，但它确实经历了荒漠化，在地质学上已经死亡，并不像罗威尔想象的那样。

人类揭示出火星的真实情况，使许多描写火星文明的故事渐渐过时，甚至使亚瑟 · C. 克拉克描写的更真实的情景，都失去了可信度。

不过，科幻作家并未因此而不再讲述有关火星的故事。他们认可了当时对火星的探索成果，并据此创作了后续的故事。

其中一个著名的例子，是1996年斯蒂芬 · 巴克斯特（Stephen Baxter）出版的《远航》（*Voyage*）。这部作品描绘了人们如何改进阿波罗登月的技术手段，实现第一次载人登陆火星任务的故事。

比这本书更出名的作品，是金 · 斯坦利 · 罗宾逊（Kim Stanley Robinson）1992年出版的《红火星》（*Red Mars*）、1993年出版的《绿火星》（*Green Mars*）和1996年出版的《蓝火星》（*Blue Mars*），这一系列足有1700页，斩获了许多大奖。作品参照遥感影像绘制的地图，对火星景观的描述颇具信服力。

像克拉克的作品一样，罗宾逊的作品中的殖民者也开始了火星改造项目，为期200年，规模更加庞大。

那么，人类什么时候能真正登上火星探险呢？又该怎样去呢？

斯蒂芬 · 巴克斯特的《远航》。

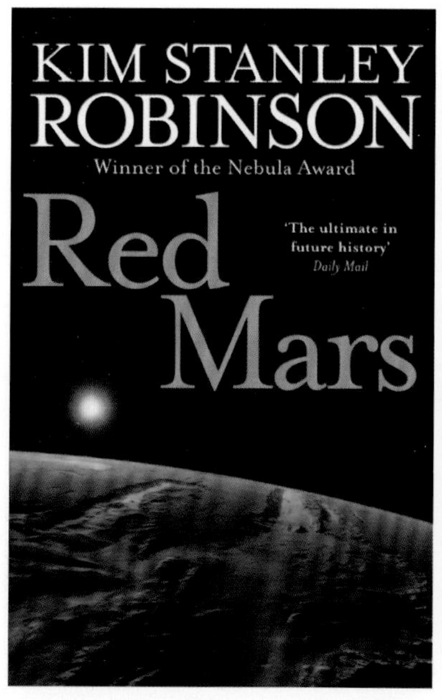

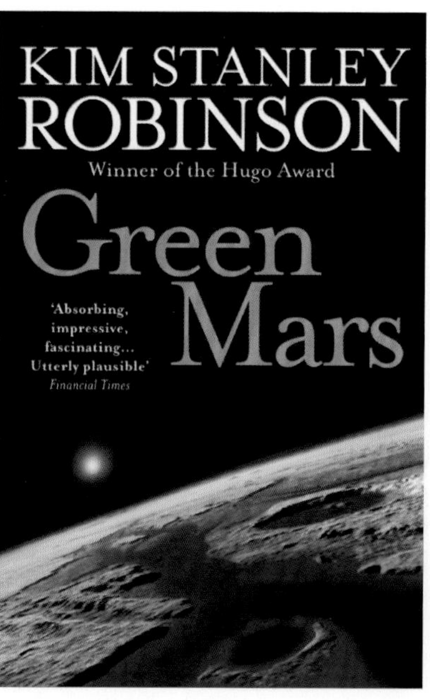

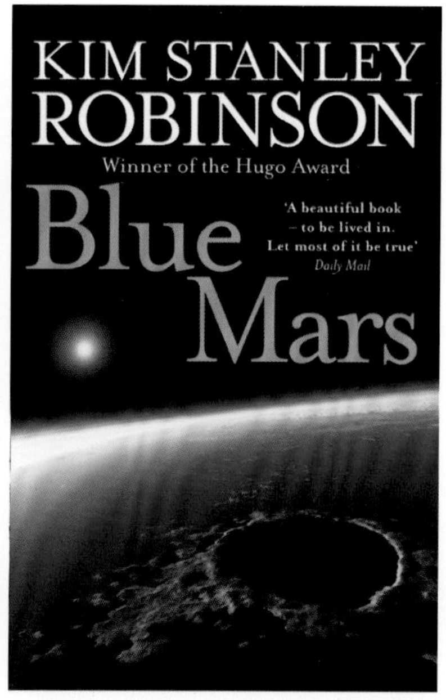

金·斯坦利·罗宾逊的火星系列三部曲。

与火星人交流

天文学家通过望远镜研究火星，在过去的大部分时间里，他们认为，火星上有人住是一件很自然的事情。

例如，18 世纪末，赫歇尔在记录观测火星的结果时，偶然提到火星上的居住条件很可能与地球相似。

一个世纪后，斯基亚帕雷利勾画出火星

1909 年，罗威尔的同事皮克林提议建造几千面镜子，以便向火星上的居民发出信号。

就在那之前的几年，弗拉马利翁的同事查尔斯·克罗斯（Charles Cros）曾请求法国政府建造一面巨大的镜子，在沙漠地区烧火，构造出巨大的线条，与火星人进行交流。不过，这样的行动恐怕很难被火星居民当成一

Chapter Eight

When Will Humans Visit Mars

第八章

登陆火星

20 世纪 50 年代初已出现飞往火星的研究。早期人类对登陆火星的想法甚是天真，但这些想法都在向好的方向发展。虽然，在 20 世纪 80 年代，人类很有可能用阿波罗技术完成载人登陆火星的任务，但只能浅尝辄止。不过，我们应该很快就能乘坐新型飞船，开始火星之旅，所以要尽快确定下次旅行的目标。

人类探索纳克提斯迷宫（Noctis Labyrinthus）大裂谷，由帕特 · 罗林斯绘制。（感谢 *NASA* 供图）

1. 太空旅行

太空时代来临前，作家们讲述人类在火星上的故事，却对人类如何抵达火星避而不谈。

例如，埃德加·赖斯·伯勒斯在作品中只是提到主人公希望自己登上火星，突然间他就抵达了火星。雷·布拉德伯里和海因莱因在小说里用上了火箭，而亚瑟·C. 克拉克在《火星沙》中明确地描写了飞行过程。

韦纳·冯·布劳恩1952年德语版《火星计划》封面。

随着技术的进步，火箭推进成为现实，第二次世界大战期间，纳粹德国研发 V-2 导弹，就是最典型的例子。年轻的工程师韦纳·冯·布劳恩（Wernher von Braun）是研制这款火箭的领军人物。战后不久，他和许多同事都被带往美国，继续为美军效力。

韦纳·冯·布劳恩对 V-2 火箭进行改进，研发出新型火箭，1958 年 1 月将美国第一颗人造卫星送入轨道。火箭携带了詹姆斯·范·艾伦（James van Allen）研制的仪器，通过这些发现了包围地球的带电粒子辐射带。

1961 年，约翰·费茨杰拉德·肯尼迪（John Fitzgerald Kennedy）总统提出，美国要接受挑战，在 10 年内实现“载人登月”计划，韦纳·冯·布劳恩领导研制了强大的“土星 5 号”运载火箭。后来，它将阿波罗飞船送上了月球。

1969 年，当肯尼迪提出的挑战一实现，就有人呼吁，要在 1980 年之前全力以赴，早日抵达火星。

实际上，韦纳·冯·布劳恩此前已经阐述过，该如何实施这样的探险。

2. 早期设想

1953 年，伊利诺伊大学出版社（University of Illinois Press）出版了韦纳·冯·布劳恩的《火星计划》（*The Mars Project*）。这是他在一年前为德国杂志《世界航空（太空飞行）》[*Weltraumfahrt* (*Spaceflight*)] 撰写的文章《火星计划》（*Das Marsprojekt*）的英文版。

韦纳·冯·布劳恩1952年与三级火箭模型的合影。他设想该火箭能把大量部件送入轨道，实现飞船在轨组装，完成登陆火星的任务。（感谢*NASA*供图）

韦纳·冯·布劳恩解释说，用于太空探险的大部分经费，至少从能源方面考虑，可以把部件从地球表面送入轨道。这样一来，我们就可以在太空中组装宇宙飞船，设计飞船时就不需要考虑其重力承受度或空气动力学原理了。他设想，可以用三级有翼火箭将飞船的全部部件和推进剂送入轨道，在轨道上组装飞船。除了优化飞船设计，韦纳·冯·布劳恩还构想了火星着陆“船”。

火星探险需要一支由十艘飞船组成的舰队。每艘飞船搭载7名航天员（均为男性），载重达3000吨。开启一次探险需要实施近1000次发射，才能将飞船的全部部件送入轨道。

一旦第一艘飞船进入火星周围的轨道，就开始滑行，飞到极冠地区，靠滑板在冰面着陆。部署好火星车后，航天员将跋涉数千米抵达赤道地区，在那里修建一条跑道，以便其他两艘带轮子的飞船着陆，运送剩下的航天员（有些航天员要作为后援，要留下来照看飞船，防止它偏离轨道）。所有人员会合后，就搭建充气式住所，在火星上生活400天左右。除了完成科学研究计划，他们还要将两艘飞船垂直竖起，拆掉机翼，减轻“自重”，以便从火星上起飞，重返母舰。

韦纳·冯·布劳恩的作品有两大显著优点。一是解释了人类如何进行火星探险，二是用数据帮人们理解复杂的操作。

当然，由于火星大气压仅为韦纳·冯·布劳恩（根据当时最先进的科学知识）推测值的十分之一，这项提议中的某些方面显然是不合理的。因此，建造一艘有翼的着陆飞船就不大可行了。况且，火星表面不是广阔的平原（并非天文学家所想象的那样），而是非常粗糙。所以，要在合理的时间内，从极地驱车到赤道修建跑道，是非常不现实的。此外，由于当时人类还没有发现空间辐射，韦纳·冯·布劳恩没有考虑到它所带来的风险。

不过，《火星计划》中的“参考任务”部分，

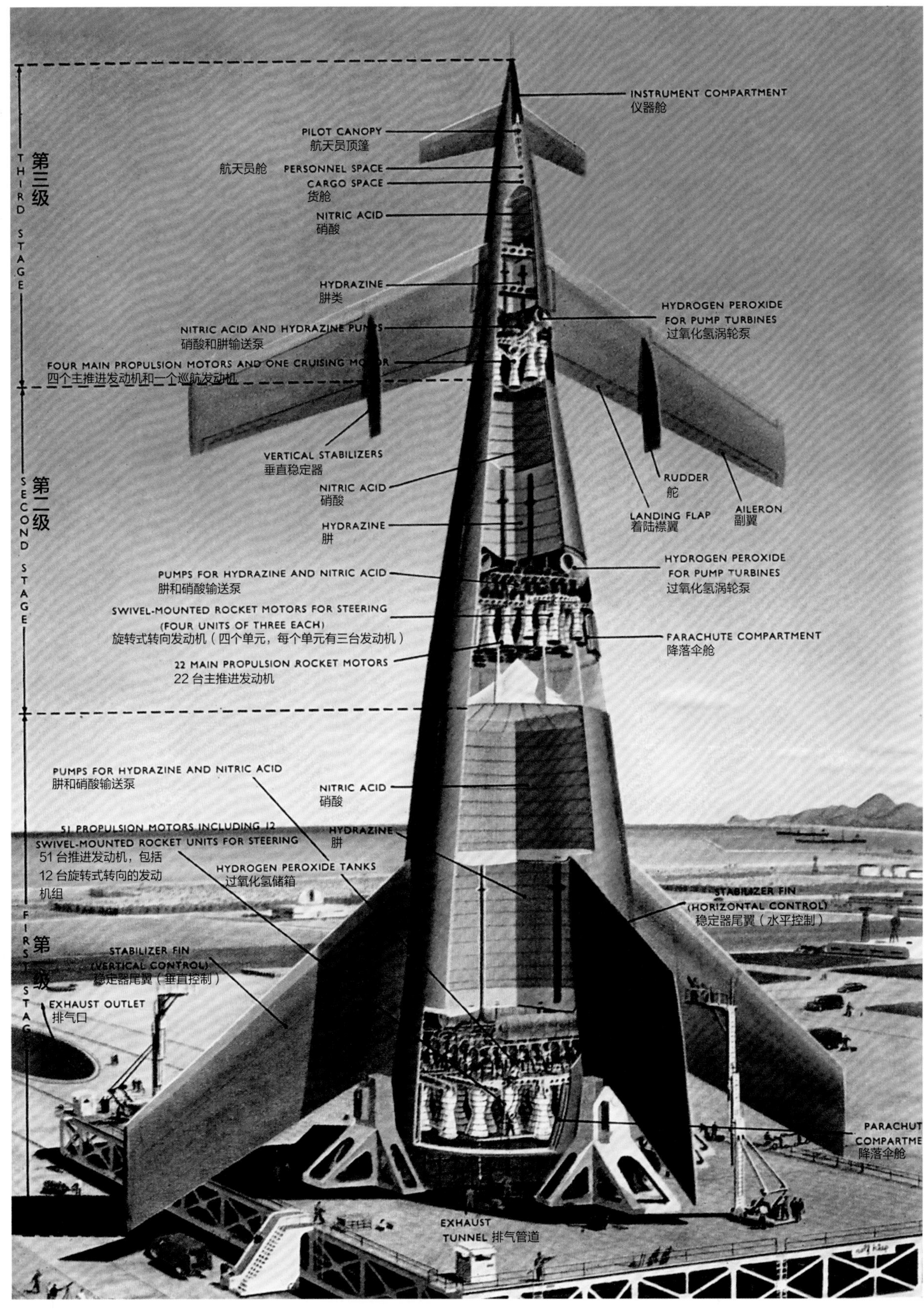
THIRD STAGE
第三级
INSTRUMENT COMPARTMENT
仪器舱
PILOT CANOPY
航天员顶篷
航天员舱
PERSONNEL SPACE
CARGO SPACE
货舱
NITRIC ACID
硝酸
HYDRAZINE
肼类
HYDROGEN PEROXIDE
FOR PUMP TURBINES
过氧化氢涡轮泵
NITRIC ACID AND HYDRAZINE PUMPS
硝酸和肼输送泵
FOUR MAIN PROPULSION MOTORS AND ONE CRUISING MOTOR
四个主推进发动机和一个巡航发动机
SECOND STAGE
第二级
VERTICAL STABILIZERS
垂直稳定器
RUDDER
舵
NITRIC ACID
硝酸
AILERON
副翼
LANDING FLAP
着陆襟翼
HYDRAZINE
肼
HYDROGEN PEROXIDE
FOR PUMP TURBINES
过氧化氢涡轮泵
PUMPS FOR HYDRAZINE AND NITRIC ACID
肼和硝酸输送泵
SWIVEL-MOUNTED ROCKET MOTORS FOR STEERING
(FOUR UNITS OF THREE EACH)
旋转式转向发动机（四个单元，每个单元有三台发动机）
FARACHUTE COMPARTMENT
降落伞舱
22 MAIN PROPULSION ROCKET MOTORS
22 台主推进发动机
FIRST STAGE
第一级
PUMPS FOR HYDRAZINE AND NITRIC ACID
肼和硝酸输送泵
NITRIC ACID
硝酸
51 PROPULSION MOTORS INCLUDING 12
SWIVEL-MOUNTED ROCKET UNITS FOR STEERING
51 台推进发动机，包括
12 台旋转式转向的发动
机组
HYDRAZINE
肼
HYDROGEN PEROXIDE TANKS
过氧化氢储箱
STABILIZER FIN
(HORIZONTAL CONTROL)
稳定器尾翼（水平控制）
STABILIZER FIN
(VERTICAL CONTROL)
稳定器尾翼（垂直控制）
EXHAUST OUTLET
排气口
PARACHUT
COMPARTME
降落伞舱
EXHAUST
TUNNEL 排气管道

韦纳 · 冯 · 布劳恩设计的运载火箭剖面图，罗尔夫 · 克莱绘制。（感谢 *Collier's* 供图）

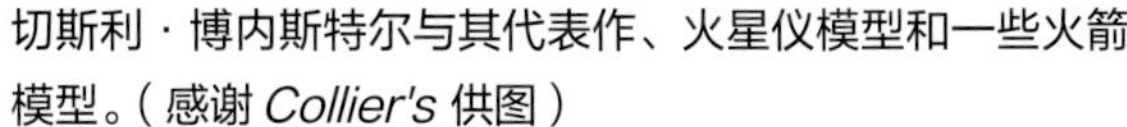

切斯利·博内斯特尔与其代表作、火星仪模型和一些火箭模型。（感谢 *Collier's* 供图）

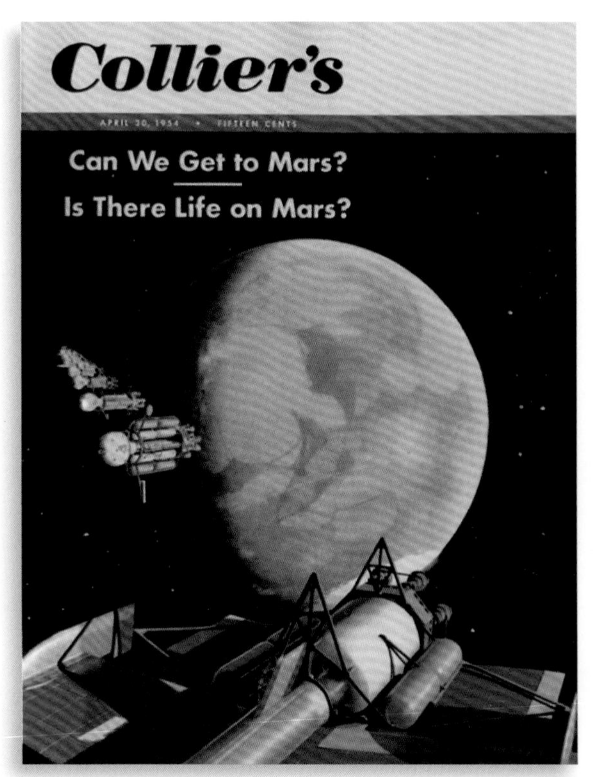

1954 年 4 月 30 日出版的《科利尔》杂志封面，绘有韦纳·冯·布劳恩对火星任务的构想。

为后来奠定了进一步研究的基础，对我们有所启示。

1954 年，纽约知名月刊《科利尔》刊登了这篇由韦纳·冯·布劳恩撰写、切斯利·博内斯特尔配图的文章。

1956 年出版的《火星探索》（*The Exploration of Mars*）一书中，韦纳·冯·布劳恩和太空作家维利·莱（Willy Ley）大大简化了火星计划。

首先，他们把星际飞船的数量减少到了两艘，航天员总数减少到 12 人。接着，他们放弃了极地着陆后再跋涉到赤道修建跑道的方案，决定在飞船进入火星周围的轨道后，通过望远镜观测，在赤道地区找到一片平坦的沙质平原，作为天然跑道。无人飞船可以验证该地区是否适合着陆，然后，放下无线电信标，为载人飞船提供信号。载人飞船装有软胎，以备不时之需。火星表面 9 人小组的任务和先前计划一样，也要为最后阶段从火星上升空，提前部署好飞船。

尽管人类已在 1969 年 7 月实现首次登陆月球，但现有技术还远不能满足韦纳·冯·布劳恩飞往火星的设想。研制出满足要求的飞船还遥遥无期。显然，如果想要在 1980 年前登上火星，就必须使用“土星 5 号”火箭，还要大大提高阿波罗飞船的运载能力。至少要设计一个居住舱，保证航天员在太空中生活几年。

韦纳·冯·布劳恩 1956 年提出的火星任务简化版绘图。（感谢 *Collier's* 供图）

3. 阿波罗计划后的提议

1969 年 8 月 4 日，“阿波罗 11 号”飞船的航天员带着月球样品返回地球后，在一个无菌的密室中被隔离了整整三周。韦纳·冯·布劳恩向白宫太空任务组做了汇报。

太空任务组（STG）由副总统斯皮罗·T. 阿格纽（Spiro T. Agnew）主持，旨在为美国国家航空航天局未来 10 年的主要目标提供建议。目标之一是要开发火星之旅所需的飞行器。冯·布劳恩指出，要根据火星上的最新发现，采用新的技术手段，其中，最值得注意的是，火星的大气层极其稀薄。

如今，我们不再采用有翼的着陆飞船和跑道，转而采用小型飞行器（模块化飞船）代替，这些飞船与火箭发动机一起垂直下降，实现软着陆。

两艘采用阿波罗技术的星际飞船，将各载 6 名航天员飞离地球。飞船编队飞行，一旦一艘飞船遇到困难，航天员还可以转移到另一艘飞船

韦纳 · 冯 · 布劳恩和强大的“土星 5 号”火箭，该火箭将运载“阿波罗 11 号”飞船升空，完成人类首次登月任务。（感谢 *NASA/KSC* 供图）

上，继续执行任务。冯 · 布劳恩将发射时间定在 1981 年 11 月，因为那是 10 年难得一遇的发射窗口。1982 年 8 月，飞船将进入环绕火星的轨道，每个着陆器搭载 3 名航天员，总计 6 人登陆火星，历时两个月，完成科学任务后重回轨道。1982 年 10 月两艘飞船返航，沿返回轨道飞行，通过“引力助推”飞越金星，计划于 1983 年 8 月返回地球。

冯 · 布劳恩指出，接下来可以在随后的发射窗口连续执行发射任务，10 年内在火星上建立起一个可容纳 15 人的火星基地。

但是，一旦决定开发可重复使用的新型航天器，采用阿波罗时代的技术到达火星的计划就无法继续讨论了。人们对新型航天器寄予很大的期望，希望借此让人类重返月球，启动探索火星等相关项目。只可惜，这样一来，就把载人航天任务限制在了近地轨道飞行，这一局面直到 21 世纪才被打破。

尽管如此，工程师们仍在研究如何才能更便宜地抵达火星。

4. 做什么，怎样做，何时做

2011 年，航天飞机退役后，尽管大家知道短期内不会再有任何进展，但人们对前往火星的愿景却更加乐观。

那么，有什么方案呢?

可以用阿波罗计划来打个比方:

1968 年初，人们原计划把“阿波罗 7 号”作为指挥舱，在秋季发射进入近地轨道，再在年底发射“阿波罗 8 号”作为登月舱，在同样的太空环境下与登月舱对接，两艘飞船合体飞行。1969 年，“阿波罗 9 号”任务搭载两艘模块化飞船进入高轨道，轨道高度甚至可以达到地月距离，从

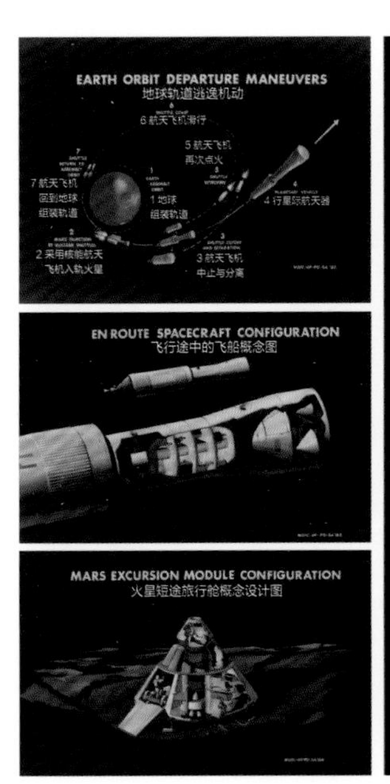

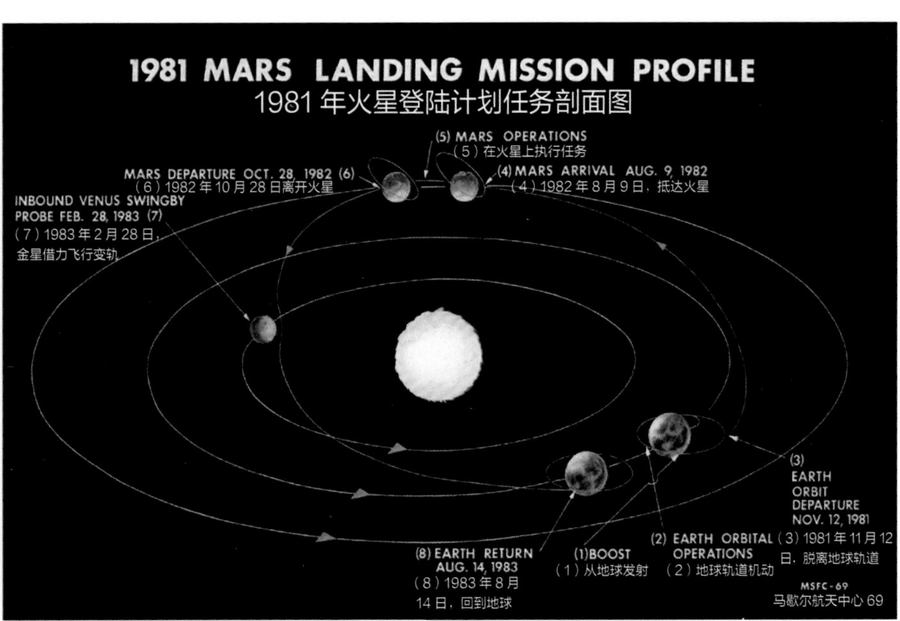

1969 年，韦纳 · 冯 · 布劳恩向美国国家航空航天局报告时的部分幻灯片，概述了 20 世纪 80 年代早期登陆火星的方式。（感谢 *NASA* 供图）

而进行深空飞行测试。接着，“阿波罗 10 号”的任务是启动登月舱，进入动力下降段，着陆在月球表面。另一方面，进入环绕月球的轨道，演练飞行程序，为“阿波罗 11 号”飞船的登月做好准备。

然而，在 1968 年秋天，“阿波罗 8 号”登月舱未能在计划时间内完成研制，美国国家航空航天局决定，先将“阿波罗 7 号”指挥舱送入月球轨道，而不是在地面上继续等待运送登月舱的“阿波罗 8 号”完工。此举大胆而冒险，但可以积累深空飞行和月球轨道操作的早期经验。等到下一年登月舱可以使用时，再用“阿波罗 9 号”飞船，检验登月舱在近地轨道飞行的能力，之后的飞行任务如期进行。

如果以上述方式前往火星，人类的首要目标应该是登陆火星，这听起来合情合理。这个想法与当时美国国家航空航天局的要求一致，即让第一批阿波罗机组人员进入月球轨道，同时尝试登月。但只有在科幻小说中，这样的冒险才是合乎情理的。事实上，等人们认识到环绕月球飞行与近地轨道飞行的巨大差别，前期的飞行为测试飞行技术和任务流程提供了可能。等人类第一次冒险进入与相当于火星距离的深空时，就会意识到吸取前期任务的经验有多么重要。

如果仅仅环绕火星轨道飞行，那会比登陆火星简单得多。此外，由于不需要携带着陆器，轨道任务可以尽快实施，测试所有部件，特别是深空居住舱，以满足机组人员长达数年的居住。

轨道任务可以开展有价值的科学研究，如探测火星的卫星，将探测器送往火星，采集样品，再将其送回轨道，以此完成人类在火星上的第一次采样任务。

为了实现载人登陆，抵达火星表面，必须研制出一种比目前最重的火星车还要重得多的着陆器。载人离开地球轨道前，还要提前运送火星表面居住舱、火星车和日常用品。因此，载人登陆火星是一项重大而艰巨的任务。当然，返回地球的机组人员必须从火星表面起飞，与母舰在火星轨道上会合。

如果这一战略的目的，是让人类探险队首次环绕火星轨道飞行，登陆火星，那么，就要求在任务实施前，将所有专用硬件都研发并测试完毕。尽管根据科学预测，完成这些硬件的研发和测试还要很多年，不过，在此之前可以先发射一艘类似于“阿波罗 8 号”航天器的设备，让它完成环绕火星轨道的飞行任务。这项任务有望尽快实施，制订分阶段实施计划，可为真正登陆火星积累宝贵经验。

由于个人的专业背景和动机不同，谈话的立场也就不同。有些科学家认为，登陆火星耗资巨大，认为我们更多需要的是自动化的着陆器和火星车，因此，对登陆火星的前景持悲观态度。还有些科学家幻想自己是探险家，认为自己应该入选首批登陆火星的航天员；甚至有些人宣称，自己可以接受有去无回的单程旅行！有趣的是，那些主张谨慎行事的人往往是航天工程师，因为他们深知，进行太空飞行时制定飞行程序和备选方案有多艰难。

自冯 · 布劳恩介绍了如何利用阿波罗时代的

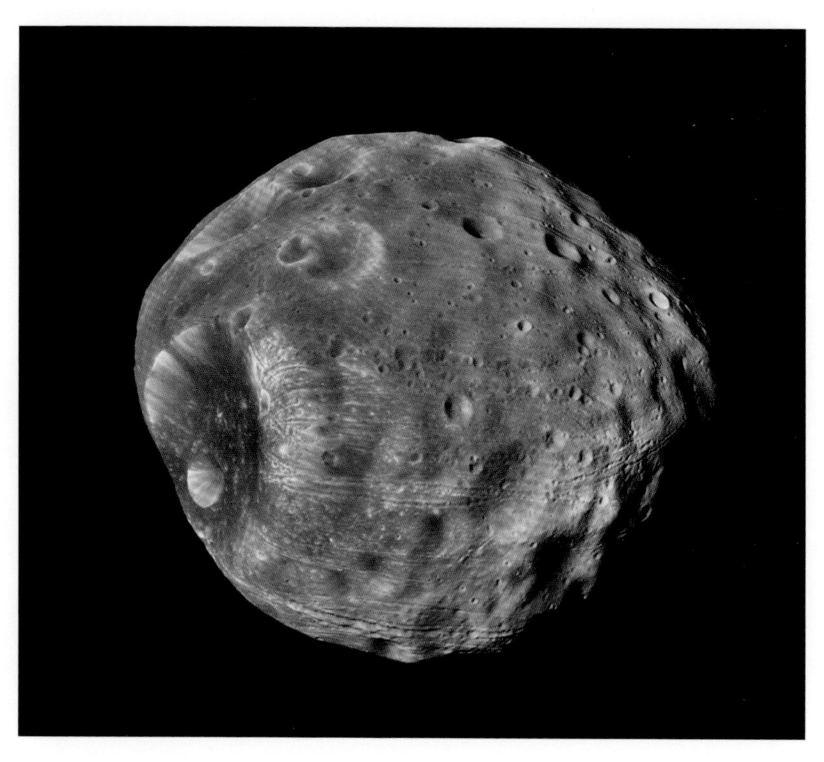

火卫一，火星的两颗卫星中较大的一颗，“火星勘测轨道器”摄于2008年。（感谢*NASA/JPL-Caltech/Univ. of Arizona*供图）

技术实现载人登陆火星以来，几十年来，科学家已经探索了大量的其他方案。

我们需要大型着陆器，来运载全体机组人员，以及他们在火星表面生活和工作所需的所有物资。为此，科学家们提出了许多方案，可以把载人飞船和载货飞船（可能是不同类型）区分开。这样一来，载货飞船就可以在更早的发射窗口发射。

还有一个想法极为创新，它提出了“脱离地球生存”的策略，即开发火星上的资源，制造火星任务的消耗品。特别是派遣一辆火星车，制造火箭推进剂，帮助其他着陆器升空。这样就能进一步减轻载人着陆器的重量。显然，如果推进剂不足以让登陆火星的航天员进入重返地球的轨道，机组人员就不会擅自登陆火星。

另一种减轻重量的方法是，不从地球上运送航天器在火星附近减速制动所需的推进剂，而是利用火星大气的空气动力来制动，从而减速入轨，着陆在火星表面。

在众多设想中，最有影响力的可能要数1991年罗伯特·祖布林（Robert Zubrin）提出的“直达火星”计划了。他试图证明，人类能够负担得起这项任务的开销。在他提出的方案中，无须研制先进的火箭，而是选择传统的化学推进装置，直接从地球表面发射（这也是这一方案的名称由来），利用火星大气层的空气动力进行制动，在火星上原地生产推进剂，直接从火星表面返回地球，重要部件可以提前运送到位。虽然这一计划

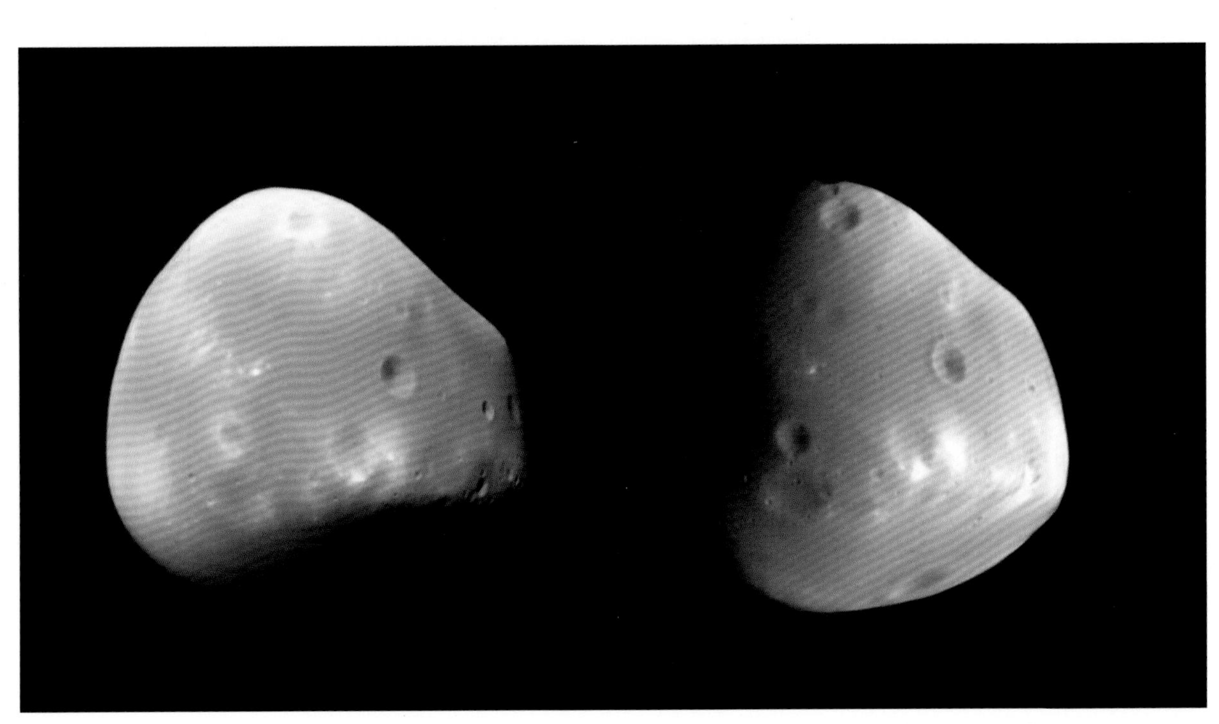

火卫二，“火星勘测轨道器”摄于2009年。（感谢*NASA/JPL-Caltech/Univ. of Arizona*供图）

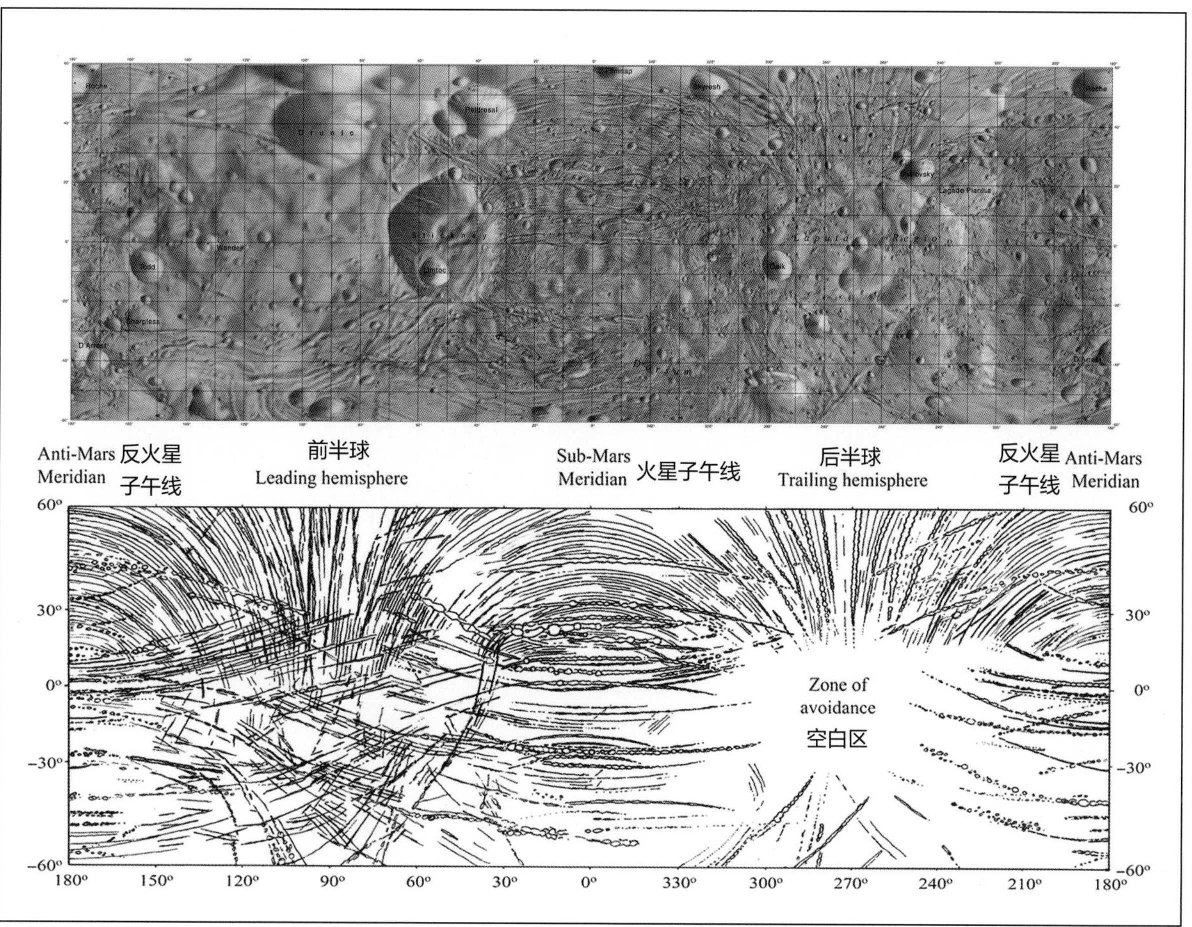

火卫一上的凹槽。该投影图由菲利普 · 斯托克（Philip Stooke）提供，凹槽图根据真实图像绘制，由欧洲空间局（ESA）“火星快车”（Mars Express）探测器的高分辨立体相机拍摄。2011 年，此图由 J.B. 默里（J.B. Murray）、J.C. 伊利夫（J.C. Iliffe）与伦敦地质学会（Geological Society of London）出版，名为《火星地貌学》（感谢 *Martian Geomorphology* 供图）。

既省时又省钱，但要求任务开始后，在接下来的每个发射窗口，都实施一系列发射任务。

另一个可持续发展的计划，是将一架“通勤飞船”发射进入环绕太阳的轨道。顾名思义，就是定期飞越地球和火星上空，降低航天员往返地球和火星之间的成本。每隔 20 ~ 30 个月，飞船就会离开地球附近，开始为期六个月的火星之旅。航天员会先乘坐小型航天飞机离开地球，再改乘通勤飞船前往火星。抵达火星后，他们离开“通勤飞船”，换乘其他飞船，利用空气制动进入火星轨道，最终着陆在火星表面，建立永久基地，供陆续前来的航天员居住。这一想法得到了

关于附属的小型飞船的一项工程研究，在火星轨道上的机组成员乘坐该飞船，调查火星卫星的表面。（感谢 *NASA Langley Research Center and AMA Studios* 供图）

“阿波罗 11 号”航天员巴兹·奥尔德林（Buzz Aldrin）的大力支持。

关于环绕火星的轨道飞行任务研究较少，主要原因是人们想当然地以为，最该关注的问题应该是如何在火星上着陆。

从科学角度来说，环绕火星的轨道飞行任务有助于研究火星的卫星，但负责登陆火星的研究团队很可能会忽视这一点，因为在小卫星附近飞行的操作要求，与登陆火星的操作要求差别很大。而且，航天员需要小型飞船才能离开母舰，飞向火星的卫星进行科学考察活动。

每一滴推进剂都需要从地球运送，因此非常珍贵。而一次精心设计的探测火星卫星的演练，就会把推进剂用得精光。苏联不载人的“火卫一 2 号”飞船用了大量时间，对火卫一进行了一系列近距离飞越，释放出小型着陆器。然而，无人航天器与火星卫星的短暂相遇，对载人探访火星而言并没有什么帮助。相反，在火星卫星附近进行演练，对它进行长期研究更为可取。幸运的是，这个方案是有可能实现的。

18 世纪，意大利数学家和天文学家约瑟夫 - 路易斯·拉格朗日（Joseph-Louis Lagrange）首次介绍了这项技术，可以在所谓“三体问题”中减少推进剂的消耗。

1772 年，拉格朗日研究地球、太阳和月球三者之间引力场的相互作用时，针对许多特殊情况，提出了一些可提高稳定性的方案。该方法适用于太空中的所有情况。在天体系统中，中心天体比绕其旋转的天体要大得多，而它们附近的第三个天体甚至更小。因此，它适用于火星、火星卫星和航天器之间的关系。

在天体系统中，有五个满足这一要求的位置，被称为拉格朗日点（Lagrangian points）。对于火星轨道上的航天器来说，L1 点位于火星和卫星之间，L2 点在卫星的对面一侧，L3 点在火星的后方。因此，它们都在穿过两个天体中心的连线，与卫星一起绕火星旋转。L4 和 L5 与卫星处于同一轨道，与卫星前后分别成 60° 角。

有趣的是，我们常常认为，在火星及其卫星的引力场作用下，“引力平衡点”位于拉格朗日点。实际上，位于拉格朗日点的航天器一般保持原位。当然，受到扰动时，它会偏离，但至少在短期内，偏离量可以通过燃烧推进剂来抵消，这种方法被称为“位置保持”。举例而言，火卫一

人类在其中一颗火星卫星附近作业，由帕特 · 罗林斯绘制。（感谢 *NASA* 供图）

和火卫二的体积非常小，保持在拉格朗日点所需消耗的推进剂可以忽略不计。

为了研究火星卫星，可以操纵作为母舰的飞船进入 L4 或 L5 点，而一些机组成员可以搭乘附属飞船，前往火星的卫星。

火星的两颗小卫星都处于潮汐锁定状态，也就是说，它们会一直以同一面对着火星，此时，位于拉格朗日点的飞船将固定停留在火星上空。由于火卫一的 L1 和 L2 点相距仅几千米，这就有了采集样品的两种方式。一种是释放一个套着绳索的采样装置，一旦获得火卫一表面的样品，就将其拉回。另一种是，用一根系绳的鱼叉，把它当作锚来使用，让飞船把自身拉向火卫一表面，从而便于航天员到舱外采集样品或安装仪器。

火卫一表面任务完成后，小型飞船将返回母舰，然后，母舰微调动力，离开火卫一的拉格朗日点，继续执行下一阶段的任务。

访问火星卫星的先后顺序，将依据各种任务的需要，或由这两颗卫星在科学上的重要性来决定。

这种探测火星卫星的任务，不同于操控火星表面的火星车将采集到的样品带回地球。执行火星表面采样任务时，飞船可能会进入轨道，在火星赤道上方保持静止。幸运的是，火星卫星的运行轨道靠近火星赤道。因为火卫一绕火星飞行的时间，比火星绕轴自转的时间短；而火卫二绕火星飞行的时间，比火星绕轴自转的时间长，所以火星赤道上空静止轨道的高度，介于这两颗卫星的轨道高度之间。因此，未来的这项任务可能会先在火卫一取样，然后再去火星，此后再将任务重心转向火卫二。这样做的好处，是环绕火星的轨道任务可以在飞船处于有利位置时，逃逸火星的引力场，以便返回地球。

5. 先进推进器

人类能否定居火星，取决于能否开发出先进的星际推进系统。

虽然，我们可以用化学火箭开启飞向火星的探险，但等到研发出更先进的星际推进系统后，再来实施这项任务，或许更明智一些。当然，在火星上长期定居，需要这样的系统。

以下有几种方案：

太阳能电推进系统。从太阳光中获取能量，启动发动机，加速从燃料中释放出来的离子，来提供推力。这项技术已应用于深空探测器。值得注意的是，“黎明号”小行星探测器因为采用了这项技术，才能探访两颗小行星，而其他采用化学推进系统的航天器就做不到了。对于载人火星任务来说，必须有更大的推力才行，因此，也需要更大的太阳能电池板。核动力推进系统与太阳能电推进系统相似，但要从核裂变反应堆获得驱动离子的能量。太阳能电推进系统提供的推力较小，因此耗时较长，拖长了用于旅行的时间。另一个缺点是，由这种方式提供动力的飞船，在脱离地球轨道，进入行星际空间时，要用很长的时间做螺旋运动，才能穿过离子密集的范 · 艾伦辐射带。飞船可能停靠在地月系统的拉格朗日点，机组人员从近地轨道出发，快速前往该点，执行任务。靠离子推进系统提供动力的飞船，也要做螺旋运动，避开辐射带，进入火星轨道，在不同轨道间转移，才能返回地球。

至于核动力推进系统，则通过核裂变反应，加热液态氢等液体，使其膨胀，离开喷嘴。实际上，该原理与化学火箭类似，只是从推进剂相互反应释放的化学能，变成了核反应释放的热量。这样的发动机可以提供较高的推力，以达到预期轨道。这样一来，飞船就能靠惯性滑行。不需要推进时，飞船可以在反应堆的低档状态下运行，或通过太阳能电池板来为自身系统提供动力。这种发动机所能提供的较高推力，可以节省前面提到的离子推进系统在火星上空螺旋运动的时间。此外，如果较高推力持续的时间较长，可以把到达火星的时间缩短一个数量级，甚至可能将单程旅行缩短到几周以内。

任何涉及核能的东西都会受到批评，只有深空这种已经充满了各种辐射的环境，才适合核裂变反应堆。因为有了它，任务就变得简化了，只要保护好航天员即可，这样一来想法就更多了。

而如果我们能设法实现自我运行的核聚变，简化这项技术，驱动火箭穿越行星际空间，那么，科幻小说中描写的场景可能会成为现实。如同我们现在在地球上的大陆之间飞行一般，人们也能同样随意地在行星之间快速航行。

火星的卫星

	火卫一	火卫二
半长轴（千米）①	9,378	23,459
相对火星的公转周期（天）	0.31891	1.26244
相对火星的自转周期（天）②	0.31891	1.26244
轨道倾角 (°)	1.08	1.79
轨道偏心率	0.0151	0.0005
朝向火星一面的半径（千米）	13.0	7.8
面向飞行方向的半径（千米）	11.4	6.0
极轴半径（千米）	9.1	5.1
质量 (10^{15} 千克）	10.6	2.4
平均密度（千克 / 米 ^{3})	1,900	1,750
几何反照率	0.07	0.08

（数据由 NASA 提供）

注意：① 到火星中心的平均轨道距离。

② 卫星处于潮汐锁定状态，此时其自转与公转同步。

Postscript
后记

一开始，我们被火星血红色的外表深深地迷住了。随后，我们研究了它在天空中的运动，了解到火星是如何围绕太阳运行的。

望远镜的发明，让火星变成了一个拥有神奇表面特征的世界，我们得以确定它的自转周期和季节变化。望远镜的改进，又让我们绘制出更详细的地图。一些望远镜观测到了火星上的直线网格，人们猜测它是由濒临灭绝的一种智慧生物建成的。虽然，我们最终放弃了这一猜想，但人们一致认为，火星上拥有某种类型的植被。

飞越火星的探测器显示，火星表面十分古老，地质运动也不活跃，上面还有很多撞击坑。但遥感图像表明，火星上的地质活动实际上非常活跃，很快就推翻了前面的观点。火星的山峰比珠穆朗玛峰（Mount Everest）还要高，上面的火山口证明它们是古老的火山。火星上的峡谷系统，比科罗拉多大峡谷（Grand Canyon）还要更长、更深。洪水的切割范围，比地球上的任何地方都要大得多。所有这一切，对地质学家来说都具有吸引力。那么，生命呢?

“海盗号”探测器试图回答火星土壤中是否有微生物的问题，但无法确切证明它们存在与否。

后来，搭载多光谱相机和许多其他传感器的轨道器，绘制了火星表面矿物和近表面水的分布图。我们渐渐认识到火星环境是如何被改变的。在远古时期，火星上的大气层比现在更厚，气候也更加温暖湿润。

现在，火星车正陆续穿越火星表面，充当野外地质学家，寻找曾有利于生命繁衍的证据，尤其是在那些古老的湖泊中。

虽然，机器人探测器能力很强，但它们只不过是牵引载人探测火星的先行者。原本，人类登陆火星只存在于科幻小说中，如今，这很快就会成为现实。我们虽不能确定人类什么时候才能在火星上踏出第一步，但踏出第一步的人或许已经出生了。本书或许有助于激发他们探索火星的热情！

“勇气号”火星车拍摄的火星日落。总有一天，人类能够亲眼看见这一景象。（*NASA/JPL-Caltech/Texas A&M Univ./Cornell* 供图）

火星地图

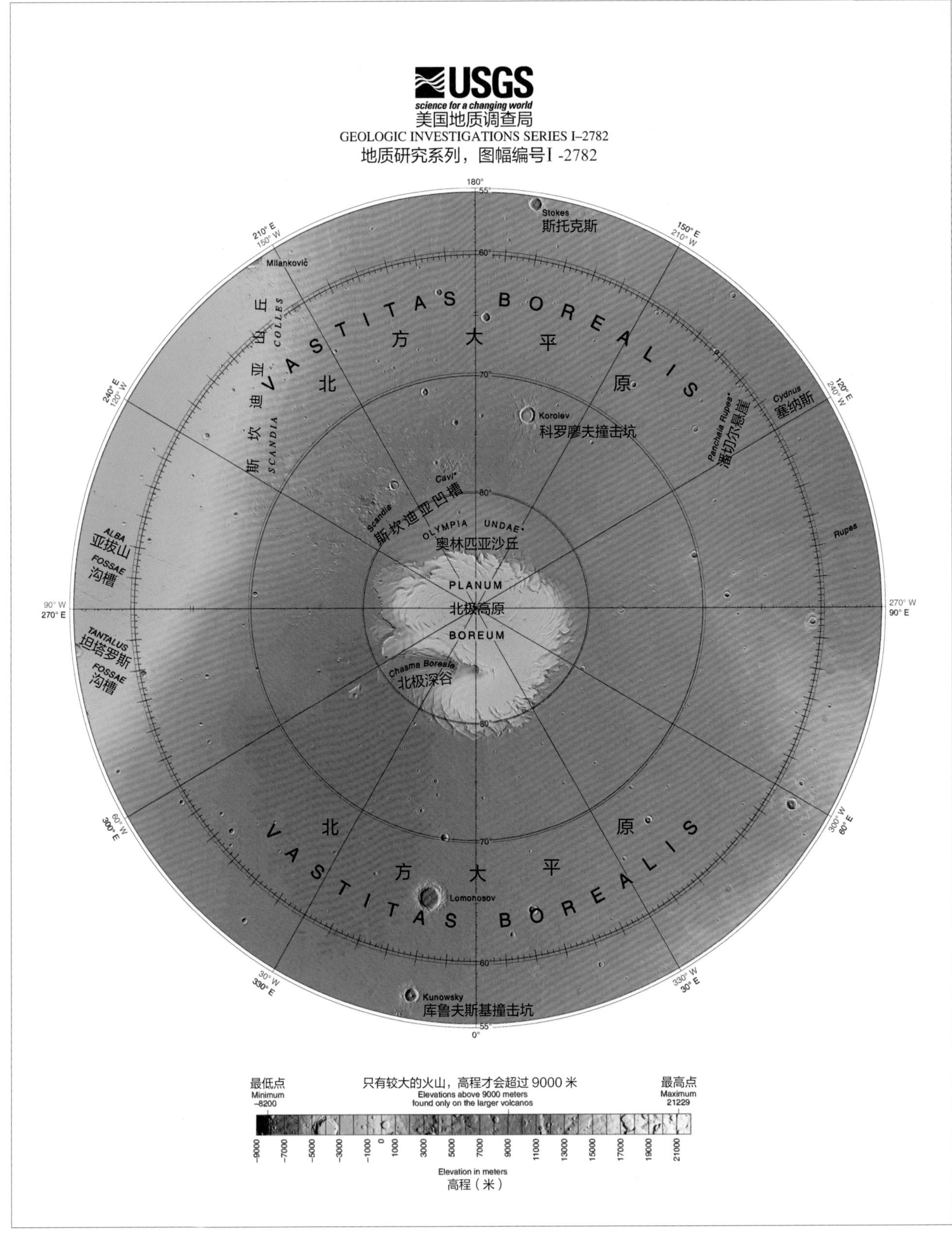

USGS
science for a changing world
美国地质调查局
GEOLOGIC INVESTIGATIONS SERIES I–2782
地质研究系列，图幅编号I -2782
180°
Stokes
斯托克斯
Milankovič
210° E
150° W
150° E
210° W
240° E
120° W
120° E
240° W
SCANDIA COLLES
斯坎迪亚山丘
VASTITAS BOREALIS
北方大平原
Korolev
科罗廖夫撞击坑
Panchaia Rupes
潘切尔悬崖
Cydnus
塞纳斯
Cavi
Scandia
斯坎迪亚凹槽
OLYMPIA UNDAE
奥林匹亚沙丘
Rupes
ALBA FOSSAE
亚拔山沟槽
PLANUM BOREUM
北极高原
90° W
270° E
270° W
90° E
TANTALUS FOSSAE
坦塔罗斯沟槽
Chasma Boreale
北极深谷
60° W
300° E
300° W
60° E
Lomonosov
30° W
330° E
330° W
30° E
Kunowsky
库鲁夫斯基撞击坑
0°
最低点
Minimum
–8200
只有较大的火山，高程才会超过 9000 米
Elevations above 9000 meters
found only on the larger volcanos
最高点
Maximum
21229
Elevation in meters
高程（米）

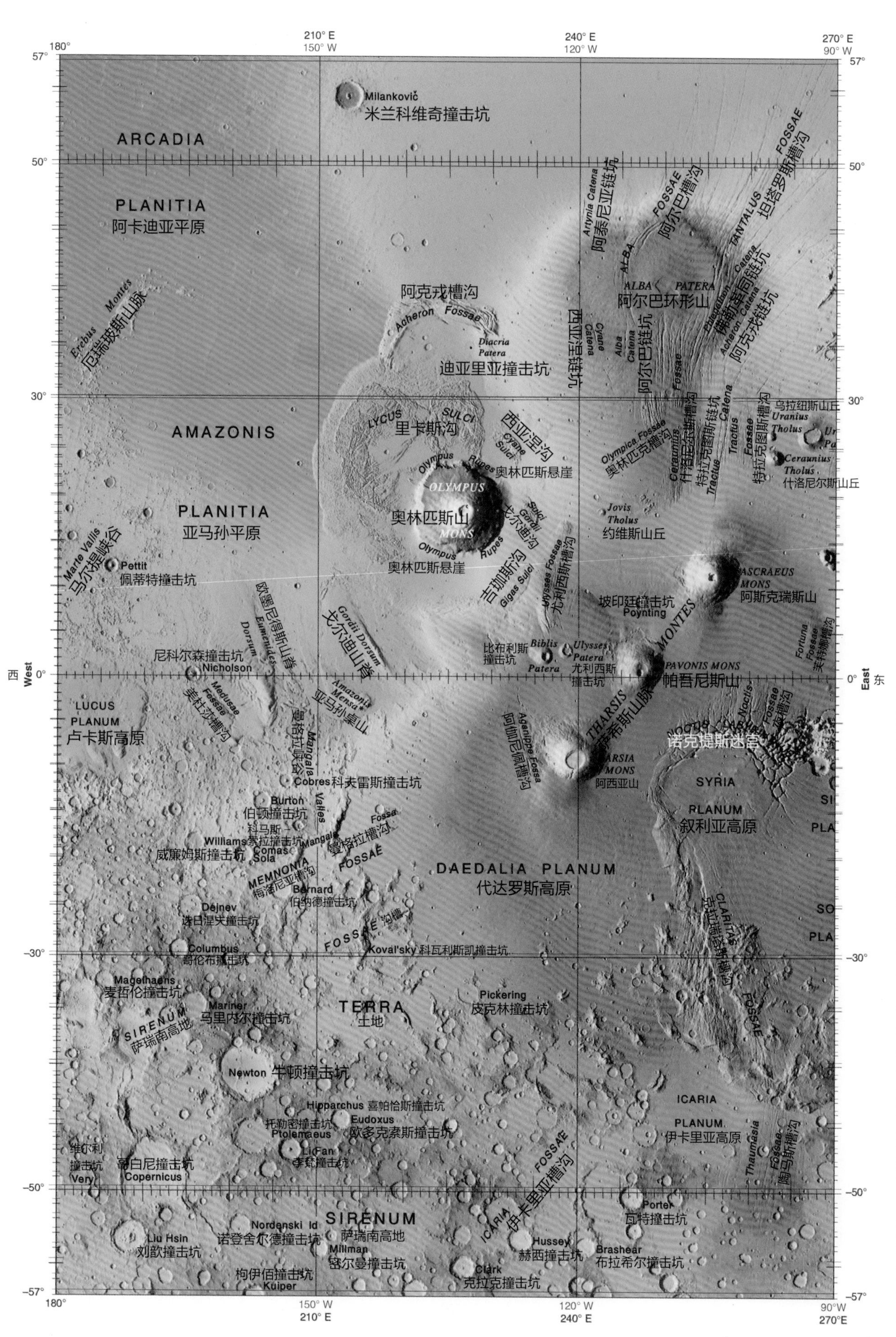

210° E
150° W
240° E
120° W
270° E
90° W
180°
57°
50°
30°
0°
−30°
−50°
−57°
西 West
East 东
Milankovič
米兰科维奇撞击坑
ARCADIA
PLANITIA
阿卡迪亚平原
Erebus Montes
厄瑞玻斯山脉
阿克戎槽沟
Acheron Fossae
Diacria Patera
迪亚里亚撞击坑
Artynia Catena
阿泰尼亚链坑
ALBA FOSSAE
阿尔巴槽沟
TANTALUS FOSSAE
坦塔罗斯槽沟
ALBA PATERA
阿尔巴环形山
Cyane Catena
西亚涅链坑
Alba Catena
阿尔巴链坑
Phlegethon Catena
佛勒革同链坑
Acheron Catena
阿克戎链坑
AMAZONIS
PLANITIA
亚马孙平原
LYCUS SULCI
里卡斯沟
Cyane Sulci
西亚涅沟
Olympus Rupes
奥林匹斯悬崖
OLYMPUS MONS
奥林匹斯山
Gordii Sulci
戈尔迪沟
Olympica Fossae
奥林匹克槽沟
Ceraunius Fossae
刻劳纽斯槽沟
Tractus Catena
特拉克图斯链坑
Uranius Tholus
乌拉纽斯山丘
Ceraunius Tholus
什洛尼尔斯山丘
Jovis Tholus
约维斯山丘
Marte Vallis
马尔提峡谷
Pettit
佩蒂特撞击坑
Gigas Sulci
吉珈斯沟
Ulysses Fossae
尤利西斯槽沟
ASCRAEUS MONS
阿斯克瑞斯山
Poynting
坡印廷撞击坑
Eumenides Dorsum
欧墨尼得斯山脊
Gordii Dorsum
戈尔迪山脊
Fortuna Fossae
芙特娜槽沟
尼科尔森撞击坑
Nicholson
Biblis Patera
比布利斯撞击坑
Ulysses Patera
尤利西斯撞击坑
PAVONIS MONS
帕沃尼斯山
THARSIS MONTES
塔尔西斯山脉
Medusae Fossae
美杜莎槽沟
Amazonis Mensa
亚马孙桌山
LUCUS PLANUM
卢卡斯高原
Mangala Valles
曼格拉峡谷
Agenippe Fossa
阿伽尼佩槽沟
ARSIA MONS
阿西亚山
Noctis Fossae
NOCTIS LABYRINTHUS
诺克提斯迷宫
Cobres 科夫雷斯撞击坑
Burton
伯顿撞击坑
Williams
威廉姆斯撞击坑
Comas Sola
科马斯索拉撞击坑
Mangala Fossa
曼格拉槽沟
MEMNONIA FOSSAE
梅洛尼亚槽沟
SYRIA
PLANUM
叙利亚高原
DAEDALIA PLANUM
代达罗斯高原
Bernard
伯纳德撞击坑
Dejnev
迭日涅夫撞击坑
Columbus
哥伦布撞击坑
Koval'sky 科瓦利斯凯撞击坑
CLARITAS FOSSAE
Magelhaens
麦哲伦撞击坑
Mariner
马里内尔撞击坑
SIRENUM
萨瑞南高地
TERRA
土地
Pickering
皮克林撞击坑
Newton 牛顿撞击坑
Hipparchus 喜帕恰斯撞击坑
托勒密撞击坑
Ptolemaeus
Eudoxus
欧多克索斯撞击坑
ICARIA
PLANUM
伊卡里亚高原
Li Fan
李梵撞击坑
维尔利撞击坑
Very
哥白尼撞击坑
Copernicus
ICARIA FOSSAE
伊卡里亚槽沟
Thaumasia Fossae
陶马斯槽沟
Porter
波特撞击坑
SIRENUM
萨瑞南高地
Liu Hsin
刘歆撞击坑
Nordenskiöld
诺登舍尔德撞击坑
Millman
密尔曼撞击坑
Hussey
赫西撞击坑
Brashear
布拉希尔撞击坑
Clark
克拉克撞击坑
柯伊伯撞击坑
Kuiper

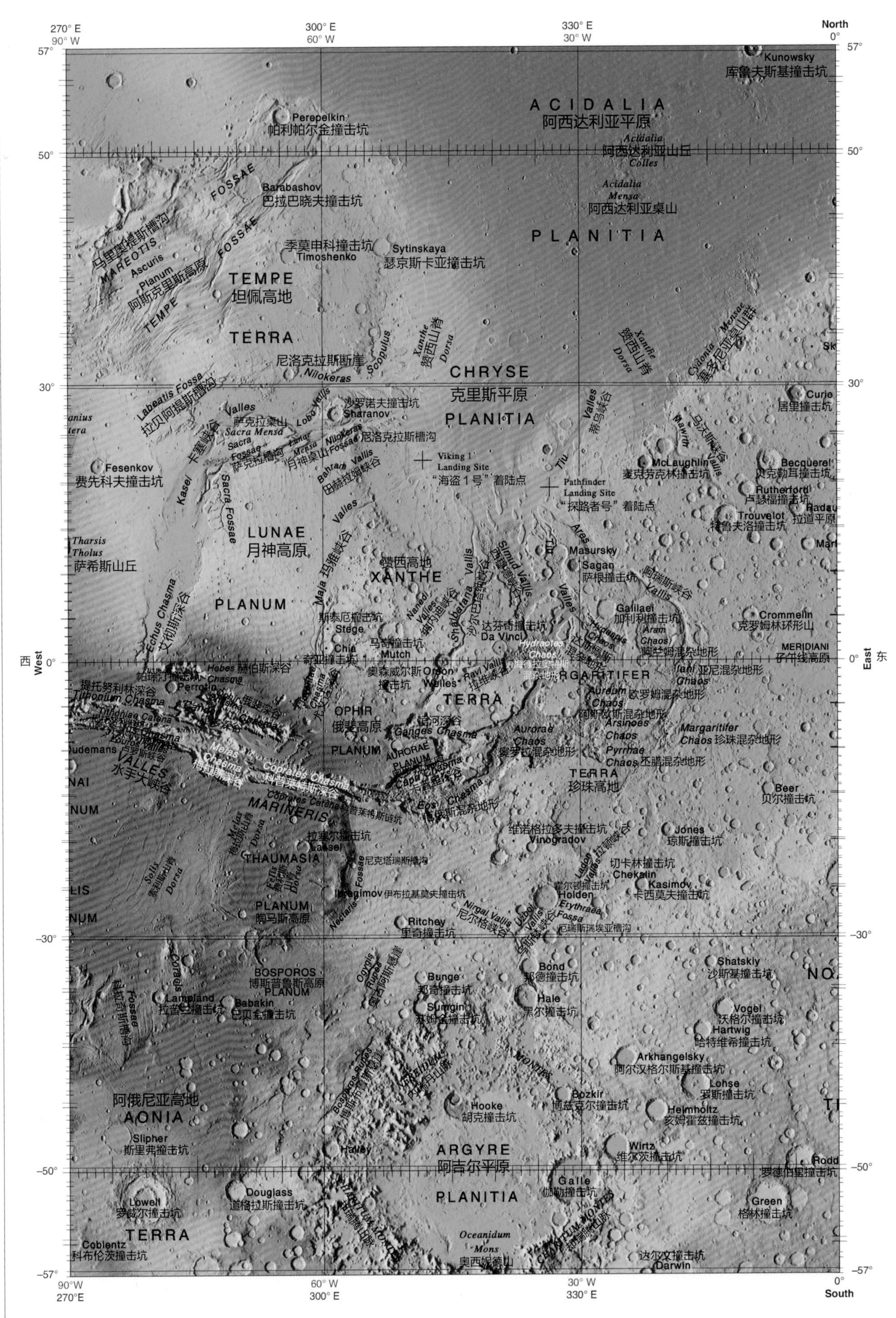
270° E
90° W
300° E
60° W
330° E
30° W
North
0°
57°
50°
30°
0°
-30°
-50°
-57°
西 West
East 东
90°W
270°E
60° W
300° E
30° W
330° E
0°
South
Kunowsky
库鲁夫斯基撞击坑
ACIDALIA
阿西达利亚平原
Acidalia
阿西达利亚山丘
Colles
Acidalia
Mensa
阿西达利亚桌山
PLANITIA
Perepelkin
帕利帕尔金撞击坑
Barabashov
巴拉巴晓夫撞击坑
FOSSAE
马里奥提斯槽沟
MAREOTIS
Ascuris
Planum
阿斯克里斯高原
TEMPE
FOSSAE
TEMPE
坦佩高地
TERRA
季莫申科撞击坑
Timoshenko
Sytinskaya
瑟京斯卡亚撞击坑
尼洛克拉斯断崖
Nilokeras
Scopulus
Xanthe
赞西山脊
Dorsa
CHRYSE
克里斯平原
PLANITIA
Xanthe
赞西山脊
Dorsa
Cydonia Mensae
塞多尼亚桌山群
Curie
居里撞击坑
Labeatis Fossa
拉贝阿提斯槽沟
Valles
萨克拉桌山
Sacra Mensa
Sacra
Fossae
萨克拉槽沟
Lunae
Mensa
月神桌山
Lobo Vallis
沙罗诺夫撞击坑
Sharanov
Nilokeras Fossae
尼洛克拉斯槽沟
Bahram Vallis
巴赫拉姆峡谷
Viking 1
Landing Site
“海盗1号”着陆点
Tiu
Valles
蒂乌峡谷
Pathfinder
Landing Site
“探路者号”着陆点
Mawrth
马沃斯峡谷
Vallis
McLaughlin
麦克劳克林撞击坑
Becquerel
贝克勒耳撞击坑
Rutherford
卢瑟福撞击坑
Trouvelot
特鲁夫洛撞击坑
Radau
拉道平原
Fesenkov
费先科夫撞击坑
Kasei
卡塞峡谷
Sacra Fossae
Valles
LUNAE
月神高原
Tharsis
Tholus
萨希斯山丘
Ares
Masursky
Sagan
萨根撞击坑
阿瑞斯峡谷
Vallis
赞西高地
XANTHE
Maja
玛雅峡谷
Echus Chasma
艾珂斯深谷
PLANUM
Nanedi
Valles
纳内迪峡谷
Shalbatana
Vallis
沙尔巴塔纳峡谷
Simud Vallis
Galilaei
加利利撞击坑
Aram
Chaos
阿兰姆混杂地形
Crommelin
克罗姆林环形山
斯泰尼格撞击坑
Stege
Chia
马奇撞击坑
Mutch
达芬奇撞击坑
Da Vinci
Hydraotes
Chaos
Hydaspis
Chaos
MERIDIANI
子午线高原
Hebes
赫伯斯深谷
Chasma
奥森威尔斯
Orson
Welles
撞击坑
Ravi Vallis
拉维峡谷
TERRA
ARGARITIFER
Iani
亚尼混杂地形
Chaos
Aureum
Chaos
欧罗姆混杂地形
阿斯农斯混杂地形
Arsinoes
Chaos
Margaritifer
Chaos 珍珠混杂地形
Tithonium Chasma
提托努利林深谷
Perrotin
Ophir
OPHIR
俄斐高原
PLANUM
恒河深谷
Ganges Chasma
AURORAE
PLANUM
Aurorae
Chaos
奥罗拉混杂地形
Pyrrhae
Chaos 丕腊混杂地形
TERRA
珍珠高地
Oudemans
VALLES
水手大峡谷
Melas
Chasma
梅拉斯深谷
Coprates Chasma
科普莱特斯深谷
Capri Chasma
卡普里深谷
Eos Chasma
MARINERIS
Coprates Catena
Beer
贝尔撞击坑
Melas
Dorsa
Solis
Dorsa
拉塞尔撞击坑
Lassel
THAUMASIA
尼克塔瑞斯槽沟
Felis
Dorsa
Fossae
Nectaris
维诺格拉多夫撞击坑
Vinogradov
Ladon
Valles
Jones
琼斯撞击坑
切卡林撞击坑
Chekalin
Holden
Kasimov
卡西莫夫撞击坑
Erythraea
Fossa
PLANUM
陶马斯高原
Ritchey
里奇撞击坑
Nirgal Vallis
尼尔格峡谷
Uzboi
Vallis
厄瑞斯瑞埃亚槽沟
Shatskiy
沙斯基撞击坑
Bond
邦德撞击坑
Bunge
邦奇撞击坑
Hale
黑尔撞击坑
Corallis
Fossae
BOSPOROS
博斯普鲁斯高原
PLANUM
Ogygis
Rupes
Lampland
拉普兰撞击坑
Babakin
巴贝金撞击坑
Sumgin
Vogel
沃格尔撞击坑
Hartwig
哈特维希撞击坑
Arkhangelsky
阿尔汉格尔斯基撞击坑
Lohse
罗斯撞击坑
Bozkir
博兹克尔撞击坑
Hooke
胡克撞击坑
Helmholtz
亥姆霍兹撞击坑
阿俄尼亚高地
AONIA
Slipher
斯里弗撞击坑
Halley
ARGYRE
阿吉尔平原
Wirtz
维尔茨撞击坑
Rodd
罗德伯里撞击坑
Lowell
罗威尔撞击坑
Douglass
道格拉斯撞击坑
PLANITIA
Galle
伽勒撞击坑
Green
格林撞击坑
TERRA
Coblentz
科布伦茨撞击坑
Oceanidum
Mons
奥西妮德山
达尔文撞击坑
Darwin

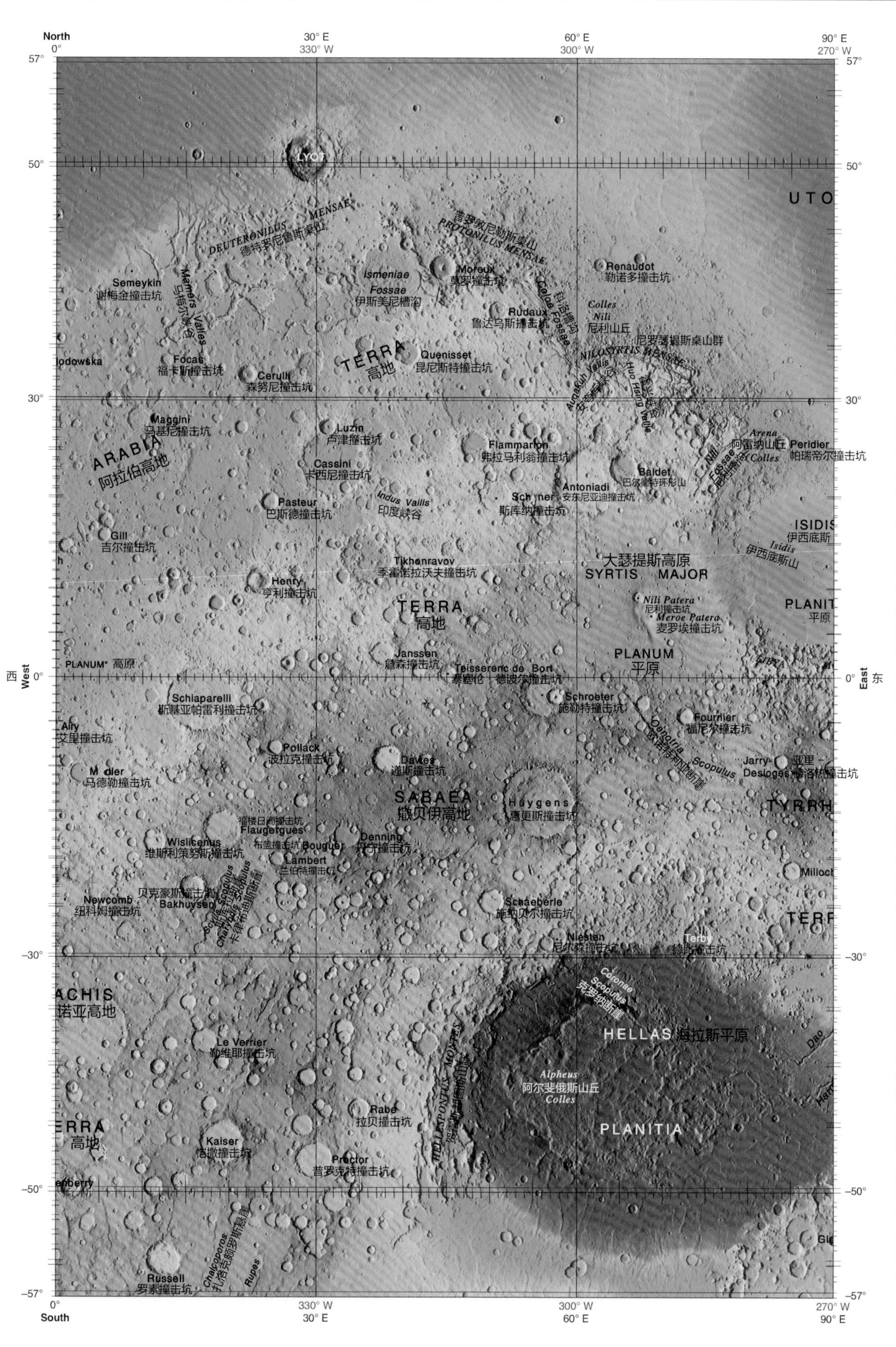

North
South
West 西
East 东
30° E
330° W
60° E
300° W
90° E
270° W
57°
50°
30°
0°
–30°
–50°
–57°
LYOT
UTO
DEUTERONILUS MENSAE
德特罗尼鲁斯桌山
PROTONILUS MENSAE
普罗敦尼勒斯桌山
Renaudot
勒诺多撞击坑
Moreux
莫罗撞击坑
Ismeniae Fossae
伊斯美尼槽沟
Semeykin
谢梅金撞击坑
Mamers Valles
马梅尔峡谷
Colles Nili
尼利山丘
Rudaux
鲁达乌斯撞击坑
NILOSYRTIS MENSAE
尼罗瑟提斯桌山群
Focas
福卡斯撞击坑
TERRA
高地
Quenisset
昆尼斯特撞击坑
Cerulli
森努尼撞击坑
Maggini
马基尼撞击坑
Luzin
卢津撞击坑
ARABIA
阿拉伯高地
Flammarion
弗拉马利翁撞击坑
Cassini
卡西尼撞击坑
Baldet
Antoniadi
安东尼亚迪撞击坑
Arena Colles
阿雷纳山丘
Peridier
帕瑞帝尔撞击坑
Pasteur
巴斯德撞击坑
Indus Vallis
印度峡谷
斯库纳撞击坑
ISIDIS
伊西底斯
Isidis
伊西底斯山
Gill
吉尔撞击坑
Tikhonravov
季霍诺拉沃夫撞击坑
大瑟提斯高原
SYRTIS MAJOR
Henry
亨利撞击坑
TERRA
高地
Nili Patera
尼利撞击坑
Meroe Patera
麦罗埃撞击坑
PLANIT
平原
PLANUM 高原
Janssen
詹森撞击坑
Teisserenc de Bort
PLANUM
平原
Schroeter
施勒特撞击坑
Schiaparelli
斯基亚帕雷利撞击坑
Airy
艾里撞击坑
Fournier
福尼尔撞击坑
Oenotria Scopulus
Pollack
波拉克撞击坑
Davies
道斯撞击坑
Jarry-Desloges
SABAEA
撒贝伊高地
Huygens
惠更斯撞击坑
TYRRH
Flaugergues
Wislicenus
维斯利策努斯撞击坑
Bouguer
Denning
丹宁撞击坑
Lambert
兰伯特撞击坑
Newcomb
纽科姆撞击坑
Bakhuysen
Schaeberle
施纳贝尔撞击坑
Niesten
尼尔森撞击坑
Tarby
TERR
ACHIS
诺亚高地
Coronae Scopulus
克罗纳断崖
HELLAS 海拉斯平原
Le Verrier
勒维耶撞击坑
Alpheus Colles
阿尔斐俄斯山丘
PLANITIA
HELLESPONTUS MONTES
Rabe
拉贝撞击坑
ERRA
高地
Kaiser
恺撒撞击坑
Proctor
普罗克特撞击坑
Russell
罗素撞击坑
Chalcoporos Rupes
扎洛克斯罗斯断崖

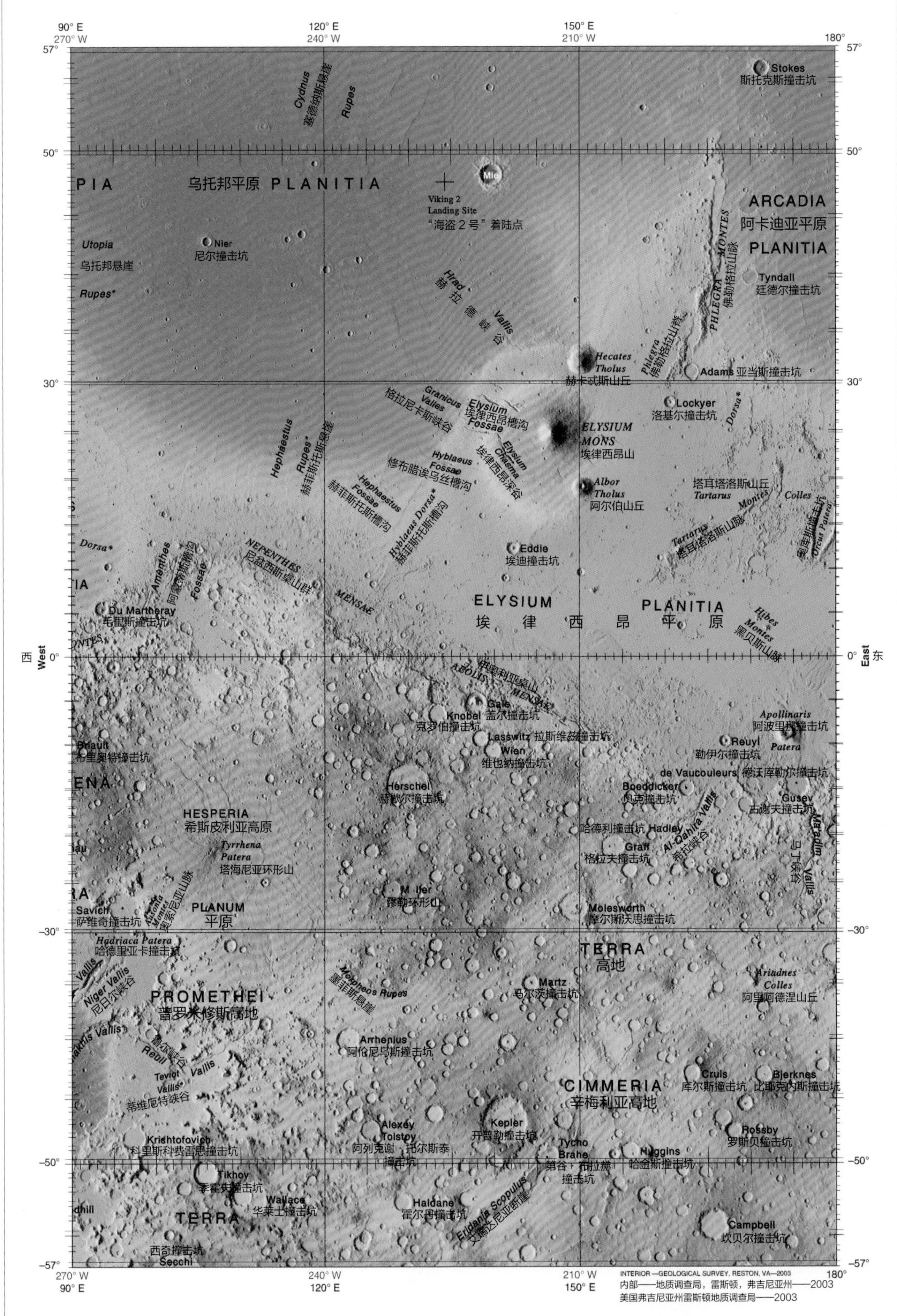

Stokes
斯托克斯撞击坑
Cydnus
塞德纳斯悬崖
Rupes
PIA
乌托邦平原 PLANITIA
Mie
Viking 2
Landing Site
"海盗2号"着陆点
ARCADIA
阿卡迪亚平原
PLANITIA
Utopia
乌托邦悬崖
Rupes*
Nier
尼尔撞击坑
PHLEGRA MONTES
佛勒格拉山脉
Tyndall
廷德尔撞击坑
Hrad Vallis
赫拉德峡谷
Phlegra
佛勒格拉山脊
Hecates Tholus
赫卡忒斯山丘
Adams 亚当斯撞击坑
Granicus Valles
格拉尼卡斯峡谷
Elysium Fossae
埃律西昂槽沟
Lockyer
洛基尔撞击坑
Dorsa*
ELYSIUM MONS
埃律西昂山
Hephaestus Rupes*
赫菲斯托斯悬崖
Hyblaeus Fossae
修布腊诶乌丝槽沟
Elysium Chasma
埃律西昂深谷
Albor Tholus
阿尔伯山丘
塔耳塔洛斯山丘
Tartarus
Colles
Hephaestus Fossae
赫菲斯托斯槽沟
Hyblaeus Dorsa*
Tartarus Montes
塔耳塔洛斯山脉
Orcus Patera
Dorsa*
Amenthes Fossae
阿蒙西斯槽沟
NEPENTHES MENSAE
尼盆西斯桌山群
Eddie
埃迪撞击坑
IA
ELYSIUM PLANITIA
埃律西昂平原
Du Martheray
毛里斯撞击坑
Hibes Montes
黑贝斯山脉
West 西
0°
East 东
AEOLIS MENSAE
伊奥利亚桌山群
Gale
盖尔撞击坑
Knobel
克罗伯撞击坑
Apollinaris Patera
阿波里那撞击坑
Lasswitz 拉斯维兹撞击坑
Wien
维也纳撞击坑
Reuyl
勒伊尔撞击坑
Briault
布里奥特撞击坑
de Vaucouleurs 德沃库勒尔撞击坑
ENA
Herschel
赫歇尔撞击坑
Boeddicker
贝克撞击坑
Gusev
古谢夫撞击坑
HESPERIA
希斯皮利亚高原
哈德利撞击坑 Hadley
Al-Qahira Vallis
希拉峡谷
Ma'adim Vallis
马丁峡谷
Tyrrhena Patera
塔海尼亚环形山
Graff
格拉夫撞击坑
Müller
缪勒环形山
PLANUM
平原
Moleswoth
摩尔斯沃思撞击坑
Savich
萨维奇撞击坑
Hadriaca Patera
哈德里亚卡撞击坑
TERRA
高地
Morpheos Rupes
墨菲斯悬崖
Martz
马尔茨撞击坑
Ariadnes Colles
阿里阿德涅山丘
Niger Vallis
尼日尔峡谷
PROMETHEI
普罗米修斯高地
Arrhenius
阿伦尼乌斯撞击坑
Reull Vallis
鲁尔峡谷
Teviot Vallis
蒂维厄特峡谷
CIMMERIA
辛梅利亚高地
Cruls
库尔斯撞击坑
Bjerknes
比耶克内斯撞击坑
Kepler
开普勒撞击坑
Alexey Tolstoy
阿列克谢·托尔斯泰撞击坑
Tycho Brahe
第谷·布拉赫撞击坑
Huggins
哈金斯撞击坑
Rossby
罗斯贝撞击坑
Krishtofovich
科里斯科费雷忠撞击坑
Tikhov
季霍夫撞击坑
Wallace
华莱士撞击坑
Haldane
霍尔丹撞击坑
Eridania Scopulus
艾瑞达尼亚断崖
Campbell
坎贝尔撞击坑
TERRA
西奇撞击坑
Secchi
90° E
270° W
120° E
240° W
150° E
210° W
180°
57°
50°
30°
0°
-30°
-50°
-57°
INTERIOR—GEOLOGICAL SURVEY, RESTON, VA—2003
内部——地质调查局，雷斯顿，弗吉尼亚州——2003
美国弗吉尼亚州雷斯顿地质调查局——2003

火星探测任务编年史

名称	地区	发射时间	类型	结果
-	苏联	1960.10.10	飞越	未进入地球停泊轨道。
-	苏联	1960.10.14	飞越	未到达地球停泊轨道。
-	苏联	1962.10.24	飞越	被困在地球停泊轨道。
火星 1 号	苏联	1962.11.01	飞越	航天器的轨道高度控制出现故障，阻碍了飞行轨道的中途修正。1963 年 3 月 21 日，与地球相距 1.06 亿千米时失去了联系。1963 年 6 月 19 日飞越火星，最近距离约为 20 万千米。
-	苏联	1962.11.04	大气探测	被困在地球停泊轨道。该任务旨在发射探测器，分析火星大气层，帮助设计未来的着陆器。
水手 3 号	美国	1964.11.05	飞越	有效载荷整流罩无法实现分离。
水手 4 号	美国	1964.11.28	飞越	1965 年 7 月 15 日抵达火星，在火星上空飞行了近 1 万千米，传回了 22 张图像（最后几张图像是在黑暗中拍摄的）。
探测器 2 号	苏联	1964.11.30	飞越	航天器在飞行途中无信号，1965 年 8 月 6 日飞越火星。但与火星之间的最近距离还存在争议。争论的焦点是失去对航天器控制的时间，是在 1965 年年初，还是本应在 5 月进行的第二次轨道修正后不久。苏联有报告称，他们在 5 月 5 日失去了与它的联系。现在，俄罗斯人指出，探测器与火星的最近距离约为 65 万千米。但一些西方人认为，它与火星的距离可能会近到只有 1500 千米。这一任务可能就是为了实现这种近距离飞越，但为了实现这一目标，航天器不得不在 5 月进行轨道修正的操作。
探测器 3 号	苏联	1965.07.18	研发试飞	1965 年 7 月 20 日，飞越月球时测试了成像系统。探测器从行星际的不同距离传输照片，以评估数据接收质量。1966 年 3 月 3 日，距离月球 1.5 亿千米时，再也没有反应。
水手 6 号	美国	1969.02.25	飞越	1969 年 7 月 31 日，从火星上空 3431 千米处飞越，传回了遥感图像。
-	苏联	1969.03.27	轨道器	未进入地球停泊轨道。
水手 7 号	美国	1969.03.27	飞越	1969 年 8 月 5 日，从火星上空 3430 千米处飞越，传回了遥感图像。

（续表）

名称	地区	发射时间	类型	结果
-	苏联	1969.04.02	轨道器	未进入地球停泊轨道。
-	苏联	1971.05.10	轨道器	被困在地球停泊轨道。原计划快速飞越火星，赶在它的两个同伴航天器之前，进入环绕火星的轨道，在同伴航天器释放着陆器之前，作为它们的无线电信标，优化技术手段。
火星 2 号	苏联	1971.05.19	轨道器	1971 年 11 月 21 日，在没有收到预期的无线电信标的情况下，采用光学导航系统改进飞行轨道。11 月 27 日，又一次进行轨道调整，释放着陆器，脱离撞击火星的轨道，准备在 4.5 小时后进入轨道。轨道周期为 18 小时，而不是 24 小时。轨道倾角为 49°。但正在这个时候，它遇到了通信问题，且成像系统受到了沙尘暴的干扰。1972 年 7 月，轨道高度控制系统停止工作。
火星 2 号	苏联	1971.05.19	硬着陆器	1971 年 11 月 27 日，它以比原计划更倾斜的角度进入火星大气层，但降落伞还没有打开，坠落在火星表面。经测算，撞击位置在南纬 44°，西经 313°。
火星 3 号	苏联	1971.05.28	轨道器	1971 年 12 月 2 日，利用光学导航技术调整飞行轨道，发射着陆器。进入环绕火星的轨道时，发动机的燃烧时间比预计的时间短，进入轨道倾角为 49°的大椭圆轨道，周期为 12.8 天，因此，几乎没有成像的机会。它还一直受到沙尘暴的困扰。1972 年 7 月，高度控制系统停止工作。
火星 3 号	苏联	1971.05.28	硬着陆器	1971 年 12 月 2 日，成功着陆，但刚开始准备照相，仅仅 14.5 秒后，信号突然消失了。着陆点位于南纬 45°, 西经 158°。
水手 8 号	美国	1971.05.09	轨道器	未进入地球停泊轨道。
水手 9 号	美国	1971.05.30	轨道器	1971 年 11 月 14 日，进入了向赤道倾斜 64°的火星环绕轨道。测绘制图任务被推迟到沙尘暴之后。516 天后，控制轨道高度的推进系统停止工作，共传回约 7000 幅图像，绘制了 70% 的火星表面。
火星 4 号	苏联	1973.07.21	轨道器	1974 年 2 月 10 日，从距离火星表面约 1800 千米处飞越火星，但未能成功进入环绕火星的轨道。
火星 5 号	苏联	1973.07.25	轨道器	1974 年 2 月 12 日，进入了周期为 24.88 小时、轨道倾角为 35°的火星环绕轨道。后来，由于仪表舱发生泄漏，在绕火星飞行 22 圈后失去联系。
火星 6 号	苏联	1973.08.05	飞越 / 硬着陆器	1974 年 3 月 12 日，着陆器以约 60 米 / 秒的速度撞向火星表面（南纬 24°，西经 19.5°），由于速度太快而无法幸存。在下降过程中拍摄照片，当距离火星表面 1600 千米时，正在飞越的探测器失去联系。

（续表）

名称	地区	发射时间	类型	结果
火星 7 号	苏联	1973.08.09	飞越 / 硬着陆器	1974 年 3 月 9 日，尽管探测器按计划释放出着陆器，但由于故障导致它偏离火星 1300 千米。预计着陆点为南纬 51°，西经 31°。
海盗 1 号	美国	1975.08.20	轨道器	1976 年 6 月 19 日，进入了向赤道倾斜 40°的轨道；6 月 21 日，将绕火星飞行的周期调整至 24.66 小时，目的是与火星的自转周期一致；7 月 20 日，释放着陆器；1980 年 8 月 7 日，在轨道高度控制系统的推进剂耗尽后，停止了工作。
海盗 1 号			着陆器	1976 年 7 月 20 日，在克里斯平原（北纬 22.697°，西经 48.222°）着陆；1982 年 1 月，该地区被命名为托马斯·穆奇纪念站。1982 年 11 月 11 日，由于数据上行链路的指令出错，失去了与地面之间的联系。
海盗 2 号	美国	1975.09.09	轨道器	1976 年 8 月 7 日，进入倾角为 55°的轨道；8 月 9 日，将绕火星飞行的周期调整为 27.3 小时；9 月 3 日，释放着陆器；9 月 30 日，轨道倾角上升至 75°，12 月 20 日上升至 80°。此后，由于轨道高度控制系统的推进剂发生泄漏，1978 年 7 月 25 日，轨道器停止运行。
海盗 2 号			着陆器	1976 年 9 月 3 日，在乌托邦平原（北纬 48.269°，西经 225.990°）着陆；这个地区被命名为杰拉德·索芬纪念站。由于电池失效，1980 年 4 月 12 日停止运行。
火卫一 1 号	苏联	1988.07.07	轨道器	1988 年 8 月 29 日，由于数据上行链路的指令出错，而失去了与地面之间的联系。直到 9 月 2 日，轨道器不再响应预先设置的无线电呼叫，人们才意识到出问题了。
火卫一 2 号	苏联	1988.07.12	轨道器	1989 年 1 月 29 日，进入火星赤道上空的轨道，绕火星飞行的轨道周期为 78 小时。2 月 18 日，进入比火卫一运行轨道稍高一点的轨道，持续了几分钟。3 月 27 日，在数次飞越和轨道调整后，在准备向火星的卫星投放科学仪器和有效载荷的最后阶段，失去了联络。后来发现，这是由于计算机系统的缺陷造成的。
火星观察者	美国	1992.09.25	轨道器	1993 年 8 月 21 日，在为进入火星轨道的点火推进做准备时，失去了联络。
火星全球勘测者	美国	1996.11.07	轨道器	1997 年 9 月 12 日，进入向赤道倾斜 93°（太阳同步）的轨道。经过 552 个火星日的空气制动后，最终进入使命轨道，轨道周期为 2 小时，总是在下午 2 点（当地时间）自南向北穿过火星上白昼一侧的赤道。由于火星的公转，后续轨道向西偏了 28.62°。在经过 7 个火星日的空气制动和 88 圈环绕飞行后，航天器大致回到先前的飞行路径，仅向东偏移 59 千米，确保最终拍摄的图像覆盖整个火星表面。2006 年 11 月 2 日，由于数据上行链路的指令出错，失去了与地面之间的联系。

（续表）

名称	地区	发射时间	类型	结果
火星 8 号	俄罗斯	1996.11.16	轨道器	被困在地球停泊轨道。
火星探路者号 和旅居者号火星车	美国	1996.12.04	直接着陆器	1997 年 7 月 4 日，克里斯平原上，在从阿瑞斯峡谷（北纬 19.13°，西经 33.22°）流出来的外流河道着陆。着陆后的第二个火星日，“旅居者号”火星车驶向火星表面。1997 年 9 月 27 日，着陆器失去反应。仍在工作的火星车无法与地球直接建立联系。该地区后来被命名为卡尔·萨根纪念站。
希望号	日本	1998.07.03	轨道器	从地球逃逸点火时发生推进剂泄漏，使它无法进入火星轨道。结果在 2003 年 12 月 14 日，从距离火星表面 1000 千米远处飞越。
火星气候轨道器	美国	1998.12.11	轨道器	1999 年 9 月 23 日，计算机程序缺陷导致导航系统出错，航天器进入火星轨道时，由于过于深入火星大气层而被烧毁。
火星极地着陆器	美国	1999.01.03	硬着陆器与 穿透探针	1999 年 12 月 3 日，着陆失败。名为斯科特和阿蒙森的两颗深空探测器，各自独立进入大气层，穿透火星表面，但地球上没有收到任何消息。
奥德赛号	美国	2001.04.07	轨道器	2001 年 10 月 24 日，进入太阳同步轨道，轨道倾角为 93°。经过三个月的空气制动，进入了使命轨道。目前仍在运行。
火星快车	欧洲	2003.06.02	轨道器	2003 年 12 月 19 日，释放了“猎兔犬 2 号”着陆器。12 月 25 日，航天器进入一个向赤道倾斜 25°的轨道，然后进行了一系列操作，将轨道倾角提高到 86°，轨道周期缩短至 6.7 小时。目前仍在运行 *。
猎兔犬 2 号	欧洲	2003.06.02	直接着陆器	12 月 25 日，“猎兔犬 2 号”探测器进入火星大气层，但没有发回信号。随后我们发现它已成功着陆，只是有两片太阳能电池板无法展开，无法建立与地球之间的联络。着陆点位于伊西底斯平原（北纬 11.5265°，东经 90.4295°）。
勇气号	美国	2003.06.10	配有火星车 的着陆器	2004 年 1 月 4 日，在古谢夫撞击坑（南纬 14.5684°，东经 175.472636°）着陆。这里后来被命名为“哥伦比亚号”航天飞机纪念站。登陆火星后的第 12 个火星日，“勇气号”火星车开始工作。在陷入软土无法自拔后，于 2010 年 3 月 22 日与它进行了最后一次联络。

* “仍在运行”指截至 2017 年 12 月本书截稿时。——作者注

（续表）

名称	地区	发射时间	类型	结果
“机遇号”火星车	美国	2003.07.08	火星车的着陆器	2004 年 1 月 25 日，在子午线高原（南纬 1.9462°，东经 354.4734°）着陆。这里后来被命名为“挑战者号”纪念站。由于之前的“勇气号”在火星上的操作程序很成功，工程师们充满信心，“机遇号”在登陆火星后的第 7 个火星日就开始工作了，行驶距离超过 50 千米。目前它仍在火星上工作 *。
罗塞塔号	欧洲	2004.03.02	飞越引力助推	2007 年 1 月 25 日，从距离火星表面仅 250 千米处飞越火星（此次飞越极具风险，被戏称为“10 亿欧元的豪赌”），最终目的地是代号为 67P 的楚留莫夫－格拉希门克彗星。
火星勘测轨道器	美国	2005.08.12	轨道器	2006 年 3 月 10 日，进入向赤道（太阳同步）倾斜 93° 的轨道。经过五个月的空气制动，进入使命轨道。目前仍在运行。
凤凰号	美国	2007.08.04	着陆器	2008 年 5 月 25 日，成功着陆在北方大平原（北纬 68.22°，西经 125.7°），科学任务于当年 8 月结束。随着北半球冬季的来临，可用的太阳能发电量下降，当年 11 月 2 日，与地球进行了最后一次联络。
黎明号	美国	2007.09.27	飞越引力助推	2009 年 2 月 18 日，在前往 4 号小行星灶神星的飞行途中，从距离火星表面 542 千米处飞越。
火卫一－土壤号	俄罗斯	2011.11.08	轨道器	被困在地球停泊轨道。
萤火一号	中国	2011.11.08	轨道器	与“火卫一－土壤号”探测器一起失踪。
好奇号	美国	2011.11.26	空中吊车直接着陆	2012 年 8 月 6 日，“好奇号”火星车抵达盖尔撞击坑（南纬 4.5895°，东经 137.4417°)。该地区后来被命名为布拉德伯里着陆场。火星车现仍在运行。
曼加里安号	印度	2013.11.05	轨道器	2014 年 8 月 24 日，进入了向赤道倾斜 150° 的大椭圆轨道。现仍在运行。
马文号	美国	2013.11.18	轨道器	2014 年 9 月 22 日，进入了向赤道倾斜 75° 的轨道。现仍在运行。
痕量气体轨道器	欧洲	2016.03.14	轨道器	2016 年 10 月 16 日，释放“斯基亚帕雷利号”着陆器，10 月 19 日进入向赤道倾斜 74° 的轨道。现仍在运行。
斯基亚帕雷利号	欧洲	2016.03.14	着陆器	2016 年 10 月 19 日，试图在子午线高原（南纬 2.07°，西经 6.21°）着陆时坠毁。

* 北京时间 2019 年 2 月 14 日，在与“机遇号”火星车进行历时近一年的联系无果后，美国国家航空航天局宣布“机遇号”任务正式结束，该任务原本设计寿命只有 90 天，却整整运行了近 15 年。——译者注

2007 年 2 月 24 日，“罗塞塔号”在飞越火星时拍摄到了火星的真实色彩图像。
(ESA/MPS for OSIRIS Team 供图)

名称	地区	发射时间	类型	结果
即将发射的探测器				
洞察号	美国	2018*	直接着陆器	装载有地震仪和钻孔，来放置热流探针。
2020 火星车任务	美国	2020	空中吊车 / 直接着陆	把火星车吊到火星表面。
火星生命 2020	欧洲	2020	着陆器	旨在部署火星车。

数据由美国国家航空航天局（NASA）、欧洲空间局（ESA）、印度空间研究组织（ISRO）、维斯·亨特利斯（Wes Huntress）提供。

* 2018 年 5 月 5 日，“洞察号”搭载在宇宙神 V-401 型火箭上，从美国加州的范登堡空军基地 3 号发射台发射升空。2018 年 11 月成功登陆火星表面。——译者注

火星与地球的比较

	火星	地球	火星 / 地球
半长轴 (10^6 千米)	227.939	149.60	1.524
近日点 (10^6 千米)	206.62	147.09	1.405
远日点 (10^6 千米)	249.23	152.10	1.639
平均轨道速度 (千米 / 秒)	24.07	29.78	0.808
最大轨道速度 (千米 / 秒)	26.50	30.29	0.875
最小轨道速度 (千米 / 秒)	21.97	29.29	0.750
相对黄道面的轨道倾角 (°)	1.850	0	-
轨道偏心率	0.0935	0.0167	5.599
相对恒星的自转周期 (小时)	24.6229	23.9345	1.029
一天的时长 (小时)	24.6597	24.0	1.027
一个恒星年的时长 (天)	686.980	365.256	1.881
每年的天数	668.599	365.256	1.830
赤道与公转轨道的倾角 (°)	25.19	23.439	1.075
质量 (10^{24} 千克)	0.64171	5.9724	0.107
体积 (10^{10} 立方千米)	16.318	108.321	0.151
赤道半径 (千米)	3,396.2	6,378.1	0.532
极半径 (千米)	3,376.2	6,356.8	0.531
体积平均半径 (千米)	3,389.5	6,371.0	0.532
内核半径 (千米)	1,700	3,485	0.488
扁率	0.00589	0.00335	1.76
表面积 (10^6 平方千米)*	144.798	510.072	0.284
平均密度 (千克 / 立方米)	3,933	5,514	0.713
表面重力 (米 / 秒 ^{2})	3.711	9.807	0.378
逃逸速度 (千米 / 秒)	5.027	11.186	0.450
太阳辐射 (瓦 / 立方米)	586.2	1,361	0.431
地形高程差 (千米)	30	20	1.5
表面大气压 (千帕)^2	0.636	101.325	0.006

(数据来源于 NASA)

* 地球表面积 5.1 亿平方千米，其中陆地面积为 1.49 亿平方千米，其余为海洋，因此地球上的陆地面积与火星的表面积几乎相同。

地球和火星的大小对比。(NASA 供图)

位于美国加州戈德斯通的 70 米口径深空网天线，
又称火星天线。(NASA/JPL-GaHah 供图)

火星大气

表面大气压（千帕）*		0.636
大气层高度（千米）		11.1
大气总质量（10^6 千克）		约 2.5
平均分子质量		43.34
体积百分比	二氧化碳	95.32%
	氮气	2.7%
	氩	1.6%
	氧气	0.13%
	一氧化碳	0.08%
	水	2.1×10^{-4}
	氮氧化物	1.0×10^{-4}
	氖	2.5×10^{-6}
	氢氧化氘	8.5×10^{-7}
	氪	3.0×10^{-7}
	氙	8.0×10^{-8}

（数据来自“海盗号”着陆器，NASA）

* 火星表面平均大气压为 0.636 千帕，但大气压从奥林匹斯山顶的 0.030 千帕，到海拉斯盆地的 1.155 千帕之间变化。——作者注

地球与火星的温度变化范围（NASA 供图）

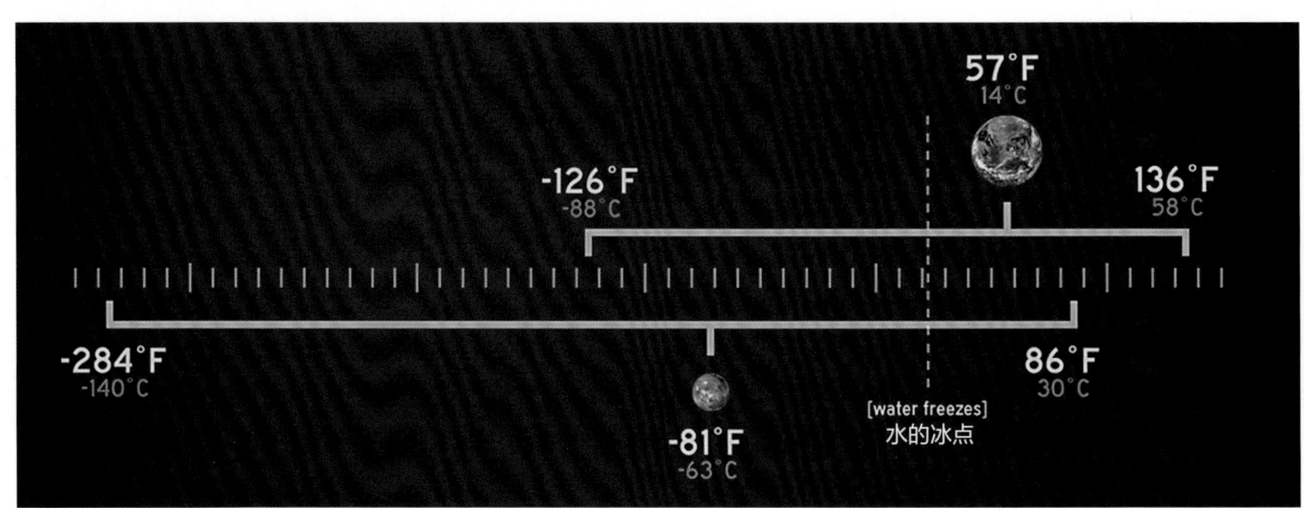

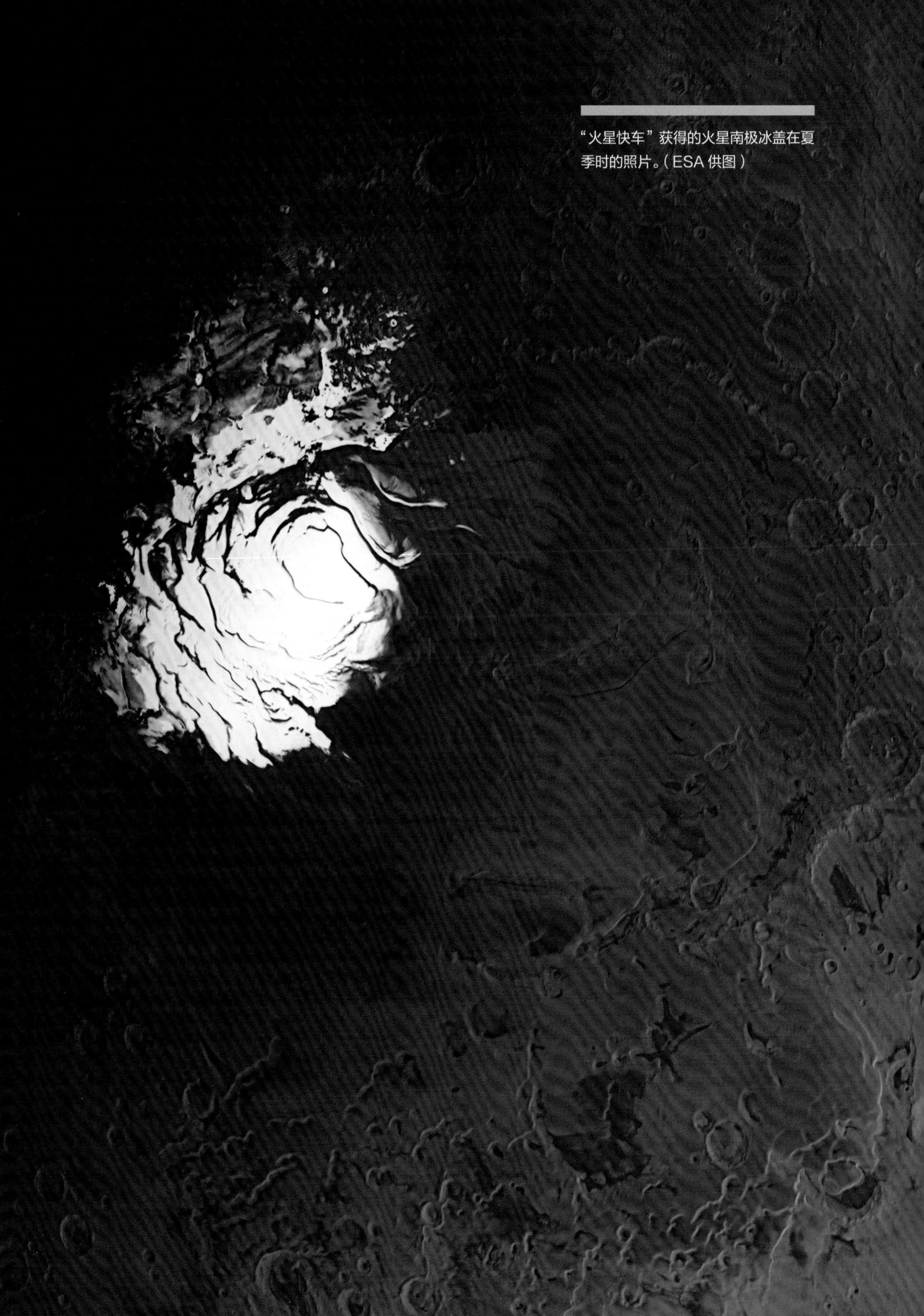

“火星快车”获得的火星南极冰盖在夏季时的照片。（ESA 供图）

图片来源中英文对照

With thanks to Bill Sheehan	感谢比尔·希恩
Woods	伍兹
RAS	英国皇家天文学会
Lick Observatory	利克天文台
Lowell Observatory	罗威尔天文台
NASA	美国国家航空航天局
IAU	国际天文学联合会
Mount Wilson Observatory	威尔逊山天文台
USAF/NASA-Lunar and Planetary Institute	美国空军 / 美国国家航空航天局月球与行星研究所
Tom Ruen / Eugene Antoniadi / Lowell Hess / Roy A. Gallant / NASA / STScI	汤姆·卢恩 / 尤金·安东尼亚迪 / 罗威尔·赫斯 / 罗伊·A. 格兰特 / 美国国家航空航天局 / 太空望远镜研究所
NASA/JPL-Caltech	美国国家航空航天局 / 加州理工学院喷气推进实验室
NASA/Woods	美国国家航空航天局 / 伍兹
NASA/JPL-Caltech/Woods	美国国家航空航天局 / 加州理工学院喷气推进实验室 / 伍兹
Harland using NASA data	哈兰德用美国国家航空航天局的数据制作
NASA/USGS	美国国家航空航天局 / 美国地质调查局
NASA/Druyan-Sagan Associates, Inc.	美国国家航空航天局 / 德鲁杨–萨根协会
NASA / KSC	美国国家航空航天局 / 肯尼迪航天中心
NASA/JPL-Caltech/Oliver de Goursac	美国国家航空航天局 / 加州理工学院喷气推进实验室 / 奥利弗·德·古尔萨克
NASA/JPL-Caltech/Don Davis	美国国家航空航天局 / 加州理工学院喷气推进实验室 / 唐·戴维斯
NASA/JPL-Caltech/USGS	美国国家航空航天局 / 加州理工学院喷气推进实验室 / 美国地质调查局
NASA/JPL-Caltech/Corby Waste	美国国家航空航天局 / 加州理工学院喷气推进实验室 / 科比·韦斯特
NASA/STScI	美国国家航空航天局 / 太空望远镜研究所
NASA/JPL-Caltech/GSFC	美国国家航空航天局 / 加州理工学院喷气推进实验室 / 戈达德航天中心
NASA/GSFC/Antonio Genova	美国国家航空航天局 / 戈达德航天中心 / 安东尼奥·吉诺瓦
USGS/M.H. Carr	美国地质调查局 /M.H. 卡尔
NASA/JPL-Caltech/Univ. of Arizona	美国国家航空航天局 / 加州理工学院喷气推进实验室 / 亚利桑那大学
NASA/JPL-Caltech/GSFC/J.E.P. Connerney	美国国家航空航天局 / 加州理工学院喷气推进实验室 / 戈达德航天中心 /J.E.P. 康纳尼
NASA/JPL-Caltech/MSSS	美国国家航空航天局 / 加州理工学院喷气推进实验室 / 马林空间科学系统公司
NASA/MOLA Team/J.W. Head	美国国家航空航天局 / 火星激光高度计研制团队 / 詹姆斯·海德
NPO-Lavochkin	拉沃契金设计局
NASA/JPL-Caltech/LANL/Univ. of Arizona	美国国家航空航天局 / 加州理工学院喷气推进实验室 / 洛斯阿拉莫斯国家实验室 / 亚利桑那大学
NASA/JPL/Brown Univ.	美国国家航空航天局 / 加州理工学院喷气推进实验室 / 布朗大学
ESA/CNES/CNRS/IAS/Université Paris-Sud, Orsay	欧洲空间局 / 法国空间研究中心 / 法国国家科学研究中心 / 前沿科学研究院 / 巴黎苏德大学，奥尔赛
ESA/NASA/JPL- Caltech/Univ. of Rome/ASI/GSFC	欧洲空间局 / 美国国家航空航天局 / 加州理工学院喷气推进实验室 / 罗马大学 / 意大利航天局 / 戈达德航天中心

（续表）

ESA/Medialab	欧洲空间局 / 媒体实验室
ESA/ATG Medialab, J-C. Gerard& L. Soret	欧洲空间局 / 欧洲航空公司媒体实验室，J-C 杰拉德 &L 索莱
NASA/JPL-Caltech/MSSS/Bill Dunford	美国国家航空航天局 / 加州理工学院喷气推进实验室 / 马林空间科学系统 / 比尔 · 邓福德
NASA/JPL-Caltech/Ball Aerospace	美国国家航空航天局 / 加州理工学院喷气推进实验室 / 波尔航太
NASA/JPL-Caltech/Univ. of Rome/SwRI/Univ. of Arizona	美国国家航空航天局 / 加州理工学院喷气推进实验室 / 罗马大学 / 美国西南研究院 / 亚利桑那大学
NASA/Maven/ Univ. of Colorado	美国国家航空航天局 / 火星大气与挥发物演化任务 / 科罗拉多大学
NASA/GSFC/Trent Schindler	美国国家航空航天局 / 戈达德航天中心 / 特伦特 · 辛德勒
NASA/ILC	美国国家航空航天局 / 国际未来加速器委员会
ESA/OU	欧洲空间局 / 美国俄亥俄大学
NASA/JPL-Caltech/ Univ. of Arizona/Univ. of Leicester	美国国家航空航天局 / 加州理工学院喷气推进实验室 / 亚利桑那大学 / 莱斯特大学
NASA/JPL-Caltech/Cornell	美国国家航空航天局 / 加州理工学院喷气推进实验室 / 康奈尔大学
NASA/ JPL-Caltech/ Cornell/ Univ. of Mainz	美国国家航空航天局 / 加州理工学院喷气推进实验室 / 康奈尔大学 / 美因茨大学
NASA/JPL-Caltech/Cornell/Max Planck Institute	美国国家航空航天局 / 加州理工学院喷气推进实验室 / 康奈尔大学 / 马克斯 - 普朗克研究所
NASA/JPL-Caltech / Texas A&M Univ.	美国国家航空航天局 / 加州理工学院喷气推进实验室 / 得克萨斯农工大学
NASA/JPL-Solar System Visualisation Team	美国国家航空航天局 / 喷气推进实验室—太阳系可视化团队
Adapted from NASA/JPL-Caltech/ Cornell/UA/NMMNHS	根据美国国家航空航天局 / 加州理工学院喷气推进实验室 / 康奈尔大学 / 美国联合航空公司 / 新墨西哥自然和科学博物馆改编
NASA/JPL-Caltech/ Univ. of Arizona/Cornell/ Ohio State Univ.	美国国家航空航天局 / 加州理工学院喷气推进实验室 / 亚利桑那大学 / 康奈尔大学 / 俄亥俄州立大学
NASA/JPL-Caltech/JHUAPL	美国国家航空航天局 / 加州理工学院喷气推进实验室 / 约翰 - 霍普金斯大学应用物理实验室
NASA/JPL-Caltech/ UA/Lockheed Martin	美国国家航空航天局 / 加州理工学院喷气推进实验室 / 美国联合航空公司 / 洛克希德 · 马丁空间系统公司
NASA/JPL-Caltech/Univ. of Arizona/Canadian Space Agency	美国国家航空航天局 / 加州理工学院喷气推进实验室 / 亚利桑那大学 / 加拿大航天局
NASA/JPL-Caltech/CAB-CSIC-INTA	美国国家航空航天局 / 加州理工学院喷气推进实验室 / 西班牙马德里天体生物学中心
NASA/JPL-Caltech/ Stony Brook Univ./Woods	美国国家航空航天局 / 加州理工学院喷气推进实验室 / 石溪大学 / 伍兹
ESA/AGT Medialab	欧洲空间局 / 先进技术小组多媒体实验室
CBS	（美国）哥伦比亚广播公司
Courtesy of ZeWrestler, Wikipedia	由蔡斯勒提供，维基百科
AP Photo/File	美联社照片 / 文件
Collier's	《科利尔》杂志
NASA Langley Research Center and AMA Studios	美国国家航空航天局兰利研究中心和分析力学协会工作室

扩展阅读

以时间顺序排列：

Percival Lowell, *Mars*, Longmans, Green & Co., 1895

Herbert George Wells, *The War of the Worlds*, Heinemann, 1898

Percival Lowell, *Mars and its Canals*, Macmillan, 1906

Alfred Russel Wallace, *Is Mars Habitable*?, Macmillan, 1907

Percival Lowell, *Mars as the Abode of Life*, Macmillan, 1908

Edgar Rice Burroughs, *A Princess of Mars*, A. C. McClurg, 1917

Robert A. Heinlein, *Red Planet*, Scribner’ s, 1949

Ray Bradbury, *The Martian Chronicles*, Doubleday, 1950

Gerard de Vaucouleurs, *The Planet Mars*, translated by Patrick Moore, Faber and Faber, 1951

Arthur C. Clarke, *The Sands of Mars*, Sidgwick and Jackson, 1951

Wernher von Braun, *The Mars Project*, University of Illinois, 1953

Patrick Moore, *Guide to Mars*, Frederick Muller, 1956 (revised edition 1965)

R. S. Richardson, *Man and the Planets*, Scientific Book Club, 1956

Wernher von Braun and Willy Ley, *The Exploration of Mars*, Viking,1956

Howard Koch, *The Panic Broadcast*, Avon, 1970

William K. Hartmann and Odell Raper, *The New Mars: The Discoveries of Mariner 9*, NASA-SP-337, 1974

NASA, *Mars as Viewed by Mariner 9*, NASA-SP-329, 1974

Eugene Michael Antoniadi, *The Planet Mars*, translated by Patrick Moore, Reid, 1975

William Graves Hoyt, *Lowell and Mars*, University of Arizona, 1976

Mark Washburn, *Mars At Last! The Red Planet Revealed, from Man’ s First Sighting to the Viking Touchdown*, Abacus, 1977

NASA, *On Mars Exploration of the Red Planet 1958-1978*, NASASP-4212, 1984

Norman H. Horowitz, *To Utopia and Back: The Search for Life in the Solar System*, W. H. Freeman, 1986

Kim Stanley Robinson, *Red Mars*, HarperCollins, 1992

Kim Stanley Robinson, *Green Mars*, HarperCollins, 1993

Kim Stanley Robinson, *Blue Mars*, HarperCollins, 1996

Stephen Baxter, *Voyage*, HarperCollins, 1996

William Sheehan, *The Planet Mars: A History of Observation and Discovery*, University of Arizona, 1996

Robert Zubrin and Richard Wagner, *The Case for Mars: The Plan to Settle the Red Planet and Why We Must*, Free Press, 1997

Martin Caidin, Jay Barbree and Susan Wright, *Destination Mars: In Art, Myth and Science*, Penguin, 1997

Malcolm Walter, *The Search for Life on Mars*,

Allen and Unwin, 1999

Paul Chambers, *Life On Mars: The Complete Story*, Blandford, 1999

Laurence Bergreen, *The Quest for Mars: The NASA Scientists and their Search for Life Beyond Earth*, HarperCollins, 2000

David S. Portree, *Humans to Mars: Fifty Years of Mission Planning 1950-2000*, NASA-SP-4521, 2001

William Sheehan and Stephen James O' Meara, *Mars: The Lure of the Red Planet*, Prometheus, 2001

Oliver Morton, *Mapping Mars: Science, Imagination and the Birth of a World*, Fourth Estate, 2002

Joseph M. Boyce, *The Smithsonian Book of Mars*, Smithsonian Institution Press, 2002

William K. Hartmann, *A Traveler' s Guide to Mars: The Mysterious Landscapes of the Red Planet*, Workman, 2003

Andrew Mishkin, *Sojourner: An Insider' s View of the Mars Pathfinder Mission*, Berkley, 2003

Colin Pillinger, *Beagle: From Darwin' s Epic Voyage to the British Mission to Mars*, Faber and Faber, 2003

Michael Hanlon, *The Real Mars: Spirit, Opportunity, Mars Express and the Quest to Explore the Red Planet*, Constable, 2004

Tetsuya Tokano, *Water on Mars and Life*, Springer, 2005

Steve Squyres, *Roving Mars: Spirit, Opportunity, and the Exploration of the Red Planet*, Hyperion, 2005

Andrew Chaikin, *A Passion for Mars: Intrepid Explorers of the Red Planet*, Abrams, 2008

Donald Rapp, *Human Missions to Mars: Enabling Technologies for Exploring the Red Planet*, Springer, 2008

Wesley T. Huntress and Mikhail Ya. Marov, *Soviet Robots in the Solar System: Mission Technologies and Discoveries*, Springer, 2011

Philip J. Stooke, *The International Atlas of Mars Exploration: The First Five Decades*, Cambridge University, 2012

David Baker, *NASA Mars Rovers Manual: 1997-2013 (Sojourner, Spirit, Opportunity and Curiosity)*, Haynes, 2013

Camille Flammarion, *The Planet Mars*, French 1892 edition translated by Patrick Moore and edited by William Sheehan,Springer, 2015

Giancarlo Genta, *Next Stop Mars: The Why, How, and When of Human Missions*, Springer, 2017

Manfred "Dutch" von Ehrenfried, *Exploring the Martian Moons: A Human Mission to Deimos and Phobos*, Springer, 2017

希望进一步了解上述任务的读者，请访问 NASA 主办的行星图库。网址为 http://photojournal.jpl.nasa.gov.

译者后记

《火星全书》详细记录了人类探索火星的历程、现状和未来。从肉眼目测绘图，到望远镜实观成像，再到航天时代的深空探测，一步步丰富人类对火星的认识。

太空探索既要有仰望星空的情怀，又要有脚踏实地的行动，本书就是科学严谨和浪漫幻想的结合体，正因为如此，它才具有无比的魅力。看着天空中的红色行星，人类萌生了种种奇思妙想，撰写出一部部扣人心弦的科幻小说。可以说，火星探测的进程不仅促进了科学发现和技术突破，也扩充了文学创作的选材视野。正如法国作家福楼拜所说，科学与艺术总是在山脚分手，在山顶重逢。

说到火星，很多中国人会觉得它离我们非常遥远。但读罢全书，我们仿佛重新认识了这位名叫火星的老朋友，走近它可能适合孕育生命的“前世”和了无生机的“今生”。值此 2020 年中国实施首次自主火星探测任务之际，为满足普通公众、青少年、科技工作者对火星的好奇，我们决定将此书译成中文，推荐给中国读者，希望带领大家一起踏上火星这片红色的土地。

原书专业性强，语言严肃，描写细致，内容翔实。书中穿插着包括历代火星地图等许多极具史料价值的图片，与本书所采用语言风格相得益彰。全书内容庞杂，涉及地球科学、行星科学、航天技术、生物学、化学、社会学、政治学、文学创作等自然科学和社会科学领域，对译者的专业知识素养和语言翻译能力，提出了巨大的挑战。所幸的是，我们两位译者各有所长：译者郑永春是中国科学院国家天文台研究员，地球化学博士，专攻行星科学，以其科研工作和充满激情的科普业绩，成为首位获得“卡尔·萨根奖”的中国人；译者刘晗是北京外国语大学翻译学专业的博士生，本科和硕士阶段分别毕业于北京师范大学天文系和外文学院，具有双重学科背景和专业翻译技能。两位译者密切合作，努力把此书原汁原味地还原给中文世界的读者。

翻译背后的艰辛，往往无法公布于世人，只有借助短短的译后记，才能倾诉一番。翻译是一件劳心劳力的事情，既要克服语言上的障碍，还要翻越历史文化和专业背景的高山。要在学科专业、文化背景、历史事件、专业术语等方面多多补课，只有经过严密查证，方能落笔翻译。原书的学科跨度大，既有大量的天文知识，又有丰富的地质知识，还没涉及大量的航天技术名词，专业性强，与众多科普书相比，语言稍显晦涩。如果刻板直译，势必会与读者产生距离感。两位译者均有天文学专业背景，理解原文并无太大困难。

翻译时，译者往往会换位思考，把自己放在读者的位置上，碰到不易理解的部分，或容易产生误解的词语，以及西方特定历史文化背景下的事物，都会进行大量查证。为了让读者轻松阅读，我们尽量采用了理解后再叙述的方式，同时，最大程度保留原作的用词和语气，对不常见的专有名词和专业术语增加“译者注”，方便大家理解，避免阅读时的卡顿感和距离感。

《火星全书》不只是一部火星探索的历史记录，它还希望传递勇于质疑、敢于挑战的科学精神。遥远的火星隐藏着太多人类未知的秘密，使火星科学成为一门不断更新的学科，这一刻获得的认知，很可能在下一阶段由于新的发现而被推翻。但我们既不能因为不愿更改已熟悉的旧知识，而拒绝新的发现，又不能因为担心新知识再次被否认，而不愿继续探索，因为科学的本质就是对未知世界的探索。

最后，请接受我们诚挚的谢意：

译者郑永春感谢工作单位中国科学院国家天文台在本书翻译过程中提供的工作条件支持，感谢国家自然科学基金委员会（项目编号：41490633）提供的科研条件支持，感谢中国科学院青年创新促进会和中国科普作家协会的精神鼓励和同志般的支持！感谢在背后默默支持我的妻子和孩子！

译者刘晗诚挚感谢北京外国语大学中国外语与教育研究中心的培养和支持，感谢北京师范大学外文学院和天文系的教育和栽培，感谢老师、家人和同学的关心和帮助！

北京师范大学翻译硕士秦欢、邵思源、茅超颖同学参与了本书部分章节的初步翻译工作，在此一并致谢！

译者：郑永春　刘晗

2019年9月1日于北京

致谢

感谢史蒂夫·兰道（Steve Rendle）、W. 大卫·伍兹（W. David Woods）、詹姆斯·乔尔·奈泊尔（James Joel Knapper）、维斯·亨特利斯（Wes Huntress）、吉安卡洛·艮塔（Giancarlo Genta）、汤姆·卢恩（Tom Ruen）、迈克尔·狄格思（Michael Diggles）、达奇·冯·埃伦弗里德（Dutch von Ehrenfried）、大卫·巴克（David Baker）、马克·雷蒙（Marc Rayman）和比尔·希恩（Bill Sheehan）（排序不分先后）。

· 术语

国际天文学联合会命名的火星地形分类：

Chaos	破碎表面，混沌地形
Chasma	深长、边缘陡峭的凹地
Crater	环形山，撞击坑、圆形凹地
Labyrinthus	迷宫，峡谷或山脊复杂交错的地区
Lacus	湖，小型平原
Mare	海，低反照率的暗黑地带
Mons	山脉或山脊
Oceanus	洋，大型低地
Patera	不规则环形山，或指具有多条弧形边缘的复杂环形山
Planitia	平原（低海拔平原）
Planum	高原（高海拔平原）
Sinus	湾，小型平原
Tholus	圆顶的山或圆丘
Vallis	峡谷
Vastitas	宽广的平原

图书在版编目（CIP）数据

火星全书 / (英) 大卫・M.哈兰德著 ; 郑永春, 刘晗译. -- 北京 : 北京联合出版公司, 2019.12（2021.6重印）

ISBN 978-7-5596-3675-1

Ⅰ. ①火… Ⅱ. ①大… ②郑… ③刘… Ⅲ. ①火星 - 普及读物 Ⅳ. ①P185.3-49

中国版本图书馆CIP数据核字(2019)第199137号

北京版权局著作权合同登记 图字：01-2019-4425号

火星全书

作　　者 [英] 大卫·M. 哈兰德
译　　者 郑永春 刘 晗
责任编辑 李 红 徐 樟
项目策划 紫图图书 ZITO®
监　　制 黄 利 万 夏
特约编辑 张久越
营销支持 曹莉丽
版权支持 王秀荣
装帧设计 紫图装帧

北京联合出版公司出版
（北京市西城区德外大街 83 号楼 9 层　100088）
艺堂印刷（天津）有限公司印刷　新华书店经销
字数380千字　889毫米×1194毫米　1/16　18印张
2019年12月第1版　2021年6月第2次印刷
ISBN 978-7-5596-3675-1
定价：199.00元